Springer-Lehrbuch

Gerhard Wunsch · Helmut Schreiber

Analoge Systeme

Grundlagen

Dritte Auflage mit 202 Abbildungen

Springer-Verlag
Berlin Heidelberg GmbH

Prof. Dr.-Ing. habil. Dr. e.h. Gerhard Wunsch
Salemer Straße 17
23911 Mustin

Prof. Dr.-Ing. habil. Helmut Schreiber
Institut für Grundlagen
der Elektrotechnik / Elektronik
TU Dresden
Mommsenstraße 13
01069 Dresden

Die vorhergehenden Auflagen sind 1985 und 1988 im Verlag Technik Berlin erschienen.

Die Deutsche Bibliothek - Cip-Einheitsaufnahme
Wunsch, Gerhard: Analoge Systeme: Grundlagen / Gerhard Wunsch; Helmut Schreiber. - 3. Aufl.
Berlin; Heidelberg; New York; London; Paris; Tokyo; HongKong; Barcelona; Budapest: Springer, 1993
  (Springer-Lehrbuch)
  ISBN 978-3-540-56299-3   ISBN 978-3-642-84877-3 (eBook)
  DOI 10.1007/978-3-642-84877-3
NE: Schreiber, Helmut

Satz: Reproduktionsfertige Vorlage der Autoren
Druck: Color-Druck Dorfi GmbH, Berlin; Bindearbeiten: Lüderitz & Bauer, Berlin
68/3020 - 5 4 3 2 1 0 - Gedruckt auf säurefreiem Papier

Vorwort

Das vorliegende Buch enthält die wichtigsten mathematischen Grundlagen und Begriffe der Analyse analoger Systeme. Es ist aus Vorlesungen für Studierende des Studienganges Elektrotechnik und der bereits in [Wun72] verfolgten Konzeption hervorgegangen. Dabei erwies es sich als notwendig, sowohl in den mathematischen Grundlagen als auch in den Anwendungen eine Verlagerung der Schwerpunkte gegenüber [Wun72] vorzunehmen, um der Entwicklung in den letzten Jahren (insbesondere der wachsenden Bedeutung nichtlinearer Systeme) gerecht zu werden.

Es ist weiterhin ein Anliegen dieses Buches, zu zeigen, daß eine (im wesentlichen) einheitliche Darstellung der Theorie und der Beschreibung digitaler und analoger Systeme möglich und vorteilhaft ist, wenn die fundamentalen und tragenden Begriffe geeignet herausgearbeitet und in den Mittelpunkt gestellt werden. Aus diesem Grunde wird in diesem Buch auf wesentliche Definitionen und Begriffe aus [WS93] zurückgegriffen.

Der Stoff ist in vier Hauptabschnitte unterteilt. Der erste enthält die wichtigsten mathematischen Grundlagen der Signalbeschreibung, insbesondere die Funktionaltransformationen als spezielle (lineare) Abbildungen in linearen Räumen. Der zweite Hauptabschnitt ist dem nichtlinearen System gewidmet. Im dritten und vierten Hauptabschnitt werden die linearen Systeme behandelt, wobei sowohl Systeme mit kontinuierlicher als auch mit diskreter Zeit zur Sprache kommen.

Um dem Charakter dieses Buches als Lehrbuch zu entsprechen, wurden die Abschnitte mit zahlreichen Beispielen und Übungsaufgaben ausgestattet. Die Lösungen der Übungsaufgaben sind in einem fünften Hauptabschnitt zusammengestellt.

Unser besonderer Dank gilt Herrn Dr.-Ing. *G. Elst* für seine Mitarbeit an dem Manuskript (Abschnitte 2.1.3 und 2.2.3.3) sowie Herrn Dipl.-Ing. *M. Kortke* für seine engagierte Mitwirkung bei der Überarbeitung und Gestaltung dieser Auflage.

Dem Springer-Verlag danken wir für die verständnisvolle Zusammenarbeit bei der Herausgabe dieses Buches sehr herzlich.

Dresden, im Juni 1993

G. Wunsch   H. Schreiber

Inhaltsverzeichnis

Formelzeichen

$a(\omega), a(\Omega)$	Dämpfungsmaß
$A(\omega), A(\Omega)$	Amplitudenfrequenzgang
$\arg h^*(j\omega), \arg h^*(e^{j\Omega})$	Phasenfrequenzgang
A, B, C, D	Matrizen (Zustandsgleichungen des linearen Systems)
$b(\omega), b(\Omega)$	Phasenmaß
$\mathbb{C}$	Menge der komplexen Zahlen
$c_k = c(\omega_k)$	Spektralkoeffizient
$\underline{C}^n$	Menge aller Signale mit stetiger n-ter Ableitung
$\underline{C}_T$	Menge aller stückweise stetigen Signale
$\underline{C}_T^1$	Menge der stückweise glatten Signale
$\underline{D}$	Differentiationsoperator
$\underline{D}^{-1}$	Integrationsoperator
E	Einheitsmatrix
f	Überführungsfunktion
$\underline{F}(\underline{x})$	Fourier–Transformierte des Signals $\underline{x}$
g	Ergebnisfunktion
$g(\omega), g(\Omega)$	Übertragungsmaß
h	Gewichtsfunktion, Impulsantwort
h^*	Übertragungsfunktion
$h^*(j\omega), h^*(e^{j\Omega})$	Frequenzgang
$H(t), H(k)$	Gewichtsmatrix, Übertragungsmatrix im Originalbereich
$H^*(p), H^*(z)$	Übertragungsmatrix
$\underline{L}(\underline{x})$	Laplace–Transformierte des Signals $\underline{x}$
$\underline{L}_p$	Menge aller Signale $\underline{x}$ mit $\int_{-\infty}^{\infty} |\underline{x}(t)|^p \, dt < \infty$
M^n	Mengenpotenz (n-faches kartesisches Produkt)
$\mathbb{N}$	Menge der natürlichen Zahlen
N^M	Menge aller Abbildungen von M in N
$p = \sigma + j\omega$	komplexe Variable (Laplace–Transformation)
$\mathbb{R}$	Menge der reellen Zahlen
$\mathbb{R}^+$	Menge der nichtnegativen reellen Zahlen

s	Sprungsignal
$s^{-1} = ts$	Rampensignal
$\underline{S}^\tau$	Verschiebungsoperator
T	Zeitmenge, Zeitskala
$\underline{T}$	Menge aller Treppensignale
$x = \underline{x}(t)$	Signalwert des Signals $\underline{x}$ im Zeitpunkt t
$\underline{x}$	Signal, Abbildung
$\underline{x} = (\underline{x}_1, \ldots, \underline{x}_q)$	q-dimensionales (Eingabe-)Signal
$\underline{x}_\sim$	harmonisches Signal
$\tilde{\underline{x}}$	getastetes Signal
$\underline{x}_C$	stetiges Signal
$\underline{x}_P$	Polygonsignal
$\underline{x}_T$	Treppensignal
$\underline{x}^*$	transformiertes Signal, Bildsignal
$\underline{x}, \underline{y}, \underline{z}$	Eingabe–, Ausgabe–, Zustandssignal
$\underline{X}$	Signalraum (allgemein)
$\underline{X}, \underline{Y}, \underline{Z}$	Eingabe–, Ausgabe–, Zustandssignalraum
$\|\underline{x}\| = N(\underline{x})$	Norm des Signals $\underline{x}$
$\underline{X}_N$	normierter Signalraum
$\mathbf{Z}$	Menge der ganzen Zahlen
$\underline{Z}(\underline{x})$	Z–Transformierte des Signals $\underline{x}$
δ	Impulssignal (Dirac–Funktion)
Δ_τ	Rechtecksignal (mit der Länge τ)
φ	einfache Alphabetabbildung
Φ	Alphabetabbildung
$\underline{\varphi}$	einfache Signalabbildung
$\underline{\Phi}$	Signalabbildung
$\underline{\underline{\Phi}}$	Abbildungsfamilie
$\Phi(t), \Phi(k)$	Fundamentalmatrix (im Originalbereich)
$\Phi^*(p), \Phi^*(z)$	Fundamentalmatrix (im Bildbereich)
$\varphi_A^*(p), \varphi_A^*(z)$	charakteristisches Polynom
$\varphi : M \to N$	Abbildung φ von M in N
ϱ	Metrik (auf einem Signalraum $\underline{X}$)
$\forall_x$	für alle x gilt
$\in$	ist Element von (bei Mengen)
$\Rightarrow$	folgt (bei Aussagen)
$\Leftrightarrow$	ist äquivalent (bei Aussagen)
$\subset$	ist Teilmenge von
$\cup$	Vereinigung
$\cap$	Durchschnitt
$\times$	kartesisches Produkt (bei Mengen)
$*$	Faltung

Einführung

Das heutige Forschungs- und Anwendungsgebiet der Systemanalyse (im weiteren Sinne) ist dadurch gekennzeichnet, daß die betrachteten Objekte, Prozesse und Probleme einen hohen Grad an Kompliziertheit und Komplexität aufweisen (z. B. Energiesysteme, Verkehrssysteme, biologische und ökologische Systeme usw.).

Demgegenüber untersucht man bei der Analyse vieler technischer Systeme folgende (relativ einfache) Aufgabe: Gegeben ist ein System (z. B. elektrische Schaltung, mechanische Apparatur o. ä.), die durch eine Eingangsgröße (z. B. Strom, Spannung, Kraft o. ä.) erregt wird. Gesucht ist die Reaktion des Systems auf diese Erregung.

Je nach der Art der Zeitabhängigkeit und dem Charakter der Eingangs-, Ausgangs- und inneren Systemgrößen unterscheidet man drei Teilgebiete der Systemanalyse, die mit drei wichtigen Systemklassen eng verknüpft sind und die sich zunächst relativ selbständig entwickelt haben.

Ein besonders einfacher Sonderfall liegt vor, wenn die zur Beschreibung des Systemverhaltens verwendeten Größen nur endlich viele diskrete Werte (z. B. aus der Menge $\{0, 1\}$, aus der Menge $\{x_1, \ldots, x_n\}$ usw.) annehmen können und die Zeit t ebenfalls eine diskrete Variable (z. B. $t = 0, 1, 2, \ldots$) ist. Die Untersuchung von Systemen unter diesen und einigen weiteren Voraussetzungen mit mathematischen Methoden, die hauptsächlich der Algebra zuzuordnen sind, führte zum Begriff des *digitalen Systems* bzw. *Automaten* [WS93].

Eine weitere Klasse bilden die Systeme, bei denen die Eingangs-, Ausgangs- und inneren Systemgrößen sowie die Zeit t Werte aus der Menge der reellen Zahlen annehmen können. Aus der Mechanik, Elektrotechnik, Regelungstechnik und Akustik sind viele Beispiele für solche Systeme bekannt, bei denen z. B. die Eingangsgrößen durch stetige Zeitfunktionen (häufig mit sinusförmiger Zeitabhängigkeit) beschrieben werden. Die Entwicklung der Systemtheorie in dieser Richtung vollzog sich hauptsächlich auf der mathematischen Grundlage der (Funktional-)Analysis (insbesondere der Funktionentheorie) und führte zum Begriff des *analogen Systems*.

Bei den bisher genannten Systemklassen wurde angenommen, daß die das Systemverhalten beschreibenden Funktionen (z. B. Ein- und Ausgangsgrößen, gewisse Systemcharakteristiken usw.) determiniert sind. Es gibt aber auch Fälle, bei denen diese Funktionswerte nicht genau bekannt sind. Häufig kann man in solchen Fällen aber gewisse Wahrscheinlichkeitsaussagen über die Funktionswerte als gegeben voraussetzen, wobei diese Funktionen selbst endlich viele diskrete Werte (die mit gewissen Wahrscheinlichkeiten auftreten) oder Werte aus der Menge der reellen Zahlen annehmen können und die Zeit t eine diskrete oder stetige Variable sein kann. Die Grundlage für die mathematische Beschreibung solcher Systeme ist die Wahrscheinlichkeitsrechnung, insbesondere die Theorie der zufälligen Prozesse. Ihre Verbindung mit der Automatentheorie und der Theorie der analogen Systeme führte zum Begriff des *stochastischen Systems*.

Die Menge $\underline{X}$ aller als Eingabe möglichen (zeitlich veränderlichen) Größen $\underline{x}$ bildet einen (Eingabe–) *Prozeß*. Entsprechend bildet die Menge aller (von $\underline{X}$ abhängigen) Ausgangsgrößen $\underline{y}$ einen (Ausgabe–) Prozeß $\underline{Y}$. Ein System stellt somit zwischen einem Eingabeprozeß $\underline{X}$ und einem Ausgabeprozeß $\underline{Y}$ eine bestimmte Beziehung her. Damit wird der Prozeßbegriff zum Grundbegriff der gesamten Systemtheorie, die – mathematisch gesehen – als eine Theorie bestimmter Relationen (Beziehungen, Abhängigkeiten) zwischen zwei Prozessen aufgefaßt werden kann.

Hauptanliegen dieses Buches ist es, dem Studierenden die fundamentalen und tragenden Begriffe der Theorie der analogen Systeme verständlich zu machen. Zusammen mit zwei weiteren Lehrbüchern (*Digitale Systeme* [WS93] und *Stochastische Systeme* [WS92]) soll es zu einem einheitlichen und systematischen Herangehen bei der Lösung von Aufgaben der Systemanalyse beitragen.

1 Mathematische Grundlagen

1.1 Signalbeschreibung

1.1.1 Einfache Signale

1.1.1.1 Signal

Bei der Untersuchung konkreter technischer Objekte (z. B. elektrische Netzwerke, regelungstechnische Anlagen usw.) treten als Eingangs- und Ausgangsgrößen gewisse von der Zeit t abhängige physikalische Größen auf, z. B. Ströme

$$i(t) = I e^{j\omega t} \qquad (1.1\text{-}a)$$

oder Spannungen

$$u(t) = U \cos(\omega t + \varphi). \qquad (1.1\text{-}b)$$

Derartige Zeitfunktionen bezeichnen wir als *Signal*. Allgemein verstehen wir unter einem Signal $\underline{x}$ eine Zeitfunktion, d. h. eine Abbildung von einer *Zeitmenge* T in ein *Alphabet* X, in Zeichen

$$\boxed{\underline{x} : T \to X.} \qquad (1.2)$$

Im allgemeinen ist die Zeitmenge (Zeitskala) T eine Teilmenge der reellen Zahlen, d. h.

$$T \subset \mathbf{R}, \qquad (1.3)$$

und die Menge X, das Alphabet, eine Teilmenge der komplexen Zahlen:

$$X \subset \mathbb{C}. \qquad (1.4)$$

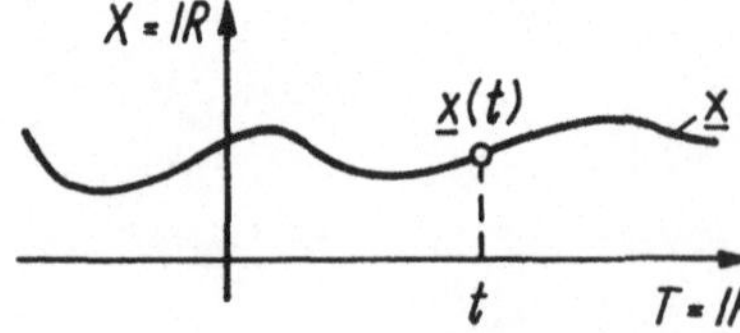

Abb. 1.1. Signal mit stetiger Zeit.

Durch die Abbildung $\underline{x}$ wird also jedem Zeitpunkt $t \in T$ eindeutig eine Zahl $x \in X$ zugeordnet. Wir nennen den zugeordneten Wert

$$\underline{x}(t) = x \in X \tag{1.5}$$

den *Signalwert* des Signals $\underline{x}$ zur Zeit t.

In einem besonders wichtigen Sonderfall ist in (1.3) und (1.4) $T = \mathbb{R}$ und $X = \mathbb{R}$. Falls nichts anderes vermerkt ist, soll dieser Fall zunächst stets angenommen werden. In Abb. 1.1 ist ein derartiges Signal mit stetiger Zeit grafisch veranschaulicht. In allgemeineren Fällen wird dann später auch $X = \mathbb{C}$ (Abschn. 1.2) oder $X = \mathbb{R}^n$ (Vektorsignale) zu setzen sein.

In der Menge $\underline{X} = X^T$ aller reellen Signale $\underline{x} : T \to X$ $(T = X = \mathbb{R})$ kann man besonders einfache Signale als Grundsignale auszeichnen und mittels bestimmter Signaloperationen (Abschn. 1.1.1.2.) daraus kompliziertere Signale aufbauen.

In den Abb. 1.2 und 1.3 sind zwei besonders wichtige Grundsignale dargestellt.

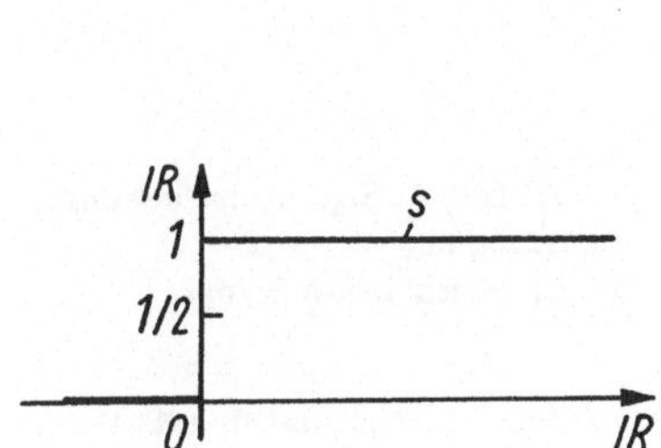

Abb. 1.2. Sprungsignal.

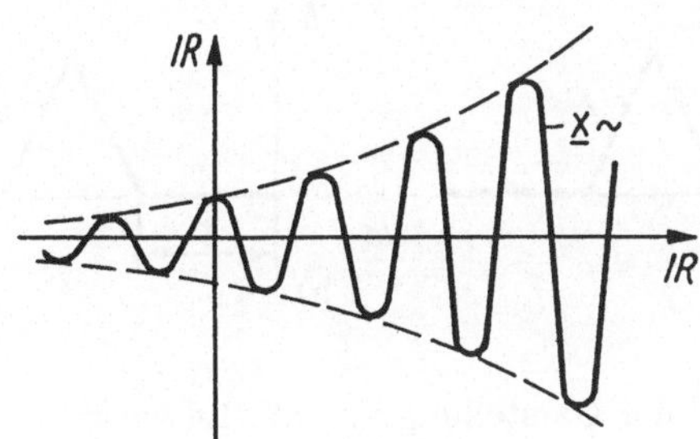

Abb. 1.3. Harmonisches Signal.

Abb. 1.2 zeigt das *Sprungsignal* s, für das

$$s(t) = \begin{cases} 1 & t > 0 \\ \frac{1}{2} & t = 0 \\ 0 & t < 0 \end{cases} \tag{1.6}$$

gilt. Das in Abb. 1.3 dargestellte Signal $\underline{x}_{\sim}$ heißt *harmonisches Signal*. Für dieses Signal gilt

$$\underline{x}_{\sim}(t) = e^{\sigma t} \cos \omega t \qquad (\sigma, \omega \in \mathbb{R}). \tag{1.7}$$

In der Darstellung Abb. 1.3 wurde $\sigma > 0$ angenommen. Im Fall $\sigma = 0$ erhalten wir

$$\underline{x}_{\sim}(t) = \cos \omega t, \tag{1.8}$$

also ein Signal zur Beschreibung technischer Wechselgrößen (Wechselstromlehre), und im Fall $\omega = 0$ ist

$$\underline{x}_{\sim}(t) = e^{\sigma t}. \tag{1.9}$$

Aus diesen Grundsignalen können – wie erwähnt – kompliziertere Signale abgeleitet bzw. zusammengesetzt werden. Dazu dienen die nachfolgend beschriebenen Signaloperationen.

1.1.1.2 Signaloperationen

Die wichtigsten *einstelligen Operationen* (Abbildungen $\underline{X} \to \underline{X}$) sind die folgenden:

I. Skalarmultiplikation: Die Multiplikation eines Signals $\underline{x}$ mit einer reellen Konstanten α ($\alpha \in \mathbb{R}$) ergibt ein neues Signal $\alpha\underline{x}$, für das gilt

$$\alpha\underline{x}: \quad (\alpha\underline{x})(t) = \alpha\underline{x}(t). \tag{1.10}$$

Die Signalwerte werden also bei dieser Operation mit der Konstanten α multipliziert.

II. Translation (Zeitverschiebung): Wird ein Signal $\underline{x}$ zeitlich um den Wert τ verschoben, so entsteht ein neues Signal $\underline{S}^\tau(\underline{x})$ (Abb. 1.4). Die zeitliche Verschiebung wird durch die Signalabbildung $\underline{S}^\tau$ symbolisch gekennzeichnet (vgl. auch [WS93], Abschn. 2.3.1). Es gilt also

$$\underline{S}^\tau(\underline{x}): \quad (\underline{S}^\tau(\underline{x}))(t) = \underline{x}(t - \tau). \tag{1.11}$$

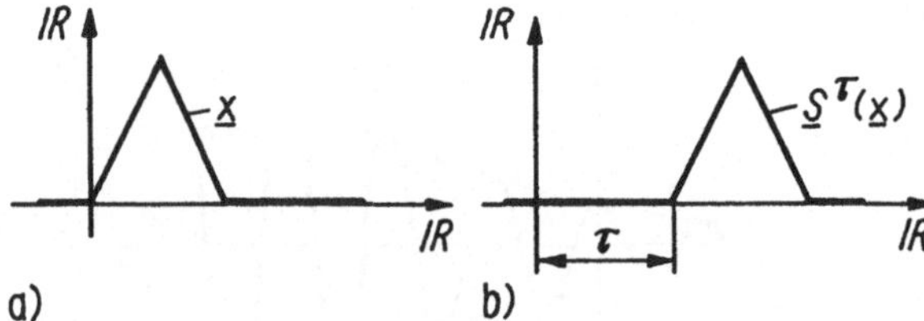

Abb. 1.4. Signalverschiebung:
a) Signal;
b) verschobenes Signal.

Bei der Darstellung in Abb. 1.4 wurde $\tau > 0$ angenommen. Ebenso kann natürlich auch $\tau < 0$ sein.

III. Differentiation: Ist ein Signal $\underline{x}$ nach der Zeit t differenzierbar, so entsteht durch Bildung der zeitlichen Ableitung ein neues Signal $\underline{\dot{x}}$. Wir bezeichnen diese Signalabbildung mit $\underline{D}$ und schreiben

$$\underline{D}(\underline{x}) = \underline{\dot{x}}: \quad (\underline{D}(\underline{x}))(t) = \underline{\dot{x}}(t). \tag{1.12-a}$$

Entsprechend gilt, falls eine zweite Ableitung existiert,

$$\underline{D}(\underline{D}(\underline{x})) = \underline{D}^2(\underline{x})) = \underline{\ddot{x}} \tag{1.12-b}$$

usw.

IV. Integration: In Analogie zur Signalabbildung $\underline{D}$ („Differentiation") bezeichnen wir die Signalabbildung „Integration" mit $\underline{D}^{-1}$. Das aus einem Signal $\underline{x}$ durch Integration erhaltene Signal ist dann gegeben durch

$$\underline{D}^{-1}(\underline{x}): \quad (\underline{D}^{-1}(\underline{x}))(t) = \int_{-\infty}^{t} \underline{x}(\tau)\,d\tau. \tag{1.13-a}$$

Bei zweimaliger Integration schreiben wir analog zu (1.12-b)

$$\underline{D}^{-1}(\underline{D}^{-1}(\underline{x})) = \underline{D}^{-2}(\underline{x}). \tag{1.13-b}$$

Bei den vorstehenden einstelligen Operationen wurde einem Signal $\underline{x}$ jeweils ein neues Signal zugeordnet. Wir geben nun noch einige *zweistellige Operationen* (Abbildungen $\underline{X}^2 \to \underline{X}$) an, bei denen zwei Signale miteinander verknüpft werden und ein neues Signal ergeben:

I. Addition: Bei der Addition zweier Signale $\underline{x}_1$ und $\underline{x}_2$ werden in jedem Zeitpunkt t die Signalwerte addiert; es gilt also (vgl. „Operationsübertragung" [WS93], Abschn. 1.3.1.2)

$$\underline{x}_1 + \underline{x}_2 : \quad (\underline{x}_1 + \underline{x}_2)(t) = \underline{x}_1(t) + \underline{x}_2(t). \tag{1.14}$$

In Abb. 1.5 ist die Addition zweier Signale veranschaulicht.

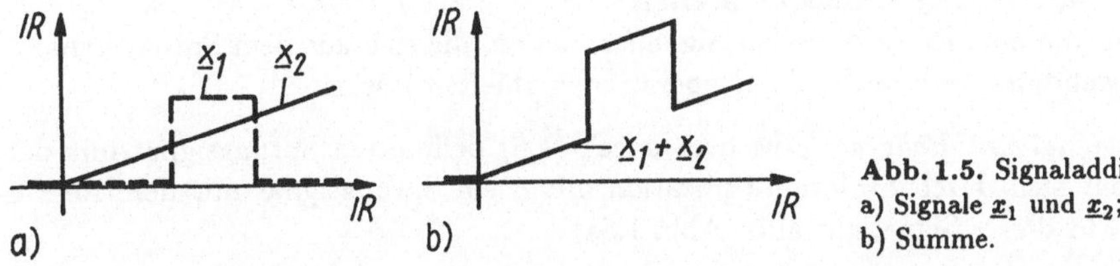

Abb. 1.5. Signaladdition:
a) Signale $\underline{x}_1$ und $\underline{x}_2$;
b) Summe.

II. Multiplikation: In jedem Zeitpunkt t werden die Signalwerte miteinander multipliziert, d.h., es gilt

$$\underline{x}_1 \cdot \underline{x}_2 : \quad (\underline{x}_1 \cdot \underline{x}_2)(t) = \underline{x}_1(t)\underline{x}_2(t). \tag{1.15}$$

III. Faltung: Die Faltung zweier Signale $\underline{x}_1$ und $\underline{x}_2$ ist erklärt durch

$$\underline{x}_1 * \underline{x}_2 : \quad (\underline{x}_1 * \underline{x}_2)(t) = \int\limits_{-\infty}^{\infty} \underline{x}_1(\tau)\underline{x}_2(t - \tau)\,d\tau, \tag{1.16-a}$$

wobei für $(\underline{x}_1 * \underline{x}_2)(t)$ aber sehr oft – wenn auch unkorrekt –

$$\underline{x}_1(t) * \underline{x}_2(t) \tag{1.16-b}$$

geschrieben wird.

Diese drei Operationen (1.14), (1.15) und (1.16-a) sind assoziativ und kommutativ, d.h. es gilt

$$\underline{x}_1 \Diamond (\underline{x}_2 \Diamond \underline{x}_3) = (\underline{x}_1 \Diamond \underline{x}_2) \Diamond \underline{x}_3 \tag{1.17}$$

und

$$\underline{x}_1 \Diamond \underline{x}_2 = \underline{x}_2 \Diamond \underline{x}_1, \tag{1.18}$$

worin $\Diamond$ jeweils eine der Operationen $+, \cdot$ oder $*$ bezeichnet.

Die genannten ein- und zweistelligen Operationen können auch miteinander kombiniert werden. Es gelten dann eine Reihe von Rechenregeln, von denen einige hier angegeben werden sollen:

$$\alpha(\underline{x}_1 * \underline{x}_2) = (\alpha\underline{x}_1) * \underline{x}_2 \tag{1.19-a}$$

$$\underline{D}(\underline{x}_1 * \underline{x}_2) = (\underline{D}(\underline{x}_1)) * \underline{x}_2 \tag{1.19-b}$$

$$\underline{S}^\tau(\underline{x}_1 * \underline{x}_2) = \underline{S}^\tau(\underline{x}_1) * \underline{S}^\tau(\underline{x}_2) \tag{1.19-c}$$

$$\underline{S}^\tau(\alpha\underline{x}) = \alpha(\underline{S}^\tau(\underline{x})) \tag{1.19-d}$$

$$\underline{S}^\tau(\underline{D}(\underline{x})) = \underline{D}(\underline{S}^\tau(\underline{x})). \tag{1.19-e}$$

Diese Regeln lassen sich leicht beweisen und geometrisch anschaulich darstellen (vgl. Übungsaufgaben 1.1-1 und 1.1-2).

1.1.1.3 Darstellung einfacher Signale

Wir geben nun eine Reihe typischer Signalformen an, die sich aus dem Sprungsignal s durch Anwendung bestimmter Signaloperationen ableiten lassen:

I. Sprungsignal mit Höhe a: Aus dem durch (1.6) definierten Sprungsignal mit der Höhe 1 läßt sich durch Skalarmultiplikation mit a ein Sprungsignal mit der Höhe a ableiten. Für dieses Signal gilt also (Abb. 1.6a)

$$\underline{x} = a \cdot s. \tag{1.20}$$

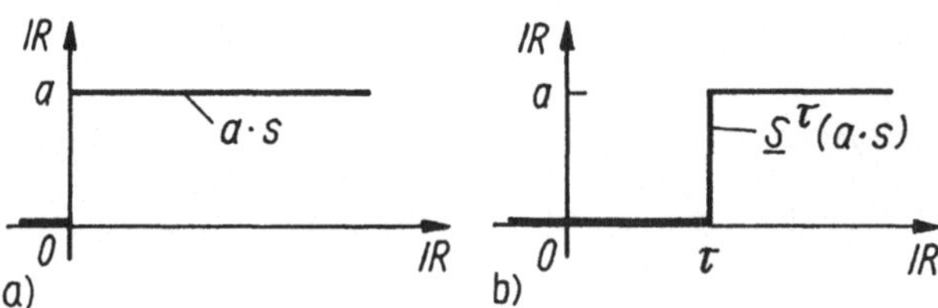

Abb. 1.6. Sprungsignale: a) Sprungsignal mit Höhe a; b) zeitverschobenen Sprungsignal mit Höhe a.

Wird dieses Signal noch zeitlich verschoben, so erhält man das allgemeine Sprungsignal $\underline{S}^\tau(a \cdot s)$ mit der Darstellung (Abb. 1.6b)

$$(\underline{S}^\tau(a \cdot s))(t) = as(t - \tau). \tag{1.21}$$

Durch ein solches Signal kann in der Elektrotechnik z. B. das Einschalten einer Spannung oder eines Stromes der Größe a zur Zeit t mathematisch beschrieben werden.

II. Rampensignal: Durch Integration des Sprungsignals $a \cdot s$ erhalten wir das Rampensignal, das wir mit $a \cdot s^{-1}$ bezeichnen. Also gilt

$$\underline{x} = \underline{D}^{-1}(a \cdot s) = a \cdot s^{-1}, \tag{1.22}$$

wobei für jeden Zeitpunkt t gilt

$$as^{-1}(t) = (\underline{D}^{-1}(a \cdot s))(t) = \int_0^t as(\tau)\,\mathrm{d}\tau = ats(t). \tag{1.23}$$

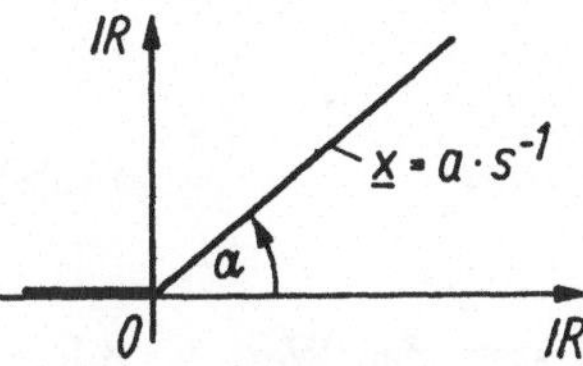

Abb. 1.7. Rampensignal.

Die Darstellung dieses Signals wird in Abb. 1.7 gezeigt. Für den Anstiegswinkel α in Abb. 1.7 erhalten wir

$$\tan \alpha = a. \tag{1.24}$$

III. Rechtecksignal: Durch Subtraktion zweier zeitlich verschobener Sprungsignale der Höhe a erhalten wir das Rechtecksignal (Abb. 1.8)

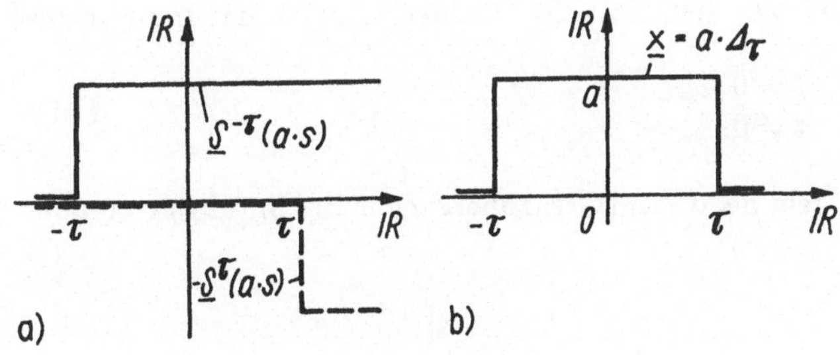

Abb. 1.8. Konstruktion des Rechtecksignals:
a) Sprungsignale;
b) Rechtecksignal.

$$\underline{x} = a \cdot (\underline{S}^{-\tau}(s) - \underline{S}^{\tau}(s)) = a \cdot \Delta_\tau. \tag{1.25}$$

Für dieses Signal gilt offensichtlich

$$a \cdot \Delta_\tau(t) = \begin{cases} a & t \in (-\tau, \tau) \\ \frac{a}{2} & t = \pm\tau \\ 0 & t \notin [-\tau, \tau]. \end{cases} \tag{1.26}$$

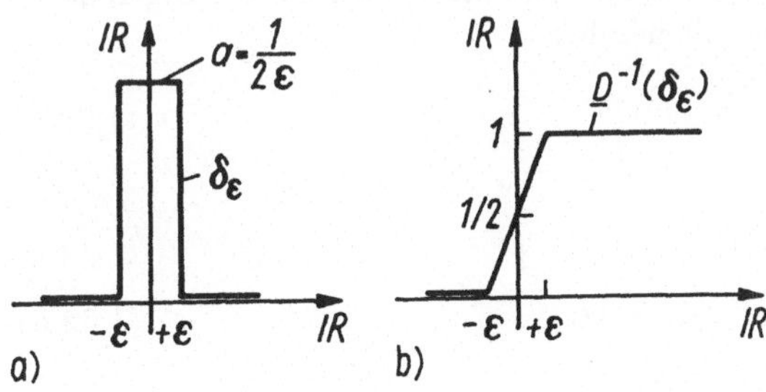

Abb. 1.9. a) Schmales Rechtecksignal;
b) Integral über dieses Signal.

IV. Impulssignal: Bei der Konstruktion des Impulssignals gehen wir von einem schmalen Rechtecksignal mit der Breite 2ε und der Höhe $a = 1/2\varepsilon$ aus (Abb. 1.9a). Für dieses Signal können wir schreiben

$$\underline{x} = \frac{\underline{S}^{-\varepsilon}(s) - \underline{S}^{\varepsilon}(s)}{2\varepsilon} = \delta_\varepsilon, \tag{1.27}$$

wobei offensichtlich gilt

$$\delta_\varepsilon(t) = \begin{cases} \frac{1}{2\varepsilon} & t \in (-\varepsilon, \varepsilon) \\ \frac{1}{4\varepsilon} & t = \pm\varepsilon \\ 0 & t \notin [-\varepsilon, \varepsilon]. \end{cases} \tag{1.28}$$

Die Impulsfläche (d. h. die Fläche unter dem Signal δ_ε) hat stets den Wert 1. Bilden wir noch das Integral dieses Signals, so erhalten wir das Signal

$$\underline{D}^{-1}(\delta_\varepsilon): \qquad (\underline{D}^{-1}(\delta_\varepsilon))(t) = \begin{cases} 0 & t \le -\varepsilon \\ \frac{1}{2} & t = 0 \\ 1 & t \ge \varepsilon. \end{cases} \tag{1.29}$$

Dieses Signal ist in Abb. 1.9b dargestellt.

Wir wollen nun untersuchen, wie sich diese Signale beim Grenzübergang $\varepsilon \to 0$ verhalten. Zunächst erhalten wir aus dem schmalen Rechtecksignal δ_ε das Impulssignal

$$\delta: \qquad \delta(t) = \begin{cases} \infty & t = 0 \\ 0 & t \ne 0. \end{cases} \tag{1.30}$$

Das integrierte Signal $\underline{D}^{-1}(\delta_\varepsilon)$ geht bei diesem Grenzübergang in das Sprungsignal über:

$$\lim_{\varepsilon \to 0} \int\limits_{-\infty}^{t} \delta_\varepsilon(\tau)\,\mathrm{d}\tau = s(t). \tag{1.31-a}$$

Anstelle von (1.31-a) schreibt man häufig auch symbolisch

$$\int\limits_{-\infty}^{t} \delta(\tau)\,\mathrm{d}\tau = s(t). \tag{1.31-b}$$

In diesem Sinne sind auch die für das Rechnen mit dem Impulssignal δ wichtigen nachfolgenden Beziehungen zu verstehen. Es gilt nämlich

$$\delta * \underline{x} = \underline{x} * \delta = \underline{x}, \tag{1.32-a}$$

d. h.

$$\int\limits_{-\infty}^{\infty} \delta(t - \tau)\underline{x}(\tau)\,\mathrm{d}\tau = \int\limits_{-\infty}^{\infty} \underline{x}(t - \tau)\delta(\tau)\,\mathrm{d}\tau = \underline{x}(t), \tag{1.32-b}$$

worin $\underline{x}$ ein beliebiges (stetiges) Signal bedeutet, und speziell mit $\underline{x}(t) = a$ gilt mit (1.31-a)

$$\int\limits_{-\infty}^{\infty} a\delta(\tau)\,\mathrm{d}\tau = \lim_{\varepsilon \to 0} \int\limits_{-\infty}^{\infty} a\delta_\varepsilon(\tau)\,\mathrm{d}\tau = as(\infty) = a. \tag{1.32-c}$$

Ist $\underline{x}$ ein „impulsförmiges" („glockenförmiges") Signal, so nennt man

$$\int\limits_{-\infty}^{\infty} \underline{x}(\tau)\,\mathrm{d}\tau \qquad\qquad (1.32\text{-d})$$

das *Impulsmoment* von $\underline{x}$. In diesem Sinne hat der δ-Impuls das Moment 1 und der Impuls $a\delta$ wegen (1.32-c) das Moment a:

$$\int\limits_{-\infty}^{\infty} a\delta(t)\,\mathrm{d}t = a. \qquad\qquad (1.32\text{-e})$$

Es muß an dieser Stelle darauf hingewiesen werden, daß das Impulssignal δ ein idealisiertes Signal ist, bei dem die in der Analysis eingeführten Begriffe und Methoden nicht ohne weiteres angewandt werden dürfen (so sind z. B. der Differentialquotient und das Riemannsche Integral für eine solche Funktion in der Analysis nicht definiert). Beim Rechnen mit dem Impulssignal δ muß man also, wenn man den Rahmen der Analysis nicht verlassen will, den oben in (1.31-a) ausgeführten Grenzübergang von Fall zu Fall stets neu vollziehen, um Fehler zu vermeiden (vgl. (1.32-c)).

Die oben dargestellte Konstruktion eines Impulssignals aus einem Rechtecksignal ist nicht die einzige Beschreibungsmethode. Häufig (für weiterführende Operationen mit δ-Funktionen) ist es zweckmäßiger, das Impulssignal δ als Grenzwert einer Folge von beliebig oft differenzierbaren Funktionen aufzufassen (vgl. z. B. [DS70]).

V. Polygonsignal: Ein Polygonsignal kann aus einer Summe (Überlagerung) zeitlich verschobener Rampensignale dargestellt werden. Abb. 1.10 zeigt ein solches Rampensignal. Für dieses Signal kann

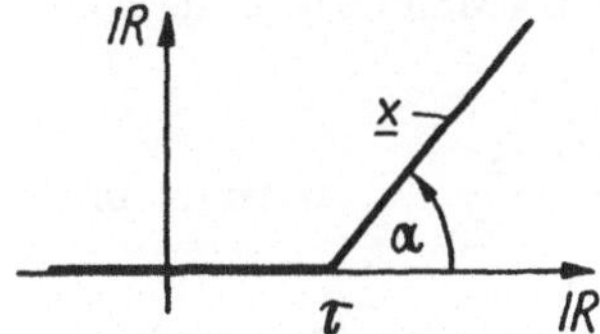

Abb. 1.10. Zeitverschobenes Rampensignal.

$$\underline{x} = \tan\alpha \cdot \underline{S}^\tau(s^{-1}) \qquad\qquad (1.33\text{-a})$$

oder mit $s^{-1} = ts$ für beliebige t

$$\underline{x}(t) = \tan\alpha(t-\tau)s(t-\tau) \qquad\qquad (1.33\text{-b})$$

geschrieben werden.

Wir betrachten zunächst das in Abb. 1.11 dargestellte Beispiel eines Polygonsignals. Offensichtlich kann das in Abb. 1.11a beschriebene Signal auf die in Abb. 1.11b gezeigte Weise in Rampensignale zerlegt werden, so daß insgesamt

$$\underline{x} = \sum_{i=1}^{4} \underline{x}_i \qquad\qquad (1.34)$$

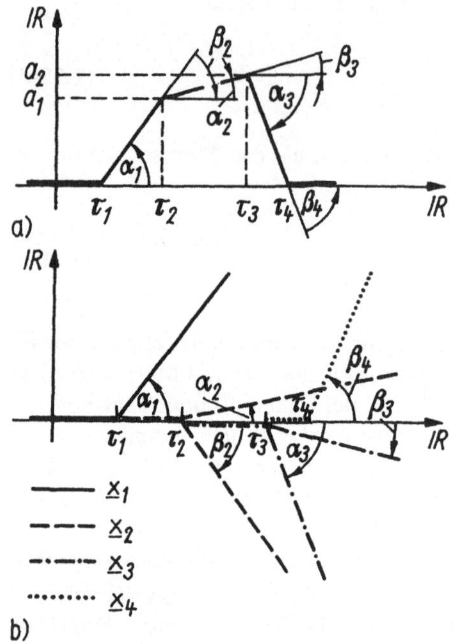

Abb. 1.11. Polygonsignal: a) Beispiel;
b) Zerlegung.

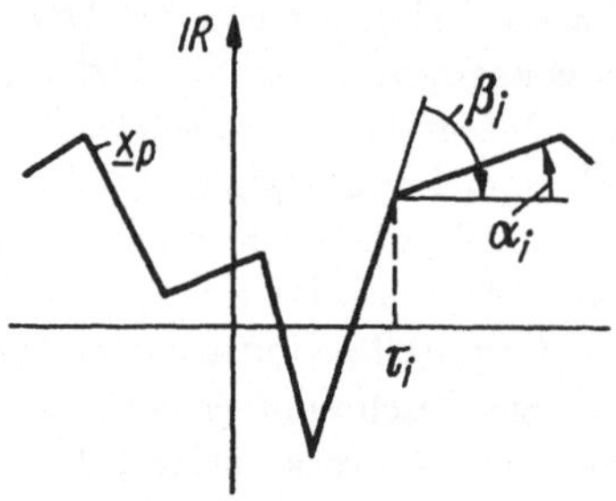

Abb. 1.12. Polygonsignal.

gilt und für beliebige t geschrieben werden kann:

$$\underline{x}_i(t) = (\tan \alpha_i + \tan \beta_i)s(t - \tau_i). \tag{1.35}$$

Die Winkel α_i und β_i können aus der Skizze abgelesen werden. (Man beachte dabei die Vorzeichen!) Im angegebenen Beispiel gilt

$$\tan \alpha_1 = \frac{a_1}{\tau_2 - \tau_1}; \qquad \tan \alpha_2 = \frac{a_2 - a_1}{\tau_3 - \tau_2}; \qquad \tan \alpha_3 = \frac{-a_2}{\tau_4 - \tau_3}; \qquad \tan \alpha_4 = 0;$$

$$\tan \beta_1 = 0; \qquad \tan \beta_2 = -\tan \alpha_1; \qquad \tan \beta_3 = -\tan \alpha_2; \qquad \tan \beta_4 = -\tan \alpha_3.$$

Damit erhalten wir schließlich

$$\underline{x}(t) = \frac{a_1(t - \tau_1)}{\tau_2 - \tau_1}s(t - \tau_1) + \left(\frac{a_2 - a_1}{\tau_3 - \tau_2} - \frac{a_1}{\tau_2 - \tau_1} \right)(t - \tau_2)s(t - \tau_2)$$

$$+ \left(\frac{-a_2}{\tau_4 - \tau_3} - \frac{a_2 - a_1}{\tau_3 - \tau_2} \right)(t - \tau_3)s(t - \tau_3) + \frac{a_2(t - \tau_4)}{\tau_4 - \tau_3}s(t - \tau_4).$$

In Verallgemeinerung dieses Beispiels kann also festgestellt werden: Ein Polygonsignal $\underline{x}_P$ ist ein aus Rampensignalen zusammengesetztes Signal, für das gilt (Abb. 1.12)

$$\underline{x}_P = \sum_i (\tan \alpha_i + \tan \beta_i)\underline{S}^{\tau_i}(s^{-1}). \tag{1.36}$$

Wird $\underline{x}_P$ in (1.36) grafisch dargestellt (Abb. 1.12), so lassen sich umgekehrt die Winkel α_i und β_i sowie die Zeitpunkte τ_i aus dem Funktionsbild unter Beachtung der Vorzeichen entnehmen. Setzen wir für s^{-1} noch $s^{-1} = ts$ ein, so geht (1.36) über in die für beliebige t gültige Beziehung

$$\underline{x}_P(t) = \sum_i (\tan \alpha_i + \tan \beta_i)(t - \tau_i)s(t - \tau_i). \tag{1.37}$$

Ist also ein aus Geradenstücken in der Art Abb. 1.12 zusammengesetztes Signal grafisch gegeben, so kann es in ersichtlicher Weise mit den Beziehungen (1.36) und (1.37) analytisch beschrieben werden (sofern $\underline{x}_P(t) = 0$ für alle hinreichend kleinen t, d. h. $\underline{x}_P(t) = 0$ für $t < t_0$).

VI. Treppensignal: Unter einem Treppensignal verstehen wir ein aus Sprungsignalen zusammengesetztes Signal (Abb. 1.13). Für ein solches Signal kann

$$\underline{x}_T = \sum_i a_i \underline{S}^{\tau_i}(s) \tag{1.38}$$

bzw. für beliebige t

$$\underline{x}_T(t) = \sum_i a_i s(t - \tau_i) \tag{1.39}$$

geschrieben werden.

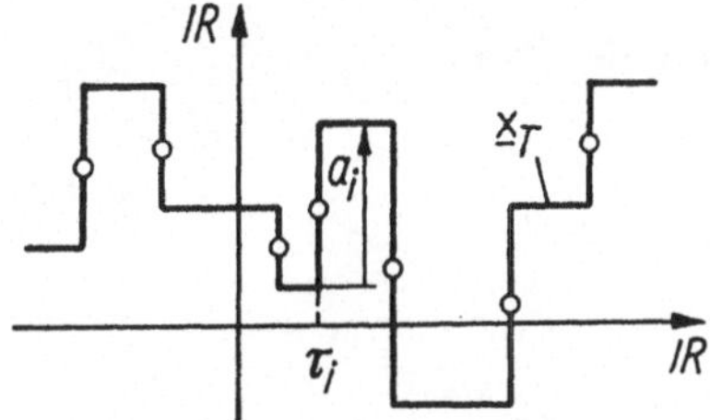

Abb. 1.13. Treppensignal.

Die Größe a_i ist die Sprunghöhe (Treppenhöhe) an der Stelle τ_i und vorzeichenrichtig in (1.38) bzw. (1.39) einzusetzen. (Bei einem Sprung in Richtung größerer positiver Signalwerte ist $a_i > 0$; andernfalls gilt $a_i < 0$.) Der Signalwert des Treppensignals an einer Sprungstelle ergibt sich aus der Definition des Sprungsignals (1.6) als Mittelwert von rechts- und linksseitigem Grenzwert (vgl. auch Abschn. 1.1.2). Ist $\underline{x}_T$ grafisch gegeben, so liefert (1.39) eine analytische Darstellung von $\underline{x}_T$ ($\underline{x}_T(t) = 0$ für $t < t_0$).

Bemerkung: Die Formel (1.38) gilt jedenfalls für endlich viele Sprungstellen. Sie kann leicht verallgemeinert werden auf den Fall, daß in jedem endlichen Teilintervall von $T = \mathbb{R}$ nur endlich viele Sprungstellen liegen.

1.1.2 Signale allgemeineren Typs

1.1.2.1 Periodische und getastete Signale

Die beiden folgenden Signalarten sind für die Anwendungen besonders wichtig:

I. Periodisches Signal: Ein Signal $\underline{x}$ heißt periodisch, wenn für beliebige t gilt

$$\underline{x}(t) = \underline{x}(t \pm kT_0) \qquad (k \in \mathbb{N}). \tag{1.40}$$

In dieser Gleichung bezeichnet T_0 die Periodendauer, d. h. T_0 ist die kleinste Zahl, für die (1.40) gilt. Abb. 1.14 zeigt ein periodisches Signal. Das Signal innerhalb einer Periodendauer T_0 ist in Abb. 1.15 dargestellt. Wir bezeichnen dieses Signal mit $\underline{x}_0$, und es gilt allgemein

$$\underline{x}_0: \qquad \underline{x}_0(t) = \begin{cases} \underline{x}(t) & t \in [t_1, t_1 + T_0) \\ 0 & t \notin [t_1, t_1 + T_0). \end{cases} \tag{1.41}$$

In Abb. 1.15 ist speziell $t_1 = -T_0/2$ gesetzt worden. Man beachte, daß das Periodenintervall links abgeschlossen ist, d. h., der Signalwert $\underline{x}(t_1)$ gehört zu $\underline{x}_0$.

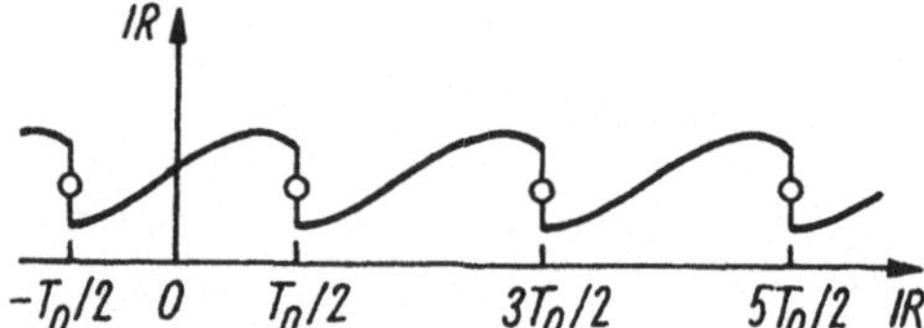
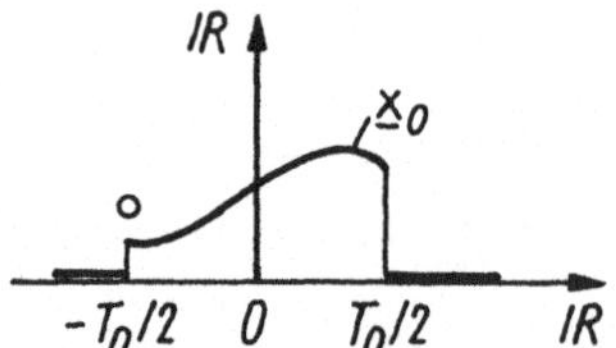

Abb. 1.14. Periodisches Signal.   **Abb. 1.15.** Signalverlauf in einer Periode.

Ein beliebiges periodisches Signal kann demnach in der Form

$$\underline{x} = \sum_{k=-\infty}^{\infty} \underline{S}^{kT_0}(\underline{x}_0) \tag{1.42}$$

dargestellt werden.

II. Getastetes Signal: Unter einem getasteten Signal verstehen wir ein periodisches Signal, das durch ein weiteres Signal $\underline{x}$ moduliert ist. In Abb. 1.16 ist dieser Sachverhalt dargestellt. Gegeben ist das Signal $\underline{x}$, das durch ein periodisches Signal abgetastet werden soll. Von diesem periodischen Signal ist in Abb. 1.16 nur das Signal $\underline{x}_0$ in einer Periode eingezeichnet. Bei der Abtastung werden die Signalwerte von $\underline{x}_0$ mit den Signalwerten $\underline{x}(t)$ des abzutastenden Signals multipliziert, so daß

$$\tilde{\underline{x}}(t) = \sum_{k=-\infty}^{\infty} \underline{x}(kT_0)\underline{x}_0(t - kT_0) \tag{1.43-a}$$

gilt, wenn man mit $\tilde{\underline{x}}$ das durch $\underline{x}_0$ abgetastete Signal $\underline{x}$ bezeichnet.

Abb. 1.17 zeigt noch die Abtastung eines Signals $\underline{x}$ durch schmale Rechtecksignale. In diesem Beispiel ist speziell $\underline{x}_0 = \delta_\varepsilon$. Man kann also schreiben

$$\tilde{\underline{x}} = \sum_{k=-\infty}^{\infty} \underline{x}(kT_0)\underline{S}^{kT_0}(\delta_\varepsilon). \tag{1.43-b}$$

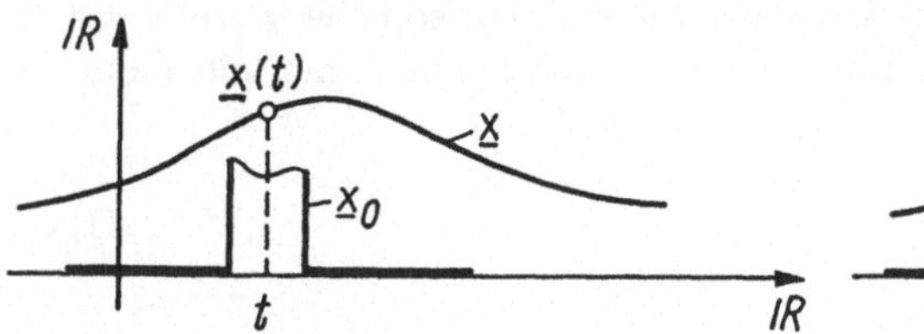

Abb. 1.16. Getastetes Signal.

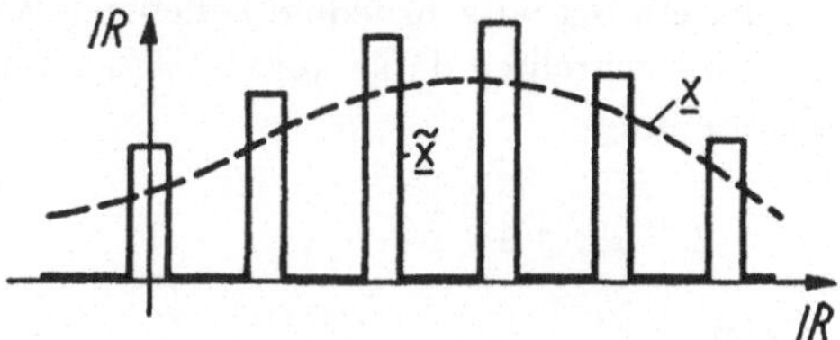

Abb. 1.17. Abtastung mit Rechtecksignal.

1.1.2.2 Stückweise stetige Signale

Ein beliebiges, stückweise stetiges Signal ist in Abb. 1.18 dargestellt. Es gilt die folgende Definition:

Ein (auf $T = \mathbb{R}$ definiertes) reelles Signal $\underline{x}$ heißt genau dann *stückweise stetig* , wenn sich jedes endliche Zeitintervall $[a, b] \subset \mathbb{R}$ so in endlich viele Teilintervalle $[a, \tau_1]$, $[\tau_1, \tau_2], \ldots, [\tau_i, \tau_{i+1}], \ldots, [\tau_{n-1}, b]$ zerlegen läßt, daß gilt:

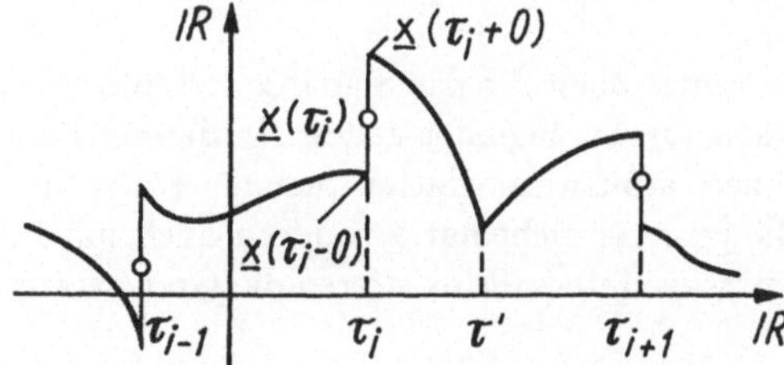

Abb. 1.18. Stückweise stetiges Signal.

a) Zwischen den Teilungspunkten τ_i, τ_{i+1} ($\tau_0 = a$, $\tau_n = b$, $i = 1, 2, \ldots, n$) ist $\underline{x}$ stetig.

b) An den inneren Teilungspunkten τ_i ($i = 1, 2, \ldots, n - 1$) existieren die Grenzwerte $\underline{x}(\tau_i \pm 0)$ von links und rechts, also

$$\lim_{\varepsilon \to 0} \underline{x}(\tau_i \pm \varepsilon) = \underline{x}(\tau_i \pm 0) \qquad (\varepsilon > 0), \tag{1.44}$$

und an den äußeren Teilungspunkten die Grenzwerte $\underline{x}(a + 0)$ und $\underline{x}(b - 0)$.

Der Signalwert $\underline{x}(\tau_i)$ an einer Sprungstelle τ_i wird – gegebenenfalls durch Abänderung des zunächst definierten Wertes $\underline{x}(\tau_i)$ – festgesetzt als Mittelwert von rechts- und linksseitigem Grenzwert

$$\underline{x}(\tau_i) = \frac{1}{2}(\underline{x}(\tau_i + 0) + \underline{x}(\tau_i - 0)). \tag{1.45}$$

Die *Sprunghöhe* a_i an der Stelle τ_i ergibt sich aus

$$a_i = \underline{x}(\tau_i + 0) - \underline{x}(\tau_i - 0). \tag{1.46}$$

Diese Festsetzung des Signalwerts $\underline{x}(\tau_i)$ an einer Sprungstelle nach (1.45) ist willkürlich, physikalisch bedeutungslos, aber, wie wir später sehen werden, mathematisch zweckmäßig. Wesentlich ist, daß $\underline{x}(\tau_i)$ von den rechts- bzw. linksseitigen Grenzwerten $\underline{x}(\tau_i + 0)$ bzw. $\underline{x}(\tau_i - 0)$ zu unterscheiden ist.

Ist ein Signal $\underline{x}$ in jedem beliebigen Zeitpunkt $t \in \mathbb{R}$ stetig, so heißt $\underline{x}$ stetig auf $\mathbb{R}$, und wir schreiben dafür kurz $\underline{x} = \underline{x}_C$. Für ein stückweise stetiges Signal gilt dann die Darstellung

$$\underline{x} = \underline{x}_C + \underline{x}_T \tag{1.47}$$

wobei

$$\underline{x}_T : \quad \underline{x}_T(t) = \sum_i a_i s(t - \tau_i)$$

ein Treppensignal ist. *Jedes stückweise stetige Signal kann also als Summe eines stetigen und eines Treppensignals dargestellt werden.*

Wenn $\underline{x}$ im Innern des Intervalls $[\tau_i, \tau_{i+1}]$ stetig ist, so kann es dort Punkte geben, an denen $\underline{x}$ nicht differenzierbar ist (z. B. der Punkt τ' in Abb. 1.18). Man kann dann $[\tau_i, \tau_{i+1}]$ weiter unterteilen und so möglicherweise erreichen, daß $\underline{x}$ im Innern der Intervalle dieser verfeinerten Unterteilung differenzierbar ist (z. B. im Innern der Intervalle $[\tau_i, \tau']$ und $[\tau', \tau_{i+1}]$ in Abb. 1.18).

Ein Sonderfall liegt daher vor, wenn die weiter oben für das Signal $\underline{x}$ formulierten beiden Bedingungen der stückweisen Stetigkeit für das Signal $\underline{\dot{x}}$ gelten. In diesem Fall heißt das Signal $\underline{x}$ *stückweise glatt*. Bei einem stückweise glatten Signal ist also im Innern entsprechend gewählter Teilintervalle $[\tau_i, \tau_{i+1}]$ nicht nur $\underline{x}$ sondern auch die 1. Ableitung $\underline{\dot{x}}$ stetig, und an den Randpunkten τ_i der Intervalle existieren die Grenzwerte $\underline{x}(\tau_i \pm 0)$ und $\underline{\dot{x}}(\tau_i \pm 0)$.

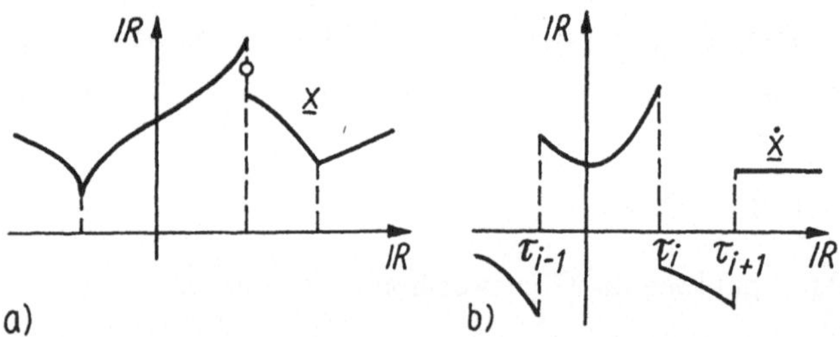

Abb. 1.19. Stückweise glattes Signal: a) Signal $\underline{x}$; b) Ableitung $\underline{\dot{x}}$.

Abb. 1.19a zeigt schematisch die Darstellung eines typischen stückweise glatten Signals $\underline{x}$ und Abb. 1.19b die zugehörige (stückweise stetige) Ableitung $\underline{\dot{x}}$. Mit Signalen dieses Typs werden wir uns noch eingehend beschäftigen müssen.

1.1.2.3 Approximation, Darstellung stetiger Signale

In Abb. 1.20 wird anschaulich gezeigt, wie ein stetiges Signal $\underline{x}_C$ durch ein Treppensignal $\underline{x}_T$ approximiert werden kann. Es gilt also näherungsweise

$$\begin{aligned} \underline{x}_C &\approx \underline{x}_T \\ \underline{x}_T &= \sum_i a_i \cdot \underline{S}^{\tau_i}(s) \end{aligned} \tag{1.48}$$

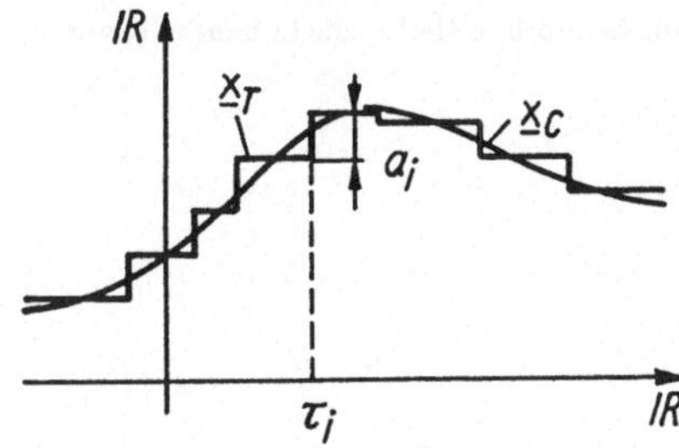

Abb. 1.20. Approximation eines stetigen Signals durch ein Treppensignal.

Die Approximation kann mit beliebiger Genauigkeit durchgeführt werden, wenn man nur die Sprunghöhe zwischen den Treppenstufen und deren zeitlichen Abstand fein genug unterteilt. Durch Übergang von einer zunächst groben zu einer immer feineren Unterteilung der Sprunghöhen und zeitlichen Abstände der Treppenstufen erhält man zur näherungsweisen Darstellung eines stetigen Signals $\underline{x}_C$ auf diese Weise eine Folge von Treppensignalen $(\underline{x}_{T,n})_{n \in \mathbb{N}}$, so daß für alle $n > n_0(\varepsilon)$ gilt

$$|\underline{x}_C(t) - \underline{x}_{T,n}(t)| < \varepsilon. \tag{1.49}$$

1.1.3 Aufgaben zum Abschnitt 1.1

1.1-1 a) Gegeben sind die Signale $\underline{x}_1$ und $\underline{x}_2$. Man zeige die Gültigkeit der Regel

$$\alpha \cdot (\underline{x}_1 * \underline{x}_2) = (\alpha \cdot \underline{x}_1) * \underline{x}_2 \qquad (\alpha \in \mathbb{R})!$$

b) Man veranschauliche die Regel $\underline{S}^\tau(\underline{D}(\underline{x})) = \underline{D}(\underline{S}^\tau(\underline{x}))$ für
$\underline{x}:$ $\underline{x}(t) = A e^{-at^2}$ $(A, a \in \mathbb{R}; a > 0)$ grafisch und rechnerisch!

1.1-2 Man berechne für das Sprungsignal s die folgenden Signale:

a) $s * s$ **b)** $s * s * s$ **c)** $s * s * \ldots * s$ (n-mal)!

1.1-3 Gegeben sind die Signale $\underline{x}_1 : \underline{x}_1(t) = t^2 s(t)$ und $\underline{x}_2 : \underline{x}_2(t) = t^3 s(t)$. Man bestimme das Signal $\underline{x}_3 = \underline{x}_1 * \underline{x}_2$ und zeige an diesem Beispiel die Richtigkeit der Regel

$$\underline{D}(\underline{x}_1 * \underline{x}_2) = \underline{D}(\underline{x}_1) * \underline{x}_2!$$

1.1-4 Man stelle das Treppensignal $\underline{x}_T$ (Abb. 1.1-4) in der Form

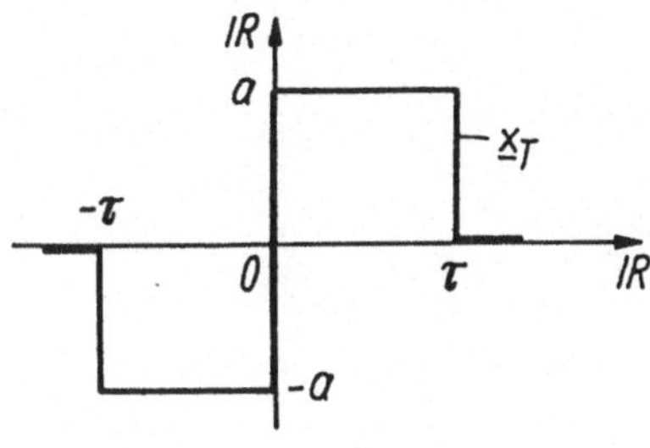

Abb. 1.1-4 .

$$\underline{x}_T = \sum_i a_i \cdot \underline{S}^{\tau_i}(s)$$

durch eine Summe von zeitverschobenen Sprungsignalen dar!

1.1-5 Man stelle das Polygonsignal $\underline{x}_P$ (Abb. 1.1-5) durch eine Summe zeitlich verschobener Rampen-
pensignale dar!

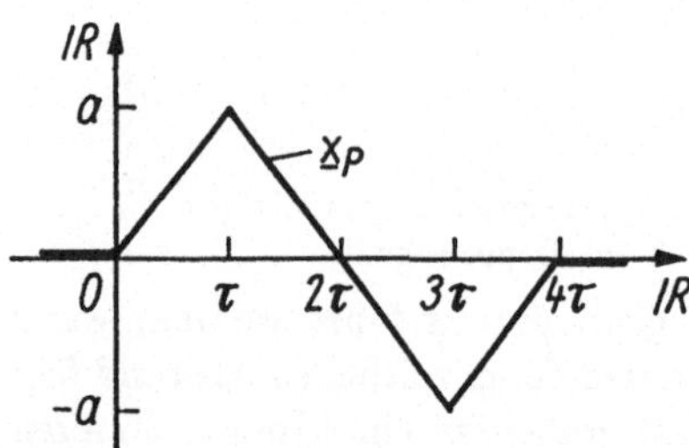

Abb. 1.1-5 .

1.1-6 Man zeige, daß für jedes stetige Signal $\underline{x}_C$ gilt

a) $\underline{x}_C * \delta = \underline{x}_C$ b) $\underline{x}_C * s = \underline{D}^{-1}(\underline{x}_C)$!

1.1-7 a) Man zerlege das stückweise stetige Signal $\underline{x}$ (Abb. 1.1-7) in ein stetiges Signal $\underline{x}_C$ und ein
Treppensignal $\underline{x}_T$!

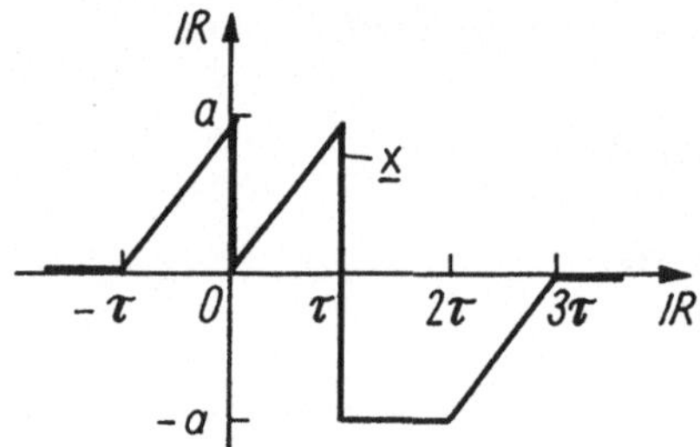

Abb. 1.1-7 .

b) Man stelle $\underline{x}$ als Summe von zeitverschobenen Sprung- und Rampensignalen dar!

1.2 Lineare Signalräume

1.2.1 Fourier–Transformation

1.2.1.1 Signalraum

Bei der Verknüpfung von zwei oder mehr Signalen eines bestimmten Typs kann es vorkommen, daß das Ergebnis dieser Verknüpfung wieder ein Signal des betreffenden Typs ist oder auch nicht. So ergibt z. B. die Summe zweier stetiger Signale wieder ein stetiges Signal, das Produkt zweier Treppensignale wieder ein Treppensignal usw. Andererseits ergibt aber z. B. die Faltung zweier Treppensignale kein Treppensignal. Im ersten Fall heißt die Menge der stetigen Signale abgeschlossen bezüglich der Addition bzw. Multiplikation, während im zweiten Fall die Menge der Treppensignale bezüglich der Faltung nicht abgeschlossen ist.

Die Unterscheidung dieser Fälle führt uns zum Begriff des Signalraums. Hierfür gilt die folgende

---

Definition: Eine Menge $\underline{X}$ von Signalen $\underline{x}$, die bezüglich der auf $\underline{X}$ definierten Operation $\Diamond$ abgeschlossen ist (ein Gruppoid bildet), in Zeichen

$$(\underline{x}_1 \in \underline{X}) \wedge (\underline{x}_2 \in \underline{X}) \Rightarrow (\underline{x}_1 \Diamond \underline{x}_2) \in \underline{X}, \tag{1.50}$$

heißt *Signalraum.*

Hierbei bezeichnet das Symbol $\Diamond$ eine beliebige zweistellige Operation, z. B. $+$, $*$, $\cup$ usw. Signalräume, die nur operationsabgeschlossen sind, also bezüglich ihrer Operationen lediglich Gruppoide bilden, sind im allgemeinen für wichtige Anwendungen zu schwach strukturiert. Brauchbare Signalräume sind immer „höhere" Strukturen, z. B. Gruppen, Ringe, lineare Räume usw. Als Beispiele hierzu seien noch die folgenden wichtigen Signalräume angeführt:

Bezeichnung	Signalraum $\underline{X} \subset \mathbb{R}^{\mathbb{R}}$	Eigenschaften
$\underline{C}^n$	Menge aller Signale mit stetiger n-ter Ableitung	I. Assoziativ-kommutativer Ring bezüglich der Operationen $+$ und $\cdot$
$\underline{T}$	Menge aller Treppensignale	
$\underline{C}_T$	Menge aller stückweise stetigen Signale	II. Linearer Raum (Vektorraum) bezüglich Addition und Skalarmultiplikation
$\underline{C}_T^1$	Menge aller stückweise glatten Signale	
$\underline{L}_p$	Menge aller absolut integrierbaren Signale mit $\int_{-\infty}^{\infty} |\underline{x}(t)|^p \, dt < \infty$	Linearer Raum

Ist speziell im letzten Beispiel $p = 1$, so erhalten wir die Menge $\underline{L}_1$ der absolut integrierbaren Signale mit der Eigenschaft

$$\int\limits_{-\infty}^{\infty} |\underline{x}(t)|\, dt < \infty. \tag{1.51}$$

Im Zusammenhang mit dem Begriff des Signalraums soll noch auf einen wesentlichen Sachverhalt hingewiesen werden.

Für die im Rahmen der Systemtheorie (und damit speziell der Systemanalyse) zu lösenden Augfaben ist es wichtig, geeignete Signalräume auszuwählen, weil der mathematische Apparat, der für die zu behandelnden Probleme in Anwendung gebracht werden muß, hauptsächlich durch diese Signalräume bestimmt wird. Bei der Auswahl geeigneter Signalräume sind folgende zwei Wege grundsätzlich gangbar:

a) Man konstruiert einen Signalraum mit den Eigenschaften eines Integritätsrings und entwickelt daraus einen Quotientenkörper. Bei der Beschreibung digitaler Systeme haben wir von dieser Möglichkeit Gebrauch gemacht [WS93]. Bei der Behandlung analoger Systeme kann man diesen Weg ebenfalls beschreiten und gelangt dabei zu den Methoden der von *Mikusinski* entwickelten *Operatorenrechnung*.

b) Die zweite Möglichkeit besteht darin, solche Signalräume zu verwenden, die gleichzeitig lineare Räume bilden. Wir wollen bei den weiteren Ausführungen diesen zweiten Weg verfolgen, weil sich hier bestimmte physikalische Begriffe, die bei der Beschreibung von Signalen in der Technik ebenfalls eine bedeutsame Rolle spielen (z. B. der Begriff des Spektrums), leichter ableiten lassen, als dies bei dem rein algebraischen Herangehen auf dem zuerst genannten Weg möglich wäre.

1.2.1.2 Fourier–Reihe

Im Abschnitt 1.1.2 wurden einige Möglichkeiten der Darstellung komplizierterer Signale durch einfachere Signale angegeben. Wir wollen nun eine dieser Möglichkeiten noch etwas näher untersuchen und kehren zu diesem Zweck zu der in Abb. 1.14 gegebenen Darstellung eines periodischen Signals zurück. Ein solches Signal $\underline{x}$ kann, wie bereits angegeben, in der Form

$$\underline{x} = \sum_{k=-\infty}^{\infty} \underline{S}^{kT_0}(\underline{x}_0) \tag{1.52}$$

aufgeschrieben werden. Die Zeit T_0 ist in dieser Gleichung die Periodendauer, durch die die Kreisfrequenz

$$\omega_T = \frac{2\pi}{T_0} \tag{1.53}$$

festgelegt ist.

Bezeichnet man mit $\underline{X}_{T_0} \subset \underline{C}_T^1$ die Menge aller periodischen Signale $\underline{x}$ mit der Periodendauer T_0 aus dem linearen Raum $\underline{C}_T^1$ (Menge aller stückweise glatten Signale), so kann jedes $\underline{x} \in \underline{X}_{T_0}$, wie aus der Analysis bekannt ist, in der Form

$$\underline{x}(t) = \sum_{k=-\infty}^{\infty} c(\omega_k)e^{j\omega_k t} \tag{1.54}$$

mit

$$c(\omega_k) = \frac{1}{T_0} \int\limits_{-T_0/2}^{T_0/2} \underline{x}(t) e^{-j\omega_k t} \, dt \tag{1.55}$$

dargestellt werden. In diesen Gleichungen ist

$$\omega_k = k\omega_T = k\frac{2\pi}{T_0} \qquad (k \in \mathbb{Z}) \tag{1.56-a}$$

und

$$\Delta\omega_k = \omega_{k+1} - \omega_k = \omega_T. \tag{1.56-b}$$

Die Reihendarstellung (1.54) heißt *komplexe Fourier-Reihe*. Die Reihenkoeffizienten

$$c(\omega_k) = c(k\omega_T) = c_k \tag{1.57}$$

bilden in ihrer Gesamtheit das *Spektrum*

$$c = (c(\omega_k))_{k \in \mathbb{Z}} \tag{1.58}$$

des Signals $\underline{x}$. Aus der Berechnungsvorschrift für die Reihenkoeffizienten (1.55) und dem aus (1.56-a) und (1.56-b) sofort abzulesenden Zusammenhang

$$\omega_{-k} = -\omega_k \tag{1.59}$$

folgt, daß die Reihenkoeffizienten die Eigenschaft

$$c(\omega_{-k}) = \overline{c(\omega_k)} \tag{1.60}$$

haben. (Mit dem Querstrich bezeichnen wir den konjugiert komplexen Wert.) Der Koeffizient

$$c(\omega_0) = \frac{1}{T_0} \int\limits_{-T_0/2}^{T_0/2} \underline{x}(t) \, dt \qquad (\omega_0 = 0) \tag{1.61}$$

ist stets reell. In Abb. 1.21 sind die Koeffizienten $c(\omega_k)$ in der komplexen Ebene anschaulich dargestellt.

Aus der Darstellung eines periodischen Signals $\underline{x}$ durch eine komplexe Fourier-Reihe ergeben sich noch die nachstehenden Folgerungen:

Die komplexe Fourier-Reihe (1.54) besteht aus konjugiert komplexen Summanden. Da die Summe zweier konjugiert komplexer Zahlen z und $\overline{z}$ aber gerade den zweifachen Realteil von z ergibt, kann anstelle von (1.54) auch geschrieben werden

$$\begin{aligned}
\underline{x}(t) &= \sum_{k=-\infty}^{\infty} c(\omega_k) e^{j\omega_k t} = c(0) + \sum_{k=1}^{\infty} 2\,\mathrm{Re}\left(c(\omega_k) e^{j\omega_k t}\right) \\
&= c(0) + \sum_{k=1}^{\infty} 2|c(\omega_k)| \cos(\omega_k t + \arg c(\omega_k)) \tag{1.62} \\
&= c(0) + \sum_{k=1}^{\infty} (a(\omega_k) \cos \omega_k t + b(\omega_k) \sin \omega_k t). \tag{1.63}
\end{aligned}$$

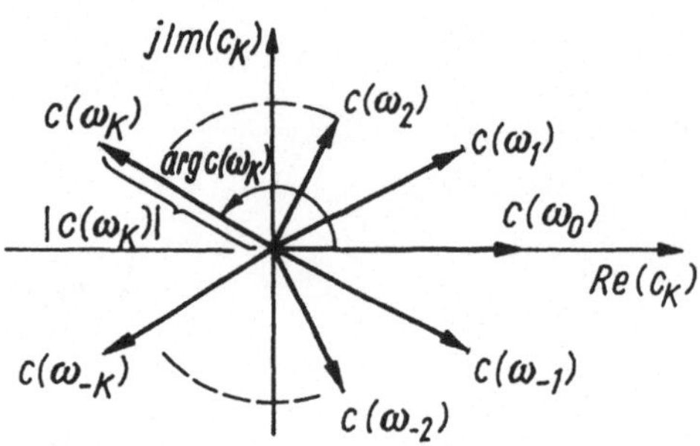

Abb. 1.21. Komplexes Spektrum.

In der letzten Gleichung wurde noch

$$2|c(\omega_k)|\cos(\arg c(\omega_k)) = a(\omega_k)$$

und

$$-2|c(\omega_k)|\sin(\arg c(\omega_k)) = b(\omega_k)$$

gesetzt. Die Gleichung (1.63) stellt die in der Analysis und auch in der Technik sehr häufig verwendete *reelle Fourier–Reihe* dar, die eine äquivalente Darstellungsform der komplexen Fourier–Reihe ist.

Aus der Darstellung (1.62) werden noch folgende Definitionen abgeleitet:

Die Folge $(c(\omega_k))_{k\in\mathbf{Z}}$ bildet das *Amplitudenspektrum* und die Folge $(\arg c(\omega_k))_{k\in\mathbf{Z}}$ das *Phasenspektrum* des periodischen Signals $\underline{x}$. Eine schematische Darstellung des Amplituden- und Phasenspektrums wird in Abb. 1.22 gezeigt. Da $c(\omega_k)$ und $c(\omega_{-k})$ zueinander konjugiert komplexe Zahlen sind, gilt in der Darstellung des Amplitudenspektrums $|c(\omega_k)| = |c(\omega_{-k})|$ (gerade Funktion), und in der Darstellung des Phasenspektrums ist $\arg c(\omega_k) = -\arg c(\omega_{-k})$ (ungerade Funktion). Diese Darstellung kann auch wie folgt interpretiert werden: Das mit T_0 periodische Signal $\underline{x}$ besteht aus einer Summe (Überlagerung) von unendlich vielen kosinusförmigen Signalen mit den Frequenzen ω_k, deren Amplituden und Phasen aus Abb. 1.22 entnommen werden können.

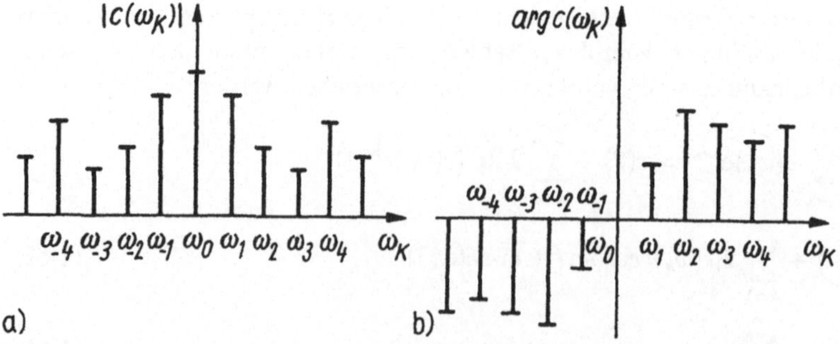

Abb. 1.22. Diskretes Spektrum: a) Amplitudenspektrum; b) Phasenspektrum.

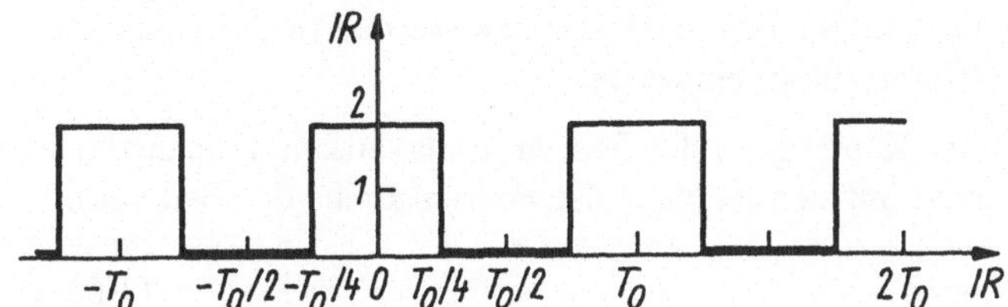

Abb. 1.23. Periodisches Rechtecksignal.

Beispiel: Wir betrachten das periodische Rechtecksignal Abb. 1.23. Hier erhalten wir

$$
c(\omega_k) = \frac{1}{T_0} \int\limits_{-T_0/4}^{T_0/4} 2e^{-j\omega_k t}\, dt = \frac{4}{\omega_k T_0} \sin \frac{\omega_k T_0}{4}.
$$

Mit $\omega_k = 2k\pi/T_0$ folgt

$$
c(\omega_k) = c_k = \frac{2}{k\pi} \sin \frac{k\pi}{2}
$$

und damit die Darstellung von $\underline{x}$ als komplexe Fourier–Reihe in der Form

$$
\underline{x}(t) = \sum_{k=-\infty}^{\infty} \frac{2}{k\pi} \sin \frac{k\pi}{2} e^{jk(2\pi/T_0)t}
$$

oder als reelle Fourier–Reihe nach (1.62)

$$
\begin{aligned}
\underline{x}(t) &= 1 + \frac{4}{k\pi} \sum_{k=1}^{\infty} \sin \frac{k\pi}{2} \cos k\frac{2\pi}{T_0} \\
&= 1 + \frac{4}{\pi}\left(\cos \frac{2\pi}{T_0}t - \frac{1}{3}\cos 3\frac{2\pi}{T_0}t + \frac{1}{5}\cos 5\frac{2\pi}{T_0}t \mp \ldots \right).
\end{aligned}
$$

An den Sprungstellen, z. B. an der Stelle $t = T_0/4$, liefert die Reihe den Funktionswert $\underline{x}(T_0/4) = 1$. Das ist gerade der Mittelwert von rechts- und linksseitigem Grenzwert entsprechend der im Abschnitt 1.1.2 (Gl. (1.45)) getroffenen Festsetzung. Das soeben betrachtete Beispiel stellt insofern einen Sonderfall dar, als hier das Spektrum rein reell ist. Einen allgemeineren Fall mit komplexem Spektrum finden wir in den anschließenden Übungen (Aufgabe 1.2-2).   □

Abschließend sollen die wichtigsten Ergebnisse noch einmal kurz zusammengefaßt werden:

a) Jedem periodischen Signal $\underline{x}$ aus $\underline{X}_{T_0}$ ist ein komplexes Spektrum c zugeordnet, in Zeichen:

$$
\underline{x} \to c \qquad (\underline{x} \in \underline{X}_{T_0},\ c \in \mathbb{C}^{\mathbb{Z}}). \tag{1.64}
$$

Das Spektrum c ist eine Folge von komplexen Zahlen.

b) Das Signal $\underline{x} \in \underline{X}_{T_0}$ kann durch das Spektrum c *dargestellt* werden, und zwar in Form einer Fourier–Reihe. Das Spektrum ist also gewissermaßen das Charakterbild des Signals und bestimmt dieses eindeutig.

c) Aus Gründen, die mit der Konvergenz der Fourier–Reihe zusammenhängen, ist leicht einzusehen, daß die Koeffizienten $c(\omega_k)$ der Fourier–Reihe der Bedingung

$$|c(\omega_k)| \rightarrow 0 \text{ für } k \rightarrow \infty \tag{1.65-a}$$

genügen müssen. Außerdem gilt der Zusammenhang

$$\sum_{k=-\infty}^{\infty} |c(\omega_k)|^2 = \frac{1}{T_0} \int\limits_{-T_0/2}^{T_0/2} |\underline{x}(t)|^2 \, dt. \tag{1.65-b}$$

(Zum Beweis dieser Gleichung löse man die Übungsaufgabe 1.2-7.)

Folgender Gesichtspunkt ist bei der Darstellung eines Signals als Fourier–Reihe besonders wesentlich: Ein Signal ist mathematisch gesehen eine Abbildung und somit eine relativ „komplizierte" Menge. Das Spektrum c, das dem Signal $\underline{x}$ zugeordnet ist, ist aber als Folge komplexer Zahlen eine relativ „einfache" Menge. Durch die Fourier–Reihenentwicklung ergibt sich also auf diese Weise eine Vereinfachung des Darstellungsproblems, nämlich des Problems, ein Signal $\underline{x}$ so durch ein anderes (möglichst einfaches) mathematisches Objekt $\underline{x}^*$ zu charakterisieren, daß es aus $\underline{x}^*$ „zurückgewonnen" werden kann.

Liegt $\underline{x}$ in $\underline{X}_{T_0}$ und ist $\underline{x}^* = c$ das Fourier–Spektrum von $\underline{x}$, so kann man mit der Rechenvorschrift (1.54) $\underline{x}$ zurückerhalten. Die Einschränkung $\underline{x} \in \underline{X}_{T_0}$ ist dabei nicht unwesentlich; für $\underline{x} \notin \underline{X}_{T_0}$ braucht dieser Sachverhalt nicht zuzutreffen. Bei der Diskussion des Fourier–Integrals (s. Abschn. 1.2.1.4) kommen wir hierauf noch einmal zurück.

1.2.1.3 Fourier–Integral

Wird bei einem periodischen Signal die Periodendauer T_0 immer mehr vergrößert, so geht dieses Signal in ein *nichtperiodisches Signal* über. In Abb. 1.24 ist dieser Übergang veranschaulicht. Gegeben ist ein nichtperiodisches Signal $\underline{x} \in \underline{C}_T^1$ sowie ein periodisches Signal aus $\underline{X}_{T_0}$, das im Intervall $[-T_0/2, T_0/2]$ durch $\underline{x}_0$ gegeben ist und dort mit $\underline{x}$ übereinstimmt, d. h., es gilt

$$\underline{x}_0(t) = \begin{cases} \underline{x}(t) & t \in [-T_0/2, T_0/2] \\ 0 & t \notin [-T_0/2, T_0/2]. \end{cases} \tag{1.66}$$

Vergrößern wir nun T_0, so geht unter Berücksichtigung der letzten Gleichung das periodische Signal in das nichtperiodische Signal über.

Wir wollen nun untersuchen, welche Konsequenzen sich für die Fourier–Reihendarstellung des periodischen Signals bei diesem Grenzübergang ergeben. Wir beschränken uns dabei unter Verzicht auf volle mathematische Strenge auf die Darlegung der Hauptgedanken.

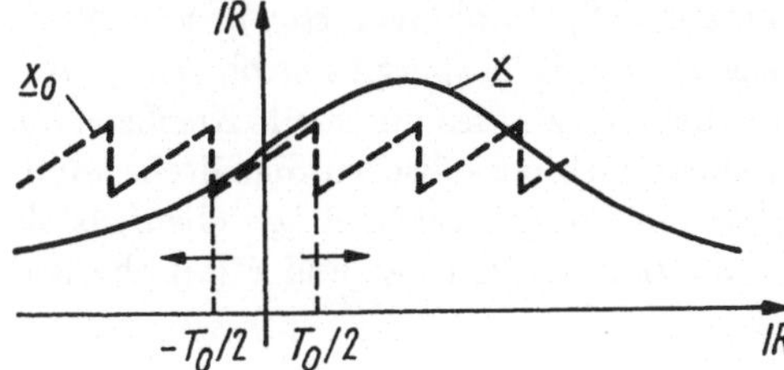

Abb. 1.24. Übergang von einem periodischen zu einem nichtperiodischen Signal.

Zunächst setzen wir voraus, daß $\underline{x}$ absolut integrierbar ist ($\underline{x} \in \underline{L}_1$), d.h., es gilt

$$\int\limits_{-\infty}^{\infty} |\underline{x}(t)|\, dt < \infty.$$

Dazu ist notwendig, daß $\underline{x}(t)$ für $t \to \infty$ verschwindet. Dann folgt aus (1.53) und (1.55) näherungsweise für große T_0

$$T_0 c(\omega_k) = \frac{2\pi}{\omega_T} c(\omega_k) = \int\limits_{-T_0/2}^{T_0/2} \underline{x}(t) e^{-j\omega_k t}\, dt$$

$$\approx \int\limits_{-\infty}^{\infty} \underline{x}(t) e^{-j\omega_k t}\, dt = \underline{x}^*(\omega_k). \tag{1.67}$$

Die letzte Gleichung gilt offensichtlich um so genauer, je größer T_0 ist. Aus ihr folgt die Näherung

$$c(\omega_k) \approx \frac{\omega_T}{2\pi} \underline{x}^*(\omega_k),$$

die in (1.54) eingesetzt mit (1.56-b)

$$\underline{x}(t) \approx \frac{1}{2\pi} \sum_{k=-\infty}^{\infty} \underline{x}^*(\omega_k) e^{j\omega_k t} \omega_T = \frac{1}{2\pi} \sum_{k=-\infty}^{\infty} \underline{x}^*(\omega_k) \Delta\omega_k$$

$$\approx \frac{1}{2\pi} \int\limits_{-\infty}^{\infty} \underline{x}^*(\omega) e^{j\omega t}\, d\omega \tag{1.68}$$

ergibt. Dabei wurde noch berücksichtigt, daß die entstehende Summe für sehr große T_0, d.h. für sehr kleine $\Delta\omega_k = \omega_T = 2\pi/T_0$ (vgl. (1.56-b)), eine Reihe vom Typ der Riemannschen Summe ergibt, deren Grenzwert bekanntlich das Riemannsche Integral ist.

In der bildlichen Darstellung des Amplituden- und Phasenspektrums (Abb. 1.22) ergibt sich beim Grenzübergang $T_0 \to \infty$ wegen der aus (1.53) und (1.56-b) folgenden Beziehung

$$\omega_{k+1} = \omega_k + \frac{2\pi}{T_0}$$

ein immer engeres „Zusammenrücken" der einzelnen Spektrallinien $|c(\omega_k)|$, so daß sich im Grenzfall ein kontinuierliches Amplitudenspektrum $|\underline{x}^*(\omega)|$ ergibt (Abb. 1.25). Anstelle des (diskreten) Spektrums c des periodischen Signals, das durch alle Koeffizienten $c(\omega_k)$ beschrieben wird, haben wir also bei einem nichtperiodischen Signal ein kontinuierliches durch $\underline{x}^*(\omega)$ charakterisiertes Spektrum. Man bezeichnet $|\underline{x}^*|$ ebenfalls als Spektrum, obwohl wegen der Multiplikation mit T_0 in (1.67) $c(\omega_k)$ und $\underline{x}^*(\omega)$ physikalisch unterschiedliche Größen sind.

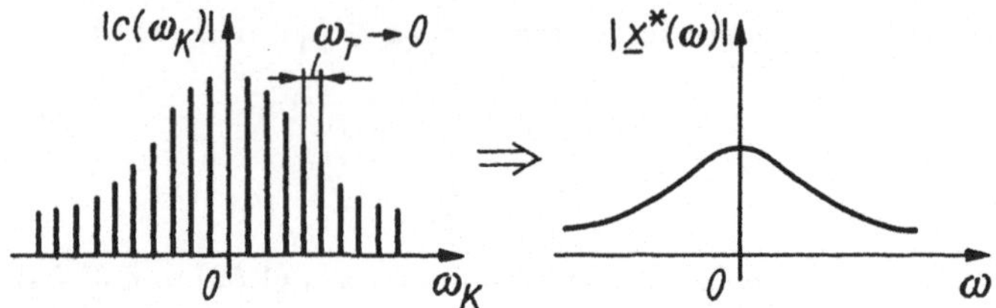

Abb. 1.25. Übergang vom diskreten zum kontinuierlichen Spektrum.

Die obigen physikalisch plausiblen Überlegungen lassen sich streng beweisen, und zusammengefaßt ergibt sich damit der folgende *Satz:*

Ist ein Signal $\underline{x}: T \to \mathbb{R}$ mit $\underline{x} \in \underline{C}_T^1$ absolut integrierbar, gilt also

$$\int\limits_{-\infty}^{\infty} |\underline{x}(t)|\,\mathrm{d}t < \infty \qquad (\underline{x} \in \underline{L}_1),$$

oder kurz $\underline{x} \in \underline{C}_T^1 \cap \underline{L}_1 = \underline{X}_g$, so läßt sich $\underline{x}$ durch ein Integral in der Form

$$\boxed{\underline{x}(t) = \frac{1}{2\pi} \int\limits_{-\infty}^{\infty} \underline{x}^*(\omega)e^{j\omega t}\,\mathrm{d}\omega} \tag{1.69}$$

darstellen. Darin bezeichnet $\underline{x}^*$ das *(Fourier-)Spektrum* des Signals $\underline{x}$, das durch das *Fourier–Integral*

$$\boxed{\underline{x}^*(\omega) = \int\limits_{-\infty}^{\infty} \underline{x}(t)e^{-j\omega t}\,\mathrm{d}t} \tag{1.70}$$

bestimmt werden kann.

In Abb. 1.26 ist dieser Sachverhalt veranschaulicht. Einem Signal $\underline{x}$ wird durch (1.70) ein komplexes Spektrum $\underline{x}^*$ zugeordnet, das in der komplexen Ebene in Abhängigkeit von ω dargestellt werden kann. Man erhält auf diese Weise eine Ortskurve, aus der für beliebige ω der Betrag $|\underline{x}^*(\omega)|$ und das Argument $\arg\underline{x}^*(\omega)$ von $\underline{x}^*(\omega)$ abgelesen werden können. Aus dieser Ortskurve ergibt sich die Darstellung Abb. 1.27, in der $|\underline{x}^*(\omega)|$ und $\arg\underline{x}^*(\omega)$ über ω aufgetragen sind. In Analogie zu den Bezeichnungen bei den periodischen Signalen heißt $|\underline{x}^*|$: $|\underline{x}^*|(\omega) = |\underline{x}^*(\omega)|$ *Amplitudenspektrum* und $\arg\underline{x}^*$: $(\arg\underline{x}^*)(\omega) = \arg\underline{x}^*(\omega)$ *Phasenspektrum* des Signals $\underline{x}$.

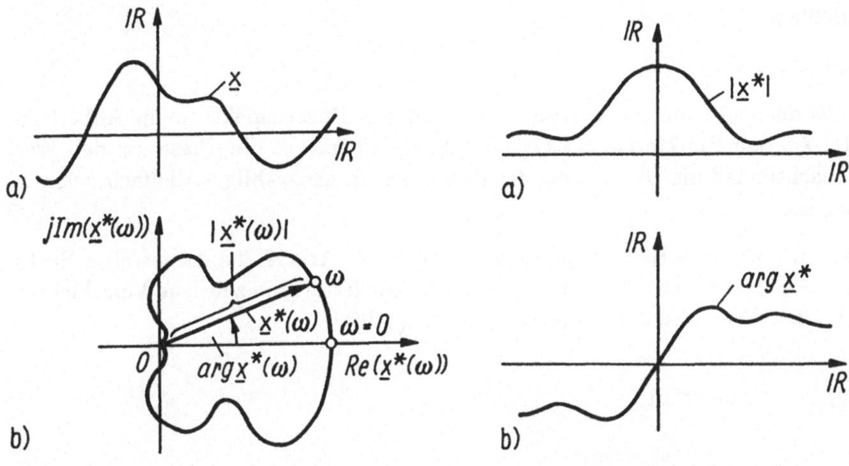

Abb. 1.26. a) Signal;
b) komplexes Spektrum.

Abb. 1.27. a) Amplitudenspektrum;
b) Phasenspektrum.

Wir betrachten nun einige spezielle Signale als Beispiel, von denen wir die komplexen Fourier-Spektren berechnen.

Beispiel 1: In Abb. 1.28a ist ein Rechtecksignal der Höhe a dargestellt. Mit (1.70) erhalten wir

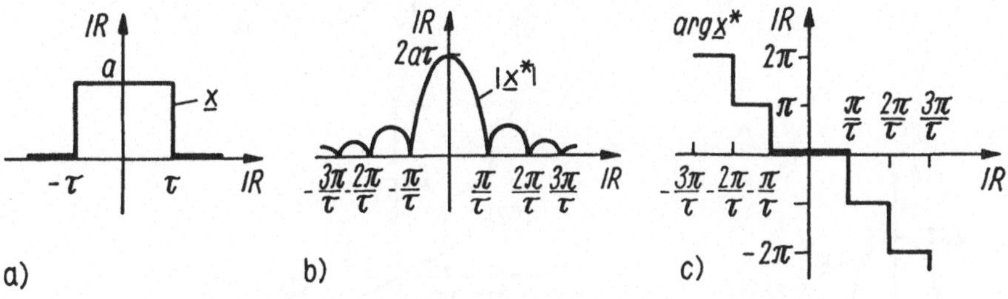

Abb. 1.28. a) Rechtecksignal; b) Amplitudenspektrum; c) Phasenspektrum.

$$
\underline{x}^*(\omega) \;=\; \int\limits_{-\tau}^{\tau} a\,\mathrm{e}^{-\mathrm{j}\omega t}\,\mathrm{d}t = \frac{a}{-\mathrm{j}\omega}\mathrm{e}^{-\mathrm{j}\omega t}\Big|_{-\tau}^{\tau} = \frac{a}{-\mathrm{j}\omega}\left(\mathrm{e}^{-\mathrm{j}\omega\tau} - \mathrm{e}^{\mathrm{j}\omega\tau}\right)
$$

$$
\;=\; 2a\tau\,\frac{\sin\omega\tau}{\omega\tau}.
$$

Setzen wir noch

$$
\frac{\sin x}{x} = \mathrm{si}\,x \qquad \text{(Spaltfunktion)},
$$

so ist schließlich

$$\underline{x}^*(\omega) = 2a\tau\,\mathrm{si}\,\omega\tau. \tag{1.71}$$

Das Amplitudenspektrum ist in Abb. 1.28b und das Phasenspektrum in Abb. 1.28c
dargestellt. An den Punkten $\omega = k\pi/\tau$ ($k \in \mathbb{Z}, k \neq 0$) springt die Phase um den Wert
π. (Man beachte, daß die Darstellung der Phase um ein ganzzahliges Vielfaches von 2π
mehrdeutig ist.) $\square$

Beispiel 2:   Als weiteres Beispiel betrachten wir das in Abb. 1.29a dargestellte Rechtecksignal, das sich von dem oben angegebenen lediglich um eine zeitliche Verschiebung
T unterscheidet. Wir erhalten in diesem Fall mit (1.70)

$$\underline{x}^*(\omega) = \int\limits_{-\tau+T}^{\tau+T} a e^{-j\omega t}\,dt.$$

Mit der Variablensubstitution $t = \tau + T$ ergibt sich

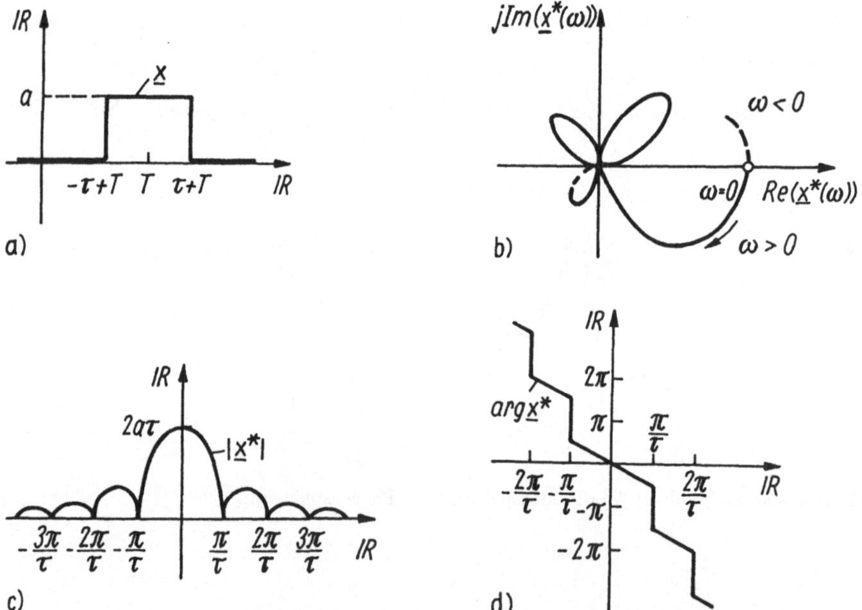

Abb. 1.29. a) Zeitverschobenes Rechtecksignal; b) Fourier–Spektrum; c) Amplitudenspektrum,
d) Phasenspektrum.

$$\underline{x}^*(\omega) = \int\limits_{-\tau}^{\tau} a e^{-j\omega t'} e^{-j\omega T}\,dt' = a e^{-j\omega T}\int\limits_{-\tau}^{\tau} e^{-j\omega t'}\,dt'$$

$$= e^{-j\omega T} 2a\tau\,\mathrm{si}\,\omega\tau. \tag{1.72}$$

Das Ergebnis unterscheidet sich von dem des vorhergehenden Beispiels lediglich durch den Faktor $e^{-j\omega T}$. Abb. 1.29b zeigt die Darstellung von $\underline{x}^*(\omega)$ in der komplexen Ebene qualitativ für $T = \tau/2$. Der Übersichtlichkeit wegen wurde nur der Teil der Ortskurve für $\omega > 0$ eingetragen. Für $\omega < 0$ verläuft die Darstellung spiegelsymmetrisch zur reellen Achse. Abb. 1.29c zeigt das Amplitudenspektrum $|\underline{x}^*|$, das sich wegen $|e^{-j\omega T}| = 1$ nicht von dem des ersten Beispiels unterscheidet. In Abb. 1.29d ist schließlich noch das Phasenspektrum $\arg \underline{x}^*$ angegeben. $\qquad\qquad$ □

Beispiel 3: Als letztes Beispiel betrachten wir noch das in Abb. 1.30a dargestellte schmale Rechtecksignal $\underline{x} = a\delta_\varepsilon$ (vgl. Abschn. 1.1.1). Bei der Berechnung des Fourier–Spektrums dieses Signals können wir die Lösung des Beispiels 1 benutzen, indem wir τ durch ε und a durch $a/2\varepsilon$ ersetzen. Dann erhalten wir

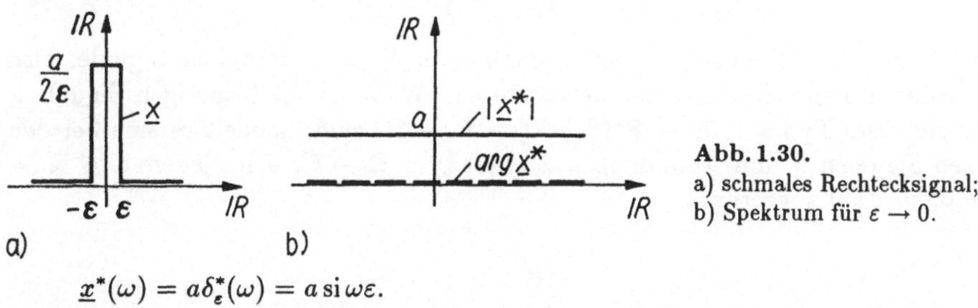

Abb. 1.30.
a) schmales Rechtecksignal;
b) Spektrum für $\varepsilon \to 0$.

$$\underline{x}^*(\omega) = a\delta_\varepsilon^*(\omega) = a\,\mathrm{si}\,\omega\varepsilon.$$

Im Grenzfall $\varepsilon \to 0$ ergibt sich

$$\lim_{\varepsilon \to 0}\underline{x}^*(\omega) = a\delta^*(\omega) = a$$

oder

$$\underline{x}^*(\omega) = 1. \qquad\qquad\qquad (1.73)$$

Die Darstellung von $|\underline{x}^*(\omega)|_{\varepsilon \to 0} = a$ und $\arg \underline{x}^*(\omega)_{\varepsilon \to 0} = 0$ wird in Abb. 1.30b gezeigt. Der Grenzübergang $\varepsilon \to 0$ läßt sich auch in Abb. 1.28b,c anschaulich verfolgen, wenn man beachtet, daß die Nullstellen des Amplitudenspektrums bei $\omega = k\pi/\tau = k\pi/\varepsilon$ nach rechts und links auseinanderlaufen. $\qquad\qquad$ □

Wir geben nun noch einige allgemeine *Eigenschaften* von $\underline{x}^*$ an:

a) Aus Gründen, die mit der Konvergenz des Integrals (1.69) zusammenhängen, folgt

$$\lim_{\omega \to \pm\infty}\underline{x}^*(\omega) = 0. \qquad\qquad (1.74\text{-}a)$$

Den Sonderfall $\delta^*(\omega) = 1$ müssen wir hier ausschließen, da das Impulssignal δ eine Ausnahmerolle spielt (vgl. Abschn. 1.1.1).

b) Für quadratisch integrierbare Signale $\underline{x}$ ($\underline{x} \in \underline{L}_2$) gilt die *Parsevalsche Formel* (vgl. auch (1.65-b) und Übungsaufgabe 1.2-7):

$$\int_{-\infty}^{\infty} |\underline{x}(t)|^2\,\mathrm{d}t = \frac{1}{2\pi}\int_{-\infty}^{\infty} |\underline{x}^*(\omega)|^2\,\mathrm{d}\omega. \qquad (1.74\text{-}b)$$

c) Aus dem Fourier–Integral (1.70) folgt unmittelbar

$$\underline{x}^*(-\omega) = \overline{\underline{x}^*(\omega)}. \tag{1.74-c}$$

Daraus ergibt sich, daß das Amplitudenspektrum $|\underline{x}^*|$ eine gerade und das Phasenspektrum $\arg \underline{x}^*$ eine ungerade Funktion von ω ist.

1.2.1.4 Fourier–Transformation

Aus der Darstellung (1.70) des Fourier–Integrals folgt, daß durch dieses Integral eine Abbildung (Signalabbildung) der Signale $\underline{x}$ des Signalraums $\underline{X}_g = \underline{C}_T^1 \cap \underline{L}_1$ in den Signalraum

$$\underline{X}_g^* = \left\{ \underline{x}^* \mid \underline{x}^*(\omega) = \int\limits_{-\infty}^{\infty} \underline{x}(t)\mathrm{e}^{-\mathrm{j}\omega t}\,\mathrm{d}t,\ \underline{x} \in \underline{X}_g \right\} \tag{1.75}$$

vermittelt wird. Die Elemente $\underline{x}^*$ des Signalraums $\underline{X}_g^*$ sind komplexe Signale, also Signale anderen Typs als die bisher betrachteten. Während die bisherigen Signale $\underline{x}$ Abbildungen vom Typ $\underline{x} :\ T \to \mathbb{R}$ (d. h. $\underline{x} :\ \mathbb{R} \to \mathbb{R}$) sind, handelt es sich bei den komplexen Signalen $\underline{x}^*$ um Abbildungen der Art $\underline{x}^* :\ \mathbb{R} \to \mathbb{C}$, d. h., jedem $\omega \in \mathbb{R}$ ist eine komplexe Zahl zugeordnet.

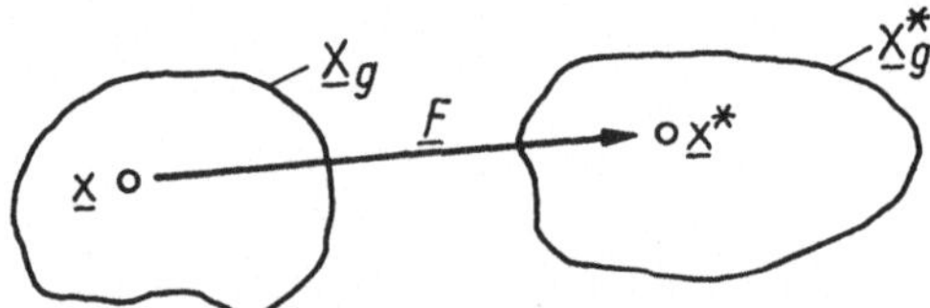

Abb. 1.31. Veranschaulichung der Fourier–Transformation.

Die oben betrachtete Abbildung, die wir mit $\underline{F}$ bezeichnen und die durch

$$\underline{F} :\ \underline{X}_g \to \underline{X}_g^*, \qquad \underline{F}(\underline{x}) = \underline{x}^*;$$

$$\underline{x}^*(\omega) = (\underline{F}(\underline{x}))(\omega) = \int\limits_{-\infty}^{\infty} \underline{x}(t)\mathrm{e}^{-\mathrm{j}\omega t}\,\mathrm{d}t \tag{1.76}$$

definiert ist, heißt *Fourier–Transformation*. In Abb. 1.31 ist diese Abbildung schematisch dargestellt.

Im Zusammenhang mit dieser Transformation ist folgende Terminologie gebräuchlich:

Man nennt $\underline{x}^*$ die *Fourier–Transformierte* oder das *Bild* des Signals $\underline{x}$. Entsprechend heißt der Signalraum $\underline{X}_g^*$ (der Wertebereich von $\underline{F}$) der *Bildbereich* der Fourier–Transformation.

Da die durch $\underline{F}$ vermittelte Abbildung bijektiv (s. [WS93], Abschn. 1.2.2.2) ist, existiert eine inverse Abbildung (Transformation), die wir mit $\underline{F}^{-1}$ bezeichnen. Es gilt also mit (1.69)

$$\underline{F}^{-1} :\ \underline{X}_g^* \to \underline{X}_g, \qquad \underline{F}^{-1}(\underline{x}^*) = \underline{x};$$

$$\underline{x}(t) = (\underline{F}^{-1}(\underline{x}^*))(t) = \frac{1}{2\pi} \int\limits_{-\infty}^{\infty} \underline{x}^*(\omega) e^{j\omega t}\, d\omega. \tag{1.77}$$

Man nennt $\underline{x}$ das *Original* zu $\underline{x}^*$ und den Signalraum $\underline{X}_g$ den *Originalbereich* der Fourier–Transformation.

In der technischen Literatur schreiben wir anstelle von (1.76) und (1.77) kürzer

$$(\underline{F}(\underline{x}))(\omega) = F(\underline{x}(t)) \tag{1.78-a}$$

$$((\underline{F}^{-1}(\underline{x}^*))(t) = F^{-1}(\underline{x}^*(\omega)), \tag{1.78-b}$$

so daß also gilt

$$F(\underline{x}(t)) = \underline{x}^*(\omega) = \int\limits_{-\infty}^{\infty} \underline{x}(t) e^{-j\omega t}\, dt \tag{1.79}$$

$$F^{-1}(\underline{x}^*(\omega)) = \underline{x}(t) = \frac{1}{2\pi} \int\limits_{-\infty}^{\infty} \underline{x}^*(\omega) e^{j\omega t}\, d\omega. \tag{1.80}$$

In diesem Zusammenhang sei bemerkt, daß in der technischen Literatur generell zwischen Abbildungen, z. B. $\underline{x}^*$ und ihren Werten, z. B. $\underline{x}^*(\omega)$, nicht streng unterschieden wird. So wird z. B. auch $\underline{x}^*(\omega)$ oft als Fourier–Transformierte von $\underline{x}(t)$ bezeichnet.

Für das Fourier–Integral bzw. die Fourier–Transformation gelten einige *Rechenregeln*, von denen wir einige am Schluß des Buches (Anhang) in einer Tafel notiert haben. Weitere Regeln findet man z.B. in [Dre75]. Einige der angegebenen Regeln sollen noch kurz erläutert werden.

Die Regel 1 charakterisiert die Fourier–Transformation als *lineare Abbildung* (lineare Transformation) (s. [WS93], Abschnitt 3.1.1). Es gilt also

$$\underline{F}(\alpha \cdot \underline{x}_1 + \beta \cdot \underline{x}_2) = \alpha \cdot \underline{F}(\underline{x}_1) + \beta \cdot \underline{F}(\underline{x}_2). \tag{1.81}$$

Regel 2 besagt, daß man die Fourier–Transformierte (das Spektrum) eines um die Zeit τ verschobenen Signals $\underline{S}^\tau(\underline{x})$ erhält, indem man die Fourier–Transformierte des unverschobenen Signals $\underline{x}$ mit dem Verschiebungsfaktor $e^{-j\omega\tau}$ multipliziert (vgl. auch Beispiel 2 von oben und (1.72)).

Nach Regel 5 erhält man durch Multiplikation des Spektrums eines Signals $\underline{x}$ mit dem Faktor $j\omega$ das Spektrum der ersten zeitlichen Ableitung $\underline{\dot{x}}$ dieses Signals. Das ergibt sich durch folgende Rechnung:

Mit der Voraussetzung $\underline{x}, \underline{\dot{x}} \in \underline{X}_g = \underline{C}_T^1 \cap \underline{L}_1$ (d. h. $\underline{x}$ und $\underline{\dot{x}}$ sind stückweise glatt und absolut integrierbar) ist nach der Regel der partiellen Integration

$$F(\underline{\dot{x}}(t)) = \int\limits_{-\infty}^{\infty} \underline{\dot{x}}(t) e^{-j\omega t}\, dt = \underline{x}(t) e^{-j\omega t}\Big|_{-\infty}^{\infty} + \int\limits_{-\infty}^{\infty} \underline{x}(t) j\omega e^{-j\omega t}\, dt. \tag{1.82}$$

Wegen $\underline{x} \in \underline{L}_1$ ist

$$\lim_{t \to \pm\infty} x(t) = 0$$

und daher

$$F(\underline{\dot{x}}(t)) = j\omega \int_{-\infty}^{\infty} \underline{x}(t)e^{-j\omega t}\, dt = j\omega F(\underline{x}(t)), \tag{1.83}$$

was zu zeigen war.

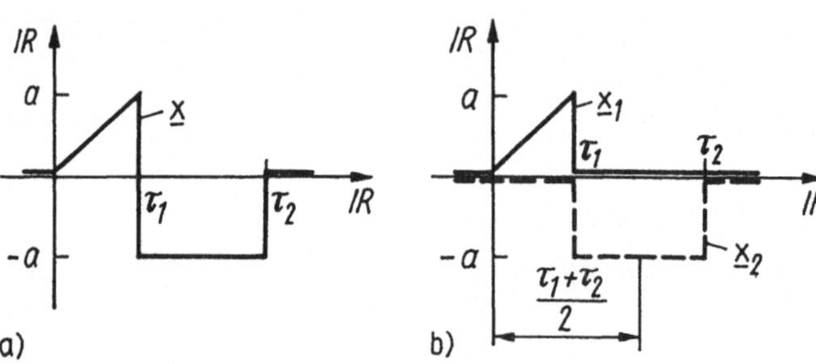

Abb. 1.32. a) Signal; b) Zerlegung.

Auf die Diskussion weiterer Regeln wollen wir verzichten. Ein einfaches Beispiel soll die Anwendung einiger dieser Regeln noch veranschaulichen. In Abb. 1.32a ist ein Signal $\underline{x}$ dargestellt, das wir in der in Abb. 1.32b gezeigten Weise in zwei Signale $\underline{x}_1$ und $\underline{x}_2$ zerlegen können. Hierfür erhalten wir

$$F(\underline{x}_1(t)) = \int_0^{\tau_1} \frac{a}{\tau_1} t e^{-j\omega t}\, dt = \frac{a}{\tau_1}\left(\frac{1}{\omega^2}(e^{-j\omega\tau_1} - 1) - \frac{\tau_1}{j\omega}e^{-j\omega\tau_1}\right)$$

und mit (1.72)

$$F(\underline{x}_2(t)) = e^{-j\omega(1/2)(\tau_1+\tau_2)}a(\tau_2 - \tau_1)\,\mathrm{si}\,\frac{\omega(\tau_2 - \tau_1)}{2}.$$

Für das dargestellte Signal $\underline{x}$ ist dann wegen (1.81)

$$F(\underline{x}(t)) = F(\underline{x}_1(t) + \underline{x}_2(t)) = F(\underline{x}_1(t)) + F(\underline{x}_2(t)).$$

Eine Zerlegung von $\underline{x}$ in einfachere Signale (z. B. Sprung- und Rampensignale) ist nicht möglich, da das Fourier–Integral für diese Signale nicht konvergiert ($s, s^{-1} \notin \underline{L}_1$).

Um die Fourier-Transformierten $\underline{x}^*$ nicht immer wieder neu berechnen zu müssen, stellt man sie in Korrespondenztafeln zusammen (Anhang am Schluß des Buches). Aus gegebenen Korrespondenzen können mit Hilfe der Regeln neue Korrespondenzen errechnet werden. Das demonstriert das nachfolgende

Beispiel: Gegeben sei ein Signal $\underline{x} \in \underline{X}_g$ durch

$$\underline{x}(t) = \frac{\alpha(t - \tau)}{(\alpha^2 + (t - \tau)^2)^2} \qquad (\alpha > 0).$$

Gesucht sei $\underline{x}^*(\omega) = F(\underline{x}(t))$.
  Zunächst gilt

$$\underline{x}(t) = \underline{x}_1(t - \tau) \qquad \text{mit} \qquad \underline{x}_1(t) = \frac{\alpha t}{(\alpha^2 + t^2)^2}$$

und

$$\underline{x}_1(t) = \underline{\dot{x}}_2(t) \qquad \text{mit} \qquad \underline{x}_2(t) = -\frac{\alpha}{2(\alpha^2 + t^2)}.$$

Somit folgt

$$\begin{aligned}
F(\underline{x}(t)) &= \mathrm{e}^{-\mathrm{j}\omega\tau} F(\underline{x}_1(t)) &&\text{(Regel 2)}\\
&= \mathrm{e}^{-\mathrm{j}\omega\tau}\mathrm{j}\omega F(\underline{x}_2(t)) &&\text{(Regel 5)}\\
&= -\mathrm{e}^{-\mathrm{j}\omega\tau}\mathrm{j}\omega\frac{\pi}{2}\mathrm{e}^{-\alpha|\omega|} &&\text{(Korrespondenz 6)}.
\end{aligned}$$

□

Zum Abschluß dieses Abschnitts über die Fourier–Transformation soll noch eine
motivierende Bemerkung hinsichtlich der Anwendungen angeführt werden. Wir werden
feststellen, daß bei bestimmten Systemen zwischen Eingangs- und Ausgangssignal ein
relativ komplizierter Zusammenhang besteht. Dieser Zusammenhang vereinfacht sich
beträchtlich, wenn man anstelle der Signale $\underline{x}$ ihre Fourier–Spektren $\underline{x}^*$ betrachtet. Man
wird also – wie noch näher auszuführen sein wird – bei der Untersuchung des Eingabe–
Ausgabe–Verhaltens dieser Systeme zweckmäßig mit den Spektren rechnen, d. h. am
Anfang der Rechnung den Übergang $\underline{x} \to \underline{x}^*$ vom Signal zum Spektrum vollziehen und
am Ende das Ergebnis, das als Spektrum vorliegt, wieder in ein Signal überführen.
Diese Betrachtungsweise ist möglich und legitim, weil die Abbildung $\underline{F} : \underline{X}_g \to \underline{X}_g^*$
bijektiv und darüber hinaus $\underline{F}$ ein Isomorphismus zwischen dem linearen Raum $\underline{X}_g$ und
dem (offenbar ebenfalls linearen) Raum $\underline{X}_g^*$ ist (vgl. [WS93], Abschn. 1.3.1.4); denn
die Bijektivität und die Linearitätseigenschaft (1.81) von $\underline{F}$ sind nichts anderes als die
Isomorphiebedingung für $\underline{X}_g$ und $\underline{X}_g^*$.

1.2.2 Laplace–Transformation

1.2.2.1 Laplace–Integral

Ein wesentlicher Nachteil des Fourier–Integrals besteht darin, daß dieses Integral für
technisch besonders interessante einfache Signale, z. B. für das Sprungsignal s, das Rampensignal s^{-1} oder das harmonische Signal $\underline{x}_\sim$ nicht konvergiert, da diese Signale nicht
absolut integrierbar sind ($s, s^{-1}, \underline{x}_\sim \notin \underline{L}_1$). Damit besitzen diese Signale auch kein
Fourier–Spektrum. Das Fourier–Integral existiert aber sicherlich für ein Signal $\underline{x}_\sigma$ aus
dem Raum $\underline{C}_T^1 \cap \underline{L}_1$, das in der Form

$$\underline{x}_\sigma(t) = \mathrm{e}^{-\sigma t} s(t)\underline{x}(t) \qquad (\sigma > 0, \text{reell})$$

darstellbar ist. Dann kann man setzen

$$F(\underline{x}_\sigma(t)) = F(e^{-\sigma t}s(t)\underline{x}(t)) = \int_0^\infty \underline{x}(t)e^{-(\sigma+j\omega)t}\,dt \tag{1.84}$$

$$= \underline{x}_\sigma^*(\omega) = \underline{x}^*(\sigma+j\omega).$$

Insbesondere existiert wegen (1.84) das soeben notierte Integral

$$\int_0^\infty \underline{x}(t)e^{-(\sigma+j\omega)t}\,dt = \underline{x}^*(\sigma+j\omega) \tag{1.85}$$

für alle $\sigma > \gamma$, wenn die Signale $\underline{x}$ dem Signalraum

$$\underline{X}_\gamma = \{\underline{x}|\underline{x} \in \underline{C}_T^1;\ \underline{x}(t) = 0\ (t < 0);\ |\underline{x}(t)| < Ke^{\gamma t}\ (t \geq 0)\} \tag{1.86}$$

angehören, da mit $\underline{x} \in \underline{X}_\gamma$ für $\sigma > \gamma$ auch $\underline{x}_\sigma$ immer ein Element aus $\underline{X}_g$ ist. Dieser Signalraum $\underline{X}_\gamma$ wird, wie aus (1.86) ersichtlich, durch die Menge aller stückweise glatten Signale $\underline{x}$ gebildet, die für $t < 0$ verschwinden und deren Betrag für $t \geq 0$ nicht stärker anwächst ($\gamma > 0$) als eine Exponentialfunktion $Ke^{\gamma t}$ ($K, \gamma \in \mathbb{R}$).

Beispiel: Das Signal

$$\underline{x} : \underline{x}(t) = \begin{cases} ae^{t^n} & t > 0, n \in \mathbb{N} \\ 1/2 & t = 0 \\ 0 & t < 0 \end{cases}$$

ist für $n = 1$ ein Element aus $\underline{X}_1$ ($\gamma = 1$) wegen

$$|ae^t| = |a|e^t < 2|a|e^{2t}$$

für $t > 0$. Für $n = 2$ z. B. aber liegt $\underline{x}$ für kein γ in $\underline{X}_\gamma$, denn für beliebige γ und K ist für hinreichend große t immer

$$|ae^{t^2}| > Ke^{\gamma t}.$$

$\square$

Für die Anwendungen ist wesentlich, daß durch diesen Signalraum die meisten technisch interessanten Signale erfaßt werden.

In Abb. 1.33 ist dieser Zusammenhang grafisch veranschaulicht. Abb. 1.33a zeigt die schematische Darstellung eines Signals $\underline{x} \in \underline{X}_\gamma$. Die Signalwerte $\underline{x}(t)$ werden durch den „Trichter" begrenzt, der durch $Ke^{\gamma t}$ und $-Ke^{\gamma t}$ gebildet wird.

In Abb. 1.33b ist die komplexe Ebene dargestellt. Das Konvergenzgebiet des Integrals (1.85) – das sind alle Punkte $p = \sigma + j\omega$ mit $\sigma > \gamma$ – ist darin durch Schraffur gekennzeichnet. Dieses Konvergenzgebiet ist eine Halbebene

$$\mathbb{C}_\gamma = \{p|\operatorname{Re}(p) > \gamma\} \tag{1.87}$$

(*Konvergenzhalbebene*).

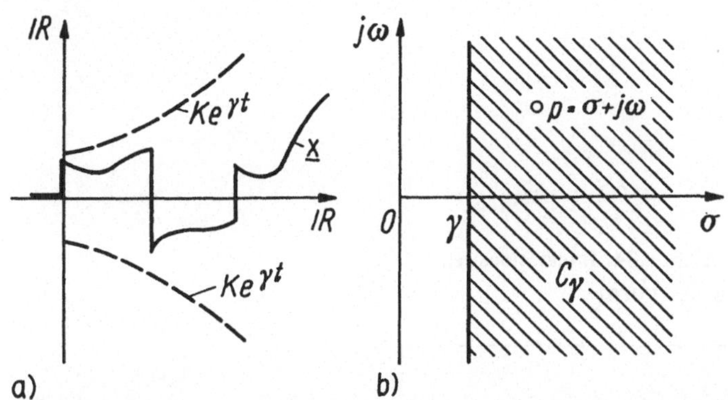

Abb. 1.33. a) Signal;
b) Konvergenzhalbebene.

Ausgehend von den Gleichungen (1.69) und (1.70) der Fourier–Transformation erhalten wir für alle Signale $\underline{x} \in \underline{X}_\gamma$ und für $\delta > \gamma$ (wegen $\underline{x}_\delta \in \underline{X}_g$ und (1.84)) die Darstellung

$$\underline{x}_\delta(t) = \mathrm{e}^{-\delta t}\underline{x}(t) = F^{-1}(\underline{x}_\delta^*(\omega))$$

$$= \frac{1}{2\pi} \int\limits_{-\infty}^{\infty} \underline{x}^*(\delta + \mathrm{j}\omega)\mathrm{e}^{\mathrm{j}\omega t}\,\mathrm{d}\omega \tag{1.88}$$

oder nach Multiplikation mit $\mathrm{e}^{\delta t}$

$$\underline{x}(t) = \frac{1}{2\pi} \int\limits_{-\infty}^{\infty} \underline{x}^*(\delta + \mathrm{j}\omega)\mathrm{e}^{(\delta+\mathrm{j}\omega)t}\,\mathrm{d}\omega. \tag{1.89}$$

Durch die Substitution $p' = \delta + \mathrm{j}\omega$ $(dp' = d(\delta + \mathrm{j}\omega) = \mathrm{j}d\omega)$ folgt daraus schließlich

$$\underline{x}(t) = \frac{1}{2\pi\mathrm{j}} \int\limits_{\delta-\mathrm{j}\infty}^{\delta+\mathrm{j}\infty} \underline{x}^*(p)\mathrm{e}^{pt}\,\mathrm{d}p, \tag{1.90-a}$$

wenn noch zum Schluß wieder p statt p' geschrieben wird.

Der Integrationsweg bei diesem komplexen Integral ist eine Parallele zur imaginären Achse in der Konvergenzebene $\mathbb{C}_\gamma$; es gilt also, wenn für die komplexe Variable p allgemein

$$p = \sigma + \mathrm{j}\omega \tag{1.90-b}$$

geschrieben wird,

$$p \in G_\delta = \{p|\,\mathrm{Re}(p) = \sigma = \delta, \quad \delta > \gamma\}. \tag{1.91}$$

Abb. 1.34 zeigt die Darstellung des Integrationswegs G_δ.

Zusammengefaßt ergibt sich damit der folgende *Satz:*

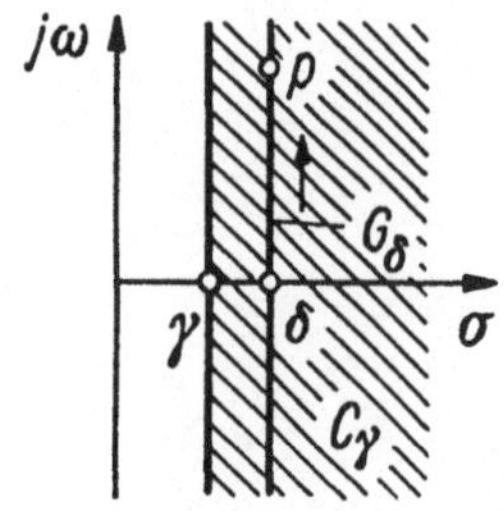

Abb. 1.34. Integrationsweg.

Jedes Signal $\underline{x} \in \underline{X}_\gamma$ ist in der Form

$$\underline{x}(t) = \frac{1}{2\pi \mathrm{j}} \int\limits_{\delta-\mathrm{j}\infty}^{\delta+\mathrm{j}\infty} \underline{x}^*(p) \mathrm{e}^{pt}\,\mathrm{d}p, \qquad (p \in G_\delta \subset \mathbb{C}_\gamma) \tag{1.92}$$

darstellbar, wobei $\underline{x}^*(p)$ nach der Vorschrift

$$\underline{x}^*(p) = \int\limits_0^\infty \underline{x}(t)\mathrm{e}^{-pt}\,\mathrm{d}t, \qquad (p \in \mathbb{C}_\gamma) \tag{1.93}$$

berechnet werden kann. Das zuletzt angegebene Integral (1.93) heißt *Laplace–Integral*. Das erste Integral (1.92) wird häufig als *Laplace–Umkehrintegral* bezeichnet.

Wir wollen nun für einige spezielle Signale das Laplace–Integral berechnen. Dabei wird stets vorausgesetzt, daß die betrachteten Signale Elemente des oben definierten Signalraums $\underline{X}_\gamma$ sind. Ist z. B. $\underline{x} : \underline{x}(t) = \mathrm{e}^t$ $(t \in \mathbb{R})$ gegeben, so ist $\underline{x} \notin \underline{X}_\gamma$, wohl aber $\underline{x} \cdot s$ mit $\underline{x}(t)s(t) = \mathrm{e}^t s(t)$ ein Element von $\underline{X}_\gamma$. Man müßte also – strenggenommen – jedes auf $\mathbb{R}$ definierte Signal $\underline{x}$ mit $\underline{x}(t) \neq 0$ für $t < 0$ noch mit dem Sprungsignal s multiplizieren, um ein für $t < 0$ verschwindendes Signal zu erhalten. In Übereinstimmung mit den praktischen Gepflogenheiten und zur Vereinfachung der Schreibweise wird der Faktor $s(t)$ aber meist fortgelassen. Ist also im Zusammenhang mit dem Laplace–Integral ein Signal $\underline{x} : \mathbb{R} \to \mathbb{R}$ durch $\underline{x}(t)$ gegeben, so ist darunter stets $\underline{x}(t)$ für $t > 0$ zu verstehen bzw. $\underline{x}(t) = 0$ für $t < 0$ zu setzen.

Beispiel 1: Es sei $\underline{x}$ ein Sprungsignal mit der Höhe a

$$\underline{x}(t) = as(t - \tau)$$

und $\tau > 0$ (Abb. 1.35a). Dann erhalten wir das Laplace–Integral

$$\underline{x}^*(p) = \int\limits_\tau^\infty a\mathrm{e}^{-pt}\,\mathrm{d}t = \frac{a}{-p}\mathrm{e}^{-pt}\bigg|_\tau^\infty = \frac{a}{p}\mathrm{e}^{-p\tau}. \tag{1.94}$$

Zur Sicherung der Konvergenz des Integrals muß $Re(p) = \sigma > 0$ vorausgesetzt werden; andernfalls existiert beim Einsetzen der oberen Integralgrenze kein Grenzwert. $\qquad\square$

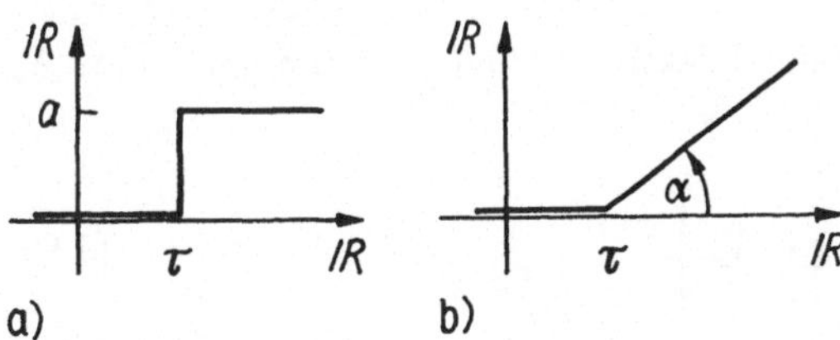

Abb. 1.35. a) Sprungsignal;
b) Rampensignal.

Beispiel 2: Für das in Abb. 1.35b dargestellte Rampensignal

$$\underline{x}(t) = \tan \alpha (t - \tau) s(t - \tau) \qquad (\tau > 0)$$

erhalten wir

$$
\begin{aligned}
\underline{x}^*(p) &= \int_{\tau}^{\infty} \tan \alpha (t - \tau) s(t - \tau) e^{-pt}\, dt = \tan \alpha\, e^{-p\tau} \int_{0}^{\infty} t'\, e^{-pt'}\, dt' \\[2mm]
&= \frac{\tan \alpha}{p^2} e^{-p\tau} \qquad (\mathrm{Re}(p) = \sigma > 0).
\end{aligned}
\tag{1.95}
$$

$\square$

Abschließend seien noch die folgenden allgemeinen *Eigenschaften* von $\underline{x}^*$ angeführt. Ist $\underline{x} \in \underline{X}_\gamma$, so gilt:

a) Für reelle Signale $\underline{x} : T \to \mathbb{R}$ ist das Laplace–Integral reellwertig, d. h., $\underline{x}^*(p)$ ist reell für reelle p. Daraus ergibt sich, daß $\underline{x}^*(p)$ den konjugiert komplexen Wert $\overline{\underline{x}^*(p)}$ annimmt, falls anstelle von p der konjugiert komplexe Wert $\bar{p}$ eingesetzt wird; es gilt also

$$\underline{x}^*(\bar{p}) = \overline{\underline{x}^*(p)}. \tag{1.96}$$

b) Für alle $p = \sigma + j\omega$ mit $\sigma \geq \delta > \omega$, d. h. für alle $p \in \mathbb{C}_\delta = \{p \,|\, \mathrm{Re}(p) \geq \delta\}$, gilt

$$\lim_{p \to \infty} \underline{x}^*(p) = 0. \tag{1.97}$$

c) Durch das Laplace–Integral wird jedem $\underline{x} \in \underline{X}_\gamma$ und jedem $p \in \mathbb{C}_\gamma$ eine komplexe Zahl $\underline{x}^*(p) \in \mathbb{C}$ zugeordnet. Die dadurch definierte Funktion

$$\underline{x}^* : \; \mathbb{C}_\gamma \to \mathbb{C} \tag{1.98}$$

ist *regulär* für alle $p \in \mathbb{C}_\gamma$, d. h., $\underline{x}^*$ ist in der Konvergenzhalbebene beliebig oft nach p differenzierbar.

1.2.2.2 Laplace–Transformation

Durch das Laplace–Integral (1.93) wird eine bijektive Abbildung des Signalraums $\underline{X}_\gamma$ in den Signalraum

$$\underline{X}^*_\gamma = \left\{ \underline{x}^* \mid \underline{x}^*(p) = \int_0^\infty \underline{x}(t)\mathrm{e}^{-pt}\,\mathrm{d}t,\ \underline{x} \in \underline{X}_\gamma \right\} \tag{1.99}$$

vermittelt (Abb. 1.36).

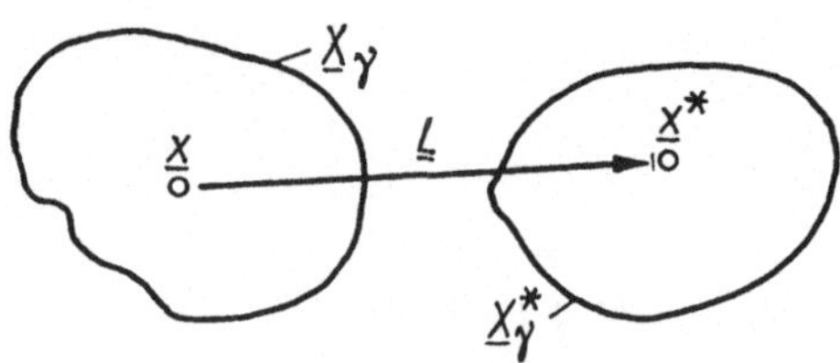

Abb. 1.36. Veranschaulichung der Laplace–Transformation.

Die auf diese Weise definierte Abbildung wird mit $\underline{L}$ bezeichnet und heißt *Laplace–Transformation*; es gilt also:

$$\underline{L} : \underline{X}_\gamma \to \underline{X}^*_\gamma, \qquad \underline{L}(\underline{x}) = \underline{x}^*;$$

$$\underline{x}^*(p) = (\underline{L}(\underline{x}))(p) = \int_0^\infty \underline{x}(t)\mathrm{e}^{-pt}\,\mathrm{d}t. \tag{1.100}$$

Folgende Terminologie wird verwendet: Das Signal $\underline{x}^*$ heißt *Laplace–Transformierte* oder *Bild* des Signals $\underline{x}$. Die Menge aller Signale $\underline{x}^*$ (der Signalraum $\underline{X}^*_\gamma$) ist der *Bildbereich* der Laplace–Transformation.

Da die Abbildung $\underline{L}$ bijektiv ist, existiert eine inverse Abbildung, die wir mit $\underline{L}^{-1}$ bezeichnen. Diese Abbildung ist mit (1.92) durch

$$\underline{L}^{-1} : \underline{X}^*_\gamma \to \underline{X}_\gamma, \qquad \underline{L}^{-1}(\underline{x}^*) = \underline{x};$$

$$\underline{x}(t) = (\underline{L}^{-1}(\underline{x}^*))(t) = \frac{1}{2\pi\mathrm{j}} \int_{\delta-\mathrm{j}\infty}^{\delta+\mathrm{j}\infty} \underline{x}^*(p)\mathrm{e}^{pt}\,\mathrm{d}p \qquad (\delta > \gamma) \tag{1.101}$$

definiert. Dabei ist $\underline{x}$ das *Original* von $\underline{x}^*$ und die Menge aller Signale $\underline{x}$ (der Signalraum $\underline{X}^*_\gamma$) der *Originalbereich* der Laplace–Transformation.

Ähnlich wie bei der Fourier–Transformation verwendet man in der technischen Literatur in den letzten Gleichungen die Schreibweise

$$(\underline{L}(\underline{x}))(p) = L(\underline{x}(t)) = \underline{x}^*(p) \tag{1.102}$$

$$(\underline{L}^{-1}(\underline{x}^*))(t) = L^{-1}(\underline{x}^*(p)) = \underline{x}(t), \tag{1.103}$$

so daß also gilt

$$L(\underline{x}(t)) = \underline{x}^*(p) = \int\limits_0^\infty \underline{x}(t)\mathrm{e}^{-pt}\,\mathrm{d}t \tag{1.104}$$

$$L^{-1}(\underline{x}^*(p)) = \underline{x}(t) = \frac{1}{2\pi\mathrm{j}} \int\limits_{\delta-\mathrm{j}\infty}^{\delta+\mathrm{j}\infty} \underline{x}^*(p)\mathrm{e}^{pt}\,\mathrm{d}p. \tag{1.105}$$

In diesem Zusammenhang wird dann auch häufig $\underline{x}^*(p)$ als Laplace–Transformierte von $\underline{x}(t)$ bezeichnet.

Für die Laplace–Transformation gelten die am Schluß des Buches (Anhang) in einer Tafel zusammengestellten *Rechenregeln*. Die angegebenen Regeln lassen sich mit Hilfe der Definition des Laplace–Integrals (1.93) relativ leicht beweisen. Für einige Regeln sind die Beweise in den anschließenden Übungsaufgaben enthalten. Besonders zu beachten ist, daß der Verschiebungssatz (Regel 2) in der angegebenen Form nur für $\tau > 0$ gilt und daß in der Differentiationsregel (Regel 5) der auftretende Signalwert $\underline{x}(+0)$ den Grenzwert von rechts bedeutet. Aus den Regeln können noch weitere Regeln abgeleitet werden; so ist z. B. mit Regel 5

$$L(\ddot{\underline{x}}(t)) = p^2\underline{x}^*(p) - p\underline{x}(+0) - \dot{\underline{x}}(+0) \text{ usw.} \tag{1.106}$$

Eine nähere Betrachtung der Rechenregeln läßt ferner bereits folgendes erkennen: *Relativ komplizierten Signaloperationen entsprechen relativ einfache Operationen bei den zugeordneten Laplace–Transformierten.*

So entspricht z. B. der komplizierten Operation der Integration eines Signals $\underline{x} \in \underline{X}_\gamma$ die Multiplikation der Bildfunktion $\underline{x}^*$ mit dem Faktor $1/p$. Auch der komplizierten Faltung zweier Signale $\underline{x}_1$ und $\underline{x}_2$ entspricht die weniger komplizierte Multiplikation der zugeordneten Laplace–Transformierten $\underline{x}_1^*$ und $\underline{x}_2^*$. Es wird sich später zeigen, daß es gerade diese Vereinfachungen sind, die für die praktische Anwendung der Laplace–Transformation von Bedeutung sind.

Durch Berechnung der Laplace–Integrale für spezielle Signale $\underline{x} \in \underline{X}_\gamma$ erhält man *Korrespondenztafeln*, die für die Anwendungen sehr nützlich sind, da die Integrale für die Transformation in beiden Richtungen nicht immer wieder neu berechnet zu werden brauchen. Der Anfang einer solchen Korrespondenzentafel ist am Schluß des Buches in einer Tafel angegeben. Weitere Regeln und Korrespondenzen findet man in [Doe61] und [Fod65].

1.2.2.3 Anwendungen

Wir wollen nun die Laplace–Transformation in beiden Richtungen an einigen Beispielen demonstrieren. Zunächst wenden wir die Rechenregeln an.

Beispiel 1: Gegeben ist das in Abb. 1.37 dargestellte Signal $\underline{x}$, das in zwei Rampensignale zerlegt werden kann, so daß

$$\underline{x} = \underline{x}_1 + \underline{x}_2$$

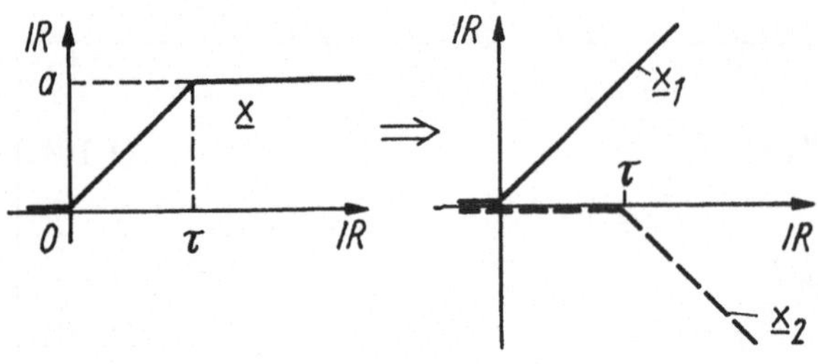

Abb. 1.37. Zerlegung eines Signals in Rampensignale.

gilt. Hierfür läßt sich auch schreiben

$$\underline{x}(t) = \frac{a}{\tau}ts(t) - \frac{a}{\tau}(t-\tau)s(t-\tau).$$

Nun ist wegen der Linearität (Regel 1)

$$L(\underline{x}(t)) = L(\underline{x}_1(t)) + L(\underline{x}_2(t)),$$

und nach der Korrespondenzentafel (Zeile 3)

$$L(ts(t)) = L(t) = 1/p^2.$$

Damit ergibt sich

$$L(\underline{x}_1(t)) = \frac{a}{\tau}\frac{1}{p^2}$$

und nach dem Verschiebungssatz (Regel 2) weiterhin

$$L(\underline{x}_2(t)) = -\frac{a}{\tau}\frac{1}{p^2}e^{-p\tau},$$

so daß wir schließlich

$$L(\underline{x}(t)) = \frac{a}{\tau p^2}(1 - e^{-p\tau}) \tag{1.107}$$

erhalten.   □

Das Ergebnis des vorstehenden Beispiels läßt sich sofort für ein beliebiges Polygonsignal $\underline{x}_P$ verallgemeinern. Für ein solches Polygonsignal (Abb. 1.12) haben wir mit (1.36) die Darstellung

$$\underline{x}_P = \sum_i (\tan\alpha_i + \tan\beta_i)\underline{S}^{\tau_i}(s^{-1})$$

bzw.

$$\underline{x}_P(t) = \sum_i (\tan\alpha_i + \tan\beta_i)(t - \tau_i)s(t - \tau_i)$$

gefunden. Hierfür erhalten wir das Laplace–Integral

$$\underline{x}_P^*(p) = \sum_i (\tan\alpha_i + \tan\beta_i)\frac{e^{-p\tau_i}}{p^2}. \tag{1.108}$$

Dieser Ausdruck kann unmittelbar aus der grafischen Darstellung des Signals $\underline{x}_P$ abgelesen werden, wenn man die Winkel α_i und β_i sowie die Zeitpunkte τ_i aus dieser Darstellung entnimmt (Abb. 1.12).

In entsprechender Weise verfährt man bei dem in Abb. 1.13 dargestellten Treppensignal $\underline{x}_T$. Aus (1.38) ergibt sich

$$\underline{x}_T = \sum_i a_i \underline{S}^{\tau_i}(s)$$

bzw.

$$\underline{x}_T(t) = \sum_i a_i s(t - \tau_i)$$

Aus der Korrespondenzentabelle (Zeile 2) liest man unter Beachtung der Regeln 1 und 2 ab:

$$L(as(t - \tau)) = \frac{a}{p} e^{-p\tau},$$

so daß

$$\underline{x}_T^*(p) = \sum_i a_i \frac{e^{-p\tau_i}}{p} \tag{1.109}$$

gilt. Auch dieser Ausdruck kann unmittelbar der grafischen Darstellung von $\underline{x}_T$ entnommen werden.

Für die Transformation in umgekehrter Richtung betrachten wir das folgende

Beispiel 2: Gegeben sei

$$\underline{x}^*(p) = e^{-p\tau} \frac{3p^2 + 16p + 6}{p^3 + 4p^2 - 3p - 18} \cdot \frac{p}{p^2 + \omega_0^2}.$$

Gesucht wird $\underline{x}(t)$. Zunächst setzen wir

$$\underline{x}^*(p) = e^{-p\tau} \underline{x}_1^*(p) \underline{x}_2^*(p)$$

und zerlegen $\underline{x}_1^*(p)$ in Partialbrüche:

$$\underline{x}_1^*(p) = \frac{3p^2 + 16p + 6}{(p + 3)^2(p - 2)} = \frac{3}{(p + 3)^2} + \frac{1}{p + 3} + \frac{2}{p - 2}.$$

Mit Hilfe der Korrespondenzen (Zeilen 2 und 3)

$$L^{-1}(1/p) = 1 \qquad \text{und} \qquad L^{-1}(1/p^2) = t$$

und des Dämpfungssatzes (Regel 3)

$$L^{-1}(\underline{x}^*(p - p_0)) = e^{p_0 t} \underline{x}(t)$$

erhalten wir die Zuordnungen

$$L^{-1}\left(\frac{3}{(p + 3)^2}\right) = 3te^{-3t}; \quad L^{-1}\left(\frac{1}{p + 3}\right) = e^{-3t}; \quad L^{-1}\left(\frac{2}{p - 2}\right) = 2e^{2t}.$$

Daraus ergibt sich für $t > 0$:

$$\underline{x}_1(t) = (3t + 1)\mathrm{e}^{-3t} + 2\mathrm{e}^{2t}.$$

Aus der Korrespondenzentafel (Zeile 7) entnimmt man

$$L^{-1}(\underline{x}_2^*(p)) = L^{-1}\left(\frac{p}{p^2 + \omega_0^2}\right) = \cos\omega_0 t.$$

Dem Produkt $\underline{x}_1^*(p)\underline{x}_2^*(p)$ ist nach dem Faltungssatz (Regel 7) das Integral

$$\int\limits_0^t \underline{x}_1(\xi)\underline{x}_2(t - \xi)\,\mathrm{d}\xi$$

zugeordnet. Nehmen wir nun noch den Verschiebungsfaktor $\mathrm{e}^{-p\tau}$ hinzu, so entspricht das nach dem Verschiebungssatz (Regel 2) einer zeitlichen Verschiebung des Signals $\underline{x}$ um den Betrag τ, so daß wir erhalten

$$\underline{x}(t) = \int\limits_0^{t-\tau} \underline{x}_1(\xi)\underline{x}_2(t - \tau - \xi)\,\mathrm{d}\xi.$$

Nach dem Einsetzen von $\underline{x}_1$ und $\underline{x}_2$ ergibt sich schließlich

$$\underline{x}(t) = \int\limits_0^{t-\tau} \left((3\xi + 1)\mathrm{e}^{-3\xi} + 2\mathrm{e}^{2\xi}\right)\cos\omega_0(t - \tau - \xi)\,\mathrm{d}\xi$$

oder nach Lösen des Integrals

$$\underline{x}(t) = \frac{4}{\omega_0^2 + 4}\mathrm{e}^{2(t-\tau)} - \frac{9\mathrm{e}^{-3(t-\tau)}}{\omega_0^2 + 9}\left((t - \tau) + \frac{6}{\omega_0^2 + 9}\right)$$

$$- \frac{4\omega_0^4 + 18\omega_0^2 + 108}{\omega_0^6 + 22\omega_0^4 + 153\omega_0^2 + 324}\cos\omega_0(t - \tau)$$

$$+ \frac{3\omega_0^5 + 67\omega_0^3 + 270\omega_0}{\omega_0^6 + 22\omega_0^4 + 153\omega_0^2 + 324}\sin\omega_0(t - \tau)$$

für $t > \tau$. Für $t < \tau$ ist $\underline{x}(t) = 0$. $\qquad\qquad\qquad\qquad\qquad\qquad\qquad\qquad\square$

Beispiel 3: Ein *Anwendungsbeispiel* der Laplace–Transformation in beiden Richtungen ist die im Abb. 1.38 dargestellte *RLC*-Reihenschaltung. Nach dem Schließen des Schalters im Zeitpunkt $t = 0$ gilt für beliebige Zeitpunkte $t \geq 0$ die Differentialgleichung

$$i(t)R + L\frac{\mathrm{d}i(t)}{\mathrm{d}t} + \frac{1}{C}\int\limits_0^t i(\tau)\,\mathrm{d}\tau = e(t).$$

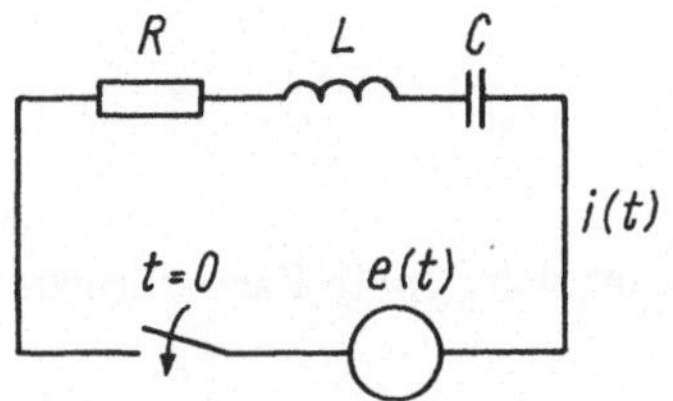

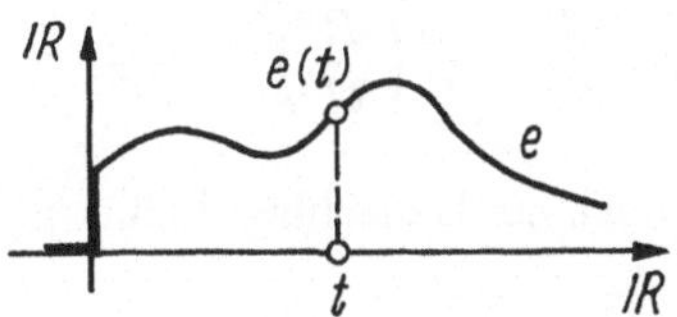

Abb. 1.38. RLC–Reihenschaltung. **Abb. 1.39.** Zeitverlauf der Spannung.

Mit $e(t)$ bezeichnen wir die Signalwerte der angeschlossenen Spannungsquelle, die als bekannt vorausgesetzt werden (Abb. 1.39). Aus der obigen Gleichung erhalten wir für $t > 0$ den Zusammenhang zwischen den Signalen i und e:

$$iR + L\underline{D}(i) + \frac{1}{C}\underline{D}^{-1}(i) = e.$$

Diese Gleichung stellt den Zusammenhang zwischen i und e im Originalbereich dar. Gesucht ist das Signal i für $t > 0$.

Wir unterwerfen nun die letzte Gleichung der Laplace–Transformation und beachten dabei besonders die Regeln 1, 5 und 6. Dann erhalten wir

$$Ri^*(p) + L(pi^*(p) - i(+0)) + \frac{1}{C}\frac{1}{p}i^*(p) = e^*(p),$$

wobei

$$i^*(p) = L(i(t))$$

und

$$e^*(p) = L(e(t))$$

gesetzt wurde. Beachtet man nun noch, daß aus physikalischen Gründen $i(+0) = 0$ gilt, so folgt

$$\left(R + pL + \frac{1}{pC}\right) i^*(p) = e^*(p).$$

Diese Gleichung stellt den Zusammenhang zwischen den Signalen i^* und e^* im Bildbereich dar und ist wesentlich einfacher als der Zusammenhang im Originalbereich. Die gesuchte Lösung im Bildbereich läßt sich sofort angeben:

$$i^*(p) = \frac{e^*(p)}{R + pL + \frac{1}{pC}}. \tag{1.110}$$

Um die Lösung im Originalbereich zu erhalten, muß der letzte Ausdruck noch der inversen Laplace–Transformation unterworfen werden. Zunächst formen wir den Ausdruck noch etwas um und erhalten

$$i^*(p) = e^*(p)\frac{1}{L}\frac{p}{p^2 + \frac{R}{L} + \frac{1}{LC}} = e^*(p)\frac{1}{L}\frac{p}{(p - p_1)(p - p_2)}$$

mit den Nullstellen des Nennerpolynoms

$$p_{1,2} = -\frac{R}{2L} \pm \sqrt{\left(\frac{R}{2L}\right)^2 - \frac{1}{LC}}.$$

Setzen wir noch der Einfachheit halber $p_1 \neq p_2$ voraus, so läßt sich $i^*(p)$ in Partialbrüche zerlegen:

$$\begin{aligned}
i^*(p) &= e^*(p)\frac{1}{L}\frac{p}{(p-p_1)(p-p_2)} = e^*(p)\frac{1}{L}\left(\frac{A}{p-p_1} + \frac{B}{p-p_2}\right)\\
&= e^*(p)\frac{1}{L}\left(\frac{p_1}{p_1-p_2}\frac{1}{p-p_1} + \frac{p_2}{p_2-p_1}\frac{1}{p-p_2}\right).
\end{aligned}$$

Unter Berücksichtigung der Korrespondenzen (Zeile 4)

$$L^{-1}\left(\frac{1}{p-p_1}\right) = e^{p_1 t}, \qquad L^{-1}\left(\frac{1}{p-p_2}\right) = e^{p_2 t}$$

und des Faltungssatzes ergibt die Rücktransformation schließlich

$$i(t) = \int\limits_0^t e(t-\tau)\frac{1}{L}\left(\frac{p_1}{p_1-p_2}e^{p_1\tau} + \frac{p_2}{p_2-p_1}e^{p_2\tau}\right)\,d\tau.$$

Die weitere Rechnung hängt davon ab, welche Zeitabhängigkeit die Signalwerte $e(t)$ haben. Ist z. B. $e(t) = E_0 s(t)$, d. h., im Zeitpunkt $t = 0$ wird eine Gleichspannung E_0 eingeschaltet, so ist

$$i(t) = \int\limits_0^t \frac{E_0}{L}\left(\frac{p_1 e^{p_1\tau}}{p_1-p_2} + \frac{p_2 e^{p_2\tau}}{p_2-p_1}\right)\,d\tau = \frac{E_0(e^{p_1\tau} - e^{p_2\tau})}{(p_1-p_2)L}. \tag{1.111}$$

$\square$

Es soll abschließend zu diesem Beispiel noch bemerkt werden, daß man bei der Lösung beliebiger gewöhnlicher linearer Differentialgleichungen mit konstanten Koeffizienten in ähnlicher Weise verfahren kann. Die Laplace–Transformation kann deshalb zur Analyse aller Systeme angewandt werden, die sich durch derartige Gleichungen beschreiben lassen.

1.2.2.4 Inverse Laplace–Transformation

Wie die Anwendungsbeispiele des vorangegangenen Abschnitts zeigen, kann die inverse Laplace–Transformation in einfachen Fällen so vorgenommen werden, daß das Bildsignal $\underline{x}^*$ in Partialbrüche zerlegt wird und die zugehörigen Originalsignale $\underline{x}$ aus einer Korrespondenzentafel entnommen werden. Die Korrespondenzentafel und auch die Rechelregeln können also zur Transformation in beiden Richtungen verwendet werden. Das ergibt sich aus der Bijektivität der Abbildungen $\underline{L}$ bzw. $\underline{L}^{-1}$. Voraussetzung für die Anwendung dieses Verfahrens ist, daß eine hinreichend umfangreiche Korrespondenzentafel vorliegt.

Wie die inverse Laplace–Transformation in allgemeineren Fällen vorzunehmen ist, geht aus dem im Abschnitt 1.2.2.1 angegebenen Laplace–Umkehrintegral (1.92) hervor. Mit dem in Abb. 1.34 dargestellten Integrationsweg gilt nämlich für alle $\underline{x}^* \in \underline{X}^*_\gamma$

$$\underline{x}(t) = \frac{1}{2\pi j} \int\limits_{\delta - j\infty}^{\delta + j\infty} \underline{x}^*(p) e^{pt}\, dp. \qquad (\delta > \gamma) \tag{1.112}$$

Bei der Berechnung dieses Integrals treten die zwei folgenden wesentlichen Probleme auf:

1. Welche Eigenschaften muß das Bildsignal $\underline{x}^*$ haben, damit $\underline{x}^* \in \underline{X}^*_\gamma$ gilt? Gibt es hinreichende Bedingungen für $\underline{x}^*$, durch die gesichert wird, daß $\underline{x}^*$ wirklich Laplace–Transformierte eines Signals $\underline{x} \in \underline{X}_\gamma$ ist?
2. Wie kann für ein $\underline{x}^* \in \underline{X}^*_\gamma$ das relativ komplizierte komplexe Umkehrintegral (1.112) in wichtigen Fällen berechnet werden?

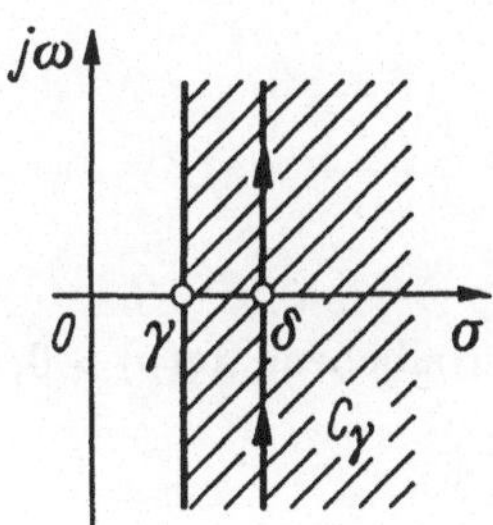

Abb. 1.40. Integrationsweg.

Zunächst wenden wir uns dem ersten Problem zu und bemerken, daß die Existenz des Umkehrintegrals (1.112) für ein beliebiges $\underline{x}^*$ nicht bedeutet, daß das errechnete $\underline{x}$ ein Original zu $\underline{x}^*$ ist, d. h., daß auch $L(\underline{x}(t)) = \underline{x}^*(p)$ ist. Es gilt aber das folgende

Kriterium 1: Ein Bildsignal $\underline{x}^*$ gehört dem Signalraum $\underline{X}^*_\gamma$ an ($\underline{x}^* \in \underline{X}^*_\gamma$), falls gilt (vgl. Abb. 1.40):

a) Das Bildsignal

$$\underline{x}^* \quad \text{ist regulär für alle} \quad p = \sigma + j\omega \in \mathbb{C}_\gamma \tag{1.113}$$

(und reell für alle reellen $p \in \mathbb{C}_\gamma$).

b) Außerdem gilt

$$\underline{x}^*(p) \to 0 \quad \text{für} \quad p \to \infty \quad \text{und} \quad p \in \overline{\mathbb{C}_\gamma}, \delta > \gamma \tag{1.114}$$

(vgl. (1.97)).

c) Weiterhin ist

$$\int\limits_{\delta - j\infty}^{\delta + j\infty} |\underline{x}^*(p)|\, d\omega < \infty \qquad (\delta > \gamma). \tag{1.115}$$

Das Kriterium 1 ist immer erfüllt, wenn das folgende *Kriterium 1** erfüllt ist:

a) Das Bildsignal $\underline{x}^*$ ist regulär in $\mathbb{C}_\gamma$.

b) $\underline{x}^*(p)$ läßt sich in der Form

$$\frac{N(p)}{p^{1+\varepsilon}} \qquad (\varepsilon > 0) \tag{1.116-a}$$

    darstellen.

c) $N(p)$ ist beschränkt in $\overline{\mathbb{C}_\delta} = \{p|\, \mathrm{Re}(p) \geq \delta\}$ $\quad (\delta > \gamma)$:

$$|N(p)| < M \qquad \text{für} \qquad \mathrm{Re}(p) \geq \delta. \tag{1.116-b}$$

Die Bedingungen a) und b) sind, wie wir gesehen haben, notwendige Bedingungen.

Beispiel: Betrachten wir den Ausdruck

$$\underline{x}^*(p) = \frac{1}{p\sqrt{p}},$$

so können wir feststellen, daß (für $\gamma = 0$) $\underline{x}^* \in \underline{X}^*_\gamma$ gilt; denn

a) $\underline{x}^*$ ist regulär für alle $p \in \mathbb{C}_0$, d. h., im Innern der rechten p–Halbebene $\mathrm{Re}(p) > 0$, und es ist $1/\sigma\sqrt{\sigma}$ reell $(\sigma \in \mathbb{C}_0)$.

b) Weiterhin erhalten wir

$$|\underline{x}^*(p)| = \frac{1}{|p|^{3/2}} < \varepsilon \quad \text{für} \quad |p| > \left(\frac{2}{\varepsilon}\right)^{3/2}.$$

    Es gilt deshalb erst recht $\underline{x}^*(p) \to 0$ für $p \to \infty$ und $p \in \overline{\mathbb{C}_\varepsilon}$ $(\varepsilon > 0)$.

c) Schließlich gilt noch

$$\int_{\varepsilon-j\infty}^{\varepsilon+j\infty} |\underline{x}^*(p)|\, d\omega = \int_{\varepsilon-j\infty}^{\varepsilon+j\infty} \frac{d\omega}{(\sigma^2 + \omega^2)^{3/4}} < \infty \qquad \text{für} \qquad \varepsilon = \delta > 0.$$

Es ist also obiges $\underline{x}^*$ nach Kriterium 1 ein Element von $\mathbb{C}_0$ $(\gamma = 0)$ und – wie leicht zu verifizieren – auch nach Kriterium 1*. Man kann für das obige Beispiel deshalb zeigen, daß

$$L^{-1}\left(\frac{1}{p\sqrt{p}}\right) = 2\sqrt{\frac{t}{\pi}}$$

ist. $\qquad\qquad\qquad\qquad\qquad\qquad\qquad\qquad\qquad\qquad\qquad\qquad\qquad\qquad\qquad\qquad\qquad$ $\square$

Etwas einfacher und oft ausreichend ist das nachfolgende *Kriterium 2:*
Ein Bildsignal $\underline{x}^*$ gehört einem Signalraum $\underline{X}^*_\gamma$ an $(\underline{x}^* \in \underline{X}^*_\gamma)$, falls gilt:

a) $\underline{x}^*$ ist (reellwertig) und rational in p, d. h., $\underline{x}^*(p)$ läßt sich auf die Form

$$\underline{x}^*(p) = \frac{\displaystyle\sum_{\nu=0}^{m} a_\nu p^\nu}{\displaystyle\sum_{\mu=0}^{n} b_\mu p^\mu} \qquad (a_\nu, b_\mu \in \mathbb{R}) \tag{1.117-a}$$

bringen.

b) Es gilt

$$\underline{x}^*(p) \to 0 \quad \text{für} \quad p \to \infty, \tag{1.117-b}$$

d. h., der Grad des Nennerpolynoms in (1.117-a) ist größer als der Grad des Zähler-polynoms ($n > m, b_n \neq 0$).

Beispiel: Wir betrachten die durch

$$\underline{x}^*(p) = \frac{p(a_1 + a_2 p)}{b_0 + p^3}$$

gegebene rationale Funktion mit reellen Koeffizienten. Wir stellen fest, daß $\underline{x}^* \in \underline{X}_\gamma^*$ ist, denn es gilt:

a) $\underline{x}^*$ ist rational in p (und $a_1, a_2, b_0 \in \mathbb{R}$).

b) Der Zählergrad $m = 2$ ist kleiner als der Nennergrad $n = 3$.

Man kann zeigen, daß für dieses Beispiel mit $b_0 > 0$ und $\alpha = \sqrt[3]{b_0}$ gilt

$$L^{-1}\left(\frac{p(a_1 + a_2 p)}{b_0 + p^3}\right) = \frac{1}{3\alpha}(a_2\alpha - a_1)e^{-\alpha t}$$

$$+ \frac{1}{3\alpha}e^{(1/2)\alpha t}\left((a_1 + 2a_2\alpha)\cos\frac{\sqrt{3}}{2}\alpha t + \sqrt{3}a_1\sin\frac{\sqrt{3}}{2}\alpha t\right).$$

□

Ist festgestellt (z. B. mittels obiger Kriterien), daß $\underline{x}^*$ zu $\underline{X}_\gamma^*$ (mit einem gewissen $\gamma \in \mathbb{R}$) gehört, so kann die Formel (1.112) notiert werden. Es bleibt dann die Frage nach einer brauchbaren Methode zur Berechnung des Umkehrintegrals auf der rechten Seite von (1.112).

Wir wenden uns nun dem oben angedeuteten zweiten Problem, der Berechnung des Umkehrintegrals, zu. Aus der Funktionentheorie sind zahlreiche Verfahren zur Berech-nung komplexer Integrale bekannt. Mit deren Hilfe ist es möglich, das Laplace–Umkehr-integral in einfachen, aber wichtigen Fällen durch eine einfachere Rechenvorschrift zu ersetzen.

Wir nehmen nun an, daß bereits bekannt sei, daß $\underline{x}^*$ zu einem Funktionenraum (Menge) $\underline{X}_\gamma^*$ mit einem gewissen γ gehört. Darüber hinaus sei $\underline{x}^*$ ein Bildsignal, das den folgenden *Voraussetzungen der Residuenmethode* genügt:

I. Das Bildsignal $\underline{x}^*$ ist im Endlichen bis auf *isolierte singuläre Stellen* $p_1, p_2, \ldots$ überall regulär (und eindeutig). Diese singulären Stellen können natürlich nur links von der im Abb. 1.41 schraffiert dargestellen Konvergenzhalbebene $\mathbb{C}_\gamma$ liegen. In der Abbildung sind sie durch kleine Kreuze gekennzeichnet. Eine isolierte singuläre Stelle kann wesentlich singulär oder ein Pol sein.

II. Es gibt eine Folge (vgl. Abb. 1.41)

$$(R_i)_{i \in \mathbb{N}} = (R_1, R_2, R_3, \ldots) \tag{1.118-a}$$

von Radien mit $R_i > \delta$ und $R_i \to \infty$ für $i \to \infty$, so daß auf der teilkreisförmigen Punktmenge

$$C_i = \{p' \mid |p'| = R_i \wedge \sigma' \geq \delta\} \qquad (p' = \sigma' + \mathrm{j}\omega') \tag{1.118-b}$$

die Integrale

$$K_i = \int_{C_i} \underline{x}^*(p) \mathrm{e}^{pt} \, \mathrm{d}p \tag{1.119}$$

für $i \to \infty$ verschwinden.

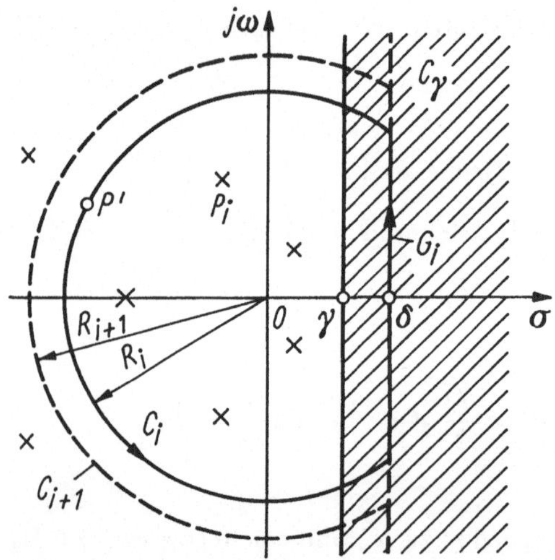

Abb. 1.41. Zur Ableitung der Residuenformel.

Beispiel: Eine Funktion $\underline{x}^*$ (aus $\underline{X}_\gamma^*$ mit $\gamma = 0$), die die Bedingungen I und II erfüllt, ist z. B. die meromorphe Funktion

$$\underline{x}^*(p) = \frac{1}{p^2} \frac{\sinh ap}{\cosh bp} \qquad (0 \leq a \leq b),$$

die als isolierte singuläre Stellen einfache Pole in $p = 0$ und $p = \pm\mathrm{j}(2\nu - 1)(\pi/2b)$ besitzt ($\nu \in \mathbb{N}$).

Diese Integrale sind also über die in Abb. 1.41 noch anschaulich erklärten Wege (Kreisbögen C_i) zu berechnen, wobei diese Wege nicht über singuläre Stellen laufen ($p_k \notin C_i$).

Wir ergänzen nun die in Abb. 1.41 dargestellten Integrationswege C_i durch Geradenstücke G_i zu geschlossenen Wegen und bilden das Integral

$$\frac{1}{2\pi \mathrm{j}} \oint_{G_i,C_i} \underline{x}^*(p)\mathrm{e}^{pt}\,\mathrm{d}p = \frac{1}{2\pi \mathrm{j}} \int_{G_i} \underline{x}^*(p)\mathrm{e}^{pt}\,\mathrm{d}p + \frac{1}{2\pi \mathrm{j}} \int_{C_i} \underline{x}^*(p)\mathrm{e}^{pt}\,\mathrm{d}p. \qquad (1.120)$$

Die linke Seite der letzten Gleichung ergibt nach dem Residuensatz der Funktionentheorie die Summe der Residuen des Integranden $\underline{x}^*(p)\mathrm{e}^{pt}$ an den singulären Stellen von $\underline{x}^*(p)$, die vom Integrationsweg eingeschlossen werden; also gilt

$$\sum_{|p_i|<R_i} \operatorname*{Res}_{p=p_i} \left(\underline{x}^*(p)\mathrm{e}^{pt}\right) = \frac{1}{2\pi \mathrm{j}} \int_{G_i} \underline{x}^*(p)\mathrm{e}^{pt}\,\mathrm{d}p + \frac{1}{2\pi \mathrm{j}} \int_{C_i} \underline{x}^*(p)\mathrm{e}^{pt}\,\mathrm{d}p. \qquad (1.121)$$

Für $i \to \infty$ umfaßt der geschlossene Weg alle singulären Stellen von $\underline{x}^*(p)$, und auf der rechten Seite verschwindet das zweite Integral mit der oben angenommenen Voraussetzung II.

Damit folgt aus der letzten Gleichung

$$\sum_{i} \operatorname*{Res}_{p=p_i} \left(\underline{x}^*(p)\mathrm{e}^{pt}\right) = \frac{1}{2\pi \mathrm{j}} \int_{\delta-\mathrm{j}\infty}^{\delta+\mathrm{j}\infty} \underline{x}^*(p)\mathrm{e}^{pt}\,\mathrm{d}p = L^{-1}(\underline{x}^*(p)), \qquad (1.122)$$

wenn man noch beachtet, daß das Integral in der letzten Gleichung gerade das Laplace–Umkehrintegral (1.112) für eine Funktion $\underline{x}^* \in \underline{X}^*_\gamma$ ergibt.

Damit erhalten wir das folgende *Ergebnis*:

$$\boxed{\underline{x}(t) = L^{-1}(\underline{x}^*(p)) = \sum_{i} \operatorname*{Res}_{p=p_i} \left(\underline{x}^*(p)\mathrm{e}^{pt}\right) = \sum_{i} r_i.} \qquad (1.123)$$

Die Berechnung des relativ komplizierten Umkehrintegrals wird durch (1.123) auf die wesentlich einfachere Berechnung der Residuen von $\underline{x}^*(p)\mathrm{e}^{pt}$ zurückgeführt .

Die Anwendung dieser Formel auf ein Signal $\underline{x}^*$ ist natürlich nur dann zulässig, wenn $\underline{x}^* \in \underline{X}^*_\gamma$ und die eingangs angegebenen Voraussetzungen I und II erfüllt sind. Diese Residuenformel gilt also z. B. keineswegs für alle meromorphen Funktionen (bei denen speziell alle singulären Stellen Pole sind). Da es aber realtiv schwierig ist, die Gültigkeit dieser Voraussetzungen von Fall zu Fall nachzuweisen, sollen noch die folgenden zwei einfacheren hinreichenden Bedingungen angegeben werden:

1. Die Voraussetzung I der Residuenmethode ist erfüllt, falls $\underline{x}^*$ eine meromorphe Funktion ist (d. h., $\underline{x}^*$ hat im Endlichen nur Pole, im Unendlichen möglicherweise eine wesentlich singuläre Stelle). Meromorphe Funktionen $\underline{x}^*$ lassen sich immer als Quotient zweier ganzer (überall im Endlichen differenzierbarer) Funktionen $Z(p)$ und $N(p)$ darstellen:

$$\underline{x}^*(p) = \frac{Z(p)}{N(p)}.$$

Insbesondere können $Z(p)$ und (oder) $N(p)$ ganz rational sein. Damit erfüllen auch alle rationalen Funktionen $\underline{x}^*$ diese Voraussetzung.

2. Die Voraussetzungen I und II (und auch die Bedingung $\underline{x}^* \in \underline{X}_\gamma^*$, Kriterium 2) sind immer erfüllt für rationale Funktionen $\underline{x}^*$, die im Unendlichen verschwinden (d. h., der Grad des Zählerpolynoms ist kleiner als der des Nennerpolynoms).

Es bleibt noch zu diskutieren, wie die Residuen möglichst zweckmäßig und einfach ermittelt werden können.

Aus der Funktionentheorie sind uns zur Berechnung der Residuen isolierter singulärer Stellen die folgenden für Pole geltenden Regeln bekannt:

Besitzt $\underline{x}^*$ an der Stelle $p = p_i$ einen m-fachen Pol (Pol m-ter Ordnung), so gilt

$$r_i = \operatorname*{Res}_{p=p_i} \left(\underline{x}^*(p)e^{pt}\right) = \frac{1}{(m-1)!} \lim_{p \to p_i} \left(\underline{x}^*(p)e^{pt}(p-p_i)^m\right)^{(m-1)}. \tag{1.124}$$

Der Exponent $(m-1)$ an der Klammer bezeichnet dabei die $(m-1)$-te Ableitung nach der Variablen p. Speziell erhalten wir z. B. für einen einfachen Pol $(m = 1)$

$$r_i = e^{p_i t} \lim_{p \to p_i} \left(\underline{x}^*(p)(p-p_i)\right) \tag{1.125}$$

und für einen zweifachen Pol $(m = 2)$

$$r_i = e^{p_i t} \lim_{p \to p_i} \left(t f(p) + f'(p)\right) \tag{1.126}$$

$$f(p) = \underline{x}^*(p)(p-p_i)^2.$$

Für den Fall rationaler Funktionen $\underline{x}^*$ erhalten wir speziell für

$$m = 1: \qquad r_i = e^{p_i t}(\underline{x}^*(p)(p-p_i))_{p=p_i} \tag{1.127}$$

$$m = 2: \qquad r_i = e^{p_i t}(t f(p) + f'(p))_{p=p_i} \tag{1.128}$$

$$f(p) = \underline{x}^*(p)(p-p_i)^2.$$

Diese eben genannten Berechnungsregeln dürfen also auf meromorphe, insbesondere rationale Funktionen angewandt werden.

Besonders erwähnt sei noch der Sonderfall, daß die meromorphe Funktion $\underline{x}^*$ (im Endlichen) nur einfache Pole enthält und in der Form

$$\underline{x}^*(p) = \frac{Z(p)}{N(p)}. \tag{1.129}$$

mit dem Zähler $Z(p)$ und Nenner $N(p)$ gegeben ist, wobei $Z(p)$ und $N(p)$ ganze (d. h. überall im Endlichen reguläre) Funktionen bezeichnen. Dann gilt mit (1.125) und $N(p_i) = 0$

$$\begin{aligned}
r_i &= e^{p_i t} \lim_{p \to p_i} \frac{Z(p)(p-p_i)}{N(p)} = e^{p_i t} \lim_{p \to p_i} \frac{Z(p)}{\frac{N(p)-N(p_i)}{p-p_i}} \\
&= e^{p_i t} \frac{Z(p_i)}{N'(p_i)}.
\end{aligned} \tag{1.130}$$

Darin bezeichnet $N'(p_i)$ die erste Ableitung von N nach p an der Stelle $p = p_i$. Mit (1.123) gilt also schließlich für diesen Sonderfall

$$\underline{x}(t) = L^{-1}(\underline{x}^*(p)) = \sum_i \frac{Z(p_i)}{N'(p_i)} e^{p_i t}, \tag{1.131}$$

falls $\underline{x}^* \in \underline{X}_\gamma^*$ und die Voraussetzungen I und II der Residuenmethode erfüllt sind. Die letzte Formel ist unter dem Namen *Heavisidescher Entwicklungssatz* bekannt.

Die Anwendung der Residuenformel (1.123) verdeutlicht noch das folgende

Beispiel: Gegeben sei

$$\underline{x}^*(p) = \frac{3p^2 + 16p + 6}{p^3 + 4p^2 - 3p - 18} = \frac{3p^2 + 16p + 6}{(p+3)^2(p-2)}.$$

Offensichtlich ist $\underline{x}^*$ rational und verschwindet im Unendlichen. Die Pole liegen bei $p_1 = 2$ (einfacher Pol) und $p_2 = -3$ (zweifacher Pol). Dann gilt mit (1.127) und (1.128)

$$\underline{x}(t) = e^{p_1 t}(\underline{x}^*(p)(p - p_1))_{p=p_1} + e^{p_2 t}(tf(p) + f'(p))_{p=p_2}$$

worin

$$f(p) = \underline{x}^*(p)(p - p_2)^2 = \frac{3p^2 + 16p + 6}{p - 2}$$

und

$$f'(p) = \frac{(p - 2)(6p + 16) - (3p^2 + 16p + 6)}{(p - 2)^2}$$

ist. Nach dem Einsetzen der Zahlenwerte $p_1 = 2$ und $p_2 = -3$ erhält man

$$\underline{x}(t) = 2e^{2t} + (3t + 1)e^{-3t}.$$

□

Für den praktischen Gebrauch der Residuenformel möge noch der folgende Hinweis dienen: Da es häufig sehr schwierig ist, zu prüfen, ob die Voraussetzungen für die Anwendung dieser Formel erfüllt sind oder nicht, oft sogar schwieriger als die Durchführung der Rücktransformation selbst, ist es zweckmäßig, diese Formel formal (ohne Prüfung der Anwendbarkeitsbedingungen) anzuwenden und anschließend zu überprüfen, ob die Laplace–Transformierte des erhaltenen Signals $\underline{x}$ wieder das Bildsignal $\underline{x}^*$ ergibt, von dem ausgegangen wurde.

1.2.3 Z–Transformation

1.2.3.1 Diskrete Signale

Unter einem *diskreten Signal* $\underline{x}$ verstehen wir eine Abbildung

$$\underline{x} : \mathbb{N}_0 \to X,$$

wobei $X = \mathbb{R}$ die Menge der reellen Zahlen und $\mathbb{N}_0$ die Menge der natürlichen Zahlen einschließlich Null bezeichnet: $\mathbb{N}_0 = \{0, 1, 2, \ldots\}$. Ein diskretes Signal ist also eine reelle Zahlenfolge, die auch in der Form

$$\underline{x} = (\underline{x}(0), \underline{x}(1), \underline{x}(2), \ldots, \underline{x}(k), \ldots) \tag{1.132}$$

geschrieben werden kann.

Man kann ein diskretes Signal auch aus einem stetigen Signal ableiten, von dem nur die diskreten Signalwerte $\underline{x}(k)$ ($k \in \mathbb{N}_0$) zur Verfügung stehen (Abb. 1.42).

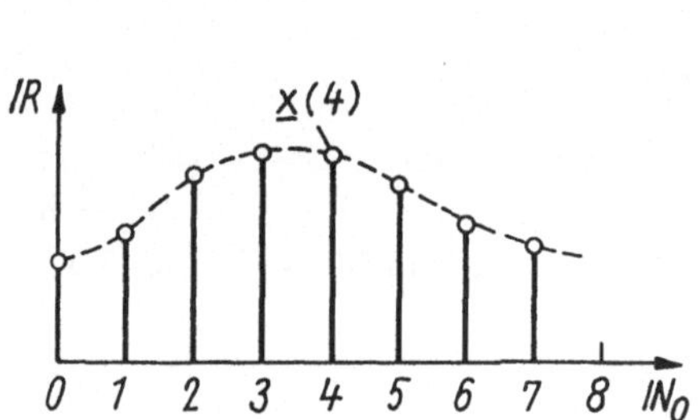

Abb. 1.42. Diskretes Signal.

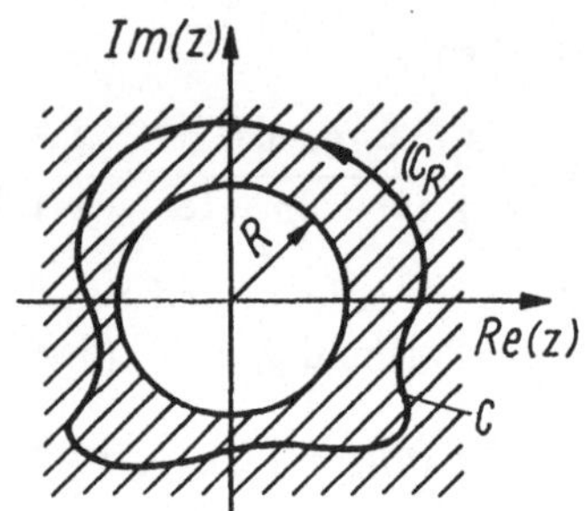

Abb. 1.43. Konvergenzgebiet.

Hinsichtlich der Signalwerte $\underline{x}(k)$ des diskreten Signals soll die Einschränkung

$$|\underline{x}(k)| < K e^{ck} \qquad (K \in \mathbb{R}^+, c \in \mathbb{R}) \tag{1.133}$$

gelten. Man sagt in diesem Fall, das diskrete Signal $\underline{x}$ sei vom Exponentialtyp. Die Menge aller diskreten Signale $\underline{x}$ vom Exponentialtyp definiert einen Signalraum $\underline{X}_c$.

Jedem diskreten Signal $\underline{x} \in \underline{X}_c$ kann eine *Laurent–Reihe*

$$\underline{x}^*(z) = \sum_{k=0}^{\infty} \underline{x}(k) z^{-k} = \underline{x}(0) + \frac{x(1)}{z} + \frac{x(2)}{z^2} + \frac{x(3)}{z^3} + \ldots \tag{1.134}$$

zugeordnet werden, worin z eine komplexe Zahl bedeutet ($z \in \mathbb{C}$). Wesentlich an dieser Reihenentwicklung ist, daß wegen $\underline{x}(k) = 0$ für $k < 0$ der ganze Teil der Reihe verschwindet. Daraus ergibt sich, daß die Reihe – falls überhaupt – außerhalb eines Kreisgebiets der komplexen z-Ebene konvergiert (Abb. 1.43). Für Signale $\underline{x} \in \underline{X}_c$ vom Exponentialtyp mit der Eigenschaft (1.133) ist das Konvergenzgebiet der Reihe (1.134) durch

$$\mathbb{C}_R = \{z \mid |z| > R = e^c\} \tag{1.135}$$

gegeben. In Abb. 1.43 ist dieses Gebiet schraffiert dargestellt.

Da eine konvergente Laurent-Reihe eine im Konvergenzgebiet der Reihe reguläre Funktion darstellt, kann gefolgert werden, daß $\underline{x}^*$ für alle $|z| > R$ (und damit auch in $z = \infty$) regulär ist. (Der Funktionswert $\underline{x}^*(\infty)$ ist durch den Signalwert $\underline{x}(0)$ gegeben.)

Es gilt nun folgender *Satz:*

Jedes diskrete Signal $\underline{x} \in \underline{X}_c$ läßt sich für $k = 0, 1, 2, \ldots$ durch ein komplexes Integral

$$\boxed{\underline{x}(k) = \frac{1}{2\pi j} \oint_C \underline{x}^*(z) z^{k-1} \, dz}$$ (1.136-a)

auf dem in Abb. 1.43 dargestellten Weg C mit

$$\boxed{\underline{x}^*(z) = \sum_{k=0}^{\infty} \underline{x}(k) z^{-k}}$$ (1.136-b)

darstellen.

Der Integrationsweg C liegt ganz im Regularitätsgebiet der Laurent–Reihe und umschließt daher alle singulären Punkte von $\underline{x}^*(z)$, die ja nur im Innern oder auf dem Rande des Kreises mit dem Radius R liegen können.

Der Beweis von (1.136-a) ergibt sich wie folgt: Setzen wir in das Integral

$$\begin{aligned}
\underline{x}^*(z) z^{k-1} &= z^{k-1} \sum_{\nu=0}^{\infty} \underline{x}(\nu) z^{-\nu} \\
&= \underline{x}(0) z^{k-1} + \underline{x}(1) z^{k-2} + \ldots + \underline{x}(k-1) z^0 + \underline{x}(k) z^{-1} + \ldots
\end{aligned}$$

ein, so ist, weil C den Nullpunkt $z = 0$ einschließt,

$$\frac{1}{2\pi j} \oint_C \underline{x}^*(z) z^{k-1} \, dz = \frac{1}{2\pi j} \oint_C \underline{x}(k) z^{-1} \, dz,$$

da die Integrale über die anderen Glieder der Reihe verschwinden. Das letzte Integral läßt sich aber leicht berechnen, so daß schließlich

$$\frac{1}{2\pi j} \oint_C \underline{x}^*(z) z^{k-1} \, dz = \frac{\underline{x}(k)}{2\pi j} \oint_C \frac{dz}{z} = \frac{\underline{x}(k)}{2\pi j} 2\pi j = \underline{x}(k)$$

folgt.

Wir wollen nun für einige spezielle diskrete Signale $\underline{x}^*(z)$ berechnen.

Beispiel 1: Gegeben sei das diskrete Signal

$$\underline{x} = (1, 1, 1, \ldots).$$

Mit (1.134) erhalten wir

$$\underline{x}^*(z) = \sum_{k=0}^{\infty} z^{-k} = 1 + z^{-1} + z^{-2} + \ldots = \frac{1}{1 - z^{-1}} = \frac{z}{z - 1}.$$

Die Reihe ist vom Typ der geometrischen Reihe und konvergiert für alle z mit $|z| > 1$.

Beispiel 2: Für das diskrete Signal

$$\underline{x} = (0, 1, 2, 3, \ldots).$$

ergibt sich (vgl. Übungsaufgabe 1.2-21)

$$\underline{x}^*(z) = \frac{z}{(z-1)^2} \qquad (|z| > 1).$$

Beispiel 3: Als letztes Beispiel betrachten wir das Signal

$$\underline{x} = (1, e^a, e^{2a}, e^{3a}, \ldots) \qquad (a \in \mathbb{R}).$$

Hier erhalten wir mit

$$\underline{x}^*(z) = \sum_{k=0}^{\infty} e^{ka} z^{-k} = 1 + (e^a z^{-1})^1 + (e^a z^{-1})^2 + \ldots$$

wieder eine Reihe vom Typ der geometrischen Reihe mit der Summe

$$\underline{x}^*(z) = \frac{z}{z - e^a} \qquad (|z| > e^a).$$

$\square$

Abschließend wollen wir noch die wichtigsten Eigenschaften von $\underline{x}^*(z)$ notieren:

a) Für reelle diskrete Signale $\underline{x} : \; \mathbb{N}_0 \to \mathbb{R}$ ist $\underline{x}^*(z)$ reellwertig, d.h., $\underline{x}^*(z)$ ist reell für $z \in \mathbb{R}$. Daraus folgt

$$\underline{x}^*(\overline{z}) = \overline{\underline{x}^*(z)}. \tag{1.137-a}$$

b) Es gilt

$$\lim_{|z| \to \infty} \underline{x}^*(z) = \underline{x}(0). \tag{1.137-b}$$

c) Durch die Laurent–Reihe $\underline{x}^*(z)$ wird jedem $z \in \mathbb{C}_R$ eine komplexe Zahl $\underline{x}^*(z) \in \mathbb{C}$ zugeordnet. Die dadurch definierte Funktion

$$\underline{x}^* : \; \mathbb{C}_R \in \mathbb{C} \tag{1.137-c}$$

ist regulär für alle $z \in \mathbb{C}_R$ (vgl. Abb. 1.43).

1.2.3.2   Z–Transformation

Durch die Laurent–Reihe (1.134) wird jedem diskreten Signal $\underline{x} \in \underline{X}_c$ ein Element $\underline{x}^*$ des Signalraums

$$\underline{X}_c^* = \left\{ \underline{x}^* \mid \underline{x}^*(z) = \sum_{k=0}^{\infty} \underline{x}(k) z^{-k}, \quad \underline{x} \in \underline{X}_c \right\} \tag{1.138}$$

eindeutig zugeordnet. Es existiert also eine bijektive Abbildung $\underline{Z} : \underline{X}_c \to \underline{X}^*$. Abb. 1.44 veranschaulicht diesen Sachverhalt schematisch.

Daraus ergeben sich die folgenden Definitionen: Die Abbildung

$$\underline{Z} : \; \underline{X}_c \to \underline{X}_c^*, \qquad \underline{Z}(\underline{x}) = \underline{x}^*;$$

$$\underline{x}^*(z) = (\underline{Z}(\underline{x}))(z) = \sum_{k=0}^{\infty} \underline{x}(k) z^{-k} \tag{1.139}$$

heißt *Z–Transformation*. Man nennt $\underline{x}^*$ die *Z–Transformierte* (oder das *Bild*) des diskreten Signals $\underline{x}$. Die Menge $\underline{X}_c^*$ ist der *Bildbereich* der Z–Transformation (Wertebereich von $\underline{Z}$).

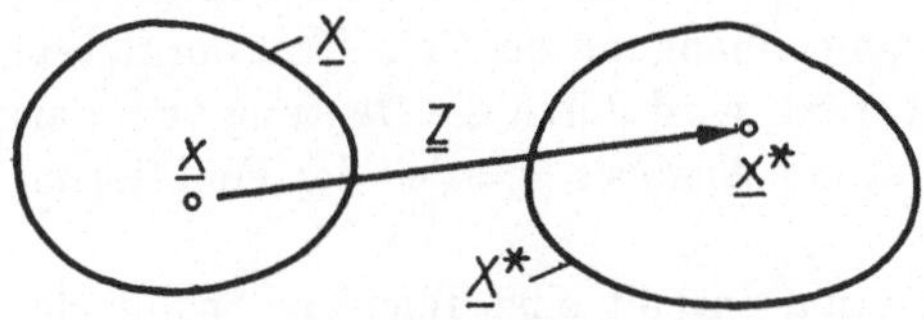

Abb. 1.44. Veranschaulichung der Z–Transformation.

Die inverse Abbildung

$$\underline{Z}^{-1} : \underline{X}_c^* \to \underline{X}_c, \qquad \underline{Z}^{-1}(\underline{x}^*) = \underline{x};$$

$$\underline{x}(k) = (\underline{Z}^{-1}(\underline{x}^*))(k) = \frac{1}{2\pi j} \oint_C \underline{x}^*(z) z^{k-1} \, dz \qquad (k \in \mathbb{N}_0,\, z \in C \subset \mathbb{C}_R) \qquad (1.140)$$

heißt *inverse Z–Transformation*. Man nennt $\underline{x}$ das *Original* von $\underline{x}^*$ und $\underline{X}_c$ den *Originalbereich* der Z–Transformation.

In der technischen Literatur schreibt man anstelle von

$$(\underline{Z}(\underline{x}))(z) = Z(\underline{x}(k)) = \underline{x}^*(z) \qquad (1.141)$$

und anstelle von

$$(\underline{Z}^{-1}(\underline{x}^*))(k) = Z^{-1}(\underline{x}^*(z)) = \underline{x}(k), \qquad (1.142)$$

so daß

$$Z(\underline{x}(k)) = \underline{x}^*(z) = \sum_{k=0}^{\infty} \underline{x}(k) z^{-k} \qquad (1.143)$$

$$Z^{-1}(\underline{x}^*(z)) = \underline{x}(k) = \frac{1}{2\pi j} \oint_C \underline{x}^*(z) z^{k-1} \, dz \qquad (1.144)$$

gilt. In diesem Zusammenhang wird häufig auch $\underline{x}^*(z)$ als Z–Transformierte von $\underline{x}(k)$ bezeichnet.

Einige wichtige *Regeln* der Z–Transformation sind in einer Tafel am Schluß des Buches angegeben.

Bei Regel 2 ist zu beachten, daß diese Regel (ähnlich wie der Verschiebungssatz der Laplace–Transformation) nur für $m > 0$ gültig ist. Es sei noch erwähnt, daß die Strukturen $(\underline{X}_c, +, *)$ und $(\underline{X}_c^*, +, \cdot)$ isomorphe Integritätsringe bilden. Es soll an dieser Stelle noch darauf hingewiesen werden, daß zwischen der Z–Transformation und der in [WS93], Abschnitt 3.1.2 behandelten Zeta–Transformation, durch die einem Wort $\underline{x} = (\underline{x}(0), \underline{x}(1), \underline{x}(2), \ldots)$ die formale Potenzreihe

$$\underline{x}^* = \sum_{k=0}^{\infty} \underline{x}(k) \zeta^k \qquad (1.145)$$

zugeordnet wird, von der Schreibweise her ein formaler Zusammenhang besteht. Der wesentliche Unterschied besteht jedoch darin, daß ζ ein formales Rechensymbol bezeichnet, durch das die Stellung der Buchstaben im Wort fixiert wird, während die

Größe z bei der Z–Transformation als komplexe Variable der Gaußschen Zahlenebene interpretiert wird. Während man also im Zusammenhang mit der Zeta–Transformation ausschließlich mit den Mitteln der Algebra operiert, wird durch die Deutung von z als komplexe Variable der mathematische Apparat der Analysis (speziell der Funktionentheorie) in Anwendung gebracht.

Einige *Korrespondenzen* der Z–Transformation enthält eine Tafel am Schluß des Buches.

Zur Illustration der Anwendung der Rechenregeln betrachten wir noch das folgende

Beispiel: Gegeben sei das Signal

$$\underline{x} = (0,0,0,1,2,3,4,5|,1,2,3,4,5|,1,\ldots)$$

mit der Periode $(1,2,3,4,5)$. Setzen wir nun

$$\underline{x}_1 = (1,2,3,4,5),$$

so kann mit Hilfe von Regel 2 geschrieben werden

$$\underline{x}^*(z) = z^{-3}Z(\underline{x}_1(k) + \underline{x}_1(k-5) + \underline{x}_1(k-10) + \ldots).$$

Mit

$$\underline{x}_1^*(z) = 1 + 2z^{-1} + 3z^{-2} + 4z^{-3} + 5z^{-4}$$

erhalten wir bei nochmaliger Anwendung von Regel 2

$$\begin{aligned} \underline{x}^*(z) &= z^{-3}\underline{x}_1^*(z)(1 + z^{-5} + z^{-10} + \ldots) \\ &= z^{-3}\underline{x}_1^*(z)(1 + (z^{-5})^1 + (z^{-5})^2 + \ldots). \end{aligned}$$

Die Reihe ist vom Typ der geometrischen Reihe und ergibt für $|z| > 1$

$$\underline{x}^*(z) = \frac{z^{-3}\underline{x}_1^*(z)}{1 - z^{-5}} = \frac{z^{-3}(1 + 2z^{-1} + 3z^{-2} + 4z^{-3} + 5z^{-4})}{1 - z^{-5}}.$$

Auf ähnliche Weise läßt sich allgemein zeigen, daß jedes periodische diskrete Signal $\underline{x}$ eine rationale Z–Transformierte $\underline{x}^*$ besitzt. □

1.2.3.3 Inverse Z–Transformation

Zur praktischen Durchführung der Umkehrung der Z–Transformation seien folgende Methoden angeführt:

I. Polynomdivision: Das Bildsignal $\underline{x}^*$ sei eine rationale Funktion von z^{-1}

$$\underline{x}^*(z) = \frac{a_0 + a_1 z^{-1} + \ldots + a_n z^{-n}}{b_0 + b_1 z^{-1} + \ldots + b_m z^{-m}}. \tag{1.146}$$

(Ist $\underline{x}^*(z)$ als rationale Funktion von z gegeben, so kann durch Division durch die höchste Potenz sofort der in z^{-1} rationale Ausdruck erhalten werden.) Wir dividieren nun das Zählerpolynom durch das Nennerpolynom und erhalten

$$(a_0 + a_1 z^{-1} + a_2 z^{-2} + \ldots) : (b_0 + b_1 z^{-1} + \ldots) = \frac{a_0}{b_0} + \left(\frac{a_1}{b_0} - \frac{a_0 b_1}{b_0^2} \right) z^{-1} + \ldots$$

$$\frac{- \left(a_0 + \frac{a_0 b_1}{b_0} z^{-1} + \frac{a_0 b_2}{b_0} z^{-2} + \ldots \right)}{\left(a_1 - \frac{a_0 b_1}{b_0} \right) z^{-1} + \left(a_2 - \frac{a_0 b_2}{b_0} \right) z^{-2} + \ldots}$$

$$\ldots$$

Als Quotient entsteht auf der rechten Seite eine Reihe

$$\underline{x}^*(z) = c_0 + c_1 z^{-1} + c_2 z^{-2} + \ldots, \tag{1.147}$$

deren Koeffizienten c_k gerade die gesuchten Signalwerte $\underline{x}(k)$ des Originalsignals $\underline{x}$ darstellen, wenn wir diese Reihe mit der Laurent–Reihe (1.134)

$$\underline{x}^*(z) = \sum_{k=0}^{\infty} \underline{x}(k) z^{-k} = \underline{x}(0) + \underline{x}(1) z^{-1} + \underline{x}(2) z^{-2} + \ldots$$

vergleichen.

II. Rekursionsformel: Ist in (1.146) $b_0 = 1$ (was sich durch Division von Zähler und Nenner durch b_0 stets erreichen läßt), so kann nach Ausführung einer größeren Anzahl von Divisionsschritten bei der Polynomdivision das Bildungsgesetz für die Koeffizienten c_k der Reihe (1.147) abgelesen werden. Es lautet

$$c_k = \underline{x}(k) = a_k - \sum_{\nu=1}^{k} b_\nu c_{k-\nu}. \tag{1.148}$$

Für die ersten Koeffizienten erhalten wir

$$
\begin{aligned}
c_0 &= a_0 & &= \underline{x}(0) \\
c_1 &= a_1 - b_1 c_0 & &= \underline{x}(1) \\
c_2 &= a_2 - b_1 c_1 - b_2 c_0 & &= \underline{x}(2) \\
c_3 &= a_3 - b_1 c_2 - b_2 c_1 - b_3 c_0 & &= \underline{x}(3) \\
c_4 &= a_4 - b_1 c_3 - b_2 c_2 - b_3 c_1 - b_4 c_0 &&= \underline{x}(4)
\end{aligned}
$$

$$\ldots \qquad\qquad \ldots \qquad\qquad \ldots$$

Bei diesem Verfahren werden die Koeffizienten c_k aus den Koeffizienten von $\underline{x}^*(z)$ und den bereits berechneten Koeffizienten c_ν ($\nu < k$) rekursiv errechnet.

III. Partialbruchentwicklung: Die Zerlegung von $\underline{x}^*(z)$ in Partialbrüche liefert einfache rationale Summanden, deren zugehörige Originalsignale aus einer Korrespondenzentafel der Z–Transformation entnommen werden können.

IV. Residuenformel: In allgemeineren Fällen (aber natürlich auch bei rationalen Funktionen) kann die Integralformel (1.136-a)

$$\underline{x}(k) = \frac{1}{2\pi j} \oint_C \underline{x}^*(z) z^{k-1}\, dz$$

mit dem in Abb. 1.43 dargestellten Integrationsweg C verwendet werden, wobei die Berechnung des Integrals nach dem Residuensatz

$$\underline{x}(k) = \sum_i \operatorname*{Res}_{z=z_i} \left(\underline{x}^*(z) z^{k-1} \right) \tag{1.149}$$

ergibt (die z_i sind die singulären Stellen des Integranden).

Die angegebenen Methoden der inversen Z–Transformation diskutieren wir an dem folgenden

Beispiel: Gegeben sei

$$\underline{x}^*(z) = \frac{z+3}{z^2-4}.$$

Nach Division durch z^2 erhalten wir

$$\underline{x}^*(z) = \frac{z^{-1} + 3z^{-2}}{1 - 4z^{-2}}.$$

Wir berechnen das Originalsignal $\underline{x}$ nun nach den folgenden Verfahren:

Polynomdivision:

$$
\begin{aligned}
\left(z^{-1} + 3z^{-2}\right) : \left(1 - 4z^{-2}\right) &= z^{-1} + 3z^{-2} + 4z^{-3} + 12z^{-4} + \ldots \\
\underline{-\left(z^{-1} \qquad\quad - 4z^{-3}\right)} & \\
3z^{-2} + 4z^{-3} & \\
\underline{-\left(3z^{-2} \qquad\quad - 12z^{-4}\right)} & \\
4z^{-3} + 12z^{-4} & \\
\underline{-\left(4z^{-3} \qquad\quad - 16z^{-5}\right)} & \\
12z^{-4} + 16z^{-5} & \\
\ldots &
\end{aligned}
$$

Ergebnis lautet damit $\underline{x} = (0, 1, 3, 4, 12, \ldots)$.

Rekursionsformel: Mit

$$a_0 = 0, \quad a_1 = 1, \quad a_2 = 3, \quad b_0 = 1, \quad b_1 = 0, \quad b_2 = -4$$

$$a_\nu = 0 \text{ und } b_\nu = 0 \text{ für } \nu > 2$$

folgt

$$
\begin{aligned}
c_0 &= a_0 & &= \underline{x}(0) = & 0 \\
c_1 &= a_1 - b_1 c_0 & &= \underline{x}(1) = & 1 \\
c_2 &= a_2 - b_1 c_1 - b_2 c_0 & &= \underline{x}(2) = & 3 \\
c_3 &= a_3 - b_1 c_2 - b_2 c_1 - b_3 c_0 & &= \underline{x}(3) = & 4 \\
c_4 &= a_4 - b_1 c_3 - b_2 c_2 - b_3 c_1 - b_4 c_0 &&= \underline{x}(4) = & 12 \\
\ldots & & \ldots & & \ldots \quad \ldots
\end{aligned}
$$

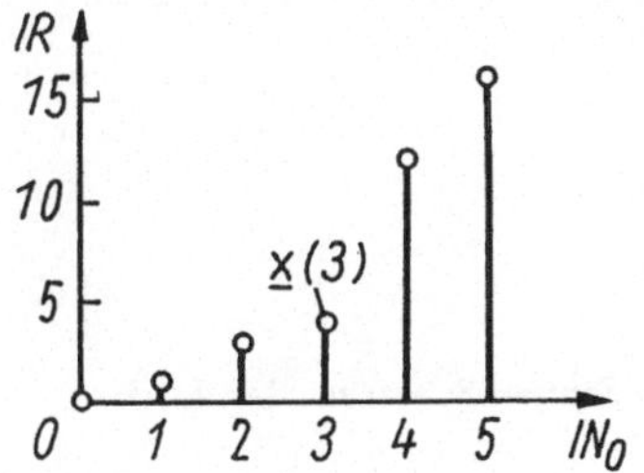

Abb. 1.45. Diskretes Signal (Beispiel).

Residuenformel:

$$\underline{x}(k) = \sum \operatorname{Res}\left(\frac{z+3}{z^2-4}z^{k-1}\right).$$

Für $k = 0$ gilt

$$\underline{x}(0) = \sum \operatorname{Res}\left(\frac{z+3}{z(z+2)(z-2)}z^{k-1}\right) = -\frac{3}{4} + \frac{1}{8} + \frac{5}{8} = 0,$$

und für $k > 1$ folgt

$$\begin{aligned}
\underline{x}(k) &= \sum \operatorname{Res}\left(\frac{(z+3)z^{k-1}}{(z+2)(z-2)}\right) \\
&= -\frac{1}{4}(-2)^{k-1} + \frac{5}{4}2^{k-1} = \frac{1}{4}(5\cdot 2^{k-1} - (-2)^{k-1}).
\end{aligned}$$

Durch Einsetzen von $k = 1, 2, 3, \ldots$ bestätigt man leicht das bereits mit den anderen Verfahren erhaltene Ergebnis. Die grafische Darstellung von $\underline{x}(k)$ wird in Abb. 1.45 gezeigt. $\square$

1.2.4 Aufgaben zum Abschnitt 1.2

1.2-1 Gegeben ist das periodische Signal

$$\underline{x} = a \sum_{k=-\infty}^{\infty} \underline{S}^{kT_0}(s - \underline{S}^{T_0/4}(s)).$$

a) Man stelle $\underline{x}(t)$ grafisch dar!

b) Man stelle $\underline{x}(t)$ als komplexe Fourier–Reihe dar!

c) Man stelle die Reihenkoeffizienten $c(\omega_k) = c_k$ für $k = 0$, $k = \pm 1$, $k = \pm 2$, $k = \pm 3$, $k = \pm 4$ in der komplexen Ebene und $|c_k|$ über k grafisch dar!

1.2-2 a) Für das in Abb. 1.2-2 dargestellte Signal $\underline{x}$ bestimme man das komplexe Fourier–Spektrum $\underline{x}^*$:

$$\underline{x}^*(\omega) = F(\underline{x}(t))!$$

b) Man berechne das Amplitudenspektrum ($|\underline{x}^*(\omega)|$) sowie das Phasenspektrum ($\arg \underline{x}^*(\omega)$) und skizziere qualitativ deren Abhängigkeit von ω!

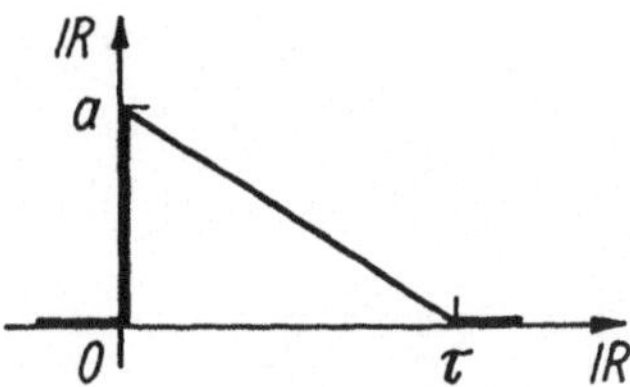

Abb. 1.2-2 .

1.2-3 Mit Hilfe der Lösung von Aufgabe 1.2-2 bestimme man das Fourier–Spektrum des durch

$$\underline{x}(t) = \begin{cases} a(1 - |t|/\tau) & t \in [-\tau, \tau] \\ 0 & t \notin [-\tau, \tau] \end{cases}$$

gebenen Signals $\underline{x}$ und skizziere $|\underline{x}^*(\omega)|$ und $\arg \underline{x}^*(\omega)$!

1.2-4 a) Gegeben sei das Signal $\underline{x}$ mit

$$\underline{x}(t) = \begin{cases} a \ (a > 0) & t \in [-\tau, \tau] \\ 0 & t \notin [-\tau, \tau] \end{cases}$$

Man bestimme $\underline{x}^*(\omega)$!

b) Gegeben sei das Fourier–Spektrum $\underline{x}^*$:

$$\underline{x}^*(\omega) = \begin{cases} b \ (b > 0) & \omega \in [-\Omega, \Omega] \\ 0 & \omega \notin [-\Omega, \Omega] \end{cases}$$

Man berechne das zugehörige Signal $\underline{x}$!

1.2-5 a) Man beweise die Richtigkeit des Ähnlichkeitssatzes der Fourier–Transformation

$$F(\underline{x}(at)) = \frac{1}{a}\underline{x}^*\left(\frac{\omega}{a}\right) \qquad (a \neq 0)!$$

b) Man berechne für das Signal $\underline{x}$: $\underline{x}(t) = \mathrm{e}^{-a|t|}$ $(a > 0)$ das Fourier–Spektrum und veranschauliche an diesem Beispiel für $a \gg 1$ und $a \ll 1$ qualitativ die Reziprozität von Zeitdauer und Bandbreite eines Signals!

1.2-6 Man berechne das Signal $\underline{x}$ für

$$\underline{x}^*(\omega) = \frac{a\omega_0}{\omega^2 + \omega_0^2} \qquad (a > 0, \omega_0 > 0)$$

mit Hilfe der Residuenrechnung!

1.2-7 Man zeige die Gültigkeit der Parsevalschen Formel

$$\int\limits_{-\infty}^{\infty} |\underline{x}(t)|^2 \, \mathrm{d}t = \frac{1}{2\pi} \int\limits_{-\infty}^{\infty} |\underline{x}^*(\omega)|^2 \, \mathrm{d}\omega!$$

1.2-8 Man berechne die Laplace–Transformierten $\underline{x}^*$: $\underline{x}^*(p) = L(\underline{x}(t))$ für folgende Signale $\underline{x}$:

a) $\quad \underline{x}(t) = a\,s(t - \tau)$

b) $\quad \underline{x}(t) = \tan \alpha(t - \tau)\,s(t - \tau)$

c) $\quad \underline{x}(t) = \mathrm{e}^{\sigma_0 t} \cos \omega_0 t\, s(t)$

d) $\quad \underline{x}(t) = \sinh at\, s(t)!$

1.2-9 Für das in Abb. 1.2-9 dargestellte Signal $\underline{x}$ gebe man das Laplace–Integral $\underline{x}^*(p)$ und das Fourier–Integral $\underline{x}^*(\omega)$ an! Unter welchen Bedingungen kann $\underline{x}^*(\omega)$ aus $\underline{x}^*(p)$ abgelesen werden?

1.2-10 Man gebe die Laplace–Transformierte des in Abb. 1.2-10 dargestellten Signals $\underline{x}$ an!

1.2-11 Man zeige die Gültigkeit folgender Regeln der Laplace–Transformation:

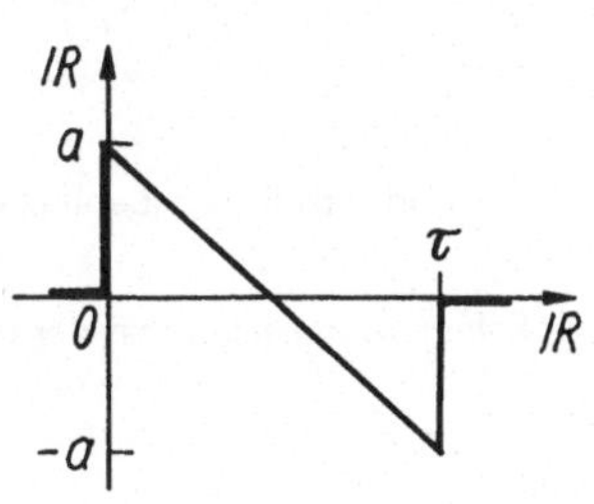

Abb. 1.2-9 .

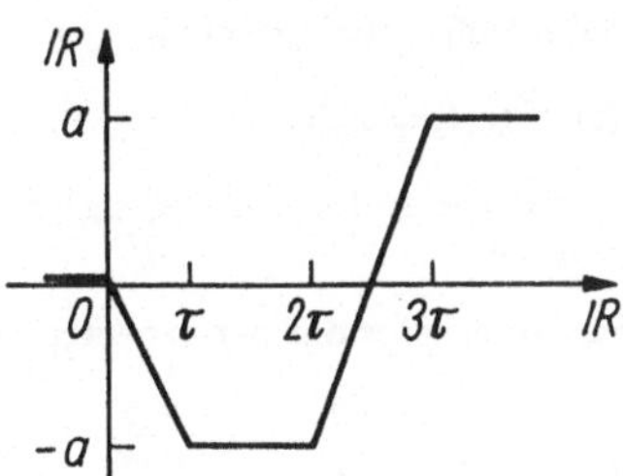

Abb. 1.2-10.

a) $\qquad L(\underline{x}(t-\tau)) = e^{-p\tau} L(\underline{x}(t)) \qquad (\tau > 0)$

b) $\qquad L\left(\displaystyle\int_0^t \underline{x}(\tau)\,d\tau\right) = \dfrac{1}{p}L(\underline{x}(t))$

c) $\qquad L(\dot{\underline{x}}(t)) = pL(\underline{x}(t)) - \underline{x}(+0)!$

1.2-12 Aus einer Korrespondenzentabelle der Laplace–Transformation entnimmt man für $\underline{x}$: $\underline{x}(t) = \cos^2 t$

$$L(\cos^2 t) = \frac{1}{p}\frac{p^2+2}{p^2+4}.$$

Mit Hilfe der Regeln der Laplace–Transformation bestimme amn für $\underline{x}_0$: $\underline{x}_0(t) = \cos^2 \omega_0 t$

a) $\qquad L(\underline{x}_0(t));$ b) $\qquad L(\underline{x}_0(t-t_0));$ c) $\qquad L(\dot{\underline{x}}_0(t))!$

1.2-13 Gegeben ist das Bildsignal $\underline{x}^*$:

$$\underline{x}^*(p) = \frac{p-4}{p^3+p^2-6p}.$$

Man bestimme das Originalsignal $\underline{x}$!

1.2-14 Zu den folgenden Bildsignalen $\underline{x}^*$ bestimme man die Originalsignale $\underline{x}$ und skizziere $\underline{x}(t)$:

a) $\qquad \underline{x}^*(p) = \dfrac{a}{\tau p^2}(1 - e^{-p\tau}) - \dfrac{a}{p}e^{-2p\tau}$

b) $\qquad \underline{x}^*(p) = \dfrac{pe^{-p\tau}}{p^2+4}!$

1.2-15 Mit Hilfe des Residuenmethode berechne man

$$\underline{x}(t) = L^{-1}(\underline{x}^*(p)) = L^{-1}\left(\frac{p^2}{(p+1)^3}\right)!$$

1.2-16 Mit Hilfe des Heavisideschen Entwicklungssatzes bestimme man die Originalsignale $\underline{x}$ für

a) $\qquad \underline{x}^*(p) = \dfrac{p}{p^2-16};$ b) $\qquad \underline{x}^*(p) = \dfrac{a\sinh p\tau/4}{p\cosh p\tau/4} \qquad (a>0, \tau>0)!$

1.2-17 Aus einer Korrespondenztabelle der Laplace–Transformation entnimmt man

$$L(t) = \frac{1}{p^2} \qquad \text{und} \qquad L\left(2\sqrt{\frac{t}{\pi}}\right) = \frac{1}{p\sqrt{p}}.$$

Mit Hilfe des Faltungssatzes bestimme man

$$\underline{x}(t) = L^{-1}\left(\frac{1}{p^3\sqrt{p}}\right)!$$

1.2-18 Man löse die Differentialgleichung

$$\dot{\underline{x}}(t) + 3\underline{x}(t) = \underline{x}_0(t)$$

für $t > 0$ mit der Anfangsbedingung $\underline{x}(+0) = 0$ und $\underline{x}_0(t) = e^{2t} - 2$ mit Hilfe der Laplace–Transformation!

1.2-19 Ein Gleichstrommotor mit permanenter Erregung wird durch das Differentialgleichungssystem

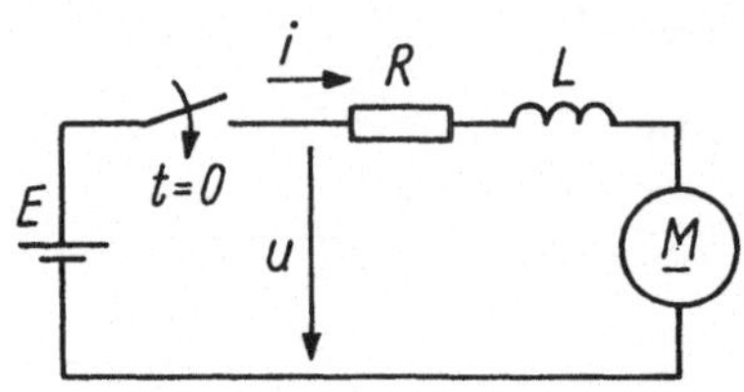

Abb. 1.2-19 .

$$D + \Theta\dot{\omega}(t) = Ki(t) \qquad \text{(mechanische Gleichung)}$$

$$Ri(t) + L\dot{i}(t) + K\omega(t) = u(t) \qquad \text{(elektrische Gleichung)}$$

beschrieben. Man berechne die Winkelgeschwindigkeit ω, wenn zur Zeit $t = 0$ eine Gleichspannung E eingeschaltet wird (Anfangsbedingungen $\omega(+0) = 0$, $i(+0) = 0$)! Hierbei bezeichnen (vgl. Abb. 1.2-19): D konstantes Lastmoment; Θ Trägheitsmoment des Ankers; K Motorkonstante; L, R Ankerinduktivität bzw. -widerstand.

1.2-20 Man beweise den Verschiebungssatz der Z–Transformation ($m \in \mathbb{N}_0 = \{0, 1, 2, \ldots\}$)

$$Z(\underline{x}(k - m)) = z^{-m} Z(\underline{x}(k)) = z^{-m}\underline{x}^*(z)!$$

1.2-21 Berechnen Sie $Z(\underline{x}(k))$ für das Signal $\underline{x}$:

$$\underline{x}(k) = ak \qquad (a \in \mathbb{R})!$$

1.2-22 Wie lautet die Z-Transformierte des Signals $\underline{x}$:

$$\underline{x}(k) = \sin ak \qquad (a \in \mathbb{R})?$$

1.2-23 Berechnen Sie $Z^{-1}(x^*(z))$ für

$$x^*(z) = \frac{2z}{2z^2 - 3z + 1}$$

   a) durch Polynomdivision;

   b) mit Hilfe der Rekurionsformel;

   c) mit Hilfe der Residuenmethode!

1.3 Spezielle lineare Signalräume

1.3.1 Normierte und vollständige Räume

1.3.1.1 Normierte Signalräume

Der Begriff des linearen Raumes ist im Abschnitt 3.1.1 in [WS93] näher erläutert. Wird in einem linearen Raum eine *Norm* eingeführt, so spricht man von einem *normierten (linearen) Raum*. Wir erläutern den Begriff der Norm zunächst am Beispiel des dreidimensionalen Anschauungsraums $L = (\mathbb{R}^3, \mathbb{R})$, für den wir auch oft kurz $\mathbb{R}^3$ schreiben.

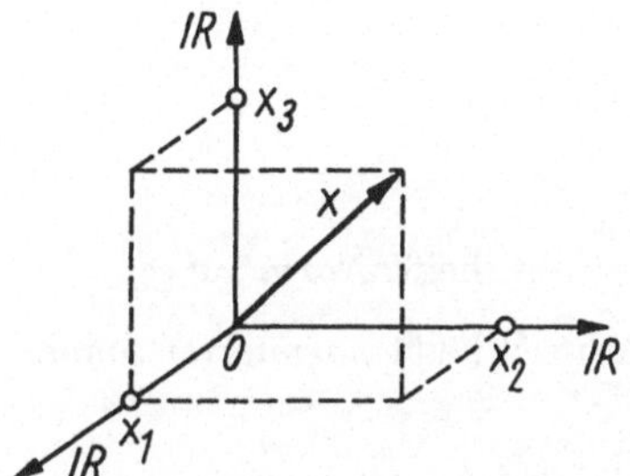

Abb. 1.46. Dreidimensionaler linearer Raum.

In Abb. 1.46 ist eine Darstellung des linearen Raumes $\mathbb{R}^3$ angegeben. Jedem Punkt $x = (x_1, x_2, x_3) \in \mathbb{R}^3$ ist eine nichtnegative Zahl

$$\|x\| = \sqrt{x_1^2 + x_2^2 + x_3^2} = N(x) \tag{1.150}$$

zugeordnet, die in $\mathbb{R}^3$ anschaulich als Abstand des Punktes x vom Nullpunkt gedeutet werden kann. Man bezeichnet die so definierte Abbildung $N : \mathbb{R}^3 \to \mathbb{R}^+$ als *Norm* bzw. den Wert $N(x)$ als *Betrag* von x. Da es – wie wir noch sehen werden – mehrere Abbildungen dieser Art gibt, wollen wir sie durch einen zusätzlichen Index voneinander unterscheiden. Anstelle von (1.150) wollen wir genauer

$$\|x\|_E = N_E(x)$$

schreiben, da durch diese Norm die „Entfernung" von x vom Nullpunkt bestimmt wird (Abb. 1.46). Die Entfernung zweier Punkte $x \in \mathbb{R}^3$ und $y \in \mathbb{R}^3$ kann damit ebenfalls angegeben werden; es gilt nämlich

$$\|x - y\|_E = \sqrt{(x_1 - y_1)^2 + (x_2 - y_2)^2 + (x_3 - y_3)^2} = \varrho(x, y). \tag{1.151}$$

Die durch (1.150) definierte Norm besitzt offensichtlich die folgenden Eigenschaften (*Normbedingungen*): Für beliebige $\alpha \in \mathbb{R}$ und $x, x', x'' \in \mathbb{R}^3$ gilt

$$\text{a)} \qquad \|x\| = 0 \Leftrightarrow x = 0 \tag{1.152-a}$$

$$\text{b)} \qquad \|\alpha x\| = |\alpha| \|x\| \tag{1.152-b}$$

$$\text{c)} \qquad \|x' + x''\| \leq \|x'\| + \|x''\|. \tag{1.152-c}$$

Die letzte Gleichung wird durch Abb. 1.47 veranschaulicht.

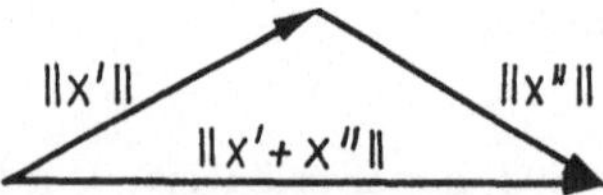

Abb. 1.47. Veranschaulichung der Dreiecksungleichung.

Die soeben für den dreidimensionalen Anschauungsraum durchgeführten Überlegungen lassen sich sofort auf beliebige lineare Räume übertragen, so z. B. auch auf lineare Signalräume. Wir wollen also nun annehmen, es sei ein linearer Signalraum $\underline{X}$ gegeben. Dann gelten die folgenden Definitionen:

a) Jede Abbildung

$$N : \underline{X} \to \mathbb{R}^+, \qquad N(\underline{x}) = \|\underline{x}\|, \tag{1.153}$$

die die Normbedingungen (1.152-a) bis (1.152-c) erfüllt, heißt *Norm* auf $\underline{X}$.

b) Der lineare Signalraum $\underline{X}$ zusammen mit einer Norm N heißt *normierter Signalraum $\underline{X}_N$*.

c) Die Abbildung

$$\varrho : \underline{X} \times \underline{X} \to \mathbb{R}^+, \qquad \varrho(\underline{x}_1, \underline{x}_2) = \|\underline{x}_1 - \underline{x}_2\| \tag{1.154}$$

heißt *Metrik* des Signalraums $\underline{X}$. Die Größe $\|\underline{x}_1 - \underline{x}_2\|$ bezeichnet man auch als *Abstand* der Signale $\underline{x}_1$ und $\underline{x}_2$ in $\underline{X}$.

In einem normierten Signalraum wird also jedem Signal eine nichtnegative Zahl zugeordnet. Wir betrachten dazu folgende Beispiele, die zeigen, wie eine Norm definiert werden kann:

Beispiel 1: Gegeben sei die Menge aller im Intervall $[0, \infty)$ stückweise stetigen und beschränkten Signale. Zusammen mit der üblichen Funktionenaddition und der Multiplikation von Funktionen mit reellen Zahlen bildet diese Menge einen linearen Raum. Wir bezeichnen diese Menge mit $\underline{C}_T[0, \infty)$. In diesem linearen Signalraum kann eine Norm durch

$$N_C(\underline{x}) = \|\underline{x}\|_C = \sup_{t \geq 0} |\underline{x}(t)| \tag{1.155}$$

eingeführt werden. Dabei wird das Supremum (d. h. die kleinste obere Schranke) des Betrages aller Signalwerte $\underline{x}(t)$ für $t \geq 0$ gebildet (vgl. auch Abb. 1.48a). Der Abstand zweier Signale nach dieser Norm ergibt sich aus

$$\varrho(\underline{x}_1, \underline{x}_2) = \|\underline{x}_1 - \underline{x}_2\|_C = \sup_{t \geq 0} |\underline{x}_1(t) - \underline{x}_2(t)|.$$

□

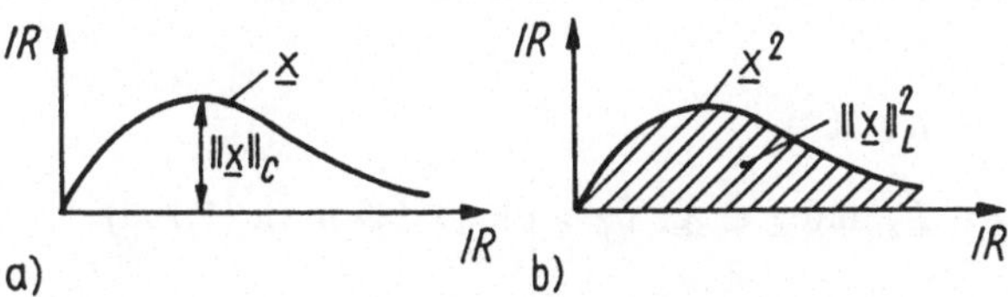

Abb. 1.48. Veranschaulichung des Normbegriffs.

Beispiel 2: Wir betrachten die Menge aller (beschränkten und) quadratisch (im Riemannschen Sinne) integrierbaren Signale, d. h. den Signalraum $\underline{L}_2$. In diesem linearen Signalraum kann eine Norm N_L durch

$$N_L(\underline{x}) = \|\underline{x}\|_L = \sqrt{\int\limits_{-\infty}^{\infty} \underline{x}^2(t)\,\mathrm{d}t} \tag{1.156}$$

definiert werden. Der Abstand $\varrho(\underline{x}_1, \underline{x}_2)$ zweier Signale $\underline{x}_1$ und $\underline{x}_2$ beträgt nach dieser Norm

$$\varrho(\underline{x}_1, \underline{x}_2) = \|\underline{x}_1 - \underline{x}_2\|_L = \sqrt{\int\limits_{-\infty}^{\infty} (\underline{x}_1(t) - \underline{x}_2(t))^2\,\mathrm{d}t}.$$

Die Veranschaulichung von (1.156) wird in Abb. 1.48b gezeigt. □

Beispiel 3: Im linearen Signalraum $\underline{X}_\gamma$ (Abschnitt 1.2.2.1) ist N_γ, definiert durch

$$N_\gamma(\underline{x}) = \|\underline{x}\|_\gamma = \int\limits_0^{\infty} \mathrm{e}^{-\gamma t}|\underline{x}(t)|\,\mathrm{d}t,$$

eine Norm und damit

$$\varrho(\underline{x}_1, \underline{x}_2) = \|\underline{x}_1 - \underline{x}_2\|_\gamma = \int\limits_0^{\infty} \mathrm{e}^{-\gamma t}|\underline{x}_1(t) - \underline{x}_2(t)|\,\mathrm{d}t$$

eine Metrik. □

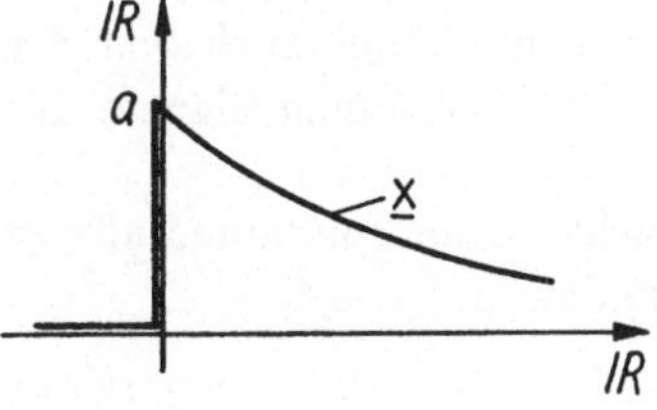

Abb. 1.49. Signal (Beispiel).

Beispiel: Wir betrachten als Beispiel das Signal $\underline{x}$ nach Abb. 1.49. Es gilt:

$$\underline{x}(t) = \begin{cases} 0 & t < 0 \\ ae^{-bt} & t \geq 0 \end{cases} \quad (a, b \in \mathbb{R}^+).$$

Offensichtlich gilt $\underline{x} \in \underline{C}_T[0, \infty)$, $\underline{x} \in \underline{L}_2$ und $\underline{x} \in \underline{X}_\gamma$ $(\gamma > 0)$, so daß nach (1.155)

$$N_C(\underline{x}) = \|\underline{x}\|_C = a$$

und nach (1.156)

$$N_L(\underline{x}) = \|\underline{x}\|_L = \sqrt{\int\limits_0^\infty a^2 e^{-2bt}\,\mathrm{d}t} = \frac{a}{\sqrt{2b}}$$

berechnet werden kann. Für $N_\gamma(\underline{x})$ ergibt sich

$$N_\gamma(\underline{x}) = \|\underline{x}\|_\gamma = \int\limits_0^\infty e^{-\gamma t} a e^{-bt}\,\mathrm{d}t = \frac{a}{\gamma + b}$$

□

1.3.1.2   Vollständige normierte Signalräume

Gegeben sei ein normierter Signalraum $\underline{X}_N$. Wir betrachten eine Folge $(\underline{x}_i)_{i\in\mathbb{N}}$ von Elementen $\underline{x}_i \in \underline{X}_N$ dieses Signalraums (Abb. 1.50). Sind die Signale $\underline{x}_i$ dieser Folge so beschaffen, daß der Abstand zweier aufeinanderfolgender Signale von einem gewissen Glied der Folge ab immer kleiner wird, so sprechen wir von einer *Fundamentalfolge*. Genauer ist dieser Begriff wie folgt definiert:

Eine Folge $(\underline{x}_i)_{i\in\mathbb{N}}$ $(\underline{x}_i \in \underline{X}_N)$ heißt genau dann eine Fundamentalfolge, wenn

$$\|\underline{x}_i - \underline{x}_j\| < \varepsilon \qquad \text{für} \qquad i, j > n(\varepsilon) \tag{1.157}$$

gilt $(n, i, j \in \mathbb{N}, \varepsilon > 0)$.

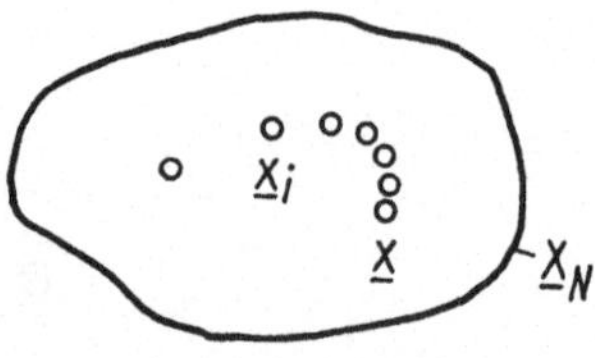

Abb. 1.50. Veranschaulichung einer Folge in einem Signalraum.

Ob eine Folge $(\underline{x}_i)_{i\in\mathbb{N}}$ eine Fundamentalfolge ist oder nicht, hängt auch von der gewählten Norm des Signalraums ab, die ja den Abstand der einzelnen Signale der Folge bestimmt.

Fundamentalfolgen können konvergieren oder auch nicht. Eine Fundamentalfolge heißt genau dann *konvergent*, wenn es ein $\underline{x} \in \underline{X}_N$ gibt, so daß

$$\|\underline{x}_i - \underline{x}\| < \varepsilon \qquad \text{für} \qquad i > n(\varepsilon) \tag{1.158-a}$$

bzw.

$$\|\underline{x}_i - \underline{x}\| \to 0 \qquad \text{für} \qquad i \to \infty \tag{1.158-b}$$

gilt, wofür man auch kürzer

$$\lim_{i\to\infty} \underline{x}_i = x \tag{1.158-c}$$

schreibt. Das Signal $\underline{x}$ heißt Grenzwert der Folge $(\underline{x}_i)_{i\in N}$. Konvergiert $(\underline{x}_i)_{i\in N}$ (oder kürzer $\underline{x}_i$) gegen $\underline{x}$, so ist $\underline{x}$ auch immer der einzige Grenzwert.

Wir veranschaulichen die soeben definierten Begriffe durch nachstehende Beispiele:

Beispiel 1: Gegeben sei die Menge aller Treppensignale, d. h. der Signalraum $\underline{X} = \underline{T}$ mit der Norm

$$N_C(\underline{x}) = \sup |\underline{x}(t)| \qquad (t \in \mathbb{R}).$$

Wir betrachten die Folge $(\underline{x}_i)_{i\in N}$ von Treppensignalen mit

$$\underline{x}_i(t) = \left(1 - \frac{1}{i}\right)(s(t) - s(t-1)).$$

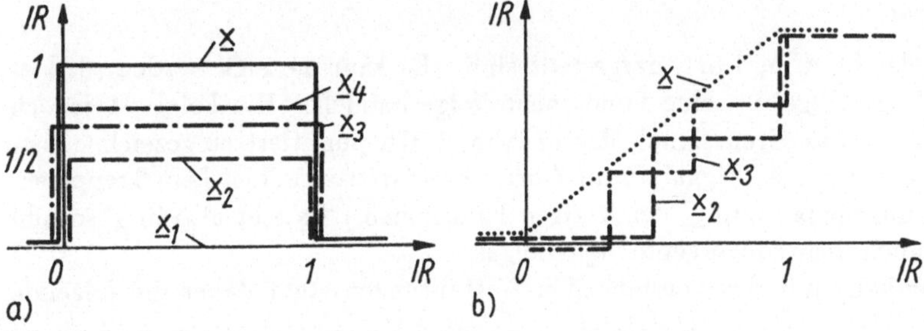

Abb. 1.51. Veranschaulichung zweier Folgen von Treppensignalen.

Die Darstellung einiger Glieder dieser Folge wird in Abb. 1.51a gezeigt. Zunächst untersuchen wir, ob die gegebene Folge $(\underline{x}_i)_{i\in N}$ eine Fundamentalfolge ist. Dazu bilden wir den Abstand der Signale $\underline{x}_i$ und $\underline{x}_j$ $(i, j \in N)$ bezüglich der gegebenen Norm und erhalten

$$\|\underline{x}_i - \underline{x}_j\|_C = \left|\frac{1}{j} - \frac{1}{i}\right|.$$

Man rechnet leicht nach, daß für alle $i, j > 2/\varepsilon$

$$\left|\frac{1}{j} - \frac{1}{i}\right| < \varepsilon$$

gilt. Folglich ist die Bedingung (1.157) erfüllt und die gegebene Folge eine Fundamentalfolge.

Wir untersuchen nun die Konvergenz der gegebenen Folge und stellen fest, daß für

$$\underline{x}(t) = s(t) - s(t-1)$$

gilt

$$\|\underline{x} - \underline{x}_i\|_C = \frac{1}{i} < \varepsilon \qquad \text{für} \qquad i > \frac{1}{\varepsilon}$$

bzw.

$$\|\underline{x} - \underline{x}_i\|_C = \frac{1}{i} \to 0 \qquad \text{für} \qquad i \to \infty:$$

Damit ist die gegebene Folge eine konvergente Fundamentalfolge mit dem Grenzsignal $\underline{x} : \underline{x}(t) = s(t) - s(t-1)$. Wesentlich ist, daß das Grenzsignal $\underline{x}$ selbst ebenfalls ein Treppensignal ist, d. h., es ist $\underline{x} \in \underline{X} = \underline{T}$. $\square$

Beispiel 2:   Es sei wieder die Menge $\underline{X} = \underline{T}$ aller Treppensignale gegeben, und $N_C(\underline{x}) =$ sup $|\underline{x}(t)|$ definiere die Norm dieses Signalraums (ebenso wie im Beispiel 1). Wir untersuchen nun die Folge $(\underline{x}_i)_{i\in\mathbb{N}}$ mit

$$\underline{x}_i(t) = \frac{1}{i} \sum_{k=1}^{i} s\left(t - \frac{k}{i}\right),$$

deren erste Glieder in Abb. 1.51b dargestellt sind. Es kann gezeigt werden, daß es sich auch bei dieser Folge um eine Fundamentalfolge handelt. Die Folge ist jedoch nicht konvergent, da das Grenzsignal, das in Abb. 1.51b punktiert eingezeichnet ist, nicht mehr zum betrachteten Signalraum gehört. (Das Grenzsignal ist kein Treppensignal; es gehört zum Signalraum $\underline{C}$ der stetigen Funktionen.) Es gibt also in $\underline{T}$ sowohl konvergente als auch nichtkonvergente Signalfolgen. $\square$

Im Zusammenhang mit den vorstehenden Ausführungen steht daher die folgende Definition:

Ein normierter Signalraum $\underline{X}_N$ heißt genau dann *vollständig* (bezüglich der Norm dieses Signalraumes), wenn jede Fundamentalfolge $(\underline{x}_i)_{i\in\mathbb{N}}$ aus $\underline{X}_N$ konvergent ist. Als Beispiele seien noch erwähnt, daß die Signalräume $\underline{C}$ und $\underline{C}[0, \infty)$ der in $\mathbb{R}$ bzw. $\mathbb{R}^+ = [0, \infty)$ stetigen und beschränkten Signale vollständig bezüglich der Norm N_C sind, während z. B. der Signalraum $\underline{T}$ nicht vollständig bezüglich N_C und $\underline{L}_2$ nicht vollständig bezüglich N_L ist.

1.3.2 Abbildungen in normierten Signalräumen

1.3.2.1 Stetige und beschränkte Operatoren

Im Abschnitt 1.1 wurden bereits einige Beispiele einstelliger Signaloperationen angegeben, durch die einem Signal $\underline{x}$ ein neues Signal $\underline{y}$ zugeordnet wird. Die Zeitverschiebung, die Differentiation und die Integration eines Signals sind z. B. solche Operationen. Wir wollen nun das zuletzt erwähnte Beispiel, die Integration eines Signals $\underline{x}$, etwas genauer betrachten.

Gegeben sei ein Treppensignal $\underline{x} \in \underline{T}[0, \infty)$ (der Signalraum $\underline{T}[0, \infty)$ bezeichne die Menge aller für $t \geq 0$ erklärten Treppensignale) entsprechend der Darstellung in Abb. 1.52. Diesem Treppensignal wird durch die Signalabbildung $\underline{D}^{-1}$ (Integration) ein neues Signal

$$\underline{y} = \underline{D}^{-1}(\underline{x}) \in \underline{C}[0, \infty)$$

zugeordnet (Abb. 1.52). Da diese Zuordnung für alle Elemente $\underline{x} \in \underline{T}[0, \infty)$ gilt, gehört zu jedem Treppensignal $\underline{x} \in \underline{T}[0, \infty)$ ein stetiges Signal $\underline{y} \in \underline{C}[0, \infty)$. Durch $\underline{D}^{-1}$ wird also eine Abbildung

$$\underline{D}^{-1}: \ \underline{T}[0, \infty) \to \underline{C}[0, \infty)$$

vermittelt, d. h. eine Abbildung der Menge der für $t \geq 0$ definierten Treppensignale in die Menge der für $t \geq 0$ stetigen Signale. Diese Abbildung ist durch

$$D^{-1}(\underline{x}) = \underline{y}: \ \underline{y}(t) = \int\limits_{0}^{t} \underline{x}(\tau)\,\mathrm{d}\tau$$

gegeben.

Die Verallgemeinerung des vorstehenden Beispiels ist in Abb. 1.53 dargestellt. Gegeben ist ein normierter Signalraum $\underline{X}$ mit der Norm $\| \dots \|_x$. Jedem Signal $\underline{x} \in \underline{X}$ wird durch eine Abbildung $\underline{\Phi}$ ein Signal $\underline{y}$ eines anderen normierten Signalraums $\underline{Y}$ mit der Norm $\| \dots \|_y$ zugeordnet. Man bezeichnet eine solche Abbildung $\underline{\Phi}$ eines normierten Raumes in einen anderen normierten Raum auch als *Operator* oder *Transformation*.

Als Beispiel sei hier die Laplace–Transformation $\underline{\Phi} = \underline{L}$, $\underline{\Phi}: \ \underline{X}_\gamma \to \underline{X}_\gamma^*$ genannt, wo z. B. $\|\underline{x}\|_\gamma$ eine Norm in $\underline{X}_\gamma$ und

$$\sup_{p \in C_\gamma} \|\underline{x}^*(p)\|$$

eine Norm in $\underline{X}_\gamma^*$ ist.

Von besonderer Wichtigkeit sind spezielle Operatoren $\underline{\Phi}$, insbesondere *stetige* und *beschränkte* Operatoren. Ein Operator $\underline{\Phi}: \ \underline{X} \to \underline{Y}$ heißt *stetig*, wenn für alle $\underline{x}_1, \underline{x}_2 \in \underline{X}$ gilt

$$\|\underline{\Phi}(\underline{x}_1) - \underline{\Phi}(\underline{x}_2)\| \to 0 \qquad \text{für} \qquad \|\underline{x}_1 - \underline{x}_2\| \to 0. \tag{1.159}$$

Existiert eine positive reelle Zahl $M < \infty$ derart, daß für alle $\underline{x} \in \underline{X}$ gilt

$$\|\underline{\Phi}(\underline{x})\|_y < M \|\underline{x}\|_x, \tag{1.160}$$

so heißt der Operator $\underline{\Phi}$ *beschränkt*.

Kehren wir noch einmal zu unserem eingangs erwähnten Beispiel des Integrationsoperators

$$\underline{D}^{-1}: \ \underline{T}[0, \infty) \to \underline{C}[0, \infty)$$

zurück, so ist leicht einzusehen, daß dieser Operator stetig, aber nicht beschränkt ist, wenn in beiden Signalräumen die Norm

$$N_C(\underline{x}) = \|\underline{x}\|_C = \sup_{t \geq 0} |\underline{x}(t)| \qquad \text{(analog für } \underline{y}\text{)}$$

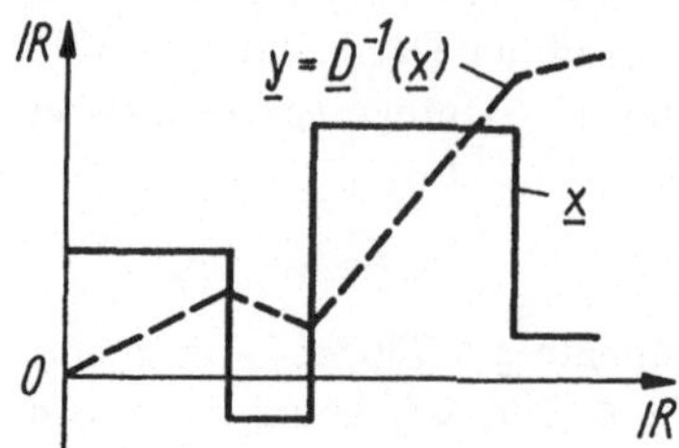

Abb. 1.52. Signalabbildung.

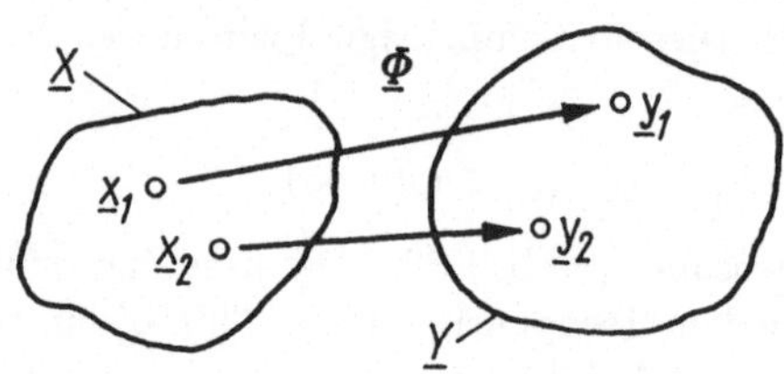

Abb. 1.53. Abbildung zwischen zwei Signalräumen.

zugrunde gelegt wird.

Die erste Eigenschaft ergibt sich daraus, daß aus

$$\|\underline{x}_1 - \underline{x}_2\|_C = \sup_{t \geq 0} |\underline{x}_1(t) - \underline{x}_2(t)| = 0$$

folgt, daß

$$\underline{x}_1(t) = \underline{x}_2(t)$$

d. h. $\underline{x}_1 = \underline{x}_2$ gilt. Damit ist aber auch

$$\|\underline{D}^{-1}(\underline{x}_1) - \underline{D}^{-1}(\underline{x}_2)\|_C = \sup_{t \geq 0} \left| \int_0^t \underline{x}_1(\tau)\,d\tau - \int_0^t \underline{x}_2(\tau)\,d\tau \right| = 0.$$

Die zweite Eigenschaft ergibt sich dadurch, daß

$$\|\underline{D}^{-1}(\underline{x})\|_C = \sup_{t \geq 0} \left| \int_0^t \underline{x}(\tau)\,d\tau \right|$$

im allgemeinen nicht beschränkt ist, während

$$\|\underline{x}\|_C = \sup_{t \geq 0} |\underline{x}(t)|$$

beschränkt bleibt (z. B. für $\underline{x}(t) = s(t)$).

1.3.2.2　Kontraktion

Bisher haben wir Operatoren des Typs $\underline{\Phi} : \underline{X} \to \underline{Y}$ betrachtet, d. h. Abbildungen eines normierten Signalraums $\underline{X}$ in einen anderen normierten Signalraum $\underline{Y}$. Ein Spezialfall liegt vor, wenn durch einen Operator $\underline{\Phi}$ eine Abbildung eines normierten Signalraums $\underline{X}$ in sich selbst vermittelt wird (Abb. 1.54). Wir haben es dann mit einem Operator vom Typ $\underline{\Phi} : \underline{X} \to \underline{X}$ zu tun.

Bei einer Abbildung $\underline{\Phi} : \underline{X} \to \underline{X}$ ist das einem Element $\underline{x} \in \underline{X}$ zugeordnete Signal $\underline{\Phi}(\underline{x}) \in \underline{X}$ sicherlich im allgemeinen nicht mit $\underline{x}$ identisch, d. h., es gilt $\underline{\Phi}(\underline{x}) \neq \underline{x}$. Es erhebt sich aber die Frage, ob es ein Signal $\underline{x}' \in \underline{X}$ gibt, welches auf sich selbst abgebildet wird, d. h. für das

$$\underline{\Phi}(\underline{x}') = \underline{x}' \tag{1.161}$$

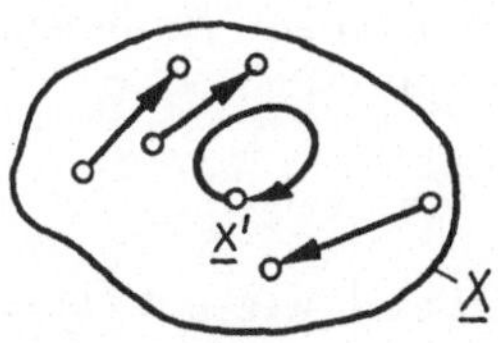

Abb. 1.54. Abbildung eines Signalraumes in sich selbst.

gilt. Diese Frage wird durch den *Banachschen Fixpunktsatz* beantwortet. Bevor wir diesen Satz formulieren, soll noch die folgende Definition vorangestellt werden:

Ist $\underline{X}$ ein normierter Signalraum, so heißt eine Abbildung $\underline{\Phi} : \underline{X} \to \underline{X}$ genau dann *Kontraktion*, wenn es eine reelle Zahl m $(0 < m < 1)$ gibt, so daß für alle $\underline{x}_1, \underline{x}_2 \in \underline{X}$

$$\|\underline{\Phi}(\underline{x}_1) - \underline{\Phi}(\underline{x}_2)\| \leq m\|\underline{x}_1 - \underline{x}_2\| \tag{1.162}$$

gilt. Eine Kontraktion ist also eine spezielle beschränkte und stetige Abbildung.

Der *Fixpunktsatz* lautet nun wie folgt: Ist der normierte Raum $\underline{X}$ vollständig und ist die Abbildung $\underline{\Phi} : \underline{X} \to \underline{X}$ eine Kontraktion, so hat die Operatorgleichung

$$\underline{\Phi}(\underline{x}) = \underline{x} \tag{1.163}$$

genau eine Lösung $\underline{x} = \underline{x}'$. Diese Lösung heißt *Fixpunkt* des Raumes $\underline{X}$.

Weiterhin gilt: Ist $\underline{x}_0 \in \underline{X}$ ein beliebiges Signal aus dem vollständigen normierten Signalraum $\underline{X}$ und

$$\underline{\Phi}(\underline{x}_0) = \underline{x}_1, \quad \underline{\Phi}(\underline{x}_1) = \underline{x}_2, \quad \ldots, \quad \underline{\Phi}(\underline{x}_i) = \underline{x}_{i+1}, \tag{1.164}$$

so ist

$$(\underline{x}_i)_{i \in \mathbb{N}} = (\underline{x}_1, \underline{x}_2, \underline{x}_3, \ldots) \tag{1.165}$$

eine Fundamentalfolge (also eine konvergente Folge, da $\underline{X}$ vollständig ist), und es ist

$$\underline{x}' = \lim_{i \to \infty} \underline{x}_i. \tag{1.166}$$

Das Grenzsignal der Fundamentalfolge ergibt also gerade die Lösung $\underline{x} = \underline{x}'$ der Operatorgleichung (1.163).

Zur Veranschaulichung betrachten wir das nachfolgende einfache

Beispiel: Es sei $\underline{X} = \underline{C}[0,T)$ der vollständige normierte Signalraum der für $0 \leq t < T$ stetigen und beschränkten Signale $\underline{x}$ mit der Norm

$$\|\underline{x}\|_C = \sup_{t \geq 0} |\underline{x}(t)|$$

und $\underline{\Phi} : \underline{X} \to \underline{X}$ die durch

$$\underline{\Phi}(\underline{x}) = 3\sqrt[5]{\underline{x}}$$

gegebene Abbildung.

Zunächst bemerken wir, daß der Teilraum $\underline{X}'$ von $\underline{X}$, der alle Signale $\underline{x} \in \underline{X}$ mit $\underline{x}(t) \geq 1$ (für alle $t \geq 0$) enthält, ebenfalls vollständig (und normiert) ist. In diesem Teilraum ist jedenfalls $\underline{\Phi}$ eine Kontraktion; denn es gilt für alle $t \geq 0$

$$|\Phi(\underline{x}_1(t)) - \Phi(\underline{x}_2(t))| \leq \Phi'(1)|\underline{x}_1(t) - \underline{x}_2(t)|,$$

wenn noch $(\underline{\Phi}(\underline{x}))(t) = \Phi(\underline{x}(t)) = 3\sqrt[5]{\underline{x}(t)}$ gesetzt wird, und damit auch wegen $\Phi'(1) = 3/5$

$$|\Phi(\underline{x}_1(t)) - \Phi(\underline{x}_2(t))| \leq \frac{3}{5} \sup_{t \geq 0} |\underline{x}_1(t) - \underline{x}_2(t)|$$

und folglich sogar

$$\sup_{t \geq 0} |\Phi(\underline{x}_1(t)) - \Phi(\underline{x}_2(t))| \leq \frac{3}{5} \sup_{t \geq 0} |\underline{x}_1(t) - \underline{x}_2(t)|$$

oder wegen (1.155)

$$\|\underline{\Phi}(\underline{x}_1) - \underline{\Phi}(\underline{x}_2)\|_C \leq \frac{3}{5}\|\underline{x}_1 - \underline{x}_2\|_C.$$

Wir wollen nun den Fixpunkt dieser Abbildung berechnen, d.h. das Signal $\underline{x} = \underline{x}'$, das auf sich selbst abgebildet wird. Wir beginnen mit einem beliebigen $\underline{x}_0 \in \underline{C}[0,T)$, z. B. mit

$$\underline{x}_0(t) = \mathrm{e}^t \qquad (t \geq 0).$$

Dann erhalten wir

$$\underline{x}_1(t) = (\underline{\Phi}(\underline{x}_0))(t) = 3\sqrt[5]{\underline{x}_0(t)} = 3\mathrm{e}^{t/5}$$

$$\underline{x}_2(t) = (\underline{\Phi}(\underline{x}_1))(t) = 3\sqrt[5]{\underline{x}_1(t)} = 3^{(1+(1/5))}\mathrm{e}^{t/25}$$

$$\ldots$$

$$\underline{x}_i(t) = 3^{(1+(1/5)+(1/25)+\ldots+(1/5)^{i-1})}\mathrm{e}^{(1/5)^i t}.$$

Als Grenzsignal erhalten wir für $i \to \infty$ (geometrische Reihe!)

$$\underline{x}(t) = 3^{\sum_{i=0}^{\infty} 5^{-i}}\mathrm{e}^0 = 3^{5/4} = \sqrt[4]{3^5},$$

also eine konstante Funktion $\underline{x}$: $\underline{x}(t) = c$. Die ersten Glieder der Fundamentalfolge sind in Abb. 1.55 dargestellt. Die gefundene Lösung kann man in diesem einfachen Beispiel natürlich auch sofort aus $\Phi(\underline{x}(t)) = 3\sqrt[5]{\underline{x}(t)} = \underline{x}(t)$ ermitteln.   □

Wesentlich für die praktische Anwendung des Fixpunktsatzes ist, daß die Iterationsfolge selbstkorrigierend ist, d. h., wenn ein Glied der Fundamentalfolge falsch berechnet wurde, kann dieses Glied als Anfangsglied einer neuen Iterationsfolge aufgefaßt werden, und die Rechnung kann fortgesetzt werden. Im Abschnitt 2.2.2 werden wir mit dem Fixpunktsatz nichtlineare Systeme berechnen.

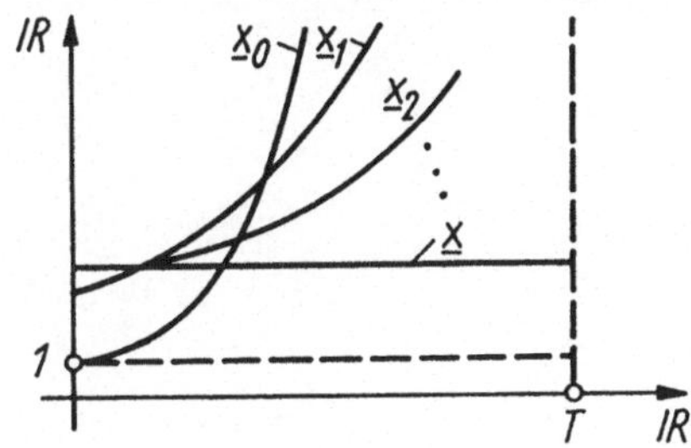

Abb. 1.55. Folge von stetigen Signalen.

1.3.3 Aufgaben zum Abschnitt 1.3

1.3-1 Gegeben ist der Signalraum $\underline{C}$ aller stetigen Signale $\underline{x}$ mit der Norm $\|\underline{x}\|_C = \sup |\underline{x}(t)|$. Man untersuche, ob die nachstehenden Folgen $(\underline{x}_i)_{i \in \mathbb{N}}$ Fundamentalfolgen bilden und gegen welches Grenzsignal sie gegebenenfalls konvergieren:

a) $\qquad \underline{x}_i(t) = \alpha \sin(i\omega_0 t)$ $\qquad$ b) $\qquad \underline{x}_i(t) = \left(\alpha + \dfrac{\beta}{i}\right) \cos(\omega_0 t)$ $\qquad (\alpha, \beta \in \mathbb{R})$!

1.3-2 Gegeben ist der Signalraum $\underline{L}_2$ aller quadratisch integrierbaren Signale $\underline{x}$ mit der Norm

$$\|\underline{x}\|_L = \sqrt{\int_{-\infty}^{\infty} \underline{x}^2(t)\,\mathrm{d}t}.$$

Man untersuche die Konvergenz der Folge $(\underline{x}_i)_{i \in \mathbb{N}}$ mit

$$\underline{x}_i(t) = \mathrm{e}^{-(1/i)\alpha t} s(t) \qquad (\alpha > 0)$$

in $\underline{L}_2$!

1.3-3 Gegeben ist die Signalabbildung

$$\underline{\Phi} : \underline{\Phi}(\underline{x}) = 0{,}1(\underline{x}^3 + 2\underline{x} + 3).$$

a) Man zeige, daß $\underline{\Phi} : \underline{X} \to \underline{X}$ eine Kontraktion ist, wenn $\underline{X}$ die Menge aller stetigen Signale $\underline{x}$ mit der Eigenschaft $0 \leq \underline{x}(t) \leq 1$ ist und die Norm $\|\underline{x}\|_C = \sup |\underline{x}(t)|$ zugrunde gelegt wird!
b) Man bestimme den Fixpunkt der Abbildung $\underline{\Phi} : \underline{X} \to \underline{X}$!

1.3-4 Gegeben ist der Signalraum $\underline{C}[0,1]$ (Menge aller im Intervall $[0,1]$ stetigen Signale $\underline{x}$) und die Signalabbildung $\underline{\Phi} : \underline{C}[0,1] \to \underline{C}[0,1]$:

$$\underline{\Phi}(\underline{x}) = 0{,}1(\underline{D}^{-1}(\underline{x}) + 1),$$

d. h., es gilt

$$(\underline{\Phi}(\underline{x}))(t) = 0{,}1\left(\int_0^t \underline{x}(\tau)\,\mathrm{d}\tau + 1\right).$$

a) Man zeige, daß $\underline{\Phi}$ eine kontrahierende Abbildung ist! (Es sei $\|\underline{x}\|_C = \sup |\underline{x}(t)|$.)
b) Man bestimme iterativ die Lösung von $\underline{\Phi}(\underline{x}) = \underline{x}$! (Hinweis: Man beginne mit $\underline{x}_0(t) = 0{,}1$!)

2 Nichtlineare Systeme

2.1 Systeme ohne Speicher

2.1.1 Alphabetabbildung

2.1.1.1 Einfaches statisches System

In den vorangegangenen Abschnitten wurden die mathematischen Grundlagen für die Analyse nichtlinearer und linearer analoger Systeme zusammengestellt. Bevor wir uns den linearen Systemen zuwenden, sollen einige grundsätzliche Fragen der Analyse nichtlinearer Systeme etwas näher untersucht werden, womit der zunehmenden Bedeutung dieser Systemklasse Rechnung getragen wird. Bei der Analyse nichtlinearer Systeme treten oft relativ komplizierte mathematische Zusammenhänge auf (z. B. nichtlineare Differentialgleichungssysteme), die sich meist nur mit Hilfe numerischer Methoden behandeln lassen. Im Rahmen dieser Einführung können wir jedoch nur auf die Darstellung einiger weniger grundsätzlicher und allgemeiner Zusammenhänge eingehen.

Wir beginnen mit einem einfachen Beispiel. Die aus diesem Beispiel erhaltenen Aussagen sollen anschließend verallgemeinert werden.

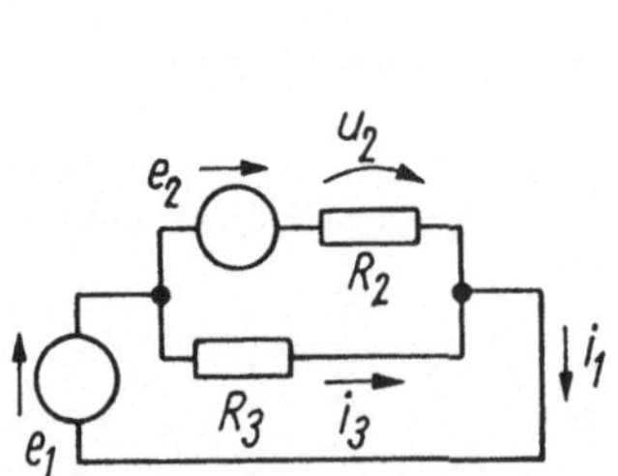

Abb. 2.1. Elektrische Schaltung.

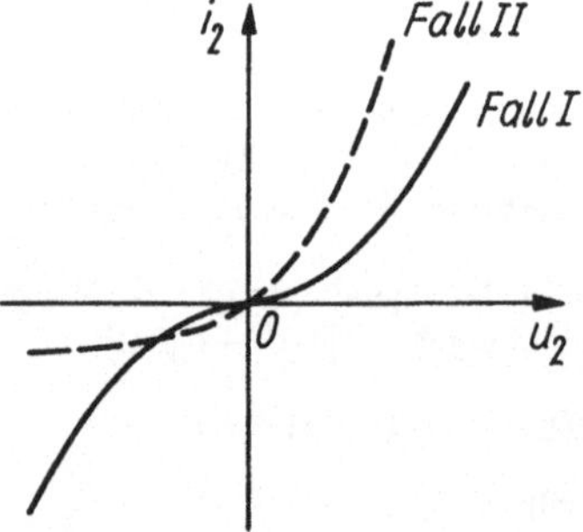

Abb. 2.2. Strom–Spannungs–Kennlinien.

Beispiel: Gegeben ist die elektrische Schaltung in Abb. 2.1 mit zwei Gleichspannungsquellen und zwei Ohmschen Widerständen. In dieser Schaltung ist R_3 ein linearer Widerstand, ein Widerstand also, dessen Wert nicht vom hindurchfließenden Strom oder der angelegten Spannung abhängig ist, es gilt also

$$R_3 = \frac{u_3}{i_3} = \text{konst.},$$

und R_2 ein nichtlinearer Widerstand, dessen Strom–Spannungs–Kennlinie durch

$$i_2 = \begin{cases} \varphi_1(u_2) = au_2^3 & \text{(Fall I)} \\ \varphi_2(u_2) = a(e^{bu_2} - 1) & \text{(Fall II)} \end{cases}$$

gegeben ist. Diese Kennlinien sind für die beiden Fälle in Abb. 2.2 skizziert.

Wegen der Gültigkeit der Kirchhoffschen Gesetze erhalten wir

$$i_1 = i_2 + i_3 = \varphi_{1,2}(u_2) + \frac{e_1}{R_3}$$

und

$$u_2 = e_1 + e_2,$$

d. h., für den Strom i_1 erhalten wir

$$i_1 = \varphi_{1,2}(e_1 + e_2) + \frac{e_1}{R_3} = \varphi(e_1, e_2).$$

Setzen wir nun noch die durch die Strom–Spannungs–Kennlinie für die beiden Fälle gegebenen Beziehungen ein, so ergibt sich für Fall I

$$\begin{aligned} i_1 &= \varphi_1(e_1 + e_2) + \frac{e_1}{R_3} = a(e_1 + e_2)^3 + \frac{e_1}{R_3} \\ &= ae_1^3 + ae_2^3 + 3ae_1^2 e_2 + 3ae_1 e_2^2 + \frac{e_1}{R_3} \\ &= \varphi_I(e_1, e_2) \end{aligned}$$

bzw. für Fall II

$$\begin{aligned} i_1 &= \varphi_2(e_1 + e_2) + \frac{e_1}{R_3} = a(e^{b(e_1+e_2)} - 1) + \frac{e_1}{R_3} \\ &= \varphi_{II}(e_1, e_2). \end{aligned}$$

Daraus ergibt sich das in Abb. 2.3 dargestellte Schema. Das nichtlineare System wird durch ein Kästchen mit zwei Eingängen, an denen die Ursachen (Eingaben) e_1 und e_2 angelegt sind, und einem Ausgang, an dem die Wirkung (Ausgabe) i_1 auftritt, symbolisch beschrieben. Der Zusammenhang zwischen Ursache und Wirkung wird durch die Abbildung φ : $\varphi(e_1, e_2) = i_1$ vermittelt. $\square$

Die Verallgemeinerung dieses Beispiels führt uns zu dem in Abb. 2.4 dargestellten Schema mit q Eingängen und einem Ausgang. Der Zusammenhang zwischen Ursache und Wirkung wird durch die Abbildung

$$\varphi : \varphi(x_1, x_2, \ldots, x_q) = y$$

vermittelt. Die Abbildung φ wird genauer auf folgende Weise definiert: Ist

$$X = \mathbb{R}^q \tag{2.1}$$

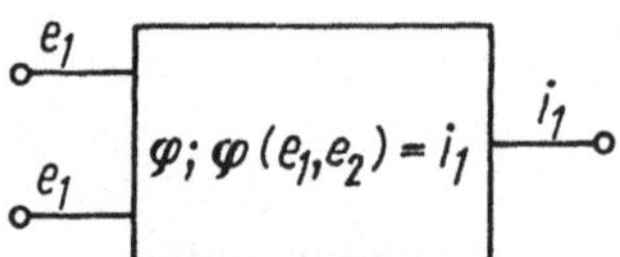

Abb. 2.3. Allgemeines Schema
der Schaltung Abb. 2.1.

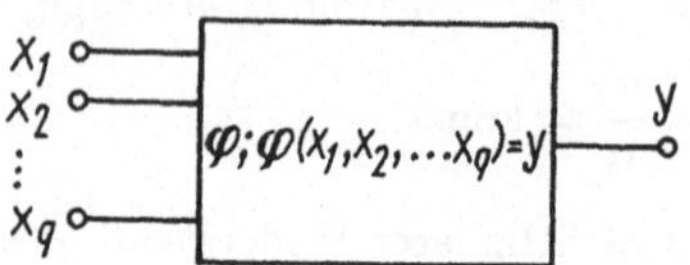

Abb. 2.4. Einfaches statisches System.

das *Eingabealphabet* mit den *Buchstaben*

$$x = (x_1, x_2, \ldots, x_q) \in X \tag{2.2}$$

und

$$Y = \mathbb{R} \tag{2.3}$$

das *Ausgabealphabet* mit den *Buchstaben*

$$y \in Y, \tag{2.4}$$

so heißt die Abbildung

$$\varphi : \ \mathbb{R}^q \to \mathbb{R} \qquad (\text{bzw. } \varphi : X \to Y) \tag{2.5}$$

einfache Alphabetabbildung.

Durch diese Abbildung wird jedem q–Tupel von Eingangsgrößen (also einem q–Tupel von reellen Zahlen) eine Ausgangsgröße (das ist ebenfalls wieder eine reelle Zahl) zugeordnet. Dabei kann es sich um beliebige physikalische (z. B. elektrische, mechanische o. ä.) Größen handeln.

Aus (2.1) bis (2.5) ergibt sich die folgende

Definition: Die durch die Mengen X (Eingabealphabet) und Y (Ausgabealphabet) zusammen mit der einfachen Alphabetabbildung $\varphi : \ X \to Y$ gebildete algebraische Struktur (X, Y, φ) heißt *einfaches statisches System.*

2.1.1.2 Polynomsysteme

Wir betrachten ein einfaches statisches System, dessen einfache Alphabetabbildung φ sich in der Form

$$\varphi = \varphi_0 : \ \varphi_0(x_1, x_2, \ldots, x_q) = \sum_{i_1=0}^{n_1} \sum_{i_2=0}^{n_2} \cdots \sum_{i_q=0}^{n_q} a_{i_1 i_2 \ldots i_q} x_1^{i_1} x_2^{i_2} \ldots x_q^{i_q} \tag{2.6}$$

darstellen läßt. Ein solches System heißt *Polynomsystem* (X, Y, φ_0).

Kehren wir noch einmal zu dem am Anfang des vorhergegangenen Abschnitts gegebenen Beispiel zurück, so ist sofort ersichtlich, daß im Fall I die Abbildung φ_I in der Form

$$\varphi_I = \varphi_0 : \ \varphi_0(x_1, x_2) = a_{10}x_1 + a_{12}x_1 x_2^2 + a_{21}x_1^2 x_2 + a_{30}x_1^3 + a_{03}x_2^3$$

geschrieben werden kann, falls man $e_1 = x_1$ und $e_2 = x_2$ sowie

$$a_{10} = \frac{1}{R_3}, \qquad a_{12} = a_{21} = 3a, \qquad a_{30} = a_{03} = a$$

setzt. Es handelt sich also hier um eine einfache Alphabetabbildung in Polynomform, während wir z. B. im Fall II keine derartige Abbildung haben.

Solche Systeme können aber durch Polynomsysteme näherungsweise dargestellt werden, wenn man die Abbildung φ in eine Taylor–Reihe entwickelt. So erhalten wir z. B. im Fall II

$$
\begin{aligned}
i_1 &= \varphi(e_1, e_2) \\
&= \varphi(0,0) + \varphi_{e_1}(0,0)e_1 + \varphi_{e_2}(0,0)e_2 \\
&\quad + \frac{1}{2}\left(\varphi_{e_1,e_1}(0,0)e_1^2 + 2\varphi_{e_1,e_2}(0,0)e_1 e_2 + \varphi_{e_2,e_2}(0,0)e_2^2\right) + \dots \\
&\approx \varphi_0(e_1, e_2) = \left(ab + \frac{1}{R_3}\right)e_1 + abe_2 + \frac{1}{2}ab^2(e_1^2 + 2e_1 e_2 + e_2^2).
\end{aligned}
$$

$(\varphi_{e_1}, \varphi_{e_2}, \varphi_{e_1,e_1}, \dots)$ sind die partiellen Ableitungen von φ nach $e_1, e_2, \dots)$

2.1.1.3 Elementarsysteme

Aus (2.6) ist unmittelbar ersichtlich, welche *Elementarsysteme* (Schaltelemente) benötigt werden, wenn die einfache Alphabetabbildung φ_0 eines Polynomsystems realisiert werden soll.

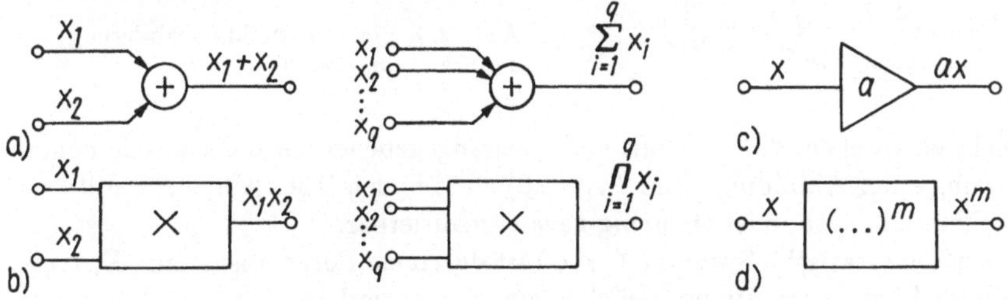

Abb. 2.5. Grundschaltelemente: a)Addierglied; b)Multiplizierglied; e) Verstärker; d) Potenzierglied.

Die Variablen $x_1, x_2, \dots, x_q$ müssen miteinander und mit Konstanten multipliziert und addiert werden. Zur Realisierung von φ_0 könnte man also grundsätzlich mit Addier- und Multipliziergliedern auskommen (Abb. 2.5a,b). Um die Übersichtlichkeit der Realisierung zu erhöhen, wollen wir aber den Verstärker (Multiplikation mit einer Konstanten $a \in \mathbb{R}$) und das Potenzierglied als Grundschaltelemente mit hinzunehmen (Abb. 2.5c,d). Die Wirkungsweise der Grundschaltelemente ist aus den Beschriftungen in Abb. 2.5 unmittelbar ersichtlich. Zusammengefaßt ergibt sich folgende Übersicht:
Addierglied:

$$y = \varphi(x_1, x_2, \dots, x_q) = \sum_{i=1}^{q} x_i \tag{2.7-a}$$

Multiplizierglied:

$$y = \varphi(x_1, x_2, \ldots, x_q) = \prod_{i=1}^{q} x_i \qquad (2.7\text{-b})$$

Verstärker:

$$y = \varphi(x) = ax \qquad (a \in \mathbb{R}) \qquad (2.7\text{-c})$$

Potenzierglied:

$$y = \varphi(x) = x^m \qquad (m \in \mathbb{N}) \qquad (2.7\text{-d})$$

Als Beispiel ist in Abb. 2.6 die Realisierung des Polynomsystems (vgl. Beispiel von Abb. 2.1) mit

$$\varphi_I = \varphi_0 : \quad \varphi_0(e_1, e_2) = a(e_1 + e_2)^3 + \frac{e_1}{R_3} = i_1$$

angegeben.

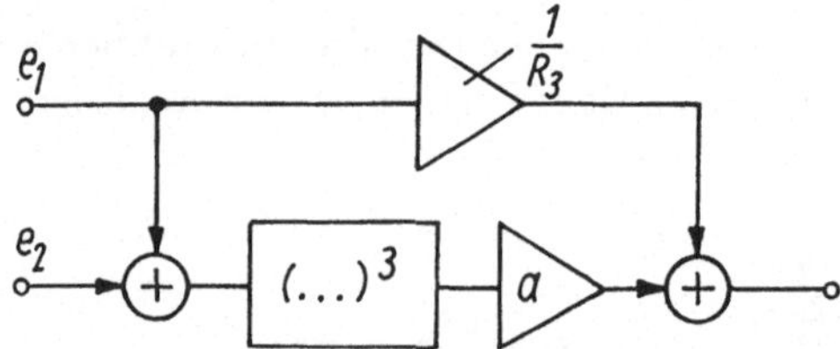

Abb. 2.6. Blockschaltbild (Realisierung) der Schaltung Abb. 2.1.

Es ist leicht einzusehen, daß sich mit den oben angegebenen Grundschaltelementen eine Realisierung einer Abbildung vom Typ (2.6) stets finden läßt. Allgemein gilt:

1. Jedes Elementarsystem ist (beliebig genau) realisierbar.

2. Jedes einfache statische System (X, Y, φ) ist durch ein Polynomsystem (X, Y, φ_0) und damit durch Elementarsysteme (beliebig genau) realisierbar.

2.1.1.4 Statisches System

Von dem bisher betrachteten System mit q Eingängen und einem Ausgang wollen wir nun zu einem System mit q Eingängen und m Ausgängen übergehen. Das allgemeine Schema wird in Abb. 2.7 gezeigt. In diesem Fall ist

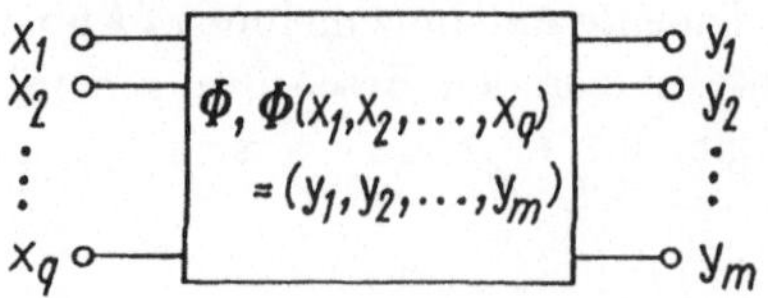

Abb. 2.7. Statisches System.

$$X = \mathbb{R}^q \qquad (2.8)$$

das *Eingabealphabet* mit den Buchstaben

$$x = (x_1, x_2, \ldots, x_q) \in X \tag{2.9}$$

und

$$Y = \mathbb{R}^m \tag{2.10}$$

das *Ausgabealphabet* mit den Buchstaben

$$y = (y_1, y_2, \ldots, y_m) \in Y. \tag{2.11}$$

Die Abbildung

$$\Phi : \mathbb{R}^q \to \mathbb{R}^m \qquad (\text{bzw. } \Phi : X \to Y) \tag{2.12}$$

heißt *Alphabetabbildung*. Damit erhalten wir die folgende

> *Definition*: Die durch die Mengen X (Eingabealphabet) und Y (Ausgabealphabet) zusammen mit der einfachen Alphabetabbildung $\Phi : X \to Y$ gebildete algebraische Struktur (X, Y, Φ) heißt (abstraktes) *statisches System*.

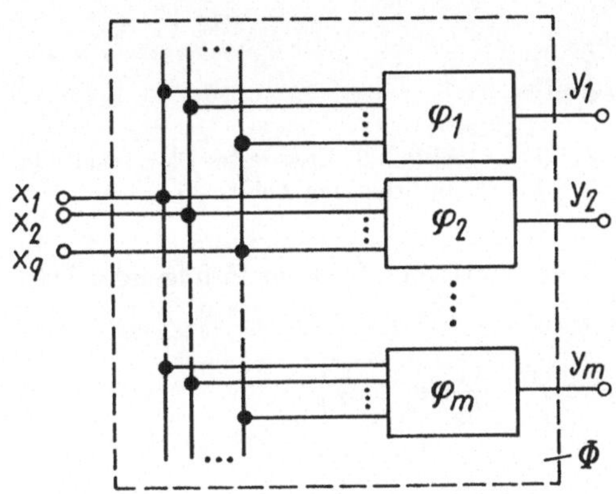

Abb. 2.8. Blockschaltbild eines statischen Systems.

Es gilt folgender *Satz:* Jede Alphabetabbildung Φ eines statischen Systems wird durch m einfache Alpbabetabbildungen φ_i dargestellt, in Zeichen

$$\Phi(x_1, x_2, \ldots, x_q) = (y_1, y_2, \ldots, y_m) \Leftrightarrow \begin{cases} \varphi_1(x_1, x_2, \ldots, x_q) = y_1 \\ \vdots \\ \varphi_m(x_1, x_2, \ldots, x_q) = y_m \end{cases} \tag{2.13-a}$$

oder auch kürzer

$$\Phi = (\varphi_1, \varphi_2, \ldots, \varphi_m). \tag{2.13-b}$$

Dieser Satz ist für die Realisierung einer Alphabetabbildung Φ von Bedeutung, denn er besagt, daß eine Alphabetabbildung Φ durch m einfache Alphabetabbildungen φ_1, φ_2,

..., φ_m realisiert werden kann. Anders ausgedrückt heißt das: Jedes statische System (X, Y, Φ) kann durch m einfache statische Systeme (X, Y, φ_i) $(i = 1, 2, \ldots, m)$ realisiert werden. Die Lösung wird in Abb. 2.8 gezeigt. Sicherlich ist eine solche Lösung im allgemeinen technisch unökonomisch. Hier kam es jedoch darauf an, die prinzipielle Möglichkeit der Realisierung darzustellen.

Beispiel: Ein statisches System mit zwei Eingängen und drei Ausgängen erhalten wir, wenn wir zur Schaltung Abb. 2.1 zurückkehren und in der zugehörigen Blockschaltbild-realisierung Abb. 2.6 noch zwei weitere Ausgänge hinzunehmen. Wir erhalten dann das Blockschaltbild Abb. 2.9. Hier gilt mit $x_1 = e_1$ und $x_2 = e_2$

$$y_1 = \varphi_1(x_1, x_2) = \varphi_1(e_1, e_2) = \frac{e_1}{R_3} = i_3$$

$$y_2 = \varphi_2(x_1, x_2) = \varphi_2(e_1, e_2) = a(e_1 + e_2)^3 + \frac{e_1}{R_3} = i_1$$

$$y_3 = \varphi_3(x_1, x_2) = \varphi_3(e_1, e_2) = e_1 + e_2 = u_2.$$

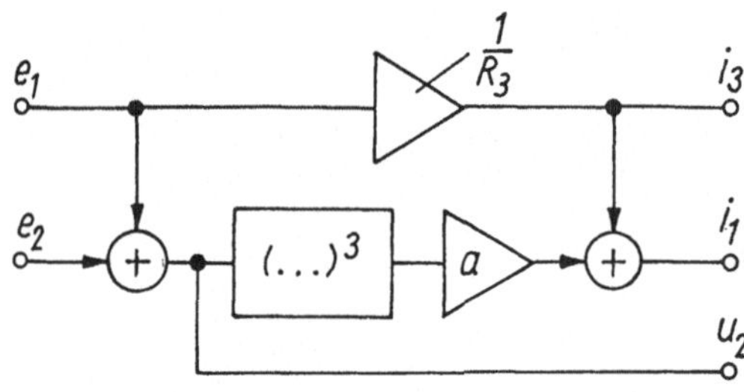

Abb. 2.9. Erweitertes Blockschaltbild zur Schaltung Abb. 2.1.

Damit erhalten wir die Alphabetabbildung Φ des statischen Systems in folgender Darstellung:

$$\Phi(x_1, x_2) = \Phi(e_1, e_2) = \left(\frac{e_1}{R_3},\, a(e_1 + e_2)^3 + \frac{e_1}{R_3},\, e_1 + e_2 \right)$$
$$= (i_3, i_1, u_2).$$

$\square$

2.1.2 Signalabbildung

2.1.2.1 Mehrdimensionale Signale

Bei den bisherigen Überlegungen spielte die Zeit keine Rolle. Es wurden stets nur feste (bzw. zeitliche konstante) Werte der Eingangs- und Ausgangsgrößen betrachtet. Gehen wir nun zu zeitlich veränderlichen Eingangsgrößen (Eingangssignalen) über, so erhalten wir auch zeitlich veränderliche Ausgangsgrößen.

Zunächst seien die folgenden Definitionen vorangestellt:
Die *Zeitskala* sei gegeben durch die Menge

$$T = \mathbb{R} \tag{2.14}$$

mit den Elementen (Zeitpunkten) $t \in T$.

Das *Eingabesignal* $\underline{x}$ ist eine Abbildung

$$\underline{x} : \; T \to X \qquad (X = \mathbb{R}^q), \tag{2.15}$$

wobei

$$\underline{x} = (\underline{x}_1, \underline{x}_2, \ldots, \underline{x}_q) \tag{2.16}$$

und

$$\underline{x}_i : \; T \to \mathbb{R} \qquad (i = 1,,\ldots,q) \tag{2.17}$$

ist. Das Eingabesignal $\underline{x}$ wird also durch ein q–Tupel von reellen Zeitfunktionen gebildet (Abb. 2.10a). Eine andere Form der Darstellung wird in Abb. 2.10b gezeigt. Hier ist $\underline{x}$ (im Beispiel für $q = 3$) als Raumkurve dargestellt.

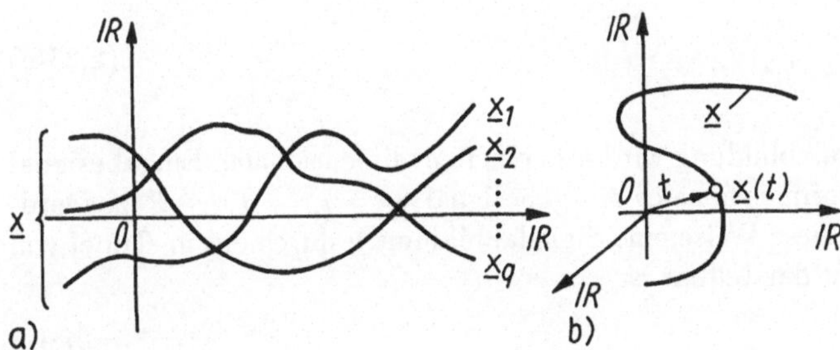

Abb. 2.10. Mehrdimensionales Signal: a) Darstellung durch q eindimensionale Signale; b) Darstellung als Raumkurve.

Analog hierzu ist das *Ausgabesignal*

$$\underline{y} = (\underline{y}_1, \underline{y}_2, \ldots, \underline{y}_m) \tag{2.18}$$

mit

$$\underline{y}_j : \; T \to \mathbb{R} \qquad (j = 1,,\ldots,m) \tag{2.19}$$

eine Abbildung

$$\underline{y} : \; T \to Y \qquad (Y = \mathbb{R}^m). \tag{2.20}$$

Das Eingabesignal $\underline{x}$ ist ein q–dimensionales und das Ausgabesignal $\underline{y}$ ein m–dimensionales Signal. Die Signalwerte für einen beliebigen Zeitpunkt t sind durch q– bzw. m–Tupel von reellen Zahlen gegeben, d. h., es ist

$$\underline{x}(t) = (\underline{x}_1(t), \underline{x}_2(t), \ldots, \underline{x}_q(t)) \tag{2.21-a}$$

bzw.

$$\underline{y}(t) = (\underline{y}_1(t), \underline{y}_2(t), \ldots, \underline{y}_m(t)). \tag{2.21-b}$$

Die Menge aller Eingabesignale $\underline{x}$ (d.h. die Menge aller Abbildungen $\underline{x} : T \to X$) bezeichnen wir mit

$$\underline{X} = X^T. \tag{2.22-a}$$

Diese Menge heißt *Eingabesignalraum.* Analog dazu heißt die Menge aller Ausgabesignale $\underline{y}$, also die Menge

$$\underline{Y} = Y^T \tag{2.22-b}$$

Ausgabesignalraum.

Jede Abbildung $\underline{\Phi}$, die einem Eingabesignal $\underline{x} \in \underline{X}$ ein Ausgabesignal $\underline{y} \in \underline{Y}$ zuordnet, heißt *Signalabbildung.* Es gilt also

$$\underline{\Phi} : \underline{X} \to \underline{Y}, \qquad \underline{\Phi}(\underline{x}) = \underline{y}. \tag{2.23-a}$$

Insbesondere schreibt man im Fall $m = 1$ anstelle $\underline{\Phi}$ besser φ und nennt

$$\varphi : \underline{X} \to \mathbb{R}^T \tag{2.23-b}$$

einfache Signalabbildung.

Bei einer einfachen Signalabbildung wird also einem q–dimensionalen Eingabesignal $\underline{x} = (\underline{x}_1, \underline{x}_2, \ldots, \underline{x}_q)$ ein eindimensionales Ausgabesignal $\underline{y} = \underline{y}_1 : T \to \mathbb{R}$ zugeordnet. Man beachte, daß auf diese Weise eine Signalabbildung $\underline{\Phi}$ durch ein m–Tupel von einfachen Signalabbildungen darstellbar ist

$$\underline{\Phi} = (\varphi_1, \varphi_2, \ldots, \varphi_m) \tag{2.24}$$

und damit

$$\underline{\Phi}(\underline{x}_1, \underline{x}_2, \ldots, \underline{x}_q) = (\underline{y}_1, \underline{y}_2, \ldots, \underline{y}_m)$$

mit

$$\begin{aligned}
\varphi_1(\underline{x}_1, \underline{x}_2, \ldots, \underline{x}_q) &= \underline{y}_1 \\
&\vdots \\
\varphi_m(\underline{x}_1, \underline{x}_2, \ldots, \underline{x}_q) &= \underline{y}_m
\end{aligned}$$

gleichbedeutend ist.

Als Beispiele seien noch die folgenden einfachen Signalabbildungen angeführt:

Beispiel 1: $(q = 1)$. Es sei

$$\varphi(\underline{x}) = \underline{y} = \underline{\dot{x}}.$$

Jedem Signal $\underline{x}$ wird seine erste zeitliche Ableitung zugeordnet. Diese Signalabbildung wurde im Abschnitt 1 mit $\underline{D}$ bezeichnet (vgl. (1.12-a)). □

Beispiel 2: $(q = 1)$. Gegeben sei die einfache Signalabbildung $\varphi(\underline{x}) = \underline{y}$ mit

$$\underline{y}(t) = \begin{cases} 1 & \underline{x}(t) \leq 1 \\ a\underline{x}(t) & \underline{x}(t) > 1 \end{cases} \qquad (a \in \mathbb{R}).$$

□

Beispiel 3: $(q = 2)$. Es sei

$$\varphi(\underline{x}_1, \underline{x}_2) = \underline{y} = \underline{x}_1 * \underline{x}_2.$$

Die Operation $*$ ist die durch (1.16-a) erklärte Faltungsoperation. $\quad\square$

Beispiel 4: $(q = 2)$. Wir betrachten $\varphi(\underline{x}_1, \underline{x}_2) = \underline{y}$ mit

$$\underline{y}(t) = \underline{x}_1(t) + \underline{x}_2(t - 1).$$

Wie im Beispiel 3 wird auch hier einem zweidimensionalen Signal $(\underline{x}_1, \underline{x}_2)$ (bzw. zwei eindimensionalen Signalen $\underline{x}_1$ und $\underline{x}_2$) ein neues (eindimensionales) Signal $\underline{y}$ zugeordnet. $\quad\square$

2.1.2.2 Realisierung von Signalabbildungen

Wir wollen nun die Frage untersuchen, welche Signalabbildungen $\underline{\Phi}$ durch statische Systeme realisiert werden können.

Zunächst betrachten wir die durch (2.7-a) bis (2.7-d) definierten Elementarsysteme, die die nachfolgend zusammengestellten Elementarabbildungen φ realisieren:

Addierglied:

$$\varphi(\underline{x}_1, \underline{x}_2) = \underline{x}_1 + \underline{x}_2 = \underline{y}$$

$$\underline{y}(t) = \underline{x}_1(t) + \underline{x}_2(t) = \varphi(\underline{x}_1(t), \underline{x}_2(t)). \tag{2.25-a}$$

Multiplizierglied:

$$\varphi(\underline{x}_1, \underline{x}_2) = \underline{x}_1 \underline{x}_2 = \underline{y}$$

$$\underline{y}(t) = \underline{x}_1(t)\underline{x}_2(t) = \varphi(\underline{x}_1(t), \underline{x}_2(t)). \tag{2.25-b}$$

Verstärker:

$$\varphi(\underline{x}) = a \cdot \underline{x} = \underline{y}$$

$$\underline{y}(t) = a\underline{x}(t) = \varphi(\underline{x}(t)). \tag{2.25-c}$$

Potenzierglied:

$$\varphi(\underline{x}) = \underline{x}^n = \underline{y}$$

$$\underline{y}(t) = (\underline{x}(t))^n = \varphi(\underline{x}(t)). \tag{2.25-d}$$

Durch Zusammenschalten von Elementarsystemen zu einem statischen System können kompliziertere Signalabbildungen $\underline{\Phi}$ realisiert werden.

Beispiel: Für das bereits betrachtete statische System Abb. 2.10 erhalten wir mit $\underline{x}_1$ und $\underline{x}_2$ (anstelle von e_1 und e_2) sowie $\underline{y}_1$, $\underline{y}_2$ und $\underline{y}_3$ (anstelle von i_3, i_1 und u_2) die Gleichungen

$$\underline{y}_1 = \underline{\varphi}_1(\underline{x}_1, \underline{x}_2) = \frac{1}{R_3}\underline{x}_1$$

$$\underline{y}_2 = \underline{\varphi}_2(\underline{x}_1, \underline{x}_2) = a(\underline{x}_1 + \underline{x}_2)^3 + \frac{1}{R_3}\underline{x}_1$$

$$\underline{y}_3 = \underline{\varphi}_3(\underline{x}_1, \underline{x}_2) = \underline{x}_1 + \underline{x}_2.$$

Daraus ergibt sich die Signalabbildung $\underline{\Phi}$:

$$\underline{\Phi}(\underline{x}_1, \underline{x}_2) = (\underline{y}_1, \underline{y}_2, \underline{y}_3) = \left(\frac{\underline{x}_1}{R_3}, \; a(\underline{x}_1 + \underline{x}_2)^3 + \frac{\underline{x}_1}{R_3}, \; \underline{x}_1 + \underline{x}_2 \right).$$

In den letzten Gleichungen gilt

$$\underline{y}_1(t) = (\underline{\varphi}_1(\underline{x}_1, \underline{x}_2))(t) = \frac{1}{R_3}\underline{x}_1(t) = \varphi_1(\underline{x}_1(t), \underline{x}_2(t))$$

$$\begin{aligned}
\underline{y}_2(t) &= (\underline{\varphi}_2(\underline{x}_1, \underline{x}_2))(t) = \left(a(\underline{x}_1 + \underline{x}_2)^3 + \frac{\underline{x}_1}{R_3} \right)(t) \\
&= a((\underline{x}_1 + \underline{x}_2)(t))^3 + \frac{\underline{x}_1(t)}{R_3} = a(\underline{x}_1(t) + \underline{x}_2(t))^3 + \frac{\underline{x}_1(t)}{R_3} \\
&= \varphi_2(\underline{x}_1(t), \underline{x}_2(t))
\end{aligned}$$

$$\underline{y}_3(t) = (\underline{\varphi}_3(\underline{x}_1, \underline{x}_2))(t) = \underline{x}_1(t) + \underline{x}_2(t) = \varphi_3(\underline{x}_1(t), \underline{x}_2(t)).$$

Die einfachen Signalabbildungen $\underline{\varphi}_1$, $\underline{\varphi}_2$ und $\underline{\varphi}_3$ lassen sich damit durch die einfachen Alphabetabbildungen φ_1, φ_2 und φ_3 des statischen Systems ausdrücken. $\qquad\square$

Durch Verallgemeinerung der in dem letzten Beispiel enthaltenen Aussage erhalten wir den folgenden *Satz:*
Eine Signalabbildung

$$\underline{\Phi}: \underline{X} \to \underline{Y}, \qquad \underline{\Phi}(\underline{x}) = \underline{y},$$

die durch m einfache Signalabbildungen

$$\underline{\varphi}_i: \underline{\varphi}_i(\underline{x}_1, \underline{x}_2, \ldots, \underline{x}_q) = \underline{y}_i \qquad (i = 1, 2, \ldots, m)$$

gegeben ist, läßt sich durch ein statisches System (X, Y, Φ), $\Phi = (\varphi_1, \varphi_2, \ldots, \varphi_m)$ genau dann (beliebig genau) realisieren, wenn für alle t gilt

$$\underline{y}_i(t) = (\underline{\varphi}_i(\underline{x}_1, \underline{x}_2, \ldots, \underline{x}_q))(t) = \varphi_i(\underline{x}_1(t), \underline{x}_2(t), \ldots, \underline{x}_q(t)) \qquad (2.26)$$

$$(\varphi_i: \mathbb{R}^q \to \mathbb{R}, \qquad i = 1, 2, \ldots, m),$$

wobei die φ_i $(i = 1, 2, \ldots, m)$ eine Alphabetabbildung

$$\Phi: X \to Y, \qquad \Phi(x) = y$$

des statischen Systems mit

$$\varphi_i : \quad \varphi_i(x_1, x_2, \ldots, x_q) = y_i \qquad (i = 1, 2, \ldots, m)$$

darstellen.

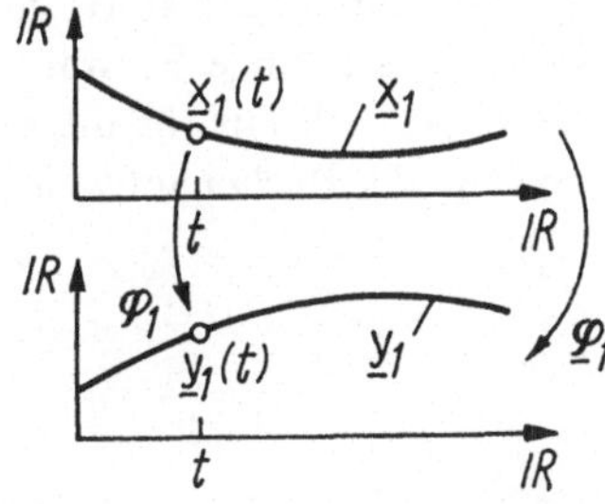

Abb. 2.11. Alphabetabbildung und Signalabbildung.

Der Inhalt der Bedingung (2.26) besteht darin, daß sich die Ausgabesignalwerte $\underline{y}_i(t)$ aus den Eingabesignalwerten $\underline{x}_1(t), \ldots, \underline{x}_q(t)$ im gleichen Zeitpunkt t mit Hilfe der einfachen Alphabetabbildungen φ_i berechnen lassen müssen. Da diese Alphabetabbildungen zeitinvariant sind, sind also gleichen Eingabesignalwerten $\underline{x}(t)$ immer gleiche Ausgabesignalwerte $\underline{y}(t)$ zugeordnet. Daraus ergibt sich, daß durch ein statisches System nicht jede beliebige Signalabbildung $\underline{\Phi}$ realisiert werden kann.

In Abb. 2.11 ist der Zusammenhang zwischen Alphabetabbildung φ_1 und Signalabbildung $\underline{\varphi}_1$ für ein statisches System mit einem Eingang und einem Ausgang ($q = m = 1$) anschaulich dargestellt. Aus der durch φ_1 vermittelten Zuordnung der Signalwerte ergibt sich die Zuordnung der Signale, also die Signalabbildung $\underline{\varphi}_1$. Gleiche Eingabesignalwerte haben also immer gleiche Ausgabesignalwerte zur Folge.

Kehren wir nochmals zu den weiter oben angegebenen vier Beispielen von einfachen Signalabbildungen zurück, so stellen wir fest, daß die Signalabbildungen der Beispiele 1, 3 und 4 nicht durch statische Systeme realisierbar sind, da $\underline{y}(t)$ nicht allein von $\underline{x}(t)$ abhängig ist. So werden z. B. im Beispiel 1 zur Berechnung von $\underline{y}(t) = \dot{\underline{x}}(t)$ die Werte von $\underline{x}(t)$ in der Umgebung des Punktes t benötigt, und im Beispiel 3 ist zur Berechnung des Faltungsintegrals sogar die Kenntnis der Signalwerte aus dem Intervall $(-\infty, t)$ erforderlich.

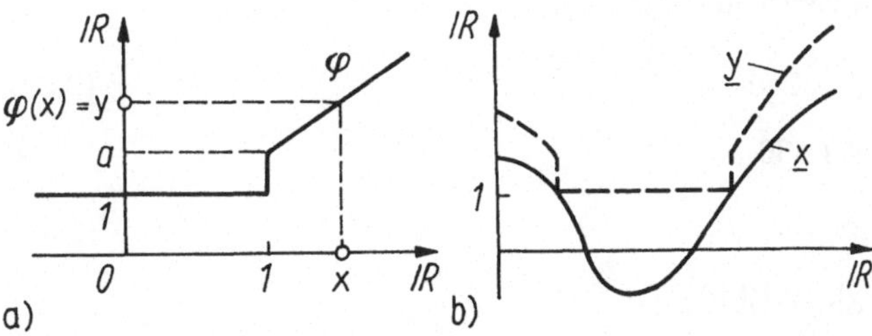

Abb. 2.12. a) Alphabetabbildung; b) Signalabbildung (Beispiel).

Lediglich im Beispiel 2 ist $\underline{y}(t)$ allein von $\underline{x}(t)$ abhängig. Die in diesem Beispiel betrachtete Signalabbildung $\underline{\varphi}:\ \underline{\varphi}(\underline{x}) = \underline{y}$ läßt sich durch die in Abb. 2.12a gezeichnete Alphabetabbildung φ darstellen, so daß $(\underline{\varphi}(\underline{x}))(t) = \varphi(\underline{x}(t))$ gilt. Abb. 2.12b zeigt die Abbildung eines gegebenen Signals $\underline{x}$ für das vorliegende Beispiel.

2.1.2.3 Kleinsignalverhalten (Jacobi–Matrix)

Ein technisch sehr wichtiger Sonderfall liegt vor, wenn die Eingabesignale nur wenig um einen festen Wert schwanken. In diesem Fall erhalten wir bei hinreichend stetigen Alphabetabbildungen am Ausgang des statischen Systems ebenfalls geringe Schwankungen des Ausgabesignals um einen festen Wert. Interessiert man sich nur für diese Signalschwankungen bei genügend kleinen Eingabesignalen, so kann der Rechenaufwand erheblich herabgesetzt werden.

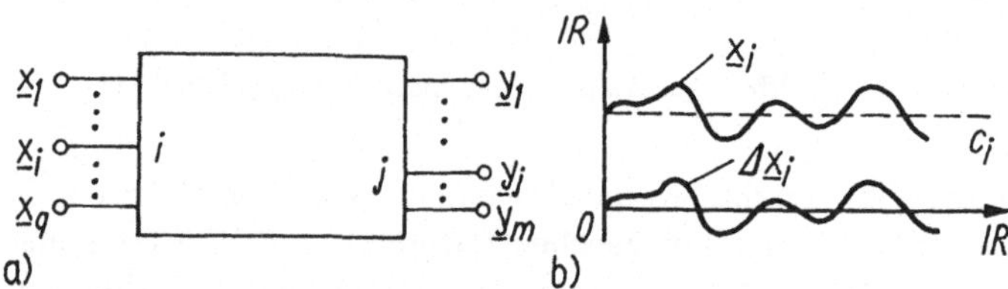

Abb. 2.13. Zum Kleinsignalverhalten: a) statisches System; b) Signal und Kleinsignal.

In Abb. 2.13a ist ein statisches System mit q Eingängen und m Ausgängen dargestellt. An einem beliebigen Eingang i ($i = 1, 2, \ldots, q$) liegt das Eingabesignal

$$\underline{x}_i = c_i + \Delta \underline{x}_i,\tag{2.27}$$

wobei für alle t

$$|\underline{x}_i(t)| \ll |c_i(t)|\tag{2.28}$$

gilt. Der Zeitverlauf von $\underline{x}_i$ ist in Abb. 2.13b dargestellt. An einem beliebigen Ausgang j ($j = 1, 2, \ldots, m$) erhalten wir dann das Ausgabesignal

$$\underline{y}_j = d_j + \Delta \underline{y}_j.\tag{2.29}$$

Der Zusammenhang zwischen $d = (d_1, d_2, \ldots, d_m)$ und $c = (c_1, c_2, \ldots, c_q)$ wird durch die Alphabetabbildung Φ vermittelt, da c und d Signale mit festen (konstanten) Signalwerten $c(t) = c$ bzw. $d(t) = d$ bezeichnen:

$$d = \Phi(c).\tag{2.30}$$

Ausführlich geschrieben lautet (2.30)

$$(d_1, d_2, \ldots, d_m) = \Phi(c_1, c_2, \ldots, c_q).\tag{2.31}$$

Daraus ergibt sich speziell (vgl. (2.13-b))

$$d_j = \varphi_j(c_1, c_2, \ldots, c_q).\tag{2.32}$$

Mit Hilfe der letzten Gleichung kann man die Schwankungen von $\underline{y}_j$ aus den Schwankungen von $\underline{x}$ berechnen. Dazu betrachten wir einen festen Zeitpunkt t und setzen

$$\underline{y}_j(t) = y_j \qquad (j = 1, \ldots, m)$$

$$\underline{x}_i(t) = x_i \qquad (i = 1, \ldots, q). \tag{2.33}$$

Nun entwickeln wir

$$y_j = \varphi_j(x_1, x_2, \ldots, x_q) \tag{2.34}$$

in der Umgebung von $x = c$ in eine Taylor–Reihe und erhalten

$$y_j \approx \varphi_j(c_1, c_2, \ldots, c_q) + \sum_{i=1}^{q} \frac{\partial \varphi_j}{\partial x_i}(c_1, c_2, \ldots, c_q)(x_i - c_i). \tag{2.35}$$

Mit (2.32) und

$$\Delta x_i = x_i - c_i \tag{2.36}$$

sowie

$$\Delta y_j = y_j - d_j \tag{2.37}$$

folgt aus (2.35) mit hinreichender Genauigkeit

$$\Delta y_j = \sum_{i=1}^{q} \frac{\partial \varphi_j}{\partial x_i}(c)\Delta x_i \qquad (j = 1, 2, \ldots, m). \tag{2.38}$$

Insgesamt erhalten wir also zusammengefaßt

$$\Delta y = \begin{pmatrix} \Delta y_1 \\ \Delta y_2 \\ \vdots \\ \Delta y_m \end{pmatrix} = \begin{pmatrix} \dfrac{\partial \varphi_1}{\partial x_1} & \cdots & \dfrac{\partial \varphi_1}{\partial x_q} \\ \vdots & & \vdots \\ \dfrac{\partial \varphi_m}{\partial x_1} & \cdots & \dfrac{\partial \varphi_m}{\partial x_q} \end{pmatrix}_{x_i = c_i} \cdot \begin{pmatrix} \Delta x_1 \\ \Delta x_2 \\ \vdots \\ \Delta x_q \end{pmatrix} = A_0(c)\Delta x. \tag{2.39}$$

Die Matrix A_0 in (2.39) heißt *Jacobi–Matrix*. Sie enthält alle partiellen ersten Ableitungen der einfachen Alphabetabbildungen nach ihren Variablen.

In der letzten Gleichung kann bei kleinen Signalschwankungen Δx durch $\Delta \underline{x}(t)$ bzw. Δy durch $\Delta \underline{y}(t)$ ersetzt werden. Dann gilt für beliebige t

$$\Delta \underline{y}(t) = A_0(c)\Delta \underline{x}(t). \tag{2.40}$$

Da diese Gleichung für alle t gilt, kann t auch fortgelassen werden, und es gilt allgemein

$$\Delta \underline{y} = A_0(c)\Delta \underline{x}. \tag{2.41}$$

In Abb. 2.14 ist der durch diese Gleichung vermittelte Zusammenhang schematisch dargestellt. Interessiert man sich lediglich für den Zusammenhang zwischen kleinen Signalschwankungen am Eingang und Ausgang, so kann das nichtlineare statische System durch seine Jacobi–Matrix beschrieben werden. Da c in (2.41) ein fester Wert ist,

ist die Jacobi–Matrix $A_0(c)$ eine konstante Matrix. Der durch (2.41) zwischen kleinen Schwankungen von Eingabe- und Ausgabesignalen gegebene Zusammenhang ist also linear. Man spricht in diesem Zusammenhang auch häufig von einer *Linearisierung* des Systems bei Kleinsignalbetrieb.

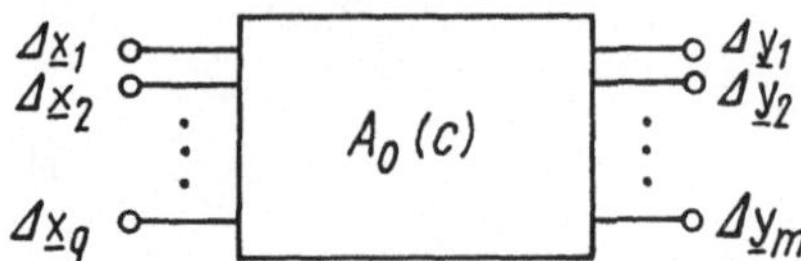

Abb. 2.14. Statisches System bei Kleinsignalbetrieb.

Wir wollen die einzelnen Elemente der Jacobi–Matrix nun noch anschaulich deuten. Dazu betrachten wir ein statisches System gemäß Abb. 2.14, bei dem alle Eingabesignalschwankungen mit Ausnahme derjenigen am Eingang i verschwinden, d. h., es gilt

$$\Delta \underline{x}_k = 0 \qquad (k = 1, 2, \ldots, q; k \neq i).$$

Die Schwankung des Ausgabesignals am Ausgang j ($j = 1, 2, \ldots, m$) ist dann mit (2.39)

$$\Delta \underline{y}_j = \left(\frac{\partial \varphi_j}{\partial x_i} \right)_{x=c} \Delta \underline{x}_i. \tag{2.42}$$

Jedes Element der Jacobi–Matrix kann also als Proportionalitätsfaktor zwischen den Signalschwankungen eines bestimmten Eingangs und eines bestimmten Ausgangs aufgefaßt werden.

Beispiel: Zur Verdeutlichung der Ausführungen betrachten wir das bereits am Ende des Abschnitts 2.1.1 angegebene Beispiel eines statischen Systems (Abb. 2.9). Wir setzen nun

$$e_1(t) = e_{10} + E_1 \cos(\omega t + \psi_1)$$

$$e_2(t) = e_{20} + E_2 \cos(\omega t + \psi_2),$$

wobei

$$|E_1| \ll |e_{10}| \qquad \text{und} \qquad |E_2| \ll |e_{20}|$$

gelten soll. Die Signalschwankungen sind also in diesem Fall durch

$$\Delta e_1(t) = E_1 \cos(\omega t + \psi_1)$$

und

$$\Delta e_2(t) = E_2 \cos(\omega t + \psi_2)$$

gegeben. Mit den bereits am Ende des Abschnitts 2.1.1 angegebenen einfachen Alphabetabbildungen φ_1, φ_2 und φ_2 erhalten wir die Jacobi–Matrix

$$A_0(e_{10}, e_{20}) = \begin{pmatrix} \dfrac{\partial \varphi_1}{\partial e_1} & \dfrac{\partial \varphi_1}{\partial e_2} \\[2mm] \dfrac{\partial \varphi_2}{\partial e_1} & \dfrac{\partial \varphi_2}{\partial e_2} \\[2mm] \dfrac{\partial \varphi_3}{\partial e_1} & \dfrac{\partial \varphi_3}{\partial e_2} \end{pmatrix}_{e_{10}, e_{20}} = \begin{pmatrix} \dfrac{1}{R_3} & 0 \\[2mm] \dfrac{1}{R_3} + 3a(e_{10} + e_{20})^2 & 3a(e_{10} + e_{20})^2 \\[2mm] 1 & 1 \end{pmatrix}.$$

Daraus folgen mit (2.41) die Ausgabesignalschwankungen

$$\Delta i_3(t) = \frac{1}{R_3} E_1 \cos(\omega t + \psi_1)$$

$$\Delta i_1(t) = \left(\frac{1}{R_3} + 3a(e_{10} + e_{20})^2 \right) E_1 \cos(\omega t + \psi_1) + 3a(e_{10} + e_{20})^2 E_2 \cos(\omega t + \psi_2)$$

$$\Delta u_2(t) = E_1 \cos(\omega t + \psi_1) + E_2 \cos(\omega t + \psi_2).$$

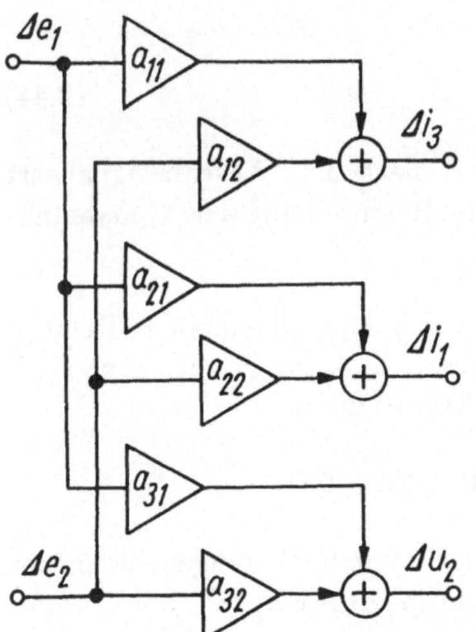

Abb. 2.15. Blockschaltbild zum Kleinsignalverhalten (Beispiel).

Der durch die Jacobi–Matrix zwischen Eingabe- und Ausgabesignalschwankungen vermittelte lineare Zusammenhang kann auch durch ein Blockschaltbild zum Ausdruck gebracht werden. Ersetzen wir im oben betrachteten Beispiel die Elemente von $A_0(e_{10}, e_{20})$ durch

$$A_0(e_{10}, e_{20}) = \begin{pmatrix} a_{11} & a_{12} \\ a_{21} & a_{22} \\ a_{31} & a_{32} \end{pmatrix},$$

so erhalten wir das in Abb. 2.15 dargestellte Blockschaltbild. $\qquad\square$

2.1.3   Auflösung impliziter Beschreibungen

2.1.3.1   Implizite Beschreibung

In einigen praktisch wichtigen Fällen führt die Beschreibung von statischen Systemen nicht unmittelbar auf eine Alphabetabbildung $\Phi : X \to Y$, die durch eine explizite Vorschrift $\Phi(x) = y$ zur Berechnung des Funktionswerts y an der Stelle x gegeben ist, sondern auf eine Abbildung der Art

$$\Psi : \ X \times Y \to W = \mathbb{R}^k, \qquad \Psi(x,y) = w \qquad (k \in \mathbb{N}). \tag{2.43}$$

Der Zusammenhang zwischen Eingabe- und Ausgabesignalwert wird durch die Bedingung $w = 0$ festgelegt, d. h., es gilt

$$\Phi = \{(x,y) \in X \times Y \mid \Psi(x,y) = 0\}.$$

Damit Φ tatsächlich eine Abbildung ist, muß Ψ gewissen Regularitätsbedingungen genügen. Diese Bedingungen sind im wesentlichen für alle $(x,y) \in X \times Y$ die stetige Differenzierbarkeit von Ψ und die Invertierbarkeit der Jacobi–Matrix von Ψ bezüglich des zweiten Arguments y (vgl. [Sch79], Abschn. 11.). Sie sichern die Auflösbarkeit des Gleichungssystems

$$\Psi(x,y) = 0 \tag{2.44}$$

für einen gegebenen (festen) Eingabesignalwert $x \in X$ nach dem Ausgabesignalwert $y \in Y$. Das Gleichungssystem stellt somit eine implizite Beschreibung der Alphabetabbildung $\Phi : X \to Y$ dar.

Bemerkung: Mit dem Gleichungssystem (2.44) lassen sich auch allgemeinere Relationen $\sigma \subset X \times Y$ beschreiben, die nicht rechtseindeutig (d. h. keine Funktionen) sind. Ein einfaches Beispiel dafür ist die Darstellung eines Kreises durch

$$\Psi : \ \mathbb{R} \times \mathbb{R} \to \mathbb{R}, \qquad \Psi(x,y) = x^2 + y^2 - r^2 = 0 \qquad (r \in \mathbb{R}).$$

Die Funktion Ψ genügt nicht den obengenannten Regularitätsbedingungen; denn der Ausdruck $\partial\Psi(x,y)/\partial y = 2y$ ist an der Stelle $y = 0$ nicht invertierbar.

Nun kann man die Alphabetabbildung eines nichtlinearen Systems, die durch (2.44) beschrieben wird, in der Regel nicht durch einen geschlossenen Ausdruck angeben.

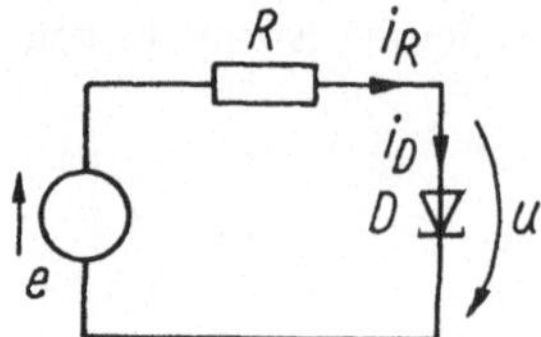

Abb. 2.16. Nichtlineares Netzwerk.

Zur Illustration dieses Sachverhalts betrachten wir das folgende

Beispiel: Bei dem in Abb. 2.16 angegebenen Netzwerk soll für eine Eingabe e die Spannung u berechnet werden. Mit der Gleichung

$$i_D = I_0 \left(\exp \left(\frac{u}{u_{T}} \right) - 1 \right)$$

für die Diodenkennlinie folgt aus $i_D - i_R = 0$ unmittelbar der Ausdruck

$$I_0 \left(\exp \left(\frac{u}{u_T} \right) - 1 \right) - \frac{1}{R}(e - u) = 0,$$

aus dem man die implizite Darstellung

$$\psi(e, u) = RI_0 \left(\exp \left(\frac{u}{u_T} \right) - 1 \right) - e + u = 0 \qquad (2.45)$$

sofort abliest. Wir schreiben im Fall $m = 1$ (System mit einem Ausgang) wieder ψ statt Ψ. Offensichtlich läßt sich $\psi(e, u) = 0$ nicht mit Hilfe elementarer Operationen nach u umstellen, obwohl eine eindeutige Zuordnung $e \to u$, d. h. die einfache Alphabetabbildung $\varphi : X \to Y, \varphi(e) = u$ existiert. $\qquad \Box$

Bei vielen Anwendungen, beispielsweise in der Elektrotechnik und in der Mechanik, müssen zur hinreichend genauen Beschreibung realer Vorgänge, Einrichtungen und Geräte nichtlineare Systemmodelle herangezogen werden, deren Alphabetabbildung durch eine implizite Beschreibung gegeben ist. Bei der Analyse solcher Systeme ist man auf numerische Verfahren angewiesen, die eine punktweise Berechnung der (expliziten) Alphabetabbildung gestatten. Diese Verfahren arbeiten im allgemeinen iterativ. Sie erzeugen ausgehend von einem vorgegebenen Startwert mit Hilfe einer dem Problem zugeordneten kontrahierenden Abbildung eine Folge von Werten, die unter gewissen Voraussetzungen gegen den gesuchten Signalwert konvergiert.

In den folgenden Abschnitten werden das gewöhnliche Iterationsverfahren und das bei vielen Anwendungen bewährte Newton–Verfahren vorgestellt.

2.1.3.2 Gewöhnliches Iterationsverfahren

Aus dem im Abschnitt 1.3.2.2 bereits beschriebenen Kontraktionsprinzip läßt sich ein einfacher Algorithmus zum Auffinden von Lösungen nichtlinearer algebraischer Gleichungssysteme ableiten. Dieses fundamentale Prinzip ist auf Gleichungen des speziellen Typs

$$y = F(y) \qquad (F : D_F \subset \mathbb{R}^m \to \mathbb{R}^m) \qquad (2.46)$$

anwendbar. D_F bezeichnet den Definitionsbereich der Abbildung F. Eine Lösung $y' \in D_F$ von (2.46) heißt Fixpunkt der Abbildung F (vgl. auch (1.163)). Falls F eine kontrahierende Abbildung ist, hat die Abbildung F genau einen Fixpunkt y'. Das zu F gehörende *gewöhnliche Iterationsverfahren*

$$y_{k+1} = F(y_k) \qquad k = 0, 1, 2, \ldots \qquad (2.47)$$

ist für jeden Startwert $y_0 \in D_F$ durchführbar, und die Folge der Iterierten y_k konvergiert gegen den Fixpunkt y' (vgl. [Sch79]).

Bei den Anwendungen wird die Iteration (2.47) abgebrochen, wenn die Bedingung

$$\|y_{k+1} - y_k\| \leq \varepsilon \in \mathbb{R} \qquad (k \in \mathbb{N}) \tag{2.48}$$

erfüllt ist. Dabei bezeichnet $\|\dots\|$ eine der im Abschnitt 1.3.1.1 angegebenen Normen, z. B. N_E. Die Abbruchschranke ε wählt man in so klein wie nötig.

Die punktweise Berechnung der Alphabetabbildung eines durch das Gleichungssystem (2.44) beschriebenen statischen Systems geschieht nun folgendermaßen:

1. Es wird eine endliche Teilmenge X_d des Eingabealphabets festgelegt, für deren Elemente die Ausgabebuchstaben ermittelt werden sollen.

2. Dem Gleichungssystem (2.44) muß ein äquivalentes Gleichungssystem des Typs (2.46) zugeordnet werden. Eine solche Zuordnung kann auf verschiedene Weise erfolgen. Wichtig ist, daß die gesuchte Gleichung des Typs (2.46) den Voraussetzungen des Fixpunktsatzes genügt (Schritt 3). Als Beispiel geben wir die Zuordnungsvorschrift

$$y = F(x, y) := y - K \Psi(x, y)$$

an, wobei K eine reguläre Matrix bezeichnet. (Allgemeine Zuordnungen erhält man, wenn K durch eine von x und y abhängige Funktion gebildet wird.) In speziellen Fällen kann dieses Gleichungssystem durch Umstellung von (2.44) gefunden werden. (vgl. dazu das nachfolgende Beispiel.)

3. Es ist zu überprüfen, ob die Abbildung F bezüglich y für den gegebenen Wert x kontrahierend ist, d. h., ob die Bedingung (1.162) aus Abschnitt 1.3.2.2 erfüllt ist. Der Aufwand dafür wird in der Regel bedeutend höher sein als die Ausführung des Iterationsverfahrens (2.47), so daß man bei den Anwendungen meistens darauf verzichtet. Anhand der Iteriertenfolge $(y_k)_{k \in \mathbb{N}}$ kann die Konvergenz (Fixpunkt im Bereich physikalisch sinnvoller Werte) oder die Nichtkonvergenz (Divergenz oder periodische Iteriertenfolge) im allgemeinen abgeschätzt werden.

4. Die Iteration für jedes $x \in X_d$ wird nach der Vorschrift

$$y_{k+1} = F(x, y_k), \qquad k = 0, 1, 2, \dots,$$

beginnend mit einem vorgegebenen Startwert y_0, durchgeführt. Ist die Abbruchbedingung (2.48) erfüllt, so stellt die Iterierte y_{k+1} einen Näherungswert für den zu x gehörenden Ausgabesignalwert $y = \Phi(x)$ dar.

Bemerkung: Der angegebene Algorithmus eignet sich auch zur punktweisen Berechnung des Ausgabesignals $\underline{y}$ eines statischen Systems, dessen Signalabbildung $\underline{\Phi}$ durch eine implizit dargestellte Alphabetabbildung gegeben ist. Aus der Zeitskala T wird eine endliche Teilmenge T_d von Stützstellen für ein gegebenes Eingabesignal $\underline{x}$ ausgewählt:

$$T_d = \{t_1, t_2, \dots, t_N\} \subset T \qquad (N \in \mathbb{N}).$$

Mit $X_d = \{\underline{x}(t_j) \mid t_j \in T_d\} \subset X$ ist dann die Menge der diskreten Werte des Eingabesignals $\underline{x}$ gegeben, für die im Schritt 4 die dazugehörenden Ausgabesignalwerte berechnet werden können. Somit sind die durch T_d festgelegten Punkte des Ausgabesignals

$$\{(t_j, \underline{y}(t_j)) \mid t_j \in T_d, \underline{y}(t_j) \in Y\} \subset \underline{y}$$

bestimmbar.

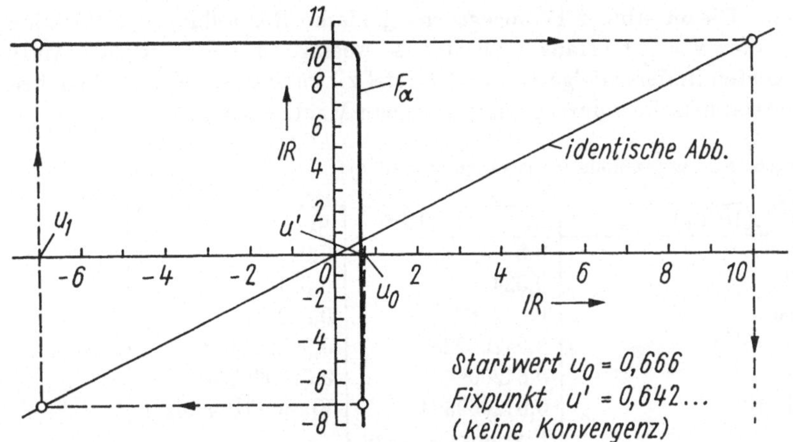

Abb. 2.17. Gewöhnliche Iteration mit der Abbildung F_α.

Der Vorteil des gewöhnlichen Iterationsverfahrens liegt in seiner einfachen Rechenvorschrift. Nachteilig stehen dem gegenüber die Voraussetzungen für seine Durchführbarkeit (Gleichungssystem des Typs (2.46) und kontrahierende Abbildung) und die geringe Konvergenzgeschwindigkeit. (Das Verfahren ist linear konvergent, vgl. [Sch79].)

Beispiel: Wir wollen das in Abb. 2.12 angegebene Netzwerk mit den (normierten) Werten $R = 100$, $I_0 = 10^{-8}$ und $u_T = 0,04$ für die Diodenkennlinie betrachten. Das Einsetzen dieser Zahlenwerte in die bereits oben abgeleitete Gleichung (2.45) ergibt

$$\psi(e, u) = 10^{-6}(\exp(25u) - 1) - e + u = 0.$$

Durch Umstellen erhält man sofort die zwei verschiedenen Gleichungen vom Typ (2.46):

$$\alpha) \qquad u = F_\alpha(e, u) = e - 10^{-6}(\exp(25u) - 1)$$

$$\beta) \qquad u = F_\beta(e, u) = 0,04 \ln(1 + 10^6(e - u)).$$

Es soll nun der zum Eingabewert $e = 10$ gehörende Spannungswert u berechnet werden. Aus physikalischen Gründen (das Netzwerk ist ein passives statisches System) wird u zwischen den Werten 0 und 10 liegen. Der Startwert u_0 ist demzufolge auf dem Intervall [0,10] zu wählen.

Die Iteration mit der Gleichung α liefert für beliebige Startwerte u_0 keine Lösung, d. h., das Verfahren konvergiert nicht. Diese Tatsache legt die Vermutung nahe, daß F_α keine kontrahierende Abbildung ist. Für eindimensionale Probleme ergibt sich aus dem Fixpunktsatz die leicht nachprüfbare Bedingung

$$\left| \frac{\partial F_\alpha(10, u)}{\partial u} \right| < 1$$

für Kontraktion (vgl. auch Abschnitt 1.3.2.2 und [Sch79]). Die Abbildung erfüllt diese Bedingung nur für alle $u \in (-\infty, 0,4238...)$, d. h., nur für eine Teilmenge des Definitionsbereiches von F_0. Wenn ein Fixpunkt existiert, dann müßte er außerhalb dieser

Teilmenge liegen. Die in Abb. 2.17 angegebene grafische Darstellung der Iteration $u_{k+1} = F_\alpha(10, u_k)$ für $k = 0, 1$ veranschaulicht diese Aussage. Die numerischen Werte der nichtkonvergenten Iteriertenfolge sind in der Tafel 2.1 zu finden. (Alle Rechnungen wurden mit Gleitkommazahlen durchgeführt, die neun Mantissenstellen besitzen.)

Tafel 2.1. Ergebnisse der gewöhnlichen Iteration ($\varepsilon = 10^{-9}$)

k	$u_{k+1} = F_\alpha(10, u_k)$	$u_{k+1} = F_\beta(10, u_k)$	$u_{k+1} = F_\beta(10, u_k)$
0	0,666	9,5	0,0
1	$-7,022$	0,524	0,644
2	10,000001	0,642567	0,642058
3	$-3,746 \cdot 10^{102}$	0,642067266	0,642069442
4	10,000001	0,642069403	0,642069394
5	$-3,746 \cdot 10^{102}$	0,642069394	Fixpunkt erreicht
6	...	Fixpunkt erreicht	
7	...		
	keine Konvergenz (Zyklus)		

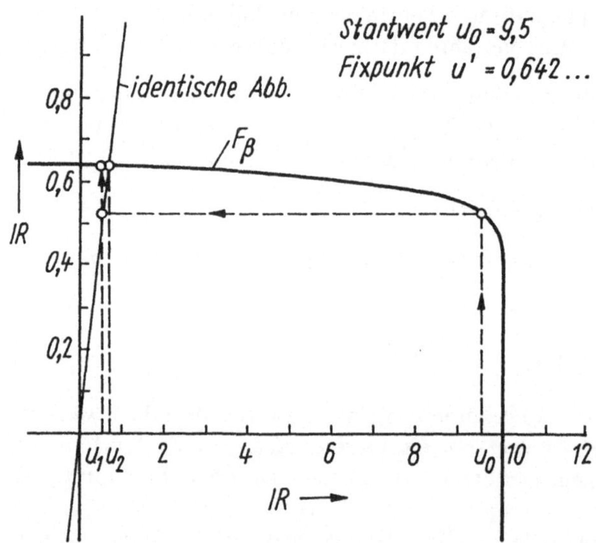

Abb. 2.18. Gewöhnliche Iteration mit F_β.

Die Iteration nach der Gleichung β mit $u_{k+1} = F_\beta(10, u_k)$ $k = 1, 2, \ldots$ liefert dagegen für alle Startwerte aus dem Definitionsbereich der Abbildung F_β konvergente Iteriertenfolgen. Eine Veranschaulichung für $u_0 = 9,5$ ist in Abb. 2.18 aufgezeichnet. Außerdem sind die numerischen Werte von zwei Iteriertenfolgen in der Tafel 2.1 hierzu angegeben. Im folgenden Abschnitt werden wir das gleiche Beispiel nochmals, jedoch mit einem anderen Iterationsverfahren behandeln. □

2.1.3.3 Newton–Iteration

Auf der Grundlage des Linearisierungsprinzips kann eine ganze Klasse von Iterationsverfahren zur Lösung der Nullstellenaufgabe

$$F(y) = 0 \qquad (F: D_F \subset \mathbb{R}^m \to \mathbb{R}^m) \tag{2.49}$$

abgeleitet werden. Wir wollen uns hier nur mit dem *Newton–Verfahren* beschäftigen.

Mit der Linearisierung von F an der Stelle y_0 kann (2.49) durch

$$F(y_0) + A_0(y_0)(y - y_0) = 0 \tag{2.50}$$

approximiert werden. Dabei bezeichnet $A_0(y_0)$ die Jacobi–Matrix von F an der Stelle
y_0, d. h., die Matrix aller partiellen Ableitungen von F nach dem Argument y an der
Stelle y_0 (vgl. Abschnitt 2.1.2.3). Falls $A_0(y_0)$ regulär ist, läßt sich (2.50) nach dem li-
nearen Term auflösen. Die Lösung des linearisierten Gleichungssystems stellt in gewisser
Weise eine Näherungslösung für die ursprüngliche Aufgabe (2.49) dar. Die wiederholte
Linearisierung an der Stelle der jeweiligen Näherungslösung und Auflösung des linearen
Ersatzproblems (2.50) führt schließlich auf das Iterationsverfahren

$$y_{k+1} = y_k - \Delta y_k, \qquad k = 0, 1, 2, \ldots$$

$$A_0(y_k)\Delta y_k = F(y_k), \tag{2.51}$$

wobei der Startwert y_0 vorgegeben sein muß. Bezüglich des Beweises und der allgemeinen Eigenschaften des Verfahrens sei auf die Literatur verwiesen ([Sch79], [BD72]).

Bemerkung: Das Einsetzen der zweiten Gleichung unter (2.51) in die erste führt auf
den Ausdruck

$$y_{k+1} = y_k - A_0^{-1}(y_k)F(y_k),$$

der offensichtlich ein Gleichungssystem vom Typ (2.46) ist. Diese Form ist absichtlich
nicht als Iterationsvorschrift angegeben worden, weil die Matrizeninversion bekanntlich
den dreifachen Rechenaufwand gegenüber der Lösung des linearen Gleichungssystems
mit einem Eliminationsverfahren erfordert.

Die Anwendung des Newton–Verfahrens auf die implizite Beschreibung (2.44) ergibt
die folgende Rechenvorschrift:

1. Es wird eine endliche Menge $X_d \subset X$ von Eingabewerten x festgelegt, deren
zugehörige Ausgabewerte y ermittelt werden sollen.

2. Die Iteration für jedes $x \in X_d$ wird, beginnend mit einem geeigneten Startwert
y_0, nach der Vorschrift

$$y_{k+1} = y_k - \Delta y_k, \qquad k = 0, 1, 2, \ldots$$

mit

$$\partial_2 \Psi(x, y_k)\Delta y_k = \Psi(x, y_k)$$

durchgeführt. Das Symbol $\partial_2\Psi(\ldots)$ bezeichnet die Jacobi–Matrix der Funktion Ψ bezüglich ihres zweiten Arguments. Ausführlich geschrieben erhält man an der Stelle (x,y) mit $y = (y_1, y_2, \ldots, y_m) \in Y$ den Ausdruck

$$\partial_2\Psi(x,y) = \begin{pmatrix} \dfrac{\partial\psi_1(x,y)}{\partial y_1} & \cdots & \dfrac{\partial\psi_1(x,y)}{\partial y_m} \\ \vdots & & \vdots \\ \dfrac{\partial\psi_m(x,y)}{\partial y_1} & \cdots & \dfrac{\partial\psi_m(x,y)}{\partial y_m} \end{pmatrix} .$$

Als Abbruchbedingung wird

$$\|\Psi(x, y_{k+1})\| \le \delta \in \mathbb{R} \tag{2.52}$$

oder/und die Bedingung (2.48) verwendet, je nach Forderung an die Lösungsgenauigkeit. Ist die Abbruchbedingung erfüllt, so gilt die Iterierte y_{k+1} als Näherungswert für $y = \Phi(x)$.

Das Newton–Verfahren ist ebenfalls zur punktweisen Berechnung des Ausgabesignals $\underline{y}$ eines statischen Systems mit dem Eingabesignal $\underline{x}$ geeignet. X_d ist dann wiederum die Menge der diskreten Werte $\underline{x}(t_j)$, für die die Ausgangssignalwerte $\underline{y}(t_j)$ bestimmt werden sollen (vgl. dazu Abschnitt 2.1.3.2).

Das Newton–Verfahren ist lokal konvergent, d. h., die Iteriertenfolge $(y_k)_{k\in\mathbb{N}}$ konvergiert gegen die Lösung, falls der Startwert y_0 „hinreichend nahe" am Lösungspunkt y' liegt. Man kann zeigen, daß es stets eine Umgebung U von y' gibt, deren Elemente Startwerte konvergenter Iteriertenfolgen sind (vgl. [Sch79]). Das Nachprüfen der entsprechenden Bedingungen ist in der Regel wieder aufwendiger als die Durchführung der Iteration, so daß man bei den Anwendungen darauf verzichtet (vgl. Schritt 3 im Abschnitt 2.1.3.2).

Da das Verfahren (in der Nähe der Lösung) quadratisch konvergiert, sind nur wenige Iterationen notwendig, um die erforderliche Lösungsgenauigkeit zu erreichen. Deshalb wirkt sich auch der relativ hohe Aufwand zur Berechnung der Jacobi–Matrizen und zur Auflösung der linearen Gleichungssysteme nicht nachteilig aus.

Beispiel: Zur Veranschaulichung betrachten wir wieder das in Abb. 2.16 dargestellte Netzwerk mit den oben (im Abschnitt 2.1.3.2) angegebenen Zahlenwerten. Ausgehend von (2.45) erhält man die beiden Gleichungen

$$\alpha) \qquad \psi_\alpha(e,u) = 10^{-6}(\exp(25u) - 1) + u - e = 0$$

$$\beta) \qquad \psi_\beta(e,u) = 25u - \ln(1 + 10^6(e - u)) = 0.$$

Für $e = 10$ und Wahl der Startwerte u_0 aus dem Intervall [0,10] konvergiert das Newton–Verfahren bei beiden Gleichungen. (Es ist in den vorliegenden Fällen sogar global konvergent, d. h., die Konvergenzbereiche fallen mit den Definitionsbereichen der Abbildungen ψ_α und ψ_β zusammen.)

Die Abb. 2.19 zeigt die grafische Veranschaulichung der Iteration mit der Gleichung α. In der Tafel 2.2 sind drei Iteriertenfolgen angegeben, die wiederum mit neunstelligen Gleitkommazahlen berechnet wurden.

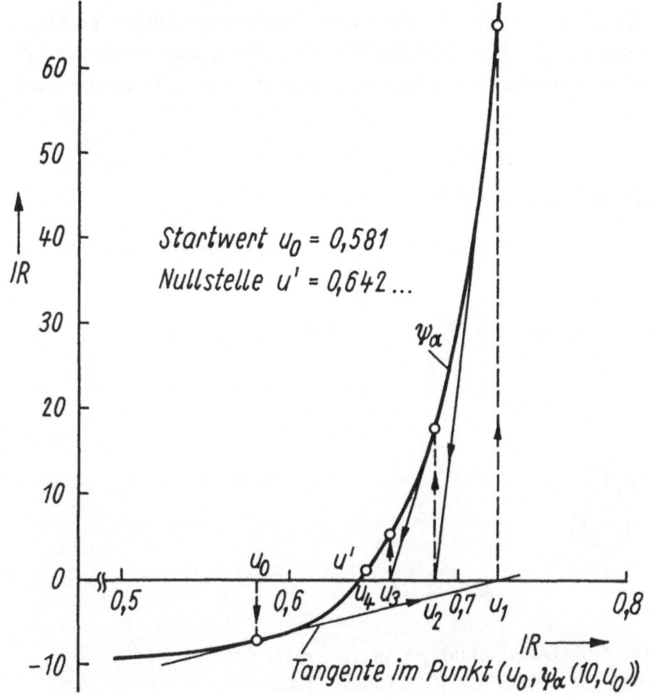

Abb. 2.19. Newton-Iteration mit $\psi_\alpha(10, u) = 0$.

Tafel 2.2. Ergebnisse der Newton–Iteration ($\varepsilon = 10^{-9}$)

k	u_k aus $\psi_\alpha(10, u) = 0$	u_k aus $\psi_\beta(10, u) = 0$	u_k aus $\psi_\beta(10, u) = 0$
0	0,581	9,5	0,0
1	0,723	1,189	0,642155
2	0,688	0,642143	0,642069393
3	0,661	0,642069394	Lösung erreicht
4	0,645832	Lösung erreicht	
5	0,642240		
6	0,642069757		
7	0,642069394		
8	Lösung erreicht		

Die numerischen Ergebnisse weisen darauf hin, daß die Gleichung β für die Iteration besser geeignet ist (wie schon bei der gewöhnlichen Iteration, vgl. Tafel 2.1). Beginnt man bei der Gleichung α mit dem Startwert $u_0 = 0$, dann sind etwa 300 Iterationen erforderlich ($u_{306} = 0,645834522$), um in den „Einzugsbereich" der quadratischen Konvergenz des Newton-Verfahrens zu gelangen. Bei der Gleichung β sind dagegen dafür höchstens 2 Iterationen für alle $u_0 \in [0, 10]$ notwendig. $\qquad \Box$

Bemerkung: Bei den Anwendungen des lokal konvergenten Newton–Verfahren ist es oft schwierig, einen geeigneten in der Nähe der Lösung liegenden Startwert anzugeben.

Die Lösung soll ja erst ermittelt werden. Einen Ausweg bieten die sogenannten Einbettungsverfahren, die das ursprüngliche Problem (2.49) in eine parameterabhängige Folge von Gleichungssystemen einbetten (vgl. dazu [Sch79], [BD72]). Im Zusammenhang mit solchen Verfahren hat die Newton–Iteration zur Lösung nichtlinearer Gleichungssysteme eine breite Anwendung gefunden.

2.1.4 Aufgaben zum Abschnitt 2.1

2.1-1 Für die in Abb. 2.1-1 dargestellte Schaltung sind die Strom–Spannungs–Kennlinien der Widerstände wie folgt gegeben:

$$\text{Für } R_2 \text{ gilt } i_2 = \alpha_2 u_2^3 \qquad (\alpha_2 > 0);$$
$$\text{für } R_4 \text{ gilt } i_4 = \alpha_4 u_4^3 + \beta_4 u_4 \qquad (\alpha_4 > 0, \beta_4 > 0);$$
$$\text{für } R_5 \text{ gilt } i_5 = \beta_5 u_5 \qquad (\beta_5 > 0).$$

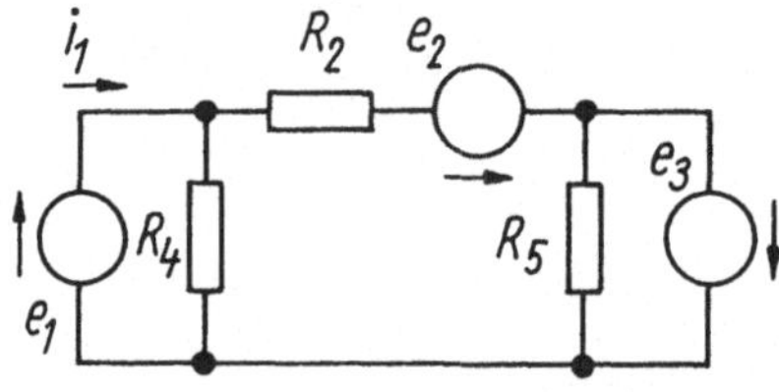

Abb. 2.1-1 .

a) Man berechne die einfache Alphabetabbildung φ : $\varphi(e_1, e_2, e_3) = i_1$!

b) Geben Sie eine Realisierung von φ durch ein Blockschaltbild an!

c) Welchen Strom i_1 erhält man mit $\alpha_2 = \alpha_4 = 0,1 \text{A/V}^3$ und $\beta_4 = \beta_5 = 0,2 \text{ A/V}$ für die Fälle:

I)	$e_1 = 1\text{V}$,	$e_2 = e_3 = 0\text{V}$;
II)	$e_2 = 1\text{V}$,	$e_1 = e_3 = 0\text{V}$;
III)	$e_3 = 1\text{V}$,	$e_1 = e_2 = 0\text{V}$;
IV)	$e_1 = e_2 = e_3 = 1\text{V}$?	

2.1-2 Abb. 2.1-2 zeigt die Blockschaltung eines nichtlinearen statischen Systems.

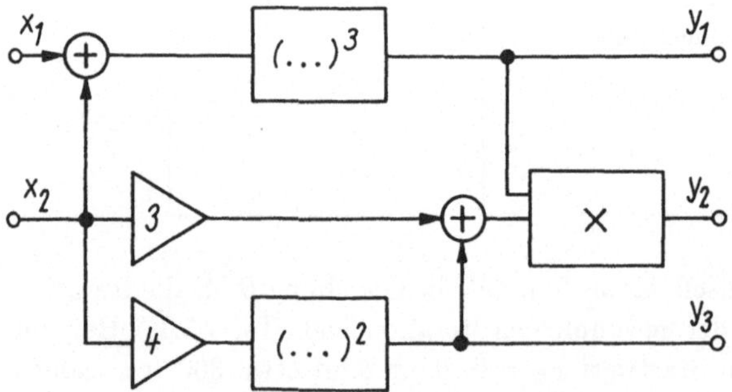

Abb. 2.1-2 .

a) Man bestimme die einfachen Alphabetabbildungen $y_1 = \varphi_1(x_1, x_2)$, $y_2 = \varphi_2(x_1, x_2)$ und $y_3 = \varphi_3(x_1, x_2)$!

b) Was erhält man für die Alphabetabbildung Φ : $\Phi(x_1, x_2) = (y_1, y_2, y_3)$? Welchen Wert hat $\Phi(2, 1)$?

c) Man gebe ein Blockschaltbild zur Realisierung von Φ an!

2.1-3 Für das in Abb. 2.1-2 (Aufgabe 2.1-2) dargestellte nichtlineare statische System gebe man die Ausgabesignale $\underline{y}_1, \underline{y}_2$ und $\underline{y}_3$ an, falls gilt

$$\underline{x}_1(t) = 2 + 0,01\sin\omega_1 t \qquad \text{und} \qquad \underline{x}_2(t) = 1 + 0,01\cos\omega_2 t!$$

Man löse die Aufgabe mit den Methoden zur Berechnung des Kleinsignalverhaltens!

2.1-4 Ein nichtlineares statisches System habe die in Abb. 2.1-4 dargestellte einfache Alphabetabbildung $\varphi : y = \varphi(x)$. Man berechne das Ausgabesignal $\underline{y}$ für die Eingabe $\underline{x} : \underline{x}(t) = \sin(2\pi/T_0)t$ und skizziere qualitativ den Zeitverlauf $\underline{y}(t)$!

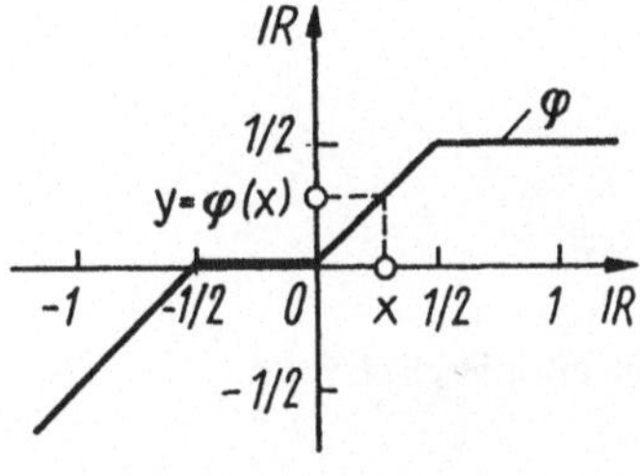

Abb. 2.1-4 .

2.2 Systeme mit Speicher

2.2.1 Alphabetabbildung

2.2.1.1 Zustandsgleichungen

Wie weiter oben bereits festgestellt wurde, gibt es eine Vielzahl sehr wichtiger Signalabbildungen (z. B. die Integration oder die Differentiation eines Signals), die sich nicht durch ein statisches System realisieren lassen. Die Anzahl der realisierbaren Signalabbildungen läßt sich beträchtlich erweitern, wenn wir ein neues Grundschaltelement, das *Integrierglied* (Abb. 2.20), hinzunehmen.

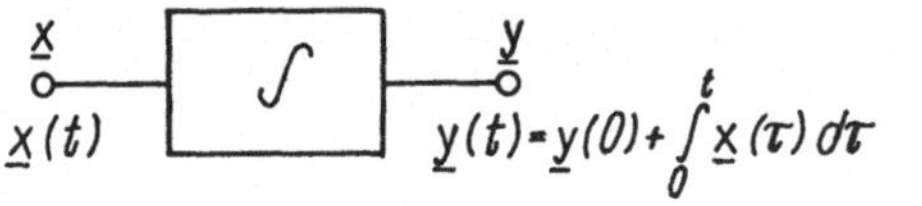

$$\underline{x} \;—\!\boxed{\int}\!—\; \underline{y} \qquad \underline{x}(t) \qquad \underline{y}(t) = \underline{y}(0) + \int_0^t \underline{x}(\tau)\, d\tau$$

Abb. 2.20. Integrierglied.

Durch das Integrierglied wird eine Signalabbildung $\underline{D}_0^{-1} : \underline{D}_0^{-1}(\underline{x}) = \underline{y}$ mit

$$y(t) = (\underline{D}_0^{-1}(\underline{x}))(t) = \underline{y}(0) + \int_0^t \underline{x}(\tau)\, d\tau \qquad (2.53)$$

bzw.

$$\underline{\dot{y}}(t) = \underline{x}(t) \qquad (2.54)$$

realisiert. Offensichtlich hat dieses Schaltelement Speichereigenschaften, denn der Ausgabesignalwert $\underline{y}(t)$ an der Stelle t wird aus den im vorangegangenen Intervall gegebenen Eingabesignalwerten bestimmt. Durch die Hinzunahme dieses neuen Grundschaltelements gelangen wir zu einer neuen Systemklasse. Bevor wir auf die allgemeinen Eigenschaften dieser neuen Systemklasse näher eingehen, betrachten wir zwei einfache Beispiele.

Beispiel 1: Gegeben ist das Blockschaltbild Abb. 2.21. Wir wollen die Gleichungen aufstellen, die es gestatten, dieses System zu beschreiben. Zu diesem Zweck werden an den Ausgängen der Integrierglieder Zwischengrößen $\underline{z}_\nu$ eingeführt, in unserem Beispiel $\underline{z}_1$ und $\underline{z}_2$. Diese Zwischengrößen spielen zunächst die Rolle von Hilfsvariablen. Aus der Schaltung Abb. 2.21 können nun die folgenden Gleichungen abgelesen werden:

$$
\begin{aligned}
\underline{\dot{z}}_1(t) &= a\underline{x}_1(t) &&= f_1(\underline{x}_1(t))\\
\underline{\dot{z}}_2(t) &= \underline{z}_1(t)(\underline{z}_2(t))^2 &&= f_2(\underline{z}_1(t), \underline{z}_2(t))\\
\underline{y}_1(t) &= (\underline{z}_1(t))^2(\underline{z}_2(t))^4 &&= g_1(\underline{z}_1(t), \underline{z}_2(t))\\
\underline{y}_2(t) &= (\underline{z}_2(t))^2 &&= g_2(\underline{z}_2(t))\\
\underline{y}_3(t) &= \underline{z}_2(t) + \underline{x}_2(t) &&= g_3(\underline{z}_2(t), \underline{x}_2(t)).
\end{aligned}
\qquad (2.55\text{-a})
$$

Die ersten beiden Gleichungen ergeben einen Zusammenhang zwischen den Hilfsvariablen und der Eingabe (nichtlineares Differentialgleichungssystem), und die übrigen

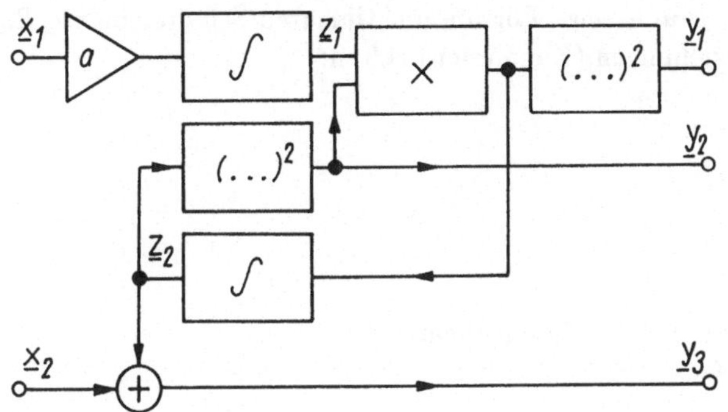

Abb. 2.21. Schaltung mit Integriergliedern.

Gleichungen verknüpfen die Ausgabe, die Zwischenvariablen und die Eingabe. Zur Berechnung von $\underline{y}(t) = (\underline{y}_1(t), \underline{y}_2(t), \underline{y}_3(t))$ müßten zunächst $\underline{z}_1(t)$ und $\underline{z}_2(t)$ als Lösungen des nichtlinearen Differentialgleichungssystems bestimmt werden und anschließend in die dritte bis fünfte Gleichung eingesetzt werden. Offensichtlich kann die Lösung in allgemeineren Fällen sehr schwierig werden, so daß man häufig auf numerische Lösungsmethoden angewiesen ist.

Führen wir in (2.55-a) noch die Signalabbildungen ein, so läßt sich dieses Gleichungssystem auch in der Form

$$
\begin{aligned}
\dot{\underline{z}}_1 &= a \cdot \underline{x}_1 &&= \underline{f}_1(\underline{x}_1) \\
\dot{\underline{z}}_2 &= z_1(\underline{z}_2)^2 &&= \underline{f}_2(\underline{z}_1, \underline{z}_2) \\
\underline{y}_1 &= (\underline{z}_1)^2(\underline{z}_2)^4 &&= \underline{g}_1(\underline{z}_1, \underline{z}_2) \\
\underline{y}_2 &= (\underline{z}_2)^2 &&= \underline{g}_2(\underline{z}_2) \\
\underline{y}_3 &= z_2 + \underline{x}_2 &&= \underline{g}_3(\underline{z}_2, \underline{x}_2)
\end{aligned}
\tag{2.55-b}
$$

darstellen, das sich schließlich noch mit (2.53) wie folgt umformen läßt:

$$
\begin{aligned}
\underline{z}_1 &= \underline{D}_0^{-1}(a \cdot \underline{x}_1) &&= \underline{D}_0^{-1}(\underline{f}_1(\underline{x}_1)) \\
\underline{z}_2 &= \underline{D}_0^{-1}(\underline{z}_1(\underline{z}_2)^2) &&= \underline{D}_0^{-1}(\underline{f}_2(\underline{z}_1, \underline{z}_2)) \\
\underline{y}_1 &= (\underline{z}_1)^2(\underline{z}_2)^4 &&= \underline{g}_1(\underline{z}_1, \underline{z}_2) \\
\underline{y}_2 &= (\underline{z}_2)^2 &&= \underline{g}_2(\underline{z}_2) \\
\underline{y}_3 &= z_2 + \underline{x}_2 &&= \underline{g}_3(\underline{z}_2, \underline{x}_2).
\end{aligned}
\tag{2.55-c}
$$

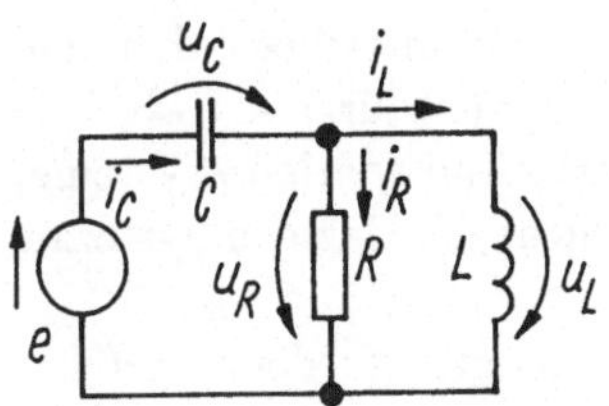

Abb. 2.22. *RLC*-Schaltung.

Beispiel 2: Als weiteres Beispiel betrachten wir die in Abb. 2.22 dargestellte *RLC*-Schaltung eines elektrischen Netzwerks. Anstelle der Signalwerte $\underline{x}(t)$ bezeichnen wir, wie in der Netzwerktheorie üblich, die (Signal-)Werte der Ströme, Spannungen und

anderen elektrischen Größen mit i, u, e usw. Für die nichtlinearen Schaltelemente R,
L und C sollen die folgenden Beziehungen (Kennlinien) gelten:

    Widerstand $i_R = \eta_R(u_R)$

    Induktivität $i_L = \eta_L(\Phi)$

    Kapazität $u_C = \eta_C(Q)$.

Außerdem gelten die Gleichungen

$$u_L = \dot{\Phi} \qquad \text{und} \qquad i_C = \dot{Q}$$

worin Φ den Magnetfluß und Q die Ladung bezeichnen.

Mit Hilfe der Kirchhoffschen Gesetze erhalten wir

$$e = u_C + u_L = \eta_C(Q) + \dot{\Phi}$$

und

$$\dot{Q} = i_C = i_R + i_L = \eta_R(u_R) + \eta_L(\Phi).$$

Aus diesen Gleichungen folgt mit

$$u_R = e - u_C = u_L$$

nach kurzer Umstellung

$$
\begin{aligned}
\dot{\Phi} &= e - \eta_C(Q) &&= f_1(Q, e) \\
\dot{Q} &= \eta_L(\Phi) + \eta_R(e - \eta_C(Q)) &&= f_2(\Phi, Q, e) \\
u_L &= e - \eta_C(Q) &&= g_1(Q, e) \\
u_C &= \eta_C(Q) &&= g_2(Q).
\end{aligned}
\tag{2.56}
$$

Dabei wurden u_L und u_C willkürlich als Ausgangsgrößen (Ausgabesignale) gewählt.

Das Gleichungssystem (2.56) hat den gleichen Aufbau wie das im ersten Beispiel
erhaltene Gleichungssystem (2.55-b) bzw. (2.55-a). Das wird unmittelbar ersichtlich,
wenn man in (2.56) die Substitutionen

$$\Phi = \underline{z}_1(t), \qquad Q = \underline{z}_2(t), \qquad u_L = \underline{y}_1(t), \qquad u_C = \underline{y}_2(t), \qquad e = \underline{x}(t)$$

vornimmt. Das legt die Vermutung nahe, daß Gleichungssysteme des Typs (2.55-b)
bzw. (2.56) eine allgemeine Form des Zusammenhangs von Ursache und Wirkung bei
einer bestimmten Systemklasse charakterisieren. Es läßt sich allgemein zeigen, daß diese
Vermutung richtig ist. Jedes System, das dem Kausalitätsprinzip unterliegt, d. h. die
Wirkung $\underline{y}(t)$ zur Zeit t hängt nur von $\underline{x}(\tau)$ für $\tau \leq t$ und von $\underline{y}(\tau)$ für $\tau < t$ ab, läßt
eine solche Systembeschreibung zu. Die elektrischen Netzwerke sind spezielle Systeme,
die dem Kausalitätsprinzip genügen, aber es sind sicherlich nicht die einzigen Systeme,
für die das zutrifft.

Die in den betrachteten Beispielen an den Ausgängen der Integrierglieder eingeführten Hilfsvariablen $\underline{z}_\nu$ werden auch als *Zustandsvariable (Zustandssignale)* bezeichnet.
Am Beispiel des elektrischen Netzwerks ist sofort einleuchtend, daß diese Bezeichnung
sinnvoll ist. Bei einer elektrischen Schaltung wird ihr Zustand (wenn man dieses Wort
im Sinne der Umgangssprache auffaßt) durch die Ladung auf den in ihr enthaltenen
Kapazitäten sowie durch das Magnetfeld (d. h. den Magnetfluß) der in ihr enthaltenen

Induktivitäten charakterisiert. Die Ladung Q und der Magnetfluß Φ spielten in (2.56) aber gerade die Rolle der Hilfsvariablen.

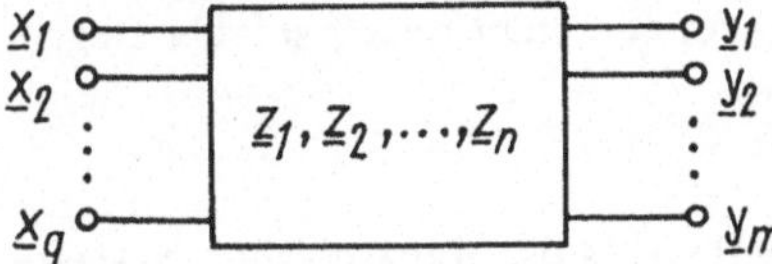

Abb. 2.23. Dynamisches System (Schema).

Die Verallgemeinerung der in den letzten beiden Beispielen enthaltenen Aussagen führt zu dem in Abb. 2.23 dargestellten Schema eines Systems mit q Eingängen, m Ausgängen und n Zustandsvariablen. Ein solches System wird nach Vorstehendem durch die Gleichungen (*Zustandsgleichungen*)

$$
\begin{aligned}
\dot{\underline{z}}_\mu(t) &= f_\mu(\underline{z}_1(t), \ldots, \underline{z}_n(t); \underline{x}_1(t), \ldots, \underline{x}_q(t)) & (\mu = 1, 2, \ldots, n) \\
\underline{y}_\nu(t) &= g_\nu(\underline{z}_1(t), \ldots, \underline{z}_n(t); \underline{x}_1(t), \ldots, \underline{x}_q(t)) & (\nu = 1, 2, \ldots, m)
\end{aligned}
\tag{2.57-a}
$$

beschrieben.

Mit Hilfe von (2.53) läßt sich dieses Gleichungssystem bei Einführung der Signalabbildungen auch auf die Form

$$
\begin{aligned}
\underline{z}_\mu &= \underline{D}_0^{-1}(\underline{f}_\mu(\underline{z}_1, \ldots, \underline{z}_n; \underline{x}_1, \ldots, \underline{x}_q) & (\mu = 1, 2, \ldots, n) \\
\underline{y}_\nu &= \underline{g}_\nu(\underline{z}_1, \ldots, \underline{z}_n; \underline{x}_1, \ldots, \underline{x}_q) & (\nu = 1, 2, \ldots, m)
\end{aligned}
\tag{2.57-b}
$$

bringen. Aus diesen Gleichungen ergibt sich durch Elimination der Zustandsvariablen $\underline{z}_1, \ldots, \underline{z}_n$ (Lösung des Differentialgleichungssystems für die $\underline{z}_\mu$) der Zusammenhang

$$
(\underline{y}_1, \ldots, \underline{y}_m) = \underline{\Phi}(\underline{z}_1(0), \ldots, \underline{z}_n(0); \underline{x}_1, \ldots, \underline{x}_q),
\tag{2.57-c}
$$

für den wir auch kürzer

$$
\underline{y} = \underline{\Phi}(\underline{z}(0), \underline{x}) \qquad \underline{z}(0) = (\underline{z}_1(0), \ldots, \underline{z}_n(0))
$$

oder

$$
\underline{y} = \underline{\Phi}(\underline{x})
$$

schreiben werden. Es handelt sich um den Zusammenhang zwischen Eingabe $\underline{x}$, Anfangszustand $\underline{z}(0)$ (Anfangswerte der Lösungen des Differentialgleichungssystems für die $\underline{z}_\mu$) und Ausgabe $\underline{y}$, der durch eine bestimmte Signalabbildung $\underline{\Phi} = \underline{\Phi}(\underline{z}(0), \cdot)$ vermittelt wird. $\underline{\Phi}$ ist jetzt aber keine statische Abbildung mehr, d. h., $\underline{y}(t)$ ist nicht mehr allein von $\underline{x}(t)$ (und $\underline{z}(0)$) abhängig, sondern auch von den Werten $\underline{x}(\tau)$ für $\tau < t$ ($t \geq 0$). Damit ist $\underline{y}(t)$ also allgemein eine Funktion von $\underline{x}$, t und $\underline{z}(0)$, in Zeichen

$$
\underline{y}(t) = G(t, \underline{z}(0), \underline{x}),
$$

wobei gilt

$$
G(t, \underline{z}(0), \underline{x}_1) = G(t, \underline{z}(0), \underline{x}_2)
$$

für $\underline{x}_1(\tau) = \underline{x}_2(\tau)$ im Intervall $(0, t)$. Zu jedem Anfangszustand $\underline{z}(0)$ gehört eine Signalabbildung $\underline{\Phi} = \Phi(\underline{z}(0), \cdot) : \underline{X} \to \underline{Y}$, und die Menge aller möglichen Abbildungen $\underline{\Phi}$ heißt Abbildungsfamilie $\underline{\Phi}$ des Systems (vgl. [WS93], Abschnitt 2.3.2.1).

Ein System der soeben betrachteten Art bezeichnet man genauer als *dynamisches System*. Dieser durch die obigen einführenden Überlegungen nicht scharf gefaßte Begriff soll im folgenden Abschnitt näher präzisiert werden.

2.2.1.2 Dynamisches System

Um zu einer hinreichend allgemeinen Definition des Begriffs des dynamischen Systems zu gelangen, werden zusätzlich zu den im Abschnitt 2.1.2 für das statische System eingeführten Definition und Begriffen (2.14) bis (2:24) noch die folgenden Begriffe definiert:

a) Die Menge

$$Z = \mathbb{R}^n \tag{2.58}$$

heißt *Zustandsalphabet (Zustandsraum)*. Die Elemente

$$z = (z_1, z_2, \ldots, z_n) \in Z \tag{2.59}$$

dieser Menge heißen *Zustände* ($z_i \in \mathbb{R}$).

b) Die Abbildung $\underline{z}$ der Zeitmenge T, für die nun allgemein die Menge $T = \mathbb{R}^+$ genommen wird, in das Zustandsalphabet, in Zeichen

$$\underline{z} : T \to Z, \tag{2.60}$$

heißt *Zustandstrajektorie* (oder *Zustandssignal*). Für den Sonderfall $n = 3$ ist in Abb. 2.24 eine Zustandstrajektorie $\underline{z}$ im dreidimensionalen Raum dargestellt. Jeder Punkt $\underline{z}(t)$ auf der Trajektorie bezeichnet den Zustand des Systems im Zeitpunkt t. Für $t = 0$ erhalten wir den *Anfangszustand* $\underline{z}(0)$ des Systems.

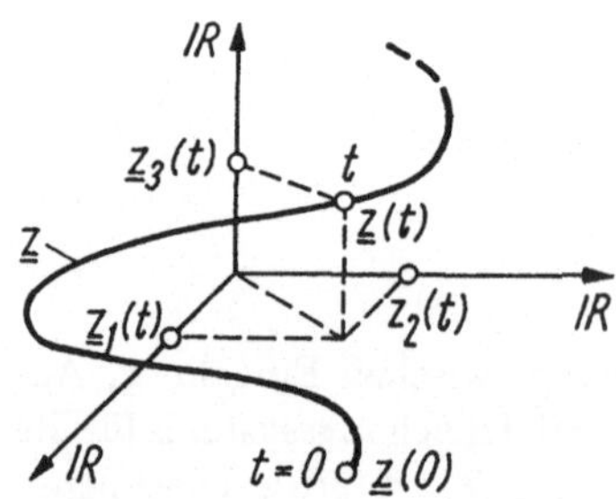

Abb. 2.24. Zustandstrajektorie.

Das Zustandssignal $\underline{z}$ ist n–dimensional, d. h., es gilt

$$\underline{z} = (\underline{z}_1, \underline{z}_2, \ldots, \underline{z}_n),$$

wobei die

$$\underline{z}_i : T \to \mathbb{R}$$

gewöhnliche eindimensionale Signale („Zustandsvariable") sind.

Wir wollen nun die Zustandsgleichungen (2.57-a) des dynamischen Systems in einer etwas vereinfachten Form darstellen.

Zunächst wird anstelle von (2.57-a) häufig kurz

$$\dot{z}_\mu = f_\mu(z, x) \qquad (\mu = 1, 2, \ldots, n) \tag{2.61-a}$$

$$y_\nu = g_\nu(z, x) \qquad (\nu = 1, 2, \ldots, m) \tag{2.61-b}$$

mit den Abkürzungen $z = \underline{z}(t)$ und $x = \underline{x}(t)$ geschrieben. Die Abbildungen f_μ bzw. g_ν sind vom Typ

$$f_\mu : Z \times X \to \mathbb{R} \qquad \text{und} \qquad g_\nu : Z \times X \to \mathbb{R} \tag{2.62}$$

bzw. mit $Z = \mathbb{R}^n$ und $X = \mathbb{R}^q$

$$f_\mu : \mathbb{R}^{n+q} \to \mathbb{R} \qquad \text{und} \qquad g_\nu : \mathbb{R}^{n+q} \to \mathbb{R}. \tag{2.63}$$

Es handelt sich also in beiden Fällen um einfache Alphabetabbildungen (vgl. Abschnitt 2.1.1). Das ist insofern von Bedeutung, als dadurch gewährleistet wird, daß ein dynamisches System auf ein statisches System unter Hinzunahme von Integriergliedern zurückgeführt werden kann.

Die in (2.61-a) gegebenen n Abbildungen $f_1, f_2, \ldots, f_n$ können zu einer einzigen Abbildung

$$f : Z \times X \to Z \tag{2.64}$$

bzw.

$$f : \mathbb{R}^{n+q} \to \mathbb{R}^n$$

zusammengefaßt werden. Analog dazu ergeben die m Abbildungen $g_1, g_2, \ldots, g_m$ in (2.61-b) zusammengefaßt eine Abbildung

$$g : Z \times X \to Y \tag{2.65}$$

bzw.

$$g : \mathbb{R}^{n+q} \to \mathbb{R}^m.$$

Mit Hilfe dieser Abbildungen können die $m + n$ Zustandsgleichungen (2.61-a) und (2.61-b) zu zwei Gleichungen

$$\begin{aligned} \dot{z} &= f(z, x) \\ y &= g(z, x) \end{aligned} \tag{2.66}$$

zusammengefaßt werden, wobei entsprechend der eingeführten Symbolik gilt:

$$\dot{z} = \underline{\dot{z}}(t), \qquad z = \underline{z}(t), \qquad x = \underline{x}(t), \qquad y = \underline{y}(t).$$

Zusammengefaßt erhalten wir also das folgende Ergebnis:

Die von einem dynamischen System (im Sinne der obigen einführenden Betrachtungen) erzeugte Familie $\underline{\Phi}$ von Signalabbildungen

$$\underline{\Phi}: \underline{X} \to \underline{Y}, \qquad \underline{\Phi}(\underline{x}) = \underline{y}$$

läßt sich durch Hinzunahme eines Zustandsalphabets Z in der Form

$$
\begin{aligned}
f &: Z \times X \to Z, & f(\underline{z}(t), \underline{x}(t)) &= \underline{\dot{z}}(t) \\
g &: Z \times X \to Y, & g(\underline{z}(t), \underline{x}(t)) &= \underline{y}(t)
\end{aligned}
\qquad (2.67)
$$

darstellen.

Die Abbildung f heißt *Überführungsfunktion* und die Abbildung g *Ergebnisfunktion*. Bei beiden Abbildungen handelt es sich um Alphabetabbildungen eines statischen Systems im Sinne von Abschnitt 2.1.1.4.

Nach Vorstehendem kann nun durch Umkehrung der Überlegungen der Begriff des dynamischen Systems in einer jede Ungenauigkeit ausschließenden Weise wie folgt präzisiert werden:

Definition: Die Mengen $X = \mathbb{R}^q$ (Eingabealphabet), $Y = \mathbb{R}^m$ (Ausgabealphabet) und $Z = \mathbb{R}^n$ (Zustandsalphabet) zusammen mit den (gewissen Stetigkeitsbedingungen genügenden) Abbildungen

$$f: Z \times X \to Z \qquad \text{und} \qquad g: Z \times X \to Y$$

bilden ein (abstraktes) *dynamisches System* (X, Y, Z, f, g) mit den Zustandsgleichungen

$$
\begin{aligned}
\underline{\dot{z}}(t) &= f(\underline{z}(t), \underline{x}(t)) \\
\underline{y}(t) &= g(\underline{z}(t), \underline{x}(t)).
\end{aligned}
\qquad (2.68)
$$

Zur Lösung des Zustandsgleichungssystems (2.68) sind im folgenden Abschnitt 2.2.2 einige Grundgedanken dargelegt. Wesentlich ist, daß die Abbildungen $f_1, f_2, \ldots, f_n$ gewisse Stetigkeitsvoraussetzungen erfüllen.

Aus (2.68) ergibt sich, daß das dynamische System durch ein Blockschaltbild (Modell) nach Abb. 2.25 dargestellt werden kann. Dieses Modell enthält zwei statische Systeme, die die Alphabetabbildungen f und g realisieren, sowie einen Integratorblock. Dabei ist zu beachten, daß das f realisierende statische System genauer aus n einfachen statischen Systemen (mit je $n + q$ Eingängen und je einem Ausgang) besteht, die die einfachen Alphabetabbildungen $f_1, f_2, \ldots, f_n$ realisieren. Entsprechend ist das g realisierende statische System aus m einfachen statischen Systemen zusammengesetzt. Der Integratorblock enthält insgesamt n Integrierglieder mit je einem Eingang und einem Ausgang.

Abb. 2.25 ist nicht die einzige Möglichkeit der Darstellung des Blockschaltbilds eines dynamischen Systems. Abb. 2.26 zeigt eine weitere Möglichkeit der Darstellung, die in der Literatur häufig anzutreffen ist.

Zum Abschluß dieses Abschnitts soll nochmals ausdrücklich auf die enge Verwandtschaft zwischen dem hier behandelten statischen System und dem kombinatorischen Automaten (vgl. [WS93], Abschnitt 2.2.1.3) einerseits und dem dynamischen System

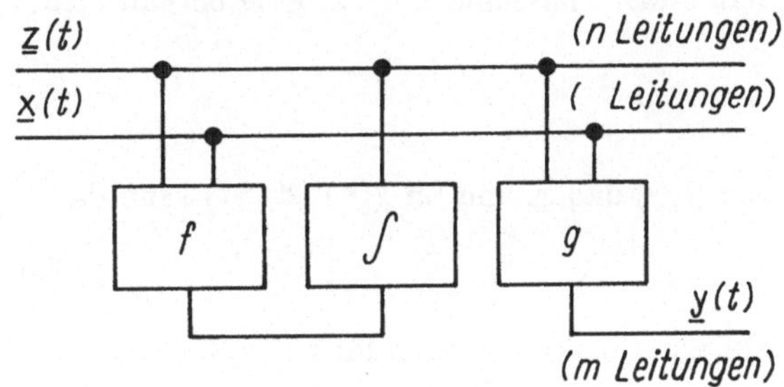

Abb. 2.25. Blockschaltbild des dynamischen Systems.

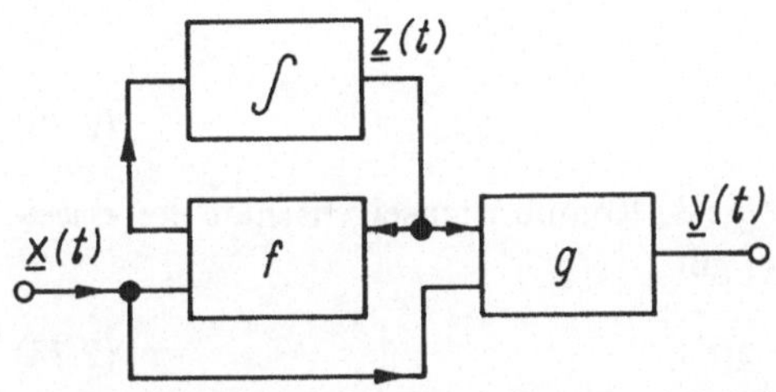

Abb. 2.26. Weitere Darstellung des Blockschaltbildes.

und dem sequentiellen Automaten (vgl. [WS93], Abschnitt 2.3.1) andererseits hingewiesen werden. Der wesentliche Unterschied besteht in der Art der verarbeiteten Signale und dem Ersetzen des Speichers des digitalen Systems durch einen Integrator beim analogen System. Daraus ergibt sich auch, daß das Modell (Blockschaltbild Abb. 2.25) des dynamischen Systems dem Modell des sequentiellen Automaten formal entspricht.

2.2.2 Allgemeine Eigenschaften des dynamischen Systems

2.2.2.1 Erweiterte Überführungsfunktion
Genügt die Zustandsgleichung

$$\dot{\underline{z}}(t) = f(\underline{z}(t), \underline{x}(t)) \tag{2.69}$$

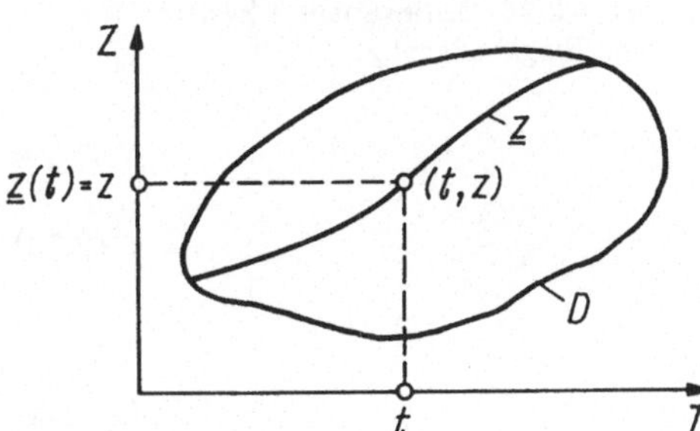

Abb. 2.27. Phasenraum $T \times Z$ und Zustandstrajektorie $\underline{z}$.

den Bedingungen des Existenz- und Eindeutigkeitssatzes (oder des Fixpunktsatzes) im Gebiet $D \subset T \times Z$ des *Phasenraums* $T \times Z$, so existiert in diesem Gebiet genau eine

Lösung $\underline{z}$, wenn noch verlangt wird, daß $\underline{z}$ den Phasenpunkt $(t, z) \in D$ enthält (Abb. 2.27):

$$\underline{z}(t) = z.$$

Damit ist allgemein $\underline{z}$ eine Funktion von (t, z) und $\underline{x}$, und für $\underline{z}(t')$ $(t' \geq t)$ kann damit

$$z' = \underline{z}(t') = F(t', t, z, \underline{x}) \tag{2.70}$$

gesetzt werden, wenn auch (t', z') in D liegt. Ebenso gilt dann für $t \leq \tau \leq t'$

$$z' = F(t', \tau, \overline{z}, \underline{x}) \tag{2.71}$$

mit

$$\overline{z} = F(\tau, t, z, \underline{x}). \tag{2.72}$$

Aus (2.71) und (2.72) ergibt sich die grundlegende Kompositionseigenschaft der *erweiterten Überführungsfunktion* F: Für $\tau \in [t, t']$ gilt

$$F(t', t, z, \underline{x}) = F(t', \tau, F(\tau, t, z, \underline{x}), \underline{x}) = \underline{z}(t'). \tag{2.73}$$

Als weitere Eigenschaft von F ergibt sich aus (2.69) die Unabhängigkeit der Lösung $\underline{z}$ vom absoluten Zeitpunkt t, d. h., es gilt (Abb. 2.28)

$$F(t', t, z, \underline{x}) = F(t' - t, 0, z, \underline{x}'), \tag{2.74}$$

wobei $\underline{x}'$ durch (vgl. (1.11))

$$\underline{x}'(\tau') = \underline{x}(\tau' + t) = (\underline{S}^{-t}(\underline{x}))(\tau') \tag{2.75}$$

gegeben ist.

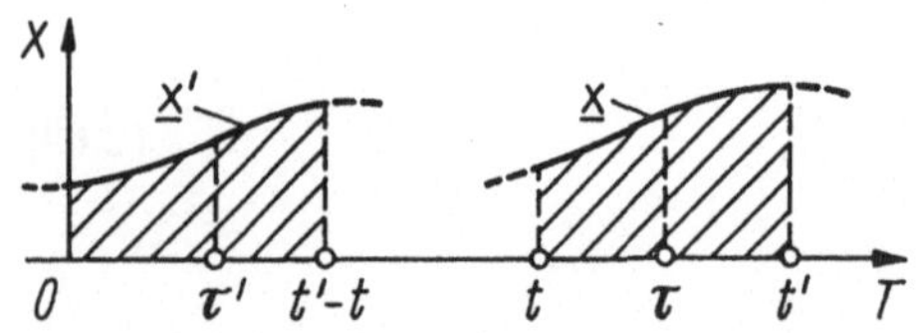

Abb. 2.28. Zeitinvariantes System und Eingabesignal $\underline{x}$.

Damit kann (2.73) mit der Abkürzung

$$F(t' - t, 0, z, \underline{x}') = \overline{F}(t' - t, z, \underline{x}') \tag{2.76}$$

in der Form

$$\overline{F}(t' - t, z, \underline{x}') = \overline{F}(t' - \tau, \overline{F}(\tau - t, z, \underline{x}'), \underline{S}^{-(\tau - t)}(\underline{x}')) \tag{2.77-a}$$

oder auch

$$\overline{F}(\tau_1 + \tau_2, z, \underline{x}') = \overline{F}(\tau_2, \overline{F}(\tau_1, z, \underline{x}'), \underline{S}^{-\tau_1}(\underline{x}')) \tag{2.77-b}$$

geschrieben werden, wenn noch

$$t' - \tau = \tau_2 \quad \text{und} \quad \tau - t = \tau_1$$

gesetzt wird.

Diese für die allgemeine Theorie des dynamischen Systems wichtige Abbildungseigenschaft (2.77-b) erhält eine symmetrische Form, wenn man noch die Signaloperation

$$\underline{x} = \underline{x}_1 \mid_{\tau_1} \underline{x}_2 \tag{2.78}$$

einführt, die durch

$$\underline{x}(t) = \begin{cases} \underline{x}_1(t) & 0 \le t < \tau_1 \\ \underline{x}_2(t - \tau_1) & \tau_1 \le t < \tau_2 \end{cases}$$

definiert ist. Die Beziehung (2.77-b) lautet dann mit $\underline{x}' = \underline{x}$

$$\overline{F}(\tau_1 + \tau_2, z, \underline{x}) = \overline{F}(\tau_2, \overline{F}(\tau_1, z, \underline{x}_1), \underline{x}_2))$$

und bildet in dieser Form das „zeitkontinuierliche" Analogon zu einem entsprechenden, für Automaten geltenden Zusammenhang ([WS93], Abschnitt 2.3.2.2).

Durch Einsetzen der Lösung

$$\underline{z}(t) = \overline{F}(t, z, \underline{x})$$

von (2.69) in die zweite Gleichung von (2.68) findet man den bereits im Abschnitt 2.2.1.1 angegebenen Ausdruck

$$\underline{y}(t) = g(\overline{F}(t, z, \underline{x}), \underline{x}(t)) = G(t, \underline{z}(0), \underline{x}),$$

aus dem sich leicht noch folgende allgemeine Eigenschaft der Systemabbildung (*Input–Output-Abbildung*) ableiten läßt:

$$\underline{y}(t) = G(t, \underline{z}(0), \underline{x}_1) \mid_{\tau_1} G(t, \underline{z}(\tau_1), \underline{x}_2)$$

oder (vgl. Abschnitt 2.2.1.1)

$$\underline{y} = \underline{\Phi}(\underline{z}(0), \underline{x}_1) \mid_{\tau_1} \underline{\Phi}(\underline{z}(\tau_1), \underline{x}_2).$$

Auch diese Systemeigenschaft findet ihr „zeitdiskretes" Gegenstück in der Automatentheorie [WS93].

2.2.2.2 Phasenporträt, Bifurkation

Die wesentlichen Verhaltenseigenschaften eines dynamischen Systems werden durch seine erweiterte Überführungsfunktion F bestimmt. Wir beschränken uns hier auf den einfachsten Fall des zeitinvarianten Systems mit konstanter Eingabe $\underline{x} = \underline{c}$. Dann gilt mit (2.70)

$$z' = \underline{z}(t) = F(t, z, \underline{c}) = F_c(t, z), \qquad z = \underline{z}(0). \tag{2.79}$$

Im weiteren werden wir den Index c fortlassen.

Um einen Einblick in das grundsätzliche Verhalten des Zustandes z' zu erhalten, genügt es, die Menge ζ_z aller „durchlaufenen" Zustände z' bei gegebenem Anfangszustand z zu betrachten, also die als *Orbit* bezeichnete Menge

$$\zeta_z = \bigcup_{t \geq 0} \underline{z}(t) = \bigcup_{t \geq 0} F(t,z). \tag{2.80}$$

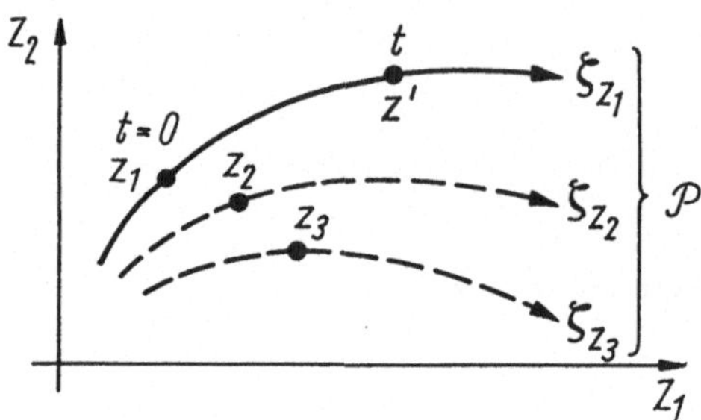

Abb. 2.29. Orbit und Zustandsporträt.

Abb. 2.29 zeigt die grafische Veranschaulichung. Verschiedene Orbits ζ_{z_1}, ζ_{z_2} ($z_1 \neq z_2$) sind disjunkt ($\zeta_{z_1} \cap \zeta_{z_2} = \emptyset$), sie können sich also nicht „kreuzen" oder „ineinanderlaufen". Das ergibt sich aus der Eigenschaft der Abbildungen $F_t = F(t,\cdot)$, die bezüglich der Komposition $\circ$ eine Gruppe bilden ($F_{t_1} \circ F_{t_2} = F_{t_1+t_2}$, F_0 neutrales Element, $F_{-t} = F_t^{-1}$ inverses Element), so daß nicht nur jedem $z \in \zeta_z$ genau ein $z' = F(t,z)$ ($t > 0$) „nachfolgen", sondern auch nur ein $z'' = F(-t,z)$ „vorangehen" kann.

Eine Gesamtheit $\mathcal{P} = \{\ \zeta_{z_1},\ \zeta_{z_2},\ldots\}$, ($z_i \in Z$) verschiedener Orbits nennt man *Zustandsporträt (Phasenporträt, Phasenfluß)* des dynamischen Systems. Dieses Porträt $\mathcal{P}$ vermittelt einen Einblick in das grundsätzliche Zustandsverhalten eines dynamischen Systems. Es gibt für die durch $z \in Z$ „laufenden" Orbits nur drei Verhaltensmöglichkeiten:

a) $F(t,z) = z$ für alle $t \in T$:

In diesem Fall reduziert sich $\zeta_z = \{z\}$ auf einen *singulären Punkt* $z \in Z$, den Fixpunkt z von $F_c(t,\cdot)$.

b) $F(t,z) = z$ für $t = n\tau$ ($n = 0,1,2,\ldots;\tau > 0$) :

Hier ist ζ_z ein *geschlossener Orbit*; jeder Zustand $z' \in \zeta_z$ wird nach einer *Periode* τ erneut angenommen.

c) Weder Fall a) noch fall b) tritt ein, d.h.

$$F(t,z) \neq z \quad \text{für alle } t \in T \quad (t \neq 0).$$

Der Zustand $z = F(0,z)$ wird für kein $t > 0$ noch einmal angenommen; ζ_z ist ein *regulärer Orbit*.

Beispiel: Wir betrachten im Raum $\mathbb{R}^2$ das durch die (vereinfachten) Zustandsgleichungen (in Polarkoordinaten $(\underline{z}_1, \underline{z}_2) = (r, \varphi)$) beschriebene System

$$
\begin{aligned}
\dot{r} &= -(a + r^2)r \qquad (a < 0) \\
\dot{\varphi} &= \omega.
\end{aligned}
\tag{2.81}
$$

Die Lösungen $\underline{z} = (r, \varphi)$ lauten

$$
\begin{aligned}
r^2(t) &= \frac{ar_0^2 e^{-2at}}{r_0^2(1 - e^{-2at}) + a} \qquad (r(0) = r_0) \\
\varphi(t) &= \omega t \qquad\qquad (\varphi(0) = \varphi_0 = 0).
\end{aligned}
\tag{2.82}
$$

Die zugehörigen Orbits $\zeta_{(r_0,0)}$ „nähern" sich spiralförmig mehr und mehr einer kreisförmigen *Grenzmenge (Grenzzyklus)* mit dem Radius $R = \sqrt{|a|}$ (Abb. 2.30a). Ist der Anfangswert $r_0 > R$, so findet eine Annäherung von außen, für $r_0 < R$ von innen statt, vorausgesetzt, für den Abbildungsparameter gilt $a < 0$. Für $a > 0$ ändert sich das Zustandsporträt $\mathcal{P}$, jetzt laufen alle Orbits (spiralförmig) auf den Ursprung $(r, \varphi) = (0,0)$ zu (Abb. 2.30b), d. h., auf eine punktförmige Grenzmenge $\{(0,0)\}$. Nur wenn der Anfangswert $(r_0, 0)$ auf dem Grenzzyklus liegt ($r_0 = \sqrt{|a|} = R$), wird der Grenzzyklus selbst zum Orbit (Orbit vom Typ b)). Für den Anfangswert $(0,0)$ gibt es nur den singulären Orbit $\zeta_{(0,0)} = \{(0,0)\}$ (Orbit vom Typ a)). Wie Abb. 2.30 zeigt, werden Orbits ζ_z, deren Startpunkte z in der Nähe der Grenzmenge (Typ a) bzw. b)) liegen, von dieser Menge „angezogen"; man nennt eine solche Grenzmenge deshalb auch *Attraktor* des Systems. $\qquad\square$

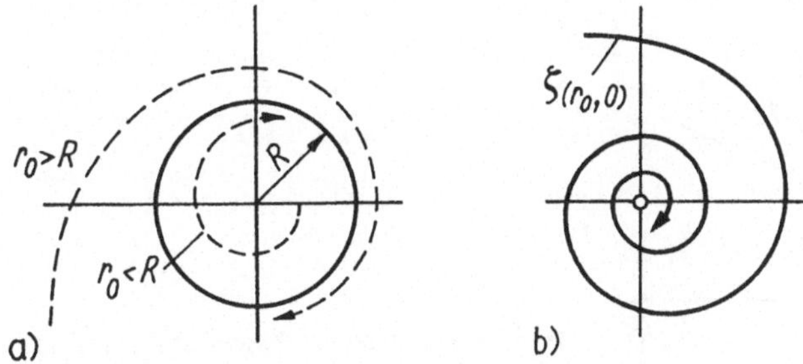

Abb. 2.30. Reguläre Orbits: a) kreisförmige Grenzmenge (Grenzzyklus)
b) punktförmige Grenzmenge (Fixpunkt).

Wir betrachten die Überführungsfunktion (2.81) nun allgemeiner als Funktion von a. Ändert sich a von negativen zu positiven Werten, so muß sich das Zustandsporträt $\mathcal{P}$ bei $a = 0$ sprunghaft ändern; es geht von dem Porträt nach Abb. 2.30a in das Porträt nach Abb. 2.30b über. Dieses Verhaltensphänomen bezeichnet man als *Bifurkation*, und a heißt auch *Bifurkationsparameter*.

2.2.2.3 Lorenz–System, Chaos

Die im betrachteten Beispiel (2.82) (System mit zweidimensionalem Zustandsraum) auftretenden Grenzmengen sind von sehr einfacher geometrischer Struktur. Es sind dies auch bereits die einzigen Typen von Grenzmengen, die im zweidimensionalen Raum $\mathbb{R}^2$ möglich sind. Aber schon im dreidimensionalen Raum $\mathbb{R}^3$ können Grenzmengen wesentlich komplizierterer geometrischer Struktur auftreten. Dabei bezeichnet man als Grenzmenge eines Punktes $z \in Z$ allgemein die Menge $\Gamma_z \subset Z$ aller Punkte $z' \in Z$, für die eine Folge mit $t_n \to \infty$ existiert, so daß $F(t_n, z) \to z'$ gilt.

Das bekannteste Beispiel für ein dynamisches System mit einer „pathologisch" kompliziert strukturierten Grenzmenge („seltsamer" Attraktor) ist das *Lorenz–System*. Mit $(\underline{z}_1, \underline{z}_2, \underline{z}_3) = (\underline{x}, \underline{y}, \underline{z})$ und $x = \underline{x}(t)$, $y = \underline{y}(t)$, $z = \underline{z}(t)$ $(x, y, z) \in \mathbb{R}^3$ ist es definiert durch

$$\begin{aligned}
\dot{x} &= -ax + ay \\
\dot{y} &= -xz + bx - y \\
\dot{z} &= xy - cz.
\end{aligned} \qquad (2.83)$$

Man kann zeigen, daß für bestimmte Werte der Parameter a, b, c „fast alle" Orbits $\zeta_{(x_0, y_0, z_0)}$ dieses Systems auf eine Grenzmenge $\Gamma \subset \mathbb{R}^3$ zulaufen, der man in sinnvoller Weise nur eine nichtganzzahlige Dimension $D(\Gamma)$ zuordnen kann. Diese *(Hausdorff–) Dimension* ist für „gewöhnliche" Grenzmengen (Attraktoren) mit dem üblichen (topologischen) Dimensionsbegriff identisch und ergibt z. B. für den Punktattraktor (Abb. 2.30a) den Wert 0, für den Ringattraktor (Abb. 2.30b) den Wert 1. Der Lorenz–Attraktor Γ hat die Dimension $D(\Gamma) \approx 2,06 \pm 0,01$ (numerisch ermittelt).

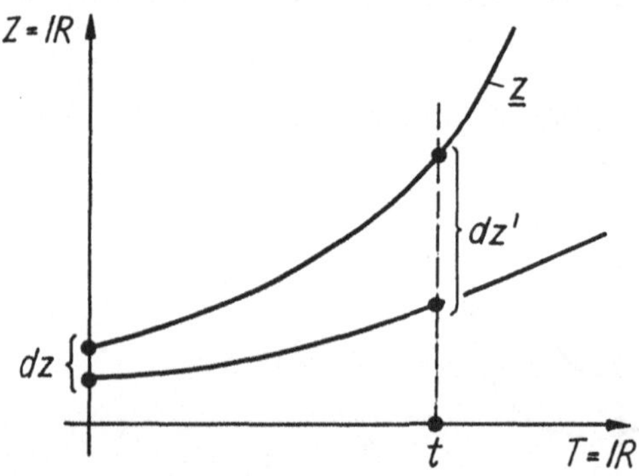

Abb. 2.31. Ljapunov–Exponent.

Das Lorenz–System (2.84) hat (für spezielle Parameter) aber noch eine weitere ungewöhnliche Eigenschaft: Seine Orbits $\zeta_{(x,y,z)}$ besitzen eine extrem starke Sensibilität gegenüber Änderungen der Startwerte (x, y, z), was dazu führt, daß zwei zunächst eng benachbarte Orbits sehr schnell auseinanderlaufen und dabei jede „Ähnlichkeit" verlieren. Ein Maß für die Intensität dieses Auseinanderlaufens ist der *Ljapunov–Exponent*, der im eindimensionalen Fall durch

$$\lambda(z) = \lim_{t \to \infty} \frac{1}{t} \ln \left| \frac{\mathrm{d}z'}{\mathrm{d}z} \right|, \qquad \frac{\mathrm{d}z'}{\mathrm{d}z} = \frac{\partial F(t, z)}{\partial z} \qquad (2.84)$$

definiert ist (Abb. 2.31). Im mehrdimensionalen Fall gilt ein entsprechend verallgemeinerter Ausdruck. Bei auseinanderdriftenden Trajektorien bzw. Orbits ist $\lambda > 0$, andernfalls gilt $\lambda < 0$. Für das Lorenz–System findet man – abhängig von dem Parametertripel (a, b, c) – Werte $\lambda > 2$.

Da realen Systemen niemals „genau bestimmbare" (exakt meßbare) Startwerte zugeordnet werden können, ist eine Vorhersage (Berechenbarkeit) des Systemverhaltens bei großer Startwertsensibilität ($\lambda > 0$) praktisch nicht möglich. Man bezeichnet ein solches irreguläres Systemverhalten deshalb auch als *chaotisch*. Bei chaotischem Verhalten verliert daher der Kausalitätsbegriff seine ursprüngliche Bedeutung.

Es gibt derzeit keine verbindliche und zwingend begründete Definition des Begriffs „Chaos", so daß man die dynamischen Systeme bzw. deren mögliche Verhaltensweisen nicht exakt in chaotische und nichtchaotische klassifizieren kann. Man muß sich deshalb auf die Angabe typischer Merkmale und Merkmalskenngrößen – von denen hier nur einige genannt wurden – beschränken [Sch88][LKP89].

2.2.3 Lösung der Zustandsgleichungen

2.2.3.1 Existenz und Eindeutigkeit
Die Lösung der Zustandsgleichungen (2.68)

$$\begin{aligned}
\underline{\dot{z}}(t) &= f(\underline{z}(t), \underline{x}(t)) \\
\underline{y}(t) &= g(\underline{z}(t), \underline{x}(t))
\end{aligned}$$

erfolgt dadurch, daß zunächst die erste Gleichung gelöst und anschließend $\underline{z}(t)$ in die zweite Gleichung eingesetzt wird. Das Hauptproblem ist dabei die Lösung des nichtlinearen Differentialgleichungssystems

$$\underline{\dot{z}}(t) = f(\underline{z}(t), \underline{x}(t)). \tag{2.85}$$

Zur Einführung in die Problematik betrachten wir ein einfaches Beispiel, bei dem wir noch annehmen wollen, daß das Differentialgleichungssystem (2.85) nur eine einzige Gleichung enthält, d. h., es ist nur eine Zustandsvariable $\underline{z}_1(t) = \underline{z}(t)$ vorhanden.

Es sei also als Beispiel die nichtlineare Differentialgleichung ($\dot{z} = \dot{z}(t)$, $z = z(t)$)

$$\dot{z} = 3\sqrt[3]{az^2} = f(z) \qquad (a > 0)$$

gegeben. ($\underline{x}$ sei ein konstantes Signal, so daß keine Abhängigkeit von $\underline{x}$ auftritt.) Die gegebene Differentialgleichung ist vom Bernoullischen Typ und kann durch den Ansatz

$$u = \sqrt[3]{z}$$

gelöst werden. Wir erhalten dann mit

$$z = u^3$$

die lineare Differentialgleichung

$$3u^2\dot{u} = 3\sqrt[3]{a}\,u^2$$

mit der Lösung

$$u(t) = \sqrt[3]{a}\,(t - c),$$

woraus sich

$$\underline{z}(t) = a(t - c)^3$$

ergibt ($c \in \mathbb{R}$ Integrationskonstante). Da außerdem noch $\underline{z}(t) = 0$ eine Lösung ist, erhalten wir eine Menge Z_L von Lösungen $\underline{z}$ (Abb. 2.32), z. B. die Lösungen

$$
\begin{aligned}
\underline{z}_I(t) &= a(t - c)^3 \qquad (c \in \mathbb{R}) \\
\underline{z}_{II}(t) &= 0 \\
\underline{z}_{III}(t) &= \begin{cases} 0 & t \le t_2 \\ a(t - t_2)^3 & t > t_2. \end{cases}
\end{aligned}
$$

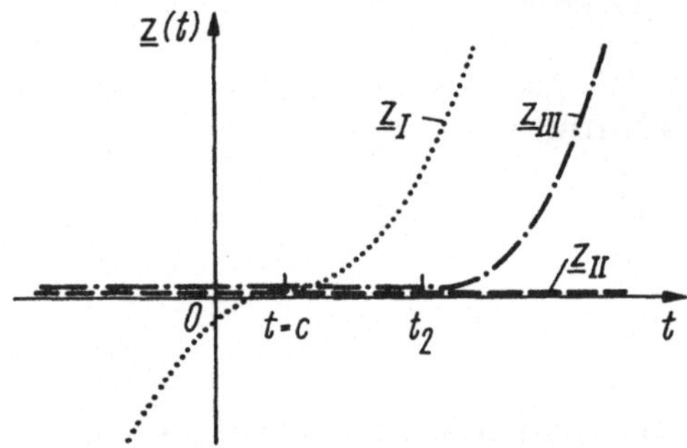

Abb. 2.32. Lösungen der Differentialgleichung (Beispiel).

Besteht für $\underline{z}$ eine Anfangsbedingung, z. B.

$$\underline{z}(t_1) = k_1 \ne 0,$$

so wird dadurch genau eine Lösung $\underline{z}$ aus der Lösungsmenge Z_L festgelegt, nämlich

$$\underline{z}(t) = a(t - c_1)^3$$

mit

$$c_1 = t_1 - \sqrt[3]{\frac{k_1}{a}}.$$

Eine andere Anfangsbedingung, z. B.

$$\underline{z}(t_2) = 0,$$

wird von vielen Lösungen erfüllt, so von

$$
\begin{aligned}
\underline{z}(t) &= a(t - t_2)^3, \\
\underline{z}(t) &= 0, \\
\underline{z}(t) &= \begin{cases} 0 & t \le t_3 \\ a(t - t_3)^3 & t > t_3 \end{cases} \qquad (t_3 > t_2).
\end{aligned}
$$

Daraus ergibt sich die Frage, unter welchen Bedingungen für die Überführungsfunktion f genau eine Lösung von

$$\underline{\dot{z}}(t) = f(\underline{z}(t), \underline{x}(t))$$

existiert. Die Lösung dieser Frage ist mit dem Existenz- und Eindeutigkeitssatz der Theorie gewöhnlicher Differentialgleichungen (vgl. [Pon65]) oder durch Rückführung auf den Fixpunktsatz (Abschnitt 1.3.2) möglich.

Nach dem genannten Satz existiert eine eindeutige, durch den Punkt (t, z) des Definitionsgebietes $D \subset T \times Z$ von $f(\cdot, \underline{x}(\cdot))$ verlaufenden Lösung $\underline{z}$, wenn $f(z, \underline{x}(t))$ und $f_z(z, \underline{x}(t))$ in D stetig sind. (f_z ist die partielle Ableitung von f nach z.)

Bei dem eben betrachteten Beispiel $f(z, \underline{x}(t)) = f(z)$ ist f_z in $z = 0$ unstetig, was zur Folge hat, daß durch den Punkt $(t, 0)$ mehrere Lösungskurven (Zustandstrajektorien) verlaufen.

Im weiteren untersuchen wir das Lösungsproblem von (2.85) mit Hilfe des Fixpunktsatzes. Hierzu betrachten wir zunächst den (mit (2.85) zusammenhängenden) Ausdruck

$$\underline{z}'(t) = (\underline{D}_0^{-1}(f(\underline{z}, \underline{x})))(t) = z_0 + \int\limits_0^t f(\underline{z}(\tau), \underline{x}(\tau)) \, d\tau, \qquad (2.86)$$

worin

$$z_0 = \underline{z}'(0) \in \mathbb{R}^n \qquad (2.87)$$

einen festen Anfangszustand bezeichnet. Außerdem sei $\underline{x}$ (der Einfachheit halber) ein festes Signal und $t \in [0, T]$. Damit wird durch (2.86) jedem gegebenen Signal $\underline{z}$ ein neues Signal $\underline{z}'$ zugeordnet, d. h., die rechte Seite von (2.86) definiert eine Abbildung

$$\underline{F} : \underline{C}[0, T] \to \underline{C}[0, T] \qquad (2.88)$$

($\underline{C}[0, T]$ ist die Menge aller im Intervall $[0, T]$ stetigen Signale), wenn wir uns auf stetige Signale $\underline{z}'$ und $\underline{x}$ beschränken und f in $Z \times X$ ebenfalls stetig ist. Für die so durch (2.86) definierte Abbildung $\underline{F}$ gilt also (bei festem $\underline{z}'(0)$ und $\underline{x}$):

$$\underline{z}' = \underline{F}(\underline{z}) \qquad (2.89)$$

bzw. anstelle von (2.86)

$$\underline{z}'(t) = (\underline{F}(\underline{z}))(t) = G(\underline{z}, t). \qquad (2.90)$$

In Abb. 2.33 ist diese Abbildung für einen zweidimensionalen Zustandsraum ($Z = \mathbb{R}^2$) anschaulich dargestellt.

Das Problem besteht nun darin, ein solches Signal $\underline{z} \in \underline{C}[0, T]$ aufzufinden, daß die Gleichung

$$\underline{z} = \underline{F}(\underline{z}) \qquad (2.91)$$

erfüllt wird, d. h., es ist aus der Menge aller im Intervall $[0, T]$ stetigen Signale das Signal $\underline{z}$ aufzufinden, das durch $\underline{F}$ auf sich selbst abgebildet wird. Der Zusammenhang dieser Aufgabe mit dem Fixpunktsatz wird sofort ersichtlich, wenn $\underline{F}$ eine kontrahierende Abbildung ist. Es gilt nämlich der folgende

Satz:

a) Es gibt genau eine Lösung von $\underline{z} = \underline{F}(\underline{z})$, falls $\underline{F}$ den Bedingungen des Fixpunktsatzes genügt (wenn $\underline{F}$ eine Kontraktion ist).

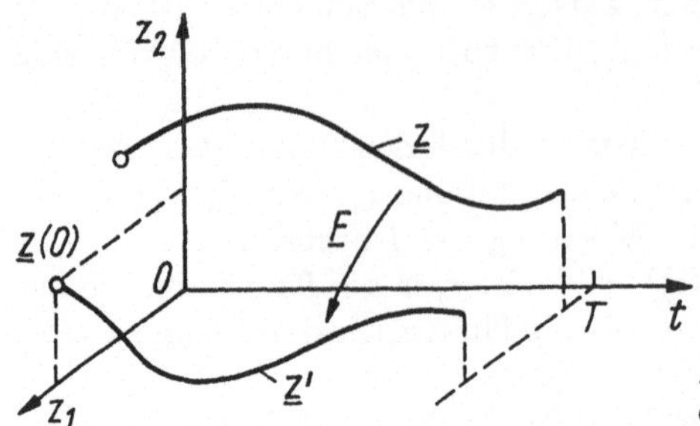

Abb. 2.33. Veranschaulichung der Abbildung $\underline{F}$.

b) Die Lösung $\underline{z}$ genügt der Anfangsbedingung

$$\underline{z}(0) = z_0 \qquad (z_0 \in \mathbb{R}^n).$$

c) Ist $\underline{z}_0$ ein beliebiges Signal aus $\underline{C}[0, T]$, so gilt mit

$$\underline{z}_1 = \underline{F}(\underline{z}_0), \qquad \underline{z}_2 = \underline{F}(\underline{z}_1), \qquad \ldots, \qquad \underline{z}_{i+1} = \underline{F}(\underline{z}_i) \tag{2.92}$$

die Gleichung

$$\underline{z}_i(0) = \underline{z}(0) = z_0 \qquad (i = 1, 2, 3, \ldots), \tag{2.93}$$

und es existiert der Grenzwert

$$\lim_{i \to \infty} \underline{z}_i = \underline{z} \tag{2.94}$$

(vgl. auch Abb. 2.34).

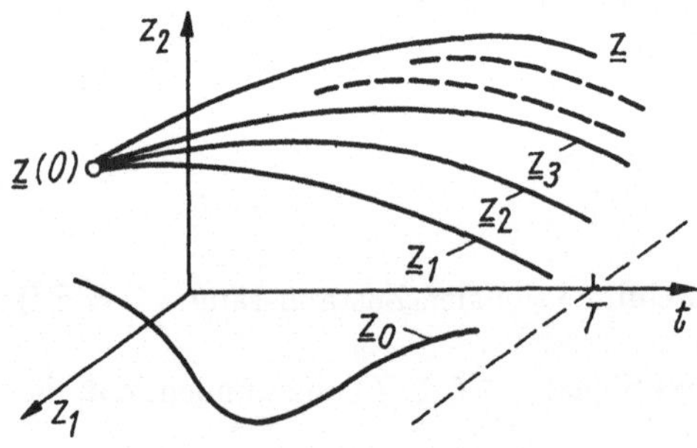

Abb. 2.34. Zur Anwendung des Fixpunktsatzes.

d) Jede Lösung von

$$\dot{\underline{z}}(t) = f(\underline{z}(t), \underline{x}(t))$$

mit der Anfangsbedingung $\underline{z}(0) = z_0$ ist auch Lösung von

$$\underline{z}(t) = (\underline{F}(\underline{z}))(t) = z_0 + \int_0^t f(\underline{z}(\tau), \underline{x}(\tau))\, \mathrm{d}\tau$$

und umgekehrt.

2.2.3.2 Iterationslösung

Nach den bisherigen Ausführungen kann die Lösung des nichtlinearen Differentialgleichungssystems

$$\dot{\underline{z}}(t) = f(\underline{z}(t), \underline{x}(t))$$

auf zweierlei Wegen erfolgen:

a) In einfachen Sonderfällen (z. B. wenn nur eine Zustandsvariable auftritt) verfährt man nach den Methoden der Analysis, indem man versucht, die gegebenen Differentialgleichungen auf bestimmte Standardtypen zurückzuführen, für die Lösungsmethoden bekannt sind.

b) In allgemeineren Fällen kann man versuchen, mit Hilfe des Fixpunktsatzes nach dem oben beschriebenen Verfahren eine Lösung zu finden. Ausgangspunkt ist die Gleichung

$$\underline{z}'(t) = z_0 + \int\limits_0^t f(\underline{z}(\tau), \underline{x}(\tau))\,\mathrm{d}\tau = (\underline{F}(\underline{z}))(t),$$

in die wir den gegebenen Anfangszustand z_0, die gegebene Eingabe $\underline{x}$ und ein beliebiges „Startsignal" $\underline{z}_0$ einsetzen. Dann erhalten wir

$$\underline{z}_1(t) = z_0 + \int\limits_0^t f(\underline{z}_0(\tau), \underline{x}(\tau))\,\mathrm{d}\tau = (\underline{F}(\underline{z}_0))(t).$$

Das so erhaltene Signal $\underline{z}_1$ erfüllt bereits die Anfangsbedingung und wird wieder in die Ausgangsgleichung eingesetzt. Auf diese Weise erhält man

$$\underline{z}_2(t) = z_0 + \int\limits_0^t f(\underline{z}_1(\tau), \underline{x}(\tau))\,\mathrm{d}\tau = (\underline{F}(\underline{z}_1))(t)$$

usw. Das Verfahren wird so lange fortgesetzt, bis im betrachteten Zeitintervall die Signalwerte $\underline{z}(t)$ und $(\underline{F}(\underline{z}))(t)$ mit hinreichender Genauigkeit übereinstimmen.

Am Beispiel der anfangs betrachteten Differentialgleichung

$$\dot{z} = 3\sqrt[3]{az^2} = f(z) \qquad (a > 0) \tag{2.95}$$

soll nun noch die Iterationslösung mit $z_0 = 0$ demonstriert werden. Wir prüfen zunächst, unter welchen Bedingungen die durch (2.95) definierte Abbildung $\underline{F}$ eine Kontraktion bestimmt. Es ist wegen $z_0 = 0$

$$\underline{z}'(t) = (\underline{F}(\underline{z}))(t) = 3a^{1/3} \int\limits_0^t (\underline{z}(\tau))^{2/3}\,\mathrm{d}\tau$$

und somit für $0 \leq t \leq T$

$$|z_1'(t) - z_2'(t)| \ \leq \ 3a^{1/3} \int\limits_0^t |(z_1(\tau))^{2/3} - (z_2(\tau))^{2/3}| \, d\tau$$

$$\leq \ 3a^{1/3} \int\limits_0^T \sup_{0 \leq \tau \leq T} |(z_1(\tau))^{2/3} - (z_2(\tau))^{2/3}| \, d\tau$$

$$= \ 3a^{1/3}T \sup_{0 \leq \tau \leq T} |(z_1(\tau))^{2/3} - (z_2(\tau))^{2/3}|.$$

Folglich gilt auch

$$\sup_{0 \leq t \leq T} |(z_1'(t))^{2/3} - (z_2'(t))^{2/3}| \leq 3a^{1/3}T \sup_{0 \leq \tau \leq T} |(z_1(\tau))^{2/3} - (z_2(\tau))^{2/3}|.$$

Werden nur Signale z mit $|z(t)| \geq z_0 > 0$ für alle $t \in (0,T]$ zugelassen, so gilt wegen

$$\left| \frac{z_1^{2/3} - z_2^{2/3}}{z_1 - z_2} \right| \leq \left| \frac{d}{dz} z^{2/3} \right|_{Min(z_1,z_2)} = \left| \frac{2}{3} z_*^{-(1/3)} \right|_{z_* = Min(z_1,z_2)}$$

und

$$\sup_{0 \leq \tau \leq T} |(z_1(\tau))^{2/3} - (z_2(\tau))^{2/3}| = \sup_{0 \leq \tau \leq T} \left| \frac{(z_1(\tau))^{2/3} - (z_2(\tau))^{2/3}}{z_1(\tau) - z_2(\tau)} \right| |z_1(\tau) - z_2(\tau)|$$

$$\leq \ \sup_{0 \leq \tau \leq T} \left| Max\left(\frac{2}{3}|(z_1(\tau))^{-1/3}|, \frac{2}{3}|(z_2(\tau))^{-1/3}| \right) \right| |z_1(\tau) - z_2(\tau)|$$

$$\leq \ \frac{2}{3} z_0^{-1/3} \sup_{0 \leq \tau \leq T} |z_1(\tau) - z_2(\tau)|$$

und mit (1.155)

$$\|F(z_1) - F(z_2)\| \leq 2T \left(\frac{a}{z_0} \right)^{1/3} \|z_1 - z_2\| = m\|z_1 - z_2\| \qquad (m < 1)$$

für hinreichend kleines T.

Beginnen wir nun die Iteration mit

$$z_0(t) = t,$$

so erhalten wir

$$z_1(t) \ = \ \int\limits_0^t 3\sqrt[3]{a\tau^2} \, d\tau = \frac{9}{5} a^{1/3} t^{5/3} \approx 1,8 a^{0,333} t^{1,667}$$

$$z_2(t) \ = \ \int\limits_0^t 3\sqrt[3]{a\frac{81}{25} a^{2/3} \tau^{10/3}} \, d\tau \approx 2,103 a^{0,555} t^{2,111}$$

usw. Nach dem zehnten Iterationsschritt ergibt sich

$$\underline{z}_{10}(t) \approx 1,133a^{0,983}t^{2,965}$$

und nach dem zwanzigsten Iterationsschritt

$$\underline{z}_{20}(t) \approx 1,004a^{0,999}t^{2,999}.$$

Dieses Ergebnis stimmt bereits recht gut mit der exakten Lösung

$$\underline{z}(t) = at^3$$

überein.

2.2.3.3 Numerische Integration

In diesem Abschnitt wollen wir weitere (allgemeine) Methoden zur numerischen Lösung des nichtlinearen Differentialgleichungssystems

$$\underline{\dot{z}}(t) = f(\underline{z}(t), \underline{x}(t))$$

mit dem Anfangswert $\underline{z}(t_0) = z_0$ angeben. Sie beruhen auf der Diskretisierung der Zeitskala T und der lokalen Approximation der Lösungsfunktion $\underline{z}$ an den Stützstellen durch spezielle Funktionen. Im folgenden werden einige für das Verständnis notwendige Grundbegriffe eingeführt und die prinzipielle Vorgehensweise anhand zweier ausgewählter einfacher Verfahren demonstriert.

Der Definitionsbereich $T \subset \mathbb{R}$ der Zeitfunktionen $\underline{x}, \underline{y}$ und $\underline{z}$ wird durch eine Menge T_N von diskreten Stützstellen ersetzt. Der Einfachheit halber betrachten wir zunächst die Menge

$$T_N = \{t_j \in T \mid t_{j+1} = t_j + h, \ j = 0, 1, 2, \ldots, N; \ h \in \mathbb{R}\} \qquad (2.96)$$

äquidistanter diskreter Stützstellen t_j. Das Symbol h bezeichnet die Schrittweite. Das *Diskretisierungsverfahren*, im Zusammenhang mit der Lösung von Differentialgleichungen auch *numerisches Integrationsverfahren* genannt, berechnet, ausgehend vom Anfangswert $\underline{z}(t_0) = z_0$, zwei Folgen

$$(z_j)_{j \in \underline{N}} \qquad \text{und} \qquad (\dot{z}_j)_{j \in \underline{N}} \qquad (\underline{N} = \{1, 2, \ldots, N\}), \qquad (2.97)$$

deren Elemente z_j bzw. $\dot{z}_j$ Näherungswerte für die gesuchten Funktionswerte liefern, die die exakte Lösung $\underline{z}$ bzw. deren Ableitung $\underline{\dot{z}}$ an den Stützstellen t_j annehmen (vgl. [EMR77]):

$$\underline{z}(t_j) \approx z_j \qquad \text{bzw.} \qquad \underline{\dot{z}}(t_j) \approx \dot{z}_j.$$

Die Differenz

$$e(t_j, h) = z_j - \underline{z}(t_j) \qquad (2.98)$$

bezeichnet den *globalen Diskretisierungsfehler*. Ein Integrationsverfahren heißt konvergent, wenn

$$\lim_{h \to 0, N \to \infty} \text{Max}_{j \in \underline{N}} \|e(t_j, h)\| = 0 \qquad (2.99)$$

gilt. Dabei bezeichnet $\|\ldots\|$ wiederum eine der im Abschnitt 1.3.1.1 angegebenen Normen, z. B. N_E.

Unter der Voraussetzung, daß $\underline{z}$ hinreichend glatt ist, kann man für $h \to 0$ das asymptotische Verhalten des Diskretisierungsfehlers ableiten (vgl. [BD72]):

$$\|e(t_j, h)\| \leq K h^p \qquad (K \in \mathbb{R}^+, p \in \mathbb{N}). \tag{2.100}$$

K bezeichnet eine positive Konstante, die nicht nur vom Diskretisierungsverfahren, sondern auch noch von der zu integrierenden Differentialgleichung abhängt, und p die *Ordnung des Integrationsverfahrens*. Wie man aus (2.100) abliest, ist die Größe der Ordnung ein Maß für die Genauigkeit, mit der die Näherungswerte z_j (für $h \to 0$) ermittelt werden können. Der Diskretisierungsfehler ist ein reiner Verfahrensfehler und hat nichts mit dem Rundungsfehler zu tun, der infolge des Rechnens mit Zahlen entsteht, die eine endliche Mantissenlänge besitzen.

Ohne Kenntnis der exakten Lösung $\underline{z}$ lassen sich für den globalen Diskretisierungsfehler nur gewisse Schranken angeben, deren Berechnung sehr aufwendig ist. Deshalb wird bei der numerischen Integration zur Fehlerabschätzung auf den nur vom Verfahren abhängigen *lokalen Diskretisierungsfehler* zurückgegriffen (vgl. [EMR77], [BD72]).

Da die Konvergenzaussagen (2.99) und (2.100) nur für $h \to 0$ zutreffen, sind für die Anwendungen noch weitere Aussagen über die Eigenschaften eines Integrationsverfahrens für $h > 0$ notwendig, um mit möglichst wenigen Stützstellen die gesuchte Funktion $\underline{z}$ im interessierenden Intervall (das in der Regel eine echte Teilmenge von T ist) so genau wie nötig berechnen zu können. Die meisten bekannten Verfahren lassen aber eine Vergrößerung der Schrittweite h über einen bestimmten, vom zu integrierenden Differentialgleichungssystem abhängigen Wert h_g nicht zu. Die Ausführung weniger Integrationsschritte mit $h > h_g$ hat zur Folge, daß die Norm von $\underline{z}_j$ sehr stark anwächst. Die Ursache dafür ist eine rapide Vergrößerung des Diskretisierungsfehlers, der für $h > h_g$ nicht mehr der Bedingung (2.100) genügt. Einen solchen Effekt bezeichnet man als *numerische Instabilität*.

Zur Charakterisierung eines Diskretisierungsverfahrens gehört demzufolge noch die Angabe seines *Stabilitätsbereichs* D, der mangels besserer Kriterien nur für lineare Differentialgleichungssysteme folgendermaßen definiert ist:

Die Menge D der komplexen Werte $h\lambda$, für die das numerische Integrationsverfahren eine abklingende Lösungsfolge $(z_j)_{j \in \underline{N}}$ der linearen Testdifferentialgleichung

$$\underline{\dot{z}}(t) = \lambda\underline{z}(t) \qquad (\lambda \in \mathbb{C},\ \mathrm{Re}(\lambda) > 0,\ \underline{z}(t_0) = z_0)$$

erzeugt, heißt Stabilitätsbereich des Verfahrens.

Aus dieser Definition folgt, daß bei Anwendung des Verfahrens auf ein lineares Differentialgleichungssystem mit abklingenden Lösungen in der Regel der Eigenwert λ_{max} mit dem maximalen Betrag die Grenzschrittweite h_g festlegt. Detaillierte Ausführungen dazu sind in [EMR77], [BD72] und in der dort zitierten Fachliteratur zu finden.

Für nichtlineare Differentialgleichungen gibt es noch kein allgemeingültiges Stabilitätskriterium. Man betrachtet deshalb ersatzweise die Eigenwerte der Jacobi–Matrizen und hofft, daß der Stabilitätsbereich D noch sinnvolle Aussagen zur Schrittweitenwahl bzw. -begrenzung liefert. Die Ergebnisse aus der Praxis rechtfertigen diese Vorgehensweise. Die Diskretisierung (2.96) ist also so zu wählen, daß sowohl die aus dem lokalen

Diskretisierungsfehler sich ergebenden Genauigkeitsforderungen als auch die Bedingung $h \in D$ erfüllt sind.

Leistungsfähige Integrationsverfahren enthalten eine automatische Schrittweiten- und Ordnungssteuerung, die in Abhängigkeit von einer vorgegebenen Fehlerschranke stets den maximal möglichen, dem aktuellen Lösungsverlauf angepaßten Wert für die Schrittweite h verwenden. Die Diskretisierung der Zeitskala wird während der Rechnung festgelegt und führt auf nichtäquidistante Stützstellen t_j. Die Eigenschaften und den Anwendungsbereich solcher Verfahren kennenzulernen erfordert das Studium der Fachliteratur (z. B. [EMR77], [BD72]) und liegt außerhalb des Anliegens dieses Lehrbuchs.

Wir wollen im weiteren zwei einfache Integrationsverfahren angeben, die zugleich stellvertretend für zwei wichtige Klassen von Verfahren betrachtet werden können.

Explizites Euler–Verfahren: Die Integrationsformel lautet

$$z_{j+1} = z_j + h\dot{z}_j. \tag{2.101}$$

Durch Einsetzen des Differentialgleichungssystems

$$\dot{z}(t) = f(\underline{z}(t), \underline{x}(t))$$

in (2.101) erhält man die Rechenvorschrift

$$z_{j+1} = z_j + hf(z_j, x_j) \qquad (j = 0, 1, 2, \ldots, N), \tag{2.102}$$

mit der, ausgehend von Anfangswert $\underline{z}(t_0) = z_0$, die Folge $(z_j)_{j \in \underline{N}}$ rekursiv ermittelt werden kann. Die Ordnung des Verfahrens ist $p = 1$ und sein Stabilitätsbereich

$$D_{EE} = \{ h\lambda \, | \, |1 + h\lambda| < 1 \} \subset \mathbb{C}.$$

Das explizite Euler–Verfahren besitzt, wie alle zur Klasse der expliziten Integrationsverfahren gehörenden Diskretisierungsverfahren, eine relativ einfache Rechenvorschrift (nur Funktionsauswertungen) und einen beschränkten Stabilitätsbereich. Bei der Lösung von Differentialgleichungssystemen mit stark unterschiedlichen Eigenwerten erfordert die letztgenannte Eigenschaft eine hohe Anzahl von Integrationsschritten, um den gesamten Funktionsverlauf $\underline{z}$ zu berechnen, denn die Länge des Integrationsintervalls wird durch den betragsmäßig kleinsten Eigenwert λ_{min} des Differentialgleichungssystems festgelegt.

Beispielsweise führen die dynamischen Modelle praktisch interessanter elektrischer Netzwerke auf Eigenwertverhältnisse $|\lambda_{max}|/|\lambda_{min}|$ von 10^5 bis 10^{10}. Solche als steif bezeichnete Differentialgleichungssysteme sind mit einem expliziten Verfahren praktisch nicht integrierbar, weil die erforderliche große Anzahl von Integrationsschritten einerseits zu aufwendig ist und andererseits wegen des Rechnens mit beschränkter Mantissenlänge der Computerzahlen die vielen Rechenoperationen zu einer unzulässigen Verfälschung der Ergebnisse durch „Auflaufen" von Rundungsfehlern führen (vgl. das folgende Beispiel in Abb. 2.35).

Implizites Euler–Verfahren: Die Integrationsformel lautet in diesem Fall

$$z_{j+1} = z_j + h\dot{z}_{j+1}. \tag{2.103}$$

Das Einsetzen des Differentialgleichungssystems in (2.103) führt auf das nichtlineare Gleichungssystem

$$z_{j+1} = z_j + hf(z_{j+1}, x_{j+1}) \qquad (j = 0, 1, 2, \ldots, N). \tag{2.104}$$

Ausgehend vom Anfangswert $\underline{z}(t_0) = z_0$, kann durch wiederholte Lösung von (2.104) mit einem geeigneten Iterationsverfahren (vgl. Abschnitt 2.1.3) die Folge $(z_j)_{j \in \underline{N}}$ ermittelt werden. Das implizite Euler-Verfahren besitzt ebenfalls die Ordnung $p = 1$. Sein Stabilitätsbereich

$$D_{IE} = \{h\lambda \,|\, 1/|1 + h\lambda| < 1\} \subset \mathbb{C}.$$

enthält aber im Gegensatz zu (2.102) die gesamte linke Halbebene der Gaußschen Zahlenebene.

Diese Eigenschaft gestattet die Wahl der Schrittweite allein in Abhängigkeit von der durch den lokalen Diskretisierungsfehler kontrollierten Genauigkeitsforderung und ist demzufolge Voraussetzung für die Integration mit variabler, dem Lösungsverlauf angepaßter Schrittweite.

Gerade zur Lösung steifer Differentialgleichungssysteme sind Verfahren mit in der linken Halbebene unbeschränktem bzw. sehr großem Stabilitätsbereich geeignet, weil nach Abklingen der schnellen Vorgänge im Funktionsverlauf von $\underline{z}$ die Schrittweite um Größenordnungen erhöht werden kann. Dieser Vorteil muß durch einen größeren Rechenaufwand zur Lösung des nichtlinearen Gleichungssystems in jedem Integrationsschritt erkauft werden.

Zur Lösung von (2.104) bietet sich zunächst wegen der Form der vorliegenden Gleichung die gewöhnliche Iteration an. Die rechte Seite von (2.104) stellt aber nur dann eine kontrahierende Abbildung dar, wenn h hinreichend klein ist. Man erhält somit Schrittweiten, die etwa h_g der expliziten Verfahren entsprechen. Die Konvergenzforderung des Iterationsverfahrens beschränkt damit den Wert für h, so daß die Vorteile des impliziten Integrationsverfahrens nicht zum Tragen kommen.

Verwendet man dagegen das Newton–Verfahren zur Lösung der algebraischen Gleichungssysteme, so kann die Schrittweite im allgemeinen durch das Integrationsverfahren festgelegt werden. Wie die Anwendungen zeigen, muß nur in Ausnahmefällen eine Schrittweitenreduktion wegen Nichtkonvergenz des Newton–Verfahrens erfolgen. Die Iterationsvorschrift lautet in diesem Fall

$$z_{j+1,k+1} = z_{j+1,k} - \Delta z_{j+1,k} \qquad (k = 0, 1, 2, \ldots) \tag{2.105}$$

mit

$$(E - h\partial_1 f(z_{j+1,k}, x_{j+1}))\Delta z_{j+1,k} = z_{j+1,k} - z_{j,k} - hf(z_{j+1,k}, x_{j+1}),$$

wobei j den Zeitschritt, k den Iterationsschritt und $\partial_1 f(\ldots)$ die Jacobi-Matrix der Funktion f bezüglich ihres ersten Arguments bezeichnen. Als Startwert $z_{j+1,0}$ wird entweder die Lösung zum vorhergehenden Zeitpunkt t_j verwendet oder ein Schätzwert für den aktuellen Zeitpunkt t_{j+1}, der beispielsweise mit einer expliziten Integrationsformel berechnet wird (vgl. [EMR77], [BD72]).

Nur die wenigsten Diskretisierungsverfahren, die zur Klasse der impliziten Integrationsverfahren gehören, besitzen einen in der linken Halbebene unbeschränkten Stabilitätsbereich. In den meisten Fällen ist er auch hier beschränkt, aber oftmals doch noch wesentlich größer als bei den expliziten Verfahren.

Bemerkung: Analog zu den statischen Systemen (vgl. Abschnitt 2.1.3.1) führt in einigen Fällen die Beschreibung nichtlinearer dynamischer Systeme nicht unmittelbar auf explizite Differentialgleichungssysteme, wie sie die Zustandsgleichungen darstellen, sondern auf ein sogenanntes Algebrodifferentialgleichungssystem (ADGS) der Form

$$ F(\underline{v}(t), \underline{\dot{v}}(t), t) = 0 \qquad (F : \mathbb{R}^q \times \mathbb{R}^q \times T \to \mathbb{R}^q) $$

mit $q \geq n$. Dieses ADGS läßt sich mit impliziten Diskretisierungsverfahren direkt integrieren. Verfahren auf dieser Basis, die darüber hinaus die Elemente der Jacobi–Matrix mit Hilfe der symbolischen Differentiation berechnen und bei der Lösung der linearen Gleichungssysteme die in der Regel vorhandene schwache Besetztheit der Jacobi–Matrix ausnutzen, ermöglichen die numerische Integration von Differentialgleichungssystemen mit etwa 1000 Gleichungen in praktikablen Rechenzeiten.

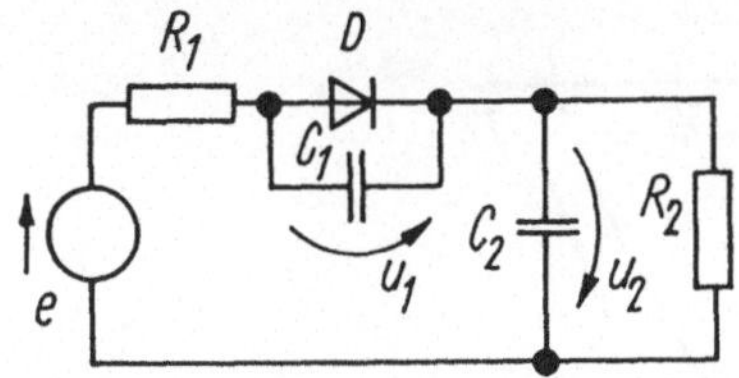

Abb. 2.35. Gleichrichterschaltung.

Beispiel: Für das in Abb. 2.35 angegebene Netzwerk sollen die Spannungen u_1 und u_2 im Intervall $T_1 = [0, 20] \subset T$, für $u_1(0) = u_2(0) = 0$ berechnet werden, wobei die Diodenkennlinie durch die Gleichung

$$ i_D = I_0 \left(\exp \frac{u_D}{u_T} - 1 \right) $$

beschrieben wird und das Eingangssignal e den sinusförmigen Verlauf

$$ e(t) = E \sin \omega t $$

aufweist. Die Zustandsbeschreibung mit den Zustandsvariablen u_1 und u_2 führt auf das Differentialgleichungssystem

$$ \dot{u}_1 = \frac{1}{R_1 C_1} \left(e - u_1 - u_2 - R_1 I_0 \left(\exp \frac{u_1}{u_T} - 1 \right) \right) = f_1(u_1, u_2, e) $$

$$ \dot{u}_2 = \frac{1}{R_1 C_2} (e - u_1 - u_2) - \frac{u_2}{R_2 C_2} = f_2(u_1, u_2, e). $$

Mit den (normierten) Werten $R_1 = 0,001$, $R_2 = 0,1$, $C_1 = 8 \cdot 10^{-5}$, $C_2 = 100$, $I_0 = 10^{-6}$, $u_T = 0,04$, $E = 10$ und $\omega = 0,1\pi$ folgt daraus

$$\dot{u}_1(t) = 1,25 \cdot 10^7 (e(t) - u_1(t) - u_2(t) - 10^{-9}(\exp(25u_1(t)) - 1))$$

$$\dot{u}_2(t) = 10(e(t) - u_1(t)) - 10,1u_2(t).$$

Auf Grund der sehr verschiedenen Kapazitätswerte (C_1 stellt die Kapazität des pn-Übergangs der Diode D dar, und C_2 ist die Kapazität des Ladekondensators) ergeben sich sehr unterschiedliche Eigenwerte der Jacobi–Matrix des Differentialgleichungssystems. Im Fall $u_1(t) < 0$ (Diode gesperrt, $i_D(t) \approx 0$) erhält man $\lambda_1 \approx -1,25 \cdot 10^7$ und $\lambda_2 \approx -0,1$.

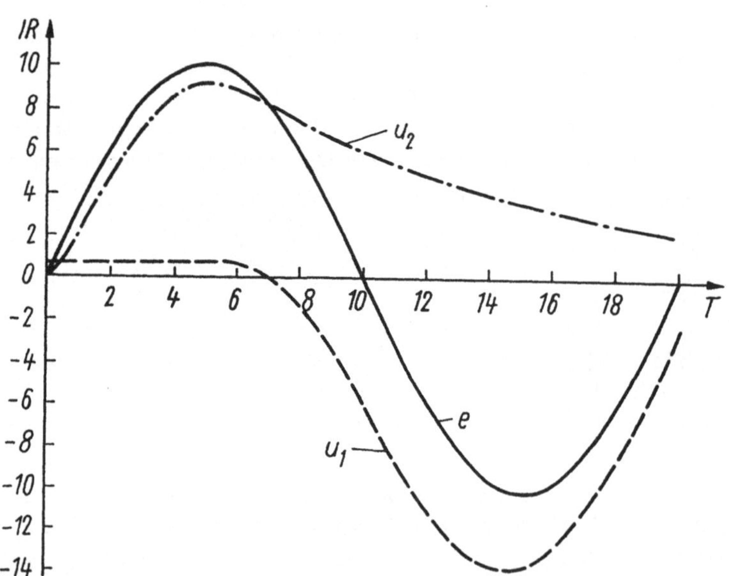

Abb. 2.36. Signalverläufe von e, u_1 und u_2 im Intervall T_1.

Infolge des Stromflusses durch die Diode verändern sich die Eigenwerte. Für die zum maximalen Diodenstrom $i_D(t) \approx 318$ im Netzwerk der Gleichrichterschaltung gehörende Spannung $u_1(t) \approx 0,783$ ergeben sich die Werte $\lambda_1 \approx -3,3 \cdot 10^8$ und $\lambda_2 \approx -3$.

Bei der Verwendung des expliziten Euler–Verfahrens zur numerischen Integration folgt für negativ reelle Eigenwerte aus dem Stabilitätsbereich D_{EE}

$$|1 + h\lambda| < 1 \Leftrightarrow 0 < h < -2/\lambda.$$

Da die letzte Bedingung für alle Eigenwerte gelten muß, legt schließlich $\lambda_{max} = \lambda_1 \approx -3,3 \cdot 10^8$ die maximale Schrittweite h_g fest:

$$0 < h < h_g = -2/\lambda_{max} \approx 6,06 \cdot 10^{-9}.$$

Die Berechnung der Lösungsfunktionen u_1 und u_2 im Intervall T_1 mit dem expliziten Euler–Verfahren erfordert demzufolge mindestens $3,3\cdot 10^9$ Integrationsschritte, was mit einer relativ hohen Rechenzeit verbunden ist. Diese Diskussion zeigt deutlich, daß explizite Integrationsverfahren zur Lösung steifer Differentialgleichungssysteme ungeeignet sind.

Bei der Verwendung des impliziten Euler–Verfahrens wird die Schrittweite durch den Stabilitätsbereich D_{IE} nicht begrenzt. Die numerische Integration mit einem solchen Verfahren, das zusätzlich eine automatische Schrittweitensteuerung gestattet, benötigt 191 Schritte im Intervall T_1, wenn als maximaler relativer lokaler Diskretisierungsfehler 10^{-3} vorgegeben wird. Die berechneten Signalverläufe sind im Abb. 2.36 angegeben.

$\square$

2.2.4 Aufgaben zum Abschnitt 2.2

2.2-1 Für das in Abb. 2.2-1 dargestellte dynamische System ist das Zustandsgleichungssystem anzugeben!

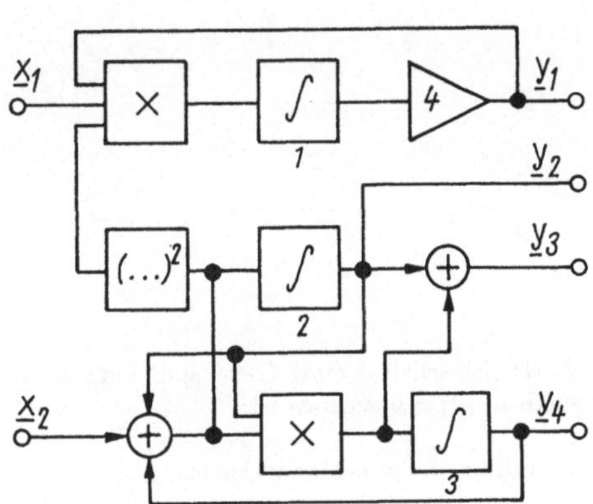

Abb. 2.2-1 .

2.2-2 Gegeben ist ein elektrisches Netzwerk (Abb. 2.2-2) mit den in der folgenden Tabelle aufgeführten Schaltelementen:

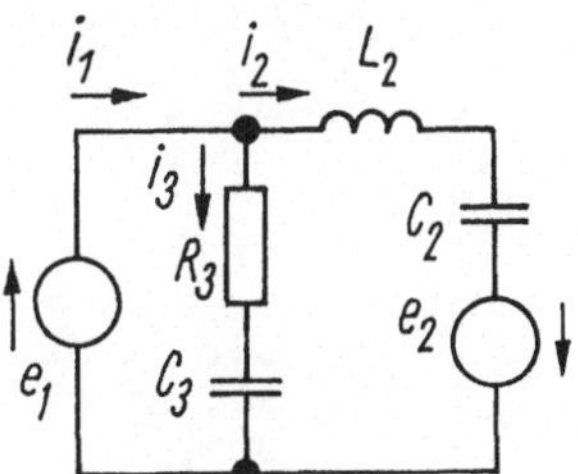

Abb. 2.2-2 .

e_1, e_2 Spannungsquellen,

L_2 lineare Induktivität mit $i_{L_2} = \alpha \Phi_2$ $(\alpha > 0)$,

C_2 nichtlineare Kapazität mit $u_{C_2} = \beta Q_2^3$ $(\beta > 0)$,

C_3 lineare Kapazität mit $u_{C_3} = \gamma Q_3$ $(\gamma > 0)$,

R_3 nichtlinearer Widerstand mit $i_{R_3} = \delta u_{R_3}^5$ $(\delta > 0)$.

a) Man stelle die Zustandsgleichungen in der Form

$$\dot{\Phi}_2 = f_1(\Phi_2, Q_2, Q_3, e_1, e_2)$$
$$\dot{Q}_2 = f_2(\Phi_2, Q_2, Q_3, e_1, e_2)$$
$$\dot{Q}_3 = f_3(\Phi_2, Q_2, Q_3, e_1, e_2)$$
$$i_1 = g_1(\Phi_2, Q_2, Q_3, e_1, e_2)$$
$$u_{L_2} = g_2(\Phi_2, Q_2, Q_3, e_1, e_2)$$

auf!

b) Man gebe eine Realisierung (Blockschaltbild) des dynamischen Systems an!

2.2-3 Die in Abb. 2.2-3 dargestellte Schaltung enthält einen nichtlinearen Widerstand R, für den $i_R = \alpha u_R^3$ gilt $(\alpha > 0)$.

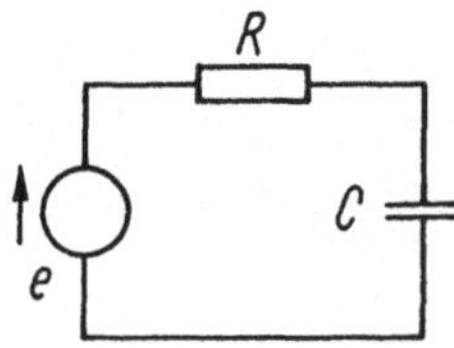

Abb. 2.2-3 .

a) Man stelle die Zustandsgleichungen

$$\dot{u}_C = f(u_C, e)$$
$$i_R = g(u_C, e)$$

auf!

b) Man löse die Zustandsgleichungen für $e(t) = Es(t)$ (Einschalten einer Gleichspannung E im Zeitpunkt $t = 0$), wenn der Anfangszustand durch $u_C(0) = 0$ gegeben ist!

2.2-4 Für die Schaltung Abb. 2.2-3 (vgl. Aufgabe 2.2-3) ergibt sich die Zustandsgleichung

$$\dot{u}_C = \frac{\alpha}{C}(e - u_C)^2 = f(u_C, e).$$

Man löse diese Gleichung für $e(t) = Es(t)$ (Einschalten einer Gleichspannung E im Zeitpunkt $t = 0$) für den Anfangszustand $u_C(0) = 0$ durch Iteration, beginnend mit $u_{C0}(t) = 0$, und vergleiche die Lösung mit der exakten Lösung von Aufgabe 2.2-3b! (Hinweis: Man führe drei Iterationsschritte aus!).

3 Lineare zeitkontinuierliche Systeme

3.1 Zustandsdarstellung

3.1.1 Systembeschreibung

3.1.1.1 Zustandsgleichungen

Die Lösung der Zustandsgleichungen vereinfacht sich erheblich, wenn wir zu linearen Systemen übergehen. In diesem Fall sind die Überführungsfunktion f und die Ergebnisfunktion g lineare Abbildungen. Wir setzen also nun voraus, daß die Alphabete X (Eingabealphabet), Y (Ausgabealphabet) und Z (Zustandsalphabet) lineare Räume mit dem Körper der reellen Zahlen als Operatorbereich (vgl. [WS93], Abschnitt 3.1.1) und den Elementen

$$
\begin{aligned}
x &= (x_1, x_2, \ldots, x_q) &&= (\underline{x}_1(t), \underline{x}_2(t), \ldots, \underline{x}_q(t)) &&\in X \\
y &= (y_1, y_2, \ldots, y_m) &&= (\underline{y}_1(t), \underline{y}_2(t), \ldots, \underline{y}_m(t)) &&\in Y \\
z &= (z_1, z_2, \ldots, z_n) &&= (\underline{z}_1(t), \underline{z}_2(t), \ldots, \underline{z}_n(t)) &&\in Z
\end{aligned}
\tag{3.1}
$$

bilden.

Im Fall linearer Abbildungen f und g können die Zustandsgleichungen (2.61-a), (2.61-b)

$$
\begin{aligned}
\dot{z}_\mu &= f_\mu(z, x) &&(\mu = 1, 2, \ldots, n) \\
y_\nu &= g_\nu(z, x) &&(\nu = 1, 2, \ldots, m)
\end{aligned}
\tag{3.2}
$$

auf die folgende Form gebracht werden (vgl. [WS93], Abschnitt 3.2.1):

$$
\begin{aligned}
\dot{z}_\mu &= f_\mu(z_1, \ldots, z_n; x_1, \ldots, x_q) = \sum_{i=1}^{n} \alpha_{\mu i} z_i + \sum_{i=1}^{q} \beta_{\mu i} x_i \\
y_\nu &= g_\nu(z_1, \ldots, z_n; x_1, \ldots, x_q) = \sum_{i=1}^{n} \gamma_{\nu i} z_i + \sum_{i=1}^{q} \delta_{\nu i} x_i
\end{aligned}
\tag{3.3}
$$

$$
(\mu = 1, 2, \ldots, n; \quad \nu = 1, 2, \ldots, m).
$$

In diesen Gleichungen sind die Koeffizienten $\alpha_{\mu i}$, $\beta_{\mu i}$, $\gamma_{\nu i}$ und $\delta_{\nu i}$ reelle Zahlen.

Die insgesamt $m + n$ Gleichungen (3.3) lassen sich kürzer in Matrizenschreibweise darstellen. Man erhält dann die *Zustandsgleichungen des linearen Systems*

$$\boxed{\begin{aligned} \dot{\underline{z}}(t) &= A\underline{z}(t) + B\underline{x}(t) = f(\underline{z}(t), \underline{x}(t)) \\ \underline{y}(t) &= C\underline{z}(t) + D\underline{x}(t) = g(\underline{z}(t), \underline{x}(t)) \end{aligned}} \tag{3.4}$$

mit den Matrizen

$$A = \begin{pmatrix} \alpha_{11} & \cdots & \alpha_{1n} \\ \vdots & & \vdots \\ \alpha_{n1} & \cdots & \alpha_{nn} \end{pmatrix}; \quad B = \begin{pmatrix} \beta_{11} & \cdots & \beta_{1q} \\ \vdots & & \vdots \\ \beta_{n1} & \cdots & \beta_{nq} \end{pmatrix};$$

$$C = \begin{pmatrix} \gamma_{11} & \cdots & \gamma_{1n} \\ \vdots & & \vdots \\ \gamma_{m1} & \cdots & \gamma_{mn} \end{pmatrix}; \quad D = \begin{pmatrix} \delta_{11} & \cdots & \delta_{1q} \\ \vdots & & \vdots \\ \delta_{m1} & \cdots & \delta_{mq} \end{pmatrix}. \tag{3.5}$$

Die Elemente x, y, z der linearen Räume X, Y, Z werden in dieser Darstellung als Spaltenmatrizen (Vektoren) geschrieben, d. h., es ist

$$\underline{x}(t) = \begin{pmatrix} \underline{x}_1(t) \\ \vdots \\ \underline{x}_q(t) \end{pmatrix}; \quad \underline{y}(t) = \begin{pmatrix} \underline{y}_1(t) \\ \vdots \\ \underline{y}_m(t) \end{pmatrix}; \quad \underline{z}(t) = \begin{pmatrix} \underline{z}_1(t) \\ \vdots \\ \underline{z}_n(t) \end{pmatrix}. \tag{3.6}$$

Beispiel: Wir betrachten die bereits im Abschnitt 2.2.1 (Abb. 2.22) angegebene elektrische RLC–Schaltung. Dabei wollen wir nun aber annehmen, daß die in dieser Schaltung enthaltenen Schaltelemente R, L und C linear sind, d. h., es gilt speziell

$$i_R = \eta_R(u_R) = \frac{u_R}{R}; \qquad i_L = \eta_L(\Phi) = \frac{\Phi}{L}; \qquad u_C = \eta_C(Q) = \frac{Q}{C}.$$

Die bereits im Abschnitt 2.2.1 für diese Schaltung aufgestellten Zustandsgleichungen (2.56) bleiben natürlich gültig. Sie müssen lediglich für die vorgegebenen linearen Funktionen η_R, η_L und η_C spezialisiert werden, so daß wir erhalten:

$$\begin{aligned} \dot{\Phi} &= & -\tfrac{1}{C}Q & + e \\ \dot{Q} &= \tfrac{1}{L}\Phi & -\tfrac{1}{RC}Q & + \tfrac{1}{R}e \\ u_L &= & -\tfrac{1}{C}Q & + e \\ u_C &= & \tfrac{1}{C}Q. & \end{aligned}$$

In Matrizenform lautet dieses Gleichungssystem übersichtlicher

$$\begin{pmatrix} \dot{\Phi} \\ \dot{Q} \end{pmatrix} = \begin{pmatrix} 0 & -\frac{1}{C} \\ \frac{1}{L} & -\frac{1}{RC} \end{pmatrix} \begin{pmatrix} \Phi \\ Q \end{pmatrix} + \begin{pmatrix} 1 \\ \frac{1}{R} \end{pmatrix} e$$

$$\begin{pmatrix} u_L \\ u_C \end{pmatrix} = \begin{pmatrix} 0 & -\frac{1}{C} \\ 0 & \frac{1}{C} \end{pmatrix} \begin{pmatrix} \Phi \\ Q \end{pmatrix} + \begin{pmatrix} 1 \\ 0 \end{pmatrix} e \tag{3.7}$$

mit den Matrizen

$$A = \begin{pmatrix} 0 & -\frac{1}{C} \\ \frac{1}{L} & -\frac{1}{RC} \end{pmatrix}; \quad B = \begin{pmatrix} 1 \\ \frac{1}{R} \end{pmatrix}; \quad C = \begin{pmatrix} 0 & -\frac{1}{C} \\ 0 & \frac{1}{C} \end{pmatrix}; \quad D = \begin{pmatrix} 1 \\ 0 \end{pmatrix}.$$

$\square$

3.1.1.2 Modell

Wie aus den Zustandsgleichungen (3.4) des linearen dynamischen Systems hervorgeht, wird die Überführungsfunktion f durch die Matrizen A und B und die Ergebnisfunktion g durch die Matrizen C und D bestimmt. Das in Abb. 2.25 angegebene Blockschaltbild des dynamischen Systems kann nun für den Sonderfall des linearen Systems spezialisiert werden. Wir erhalten dann das in Abb. 3.1 dargestellte Modell des linearen dynamischen Systems.

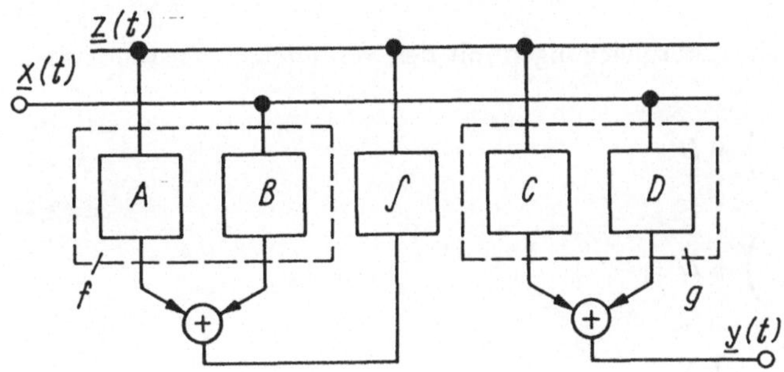

Abb. 3.1. Blockschaltbild des linearen dynamischen Systems.

Bei der Einführung der Zustandsvariablen im Abschnitt 2.2.1 wurde relativ willkürlich vorgegangen, indem am Ausgang eines jeden Speicherglieds eine Hilfsvariable (Zustandsvariable) angenommen wurde. Prinzipiell hätte man solche Hilfsvariablen auch an anderen sinnvoll ausgewählten Stellen im Innern des dynamischen Systems einführen können. Man erhält dann ebenfalls ein (verändertes) Zustandsgleichungssystem mit (veränderten) Zustandsvariablen. Der Satz von Zustandsvariablen, der zu einem System gehört, ist dem System also nicht eindeutig zugeordnet. Man kann von einem gegebenen Satz von Zustandsvariablen eines Systems immer zu einem neuen Satz von Zustandsvariablen übergehen, wobei es gleichgültig ist, ob diese neuen Zustandsvariablen real im System auftretende physikalische Größen repräsentieren oder nicht.

In dem zuletzt betrachteten Beispiel am Ende des vorangegangenen Abschnitts wurden der Magnetfluß Φ und die Ladung Q als Zustandsvariable betrachtet. Wir wollen das Zustandsgleichungssystem (3.7) nun so umformen, daß die neuen Zustandsvariablen i_L (Strom durch die Induktivität L) und u_C (Spannung über der Kapazität C) im Gleichungssystem auftreten. Wegen

$$\Phi = Li_L \quad \text{und} \quad Q = Cu_C$$

besteht zwischen den neuen und alten Zustandsvariablen die Transformationsgleichung

$$\begin{pmatrix} \Phi \\ Q \end{pmatrix} = \begin{pmatrix} L & 0 \\ 0 & C \end{pmatrix} \begin{pmatrix} i_L \\ u_C \end{pmatrix}$$

mit der nichtsingulären quadratischen Transformationsmatrix

$$T = \begin{pmatrix} L & 0 \\ 0 & C \end{pmatrix}.$$

Setzen wir diese Transformationsbeziehung in (3.7) ein, so ergibt sich

$$T \begin{pmatrix} \dot{i}_L \\ \dot{u}_C \end{pmatrix} = AT \begin{pmatrix} i_L \\ u_C \end{pmatrix} + Be$$

$$\begin{pmatrix} u_L \\ u_C \end{pmatrix} = CT \begin{pmatrix} i_L \\ u_C \end{pmatrix} + De.$$

Nach Multiplikation der ersten Gleichung von links mit T^{-1} ergibt sich weiter

$$\begin{pmatrix} \dot{i}_L \\ \dot{u}_C \end{pmatrix} = T^{-1}AT \begin{pmatrix} i_L \\ u_C \end{pmatrix} + T^{-1}Be.$$

Damit haben wir die neuen Zustandsgleichungen mit den veränderten Zustandsvariablen erhalten. Sie lauten

$$\begin{pmatrix} \dot{i}_L \\ \dot{u}_C \end{pmatrix} = A^* \begin{pmatrix} i_L \\ u_C \end{pmatrix} + B^*e$$

$$\begin{pmatrix} u_L \\ u_C \end{pmatrix} = C^* \begin{pmatrix} i_L \\ u_C \end{pmatrix} + D^*e, \tag{3.8}$$

wobei gilt

$$A^* = T^{-1}AT = \begin{pmatrix} 0 & -\frac{1}{L} \\ \frac{1}{C} & -\frac{1}{CR} \end{pmatrix}; \qquad B^* = T^{-1}B = \begin{pmatrix} \frac{1}{L} \\ \frac{1}{CR} \end{pmatrix};$$

$$C^* = CT = \begin{pmatrix} 0 & -1 \\ 0 & 1 \end{pmatrix}; \qquad D^* = D = \begin{pmatrix} 1 \\ 0 \end{pmatrix}.$$

Das Blockschaltbild des linearen dynamischen Systems mit den veränderten Zustandsvariablen i_L und u_C ist in Abb. 3.2 dargestellt.

Die oben am Beispiel erläuterte Methode des Wechsels der Zustandsvariablen kann allgemein angewandt werden. Man nennt in diesem Zusammenhang zwei Systeme von Zustandsgleichungen (3.4) *ähnlich*, wenn sie durch eine bijektive lineare Abbildung (vermittelt durch eine nichtsinguläre Matrix T)

$$\mu : Z \to Z, \qquad \mu(z^*) = Tz^* = z$$

ineinander übergeführt werden können. Daraus ergibt sich, daß zwei Zustandsgleichungssysteme mit den Matrizen (A, B, C, D) und (A^*, B^*, C^*, D^*) genau dann ähnlich sind, wenn gilt

$$A^* = T^{-1}AT; \qquad B^* = T^{-1}B; \qquad C^* = CT; \qquad D^* = D.$$

Ähnliche Zustandsgleichungen beschreiben die gleiche Abbildungsfamilie von Signalabbildungen.

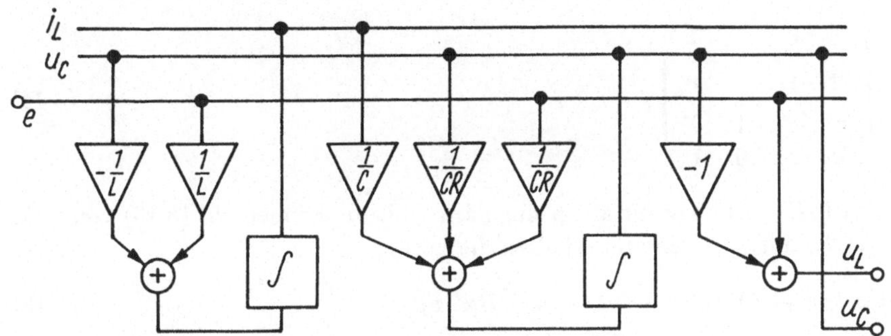

Abb. 3.2. Modell der linearen RLC–Schaltung nach Abb. 2.22.

3.1.2 Systemcharakteristiken

3.1.2.1 Zustandsgleichungen im Bildbereich

Die Zustandsgleichungen (3.4) des linearen Systems sollen nun mit Hilfe der Laplace–Transformation gelöst werden. Zunächst schreiben wir noch einmal die μ-te Zeile der ersten Gleichung von (3.4) auf und erhalten

$$\dot{\underline{z}}_\mu(t) = \sum_{i=1}^{n} \alpha_{\mu i}\underline{z}_i(t) + \sum_{i=1}^{q} \beta_{\mu i}\underline{x}_i(t) \qquad (\mu = 1, 2, \ldots, n). \tag{3.9}$$

Unterwerfen wir beide Seiten dieser Gleichung der Laplace–Transformation, so erhalten wir mit Hilfe der Differentiationsregel (Regel 5, Tabelle im Anhang)

$$p\underline{z}_\mu^*(p) - \underline{z}_\mu(0) = \sum_{i=1}^{n} \alpha_{\mu i}\underline{z}_i^*(p) + \sum_{i=1}^{q} \beta_{\mu i}\underline{x}_i^*(p) \qquad (\mu = 1, 2, \ldots, n). \tag{3.10}$$

In dieser Gleichung und in den folgenden ist zu beachten, daß wir im Zusammenhang mit der Laplace–Transformation in Übereinstimmung mit der Differentiationsregel unter $\underline{z}_\mu(0)$ den Grenzwert von rechts verstehen, also $\underline{z}_\mu(0) = \underline{z}_\mu(+0)$. Fassen wir in (3.10) die n Gleichungen zu einer Matrizengleichung zusammen, so erhalten wir weiter

$$p\underline{z}^*(p) - \underline{z}(0) = A\underline{z}^*(p) + B\underline{x}^*(p), \tag{3.11}$$

worin A und B die bereits in (3.5) erklärten Matrizen bedeuten und

$$\underline{z}^*(p) = \begin{pmatrix} \underline{z}_1^*(p) \\ \vdots \\ \underline{z}_n^*(p) \end{pmatrix} \qquad \text{bzw.} \qquad \underline{x}^*(p) = \begin{pmatrix} \underline{x}_1^*(p) \\ \vdots \\ \underline{x}_q^*(p) \end{pmatrix} \tag{3.12}$$

ist.

Aus (3.11) folgt ferner

$$(pE - A)\underline{z}^*(p) = \underline{z}(0) + B\underline{x}^*(p) \tag{3.13}$$

mit der n-reihigen Einheitsmatrix

$$E = \begin{pmatrix} 1 & 0 & \cdots & 0 \\ 0 & 1 & & \vdots \\ \vdots & & 1 & 0 \\ 0 & \cdots & 0 & 1 \end{pmatrix}. \tag{3.14}$$

Da die Matrix $(pE - A)$ nicht für alle p singulär sein kann, können wir (3.13) von links mit $(pE - A)^{-1}$ multiplizieren und erhalten die Lösung

$$\underline{z}^*(p) = (pE - A)^{-1}\underline{z}(0) + (pE - A)^{-1}B\underline{x}^*(p). \tag{3.15}$$

Die zweite Gleichung von (3.4) kann analog hierzu behandelt werden und liefert

$$\underline{y}^*(p) = C\underline{z}^*(p) + D\underline{x}^*(p). \tag{3.16}$$

Die letzten beiden Gleichungen sind die Lösungen der Zustandsgleichungen im Bildbereich.

Mit den folgenden Definitionen lassen sich diese Lösungen noch etwas einfacher und übersichtlicher schreiben:

a) Die Matrix

$$(pE - A)^{-1} = \frac{(pE - A)^+}{\det(pE - A)} = \Phi^*(p) \tag{3.17}$$

heißt *Fundamentalmatrix* des linearen Systems *im Bildbereich*. Es gilt genauer

$$\Phi^*(p) = \begin{pmatrix} \varphi_{11}^*(p) & \cdots & \varphi_{1n}^*(p) \\ \vdots & & \vdots \\ \varphi_{n1}^*(p) & \cdots & \varphi_{nn}^*(p) \end{pmatrix}.$$

b) Die Determinante

$$\det(pE - A) = b_0 + b_1 p + b_2 p^2 + \ldots + b_{n-1}p^{n-1} + p^n = \varphi_A(p) \tag{3.18}$$

heißt *charakteristisches Polynom* des linearen Systems.

c) Die Matrix

$$(pE - A)^+ = (pE - A)^{-1}\varphi_A(p) \tag{3.19}$$

ist die *adjungierte Matrix* des linearen Systems.

Mit der oben definierten Fundamentalmatrix $\Phi^*(p)$ lassen sich die Lösungen (3.15) und (3.16) der Zustandsgleichungen nun übersichtlicher in der Form

$$\boxed{\begin{aligned} \underline{z}^*(p) &= \Phi^*(p)\underline{z}(0) + \Phi^*(p)B\underline{x}^*(p) \\ \underline{y}^*(p) &= C\underline{z}^*(p) + D\underline{x}^*(p) \end{aligned}} \tag{3.20}$$

darstellen.

Beide Gleichungen lassen sich noch zu einer *Eingabe–Ausgabe–Beziehung (Input–Output–Gleichung)* zusammenfassen, indem man $\underline{z}^*(p)$ eliminiert. Diese Gleichung lautet

$$\underline{y}^*(p) = C\Phi^*(p)\underline{z}(0) + (C\Phi^*(p)B + D)\underline{x}^*(p). \tag{3.21}$$

Die in (3.21) enthaltene Matrix

$$C\Phi^*(p)B + D = H^*(p) = \begin{pmatrix} h_{11}^*(p) & \dots & h_{1q}^*(p) \\ \vdots & & \vdots \\ h_{m1}^*(p) & \dots & h_{mq}^*(p) \end{pmatrix} \tag{3.22}$$

heißt *Übertragungsmatrix* oder *Gewichtsmatrix im Bildbereich.* Mit ihrer Hilfe kann die Eingabe–Ausgabe–Gleichung kürzer in der Form

$$\boxed{\underline{y}^*(p) = C\Phi^*(p)\underline{z}(0) + H^*(p)\underline{x}^*(p)} \tag{3.23}$$

geschrieben werden.

Die Ausgabe $\underline{y}^*(p)$ im Bildbereich setzt sich, wie aus der letzten Gleichung ersichtlich ist, aus zwei Summanden zusammen, von denen der erste hauptsächlich durch den Anfangszustand $\underline{z}(0)$ des Systems und der zweite hauptsächlich durch die Eingabe $\underline{x}^*(p)$ (im Bildbereich) bestimmt wird. Ist $\underline{x}^*(p) = 0$ (keine Eingabe), so ist

$$\underline{y}^*(p) = \underline{y}_f^*(p) = C\Phi^*(p)\underline{z}(0) \tag{3.24}$$

die *freie Ausgabe*, und ist $\underline{z}(0) = 0$, so ist

$$\underline{y}^*(p) = \underline{y}_e^*(p) = H^*(p)\underline{x}^*(p) \tag{3.25}$$

die *erzwungene Ausgabe* (jeweils im Bildbereich). Wir werden in den folgenden Abschnitten auf diese beiden Komponenten der Ausgabe noch näher zu sprechen kommen.

3.1.2.2 Zustandsgleichungen im Zeitbereich

Wir wollen nun die soeben im Bildbereich erhaltenen Lösungen der Zustandsgleichungen in den Originalbereich (Zeitbereich) transformieren. Das geschieht mit Hilfe der inversen Laplace–Transformation unter Berücksichtigung des Faltungssatzes (Regel 7, Tabelle im Anhang). Dann ergibt sich aus (3.20)

$$\boxed{\begin{aligned} \underline{z}(t) &= \Phi(t)\underline{z}(0) + \int_0^t \Phi(t-\tau)B\underline{x}(\tau)\,\mathrm{d}\tau \\ \underline{y}(t) &= C\underline{z}(t) + D\underline{x}(t). \end{aligned}} \tag{3.26}$$

Die in diesen Gleichungen enthaltene Matrix

$$\Phi(t) = \begin{pmatrix} \varphi_{11}(t) & \dots & \varphi_{1n}(t) \\ \vdots & & \vdots \\ \varphi_{n1}(t) & \dots & \varphi_{nn}(t) \end{pmatrix} \tag{3.27}$$

ist die *Fundamentalmatrix* des linearen Systems *im Zeitbereich*. Die Elemente dieser Matrix sind die inversen Laplace–Transformierten der Elemente von $\Phi^*(p)$, d. h., es gilt

$$\varphi_{ij}(t) = L^{-1}(\varphi_{ij}^*(p)). \tag{3.28}$$

Ist die Fundamentalmatrix $\Phi(t)$ des linearen Systems bekannt, so kann mit Hilfe von (3.26) bei gegebenem Anfangszustand $\underline{z}(0)$ und gegebener Eingabe $\underline{x}$ der Zustand $\underline{z}(t)$ des Systems zu jedem beliebigen Zeitpunkt $t > 0$ berechnet werden.

Eliminiert man $\underline{z}(t)$ in (3.26), so erhält man ebenfalls wieder eine Eingabe–Ausgabe–Gleichung. Diese Gleichung lautet

$$\underline{y}(t) = C\Phi(t)\underline{z}(0) + \int\limits_0^t (C\Phi(t-\tau)B + D\delta(t-\tau))\underline{x}(\tau)\,\mathrm{d}\tau, \tag{3.29}$$

wenn man noch die Eigenschaft (1.32-b) des Impulssignals δ beachtet. Die Matrix

$$C\Phi(t)B + D\delta(t) = H(t) = \begin{pmatrix} h_{11}(t) & \dots & h_{1q}(t) \\ \vdots & & \vdots \\ h_{m1}(t) & \dots & h_{mq}(t) \end{pmatrix} \tag{3.30}$$

ist die *Gewichtsmatrix im Originalbereich*. Man kann leicht nachrechnen, daß ihre Elemente, die *Gewichtsfunktionen h_{ij}* die inversen Laplace–Transformierten der Elemente von H^* sind:

$$h_{ij}(t) = L^{-1}(h_{ij}^*(p)). \tag{3.31}$$

Mit Hilfe der Gewichtsmatrix kann die Eingabe–Ausgabe–Gleichung einfacher in der Form

$$\boxed{\underline{y}(t) = C\Phi(t)\underline{z}(0) + \int\limits_0^t H(t-\tau)\underline{x}(\tau)\,\mathrm{d}\tau} \tag{3.32}$$

geschrieben werden.

Ähnlich wie (3.23) zerfällt die letzte Gleichung wieder in zwei Summanden. Für $\underline{x} = 0$ (keine Eingabe) erhalten wir den durch den Anfangszustand $\underline{z}(0)$ bestimmten freien Vorgang, d. h. die *freie Ausgabe*

$$\underline{y}(t) = \underline{y}_f(t) = C\Phi(t)\underline{z}(0), \tag{3.33}$$

und für $\underline{z}(0) = 0$ ergibt sich die durch die Eingabe $\underline{x}$ *erzwungene Ausgabe*

$$\underline{y}(t) = \underline{y}_e(t) = \int\limits_0^t H(t-\tau)\underline{x}(\tau)\,\mathrm{d}\tau. \tag{3.34}$$

Man spricht im letzten Fall auch von einer Erregung des Systems aus dem Nullzustand $\underline{z}(0) = 0$ heraus. Bei praktischen Problemen (z. B. beim Einschalten einer energielosen elektrischen Schaltung) haben wir es sehr häufig mit diesem Sonderfall zu tun, so daß es erfordrlich ist, hierauf noch näher einzugehen (Abschnitt 3.2). Zuvor sollen jedoch die Systemcharakteristiken $\Phi(t)$ und $H(t)$ noch etwas ausführlicher betrachtet werden.

3.1.2.3 Fundamentalmatrix $\Phi(t)$

Es läßt sich zeigen, daß die Fundamentalmatrix $\Phi(t)$ durch die Matrizenreihe

$$\Phi(t) = \mathrm{e}^{At} = E + A\frac{t}{1!} + A^2\frac{t^2}{2!} + A^3\frac{t^3}{3!} + \cdots \tag{3.35}$$

dargestellt werden kann, worin A die in (3.5) erklärte Matrix aus den Zustandsgleichungen bedeutet. E ist wieder die Einheitsmatrix.

Der Beweis für die Richtigkeit von (3.35) ergibt sich wie folgt: Ersetzen wir die rechts stehende Reihe zur Abkürzung durch $B(t)$, so kann nach t differenziert werden, und es ist

$$\begin{aligned}
\dot{B}(t) &= A + A^2\frac{t}{1!} + A^3\frac{t^2}{2!} + \cdots \\
&= A\left(E + A\frac{t}{1!} + A^2\frac{t^2}{2!} + \cdots\right) = AB(t).
\end{aligned}$$

Gehen wir auf beiden Seiten dieser Gleichung zu den Laplace–Transformierten über, so ergibt sich mit Berücksichtigung der Differentiationsregel

$$pB^*(p) - B(0) = AB^*(p),$$

und mit $B(0) = E$ folgt

$$pB^*(p) - E = AB^*(p).$$

Nach Umstellung dieser Gleichung erhält man

$$(pE - A)B^*(p) = E$$

bzw.

$$B^*(p) = (pE - A)^{-1} = \Phi^*(p);$$

folglich gilt im Originalbereich $B(t) = \Phi(t)$, was zu zeigen war.

Aus (3.35) ergeben sich eine Reihe von Eigenschaften, die wir nun kurz zusammenstellen:

a) Durch Differentiation von (3.35) erhält man

$$\dot{\Phi}(t) = A\mathrm{e}^{At} = \mathrm{e}^{At}A;$$

folglich gilt

$$A\Phi(t) = \Phi(t)A \tag{3.36}$$

und

$$\dot{\Phi}(0) = A. \tag{3.37}$$

b) Setzt man in (3.35) $t = 0$, so folgt

$$\Phi(0) = E. \tag{3.38}$$

c) Setzen wir in (3.35) $t = t_1 + t_2$, so folgt

$$\Phi(t_1 + t_2) = e^{A(t_1 + t_2)} = e^{At_1} e^{At_2} = \Phi(t_1)\Phi(t_2).\tag{3.39}$$

d) Setzen wir in der letzten Gleichung $t_1 = t$ und $t_2 = -t$, so erhalten wir mit (3.38)

$$\Phi(0) = E = \Phi(t)\Phi(-t)$$

und daraus

$$\Phi(-t) = (\Phi(t))^{-1}.\tag{3.40}$$

$\Phi(t)$ ist eine nichtsinguläre Matrix.

Die Berechnung der Fundamentalmatrix $\Phi(t)$ kann über den Umweg der Laplace–Transformation mittels

$$\Phi(t) = L^{-1}((pE - A)^{-1})$$

erfolgen. Eine direkte Berechnung von $\Phi(t)$ aus A über die Reihe (3.35) erfordert die Berechnung einer größeren Anzahl von Matrizenmultiplikationen, um hinreichend viele Glieder der Reihe zu erhalten. Ein weiteres Verfahren zur Berechnung von $\Phi(t)$ gründet sich auf das nachfolgende *Theorem von Sylvester:*

Hat eine Matrix A nur einfache Eigenwerte p_i $(i = 1, 2, \ldots, n)$, so gilt für (konvergente) Matrizenpotenzreihen

$$\varphi(A) = \sum_{i=1}^{\infty} a_i A^i\tag{3.41-a}$$

die Darstellung

$$\varphi(A) = \sum_{i=1}^{n} \varphi(p_i) R(p_i),\tag{3.41-b}$$

worin $R(p_i)$ Matrizen bedeuten, die durch

$$R(p_i) = \frac{\displaystyle\prod_{j=1}^{n}(p_j E - A)}{\displaystyle\prod_{j=1}^{n}(p_j - p_i)} \qquad (i \neq j)\tag{3.41-c}$$

gebildet werden.

Beispiel: Betrachten wir als Beispiel die Matrix

$$A = \begin{pmatrix} 0 & 1 \\ -2 & -3 \end{pmatrix}$$

mit dem charakteristischen Polynom

$$\varphi_A(p) = \det(pE - A) = p^2 + 3p + 2 = (p+1)(p+2)$$

und den Eigenwerten

$$p_1 = -1 \qquad \text{bzw.} \qquad p_2 = -2,$$

so erhalten wir die R–Matrizen

$$R(p_1) \;=\; \frac{p_2 E - A}{p_2 - p_1} \;=\; \frac{1}{-1}\begin{pmatrix} -2 & -1 \\ 2 & 1 \end{pmatrix} = \begin{pmatrix} 2 & 1 \\ -2 & -1 \end{pmatrix}$$

$$R(p_2) \;=\; \frac{p_1 E - A}{p_1 - p_2} \;=\; \begin{pmatrix} -1 & -1 \\ 2 & 2 \end{pmatrix}.$$

Mit $\varphi(A) = e^{At}$ ergibt sich schließlich aus (3.41-b)

$$e^{At} \;=\; \varphi(p_1)R(p_1) + \varphi(p_2)R(p_2)$$

$$=\; e^{-t}\begin{pmatrix} 2 & 1 \\ -2 & -1 \end{pmatrix} + e^{-2t}\begin{pmatrix} -1 & -1 \\ 2 & 2 \end{pmatrix}$$

$$=\; \begin{pmatrix} 2e^{-t} - e^{-2t} & e^{-t} - e^{-2t} \\ -2e^{-t} + 2e^{-2t} & -e^{-t} + 2e^{-2t} \end{pmatrix} = \Phi(t).$$

Das Verfahren läßt sich auch auf mehrfache Eigenwerte ausdehnen. □

3.1.2.4 Gewichtsmatrix $H(t)$

Befindet sich das lineare System im Nullzustand

$$\underline{z}(0) = 0 = \begin{pmatrix} 0 \\ \vdots \\ 0 \end{pmatrix},$$

so gilt bei Eingabe des Signals $\underline{x}$ für die Ausgabe die Beziehung (3.25), d. h., es ist

$$\underline{y}^*(p) = \underline{y}_e^*(p) = H^*(p)\underline{x}^*(p).$$

Schreiben wir die μ–te Gleichung dieses aus m einzelnen Gleichungen bestehenden Gleichungssystems auf, so erhalten wir

$$\underline{y}_\mu^*(p) = \sum_{k=1}^{q} h_{\mu k}^*(p)\underline{x}_k^*(p).$$

Nehmen wir nun an, daß an allen Eingängen mit Ausnahme des ν–ten Eingangs das Eingabesignal $\underline{x}_k = 0$ $(k \neq \nu)$ anliegt, so vereinfacht sich die letzte Gleichung derart, daß von der rechts stehenden Summe nur noch ein Glied übrigbleibt, d. h., es folgt

$$\underline{y}_\mu^*(p) = h_{\mu\nu}^*(p)\underline{x}_\nu^*(p). \tag{3.42}$$

Durch Umstellung der letzten Gleichung ergibt sich noch

$$h_{\mu\nu}^*(p) = \frac{\underline{y}_\mu^*(p)}{\underline{x}_\nu^*(p)}. \tag{3.43}$$

Diese Gleichung läßt die folgende Interpretation der Elemente $h_{\mu\nu}^*(p)$ der Übertragungsmatrix $H^*(p)$ zu: Das Ausgabesignal $\underline{y}_\mu$ ist die Wirkung am Ausgang μ wenn am Eingang ν die Ursache $\underline{x}_\nu$ eingegeben wird und alle anderen Eingänge nicht erregt werden. Man kann deshalb sagen

$$h_{\mu\nu}^*(p) = \frac{L(\text{Wirkung am Ausgang } \mu)}{L(\text{Ursache am Eingang } \nu)}. \tag{3.44}$$

Man nennt $h_{\mu\nu}^*$ deshalb auch häufig *Übertragungsfunktion* vom Eingang ν zum Ausgang μ.

Übertragen wir (3.42) unter Beachtung des Faltungssatzes der Laplace–Transformation in den Zeitbereich, so entsteht

$$\underline{y}_\mu(t) = \int_0^t h_{\mu\nu}(t - \tau)\underline{x}_\nu(\tau)\,\mathrm{d}\tau. \tag{3.45}$$

Diese Darstellung gestattet eine anschauliche Interpretation der Elemente $h_{\mu\nu}(t)$ der Gewichtsmatrix $H(t)$ im Zeitbereich. Setzen wir nämlich

$$\underline{x}_\nu(t) = \delta(t),$$

d. h., der ν–te Eingang des Systems wird durch das Impulssignal δ erregt (während alle anderen Eingänge nicht erregt werden), so folgt aus (3.45) mit (1.32-b)

$$\underline{y}_\mu(t) = \int_0^t h_{\mu\nu}(t - \tau)\delta(\tau)\,\mathrm{d}\tau = h_{\mu\nu}(t). \tag{3.46}$$

Als Reaktion des Systems auf das Impulssignal δ am Eingang ν erhalten wir am Ausgang μ also gerade die Gewichtsfunktion $h_{\mu\nu}$. Man nennt $h_{\mu\nu}$ deshalb auch häufig die *Impulsantwort* des Systems bezüglich Eingang ν und Ausgang μ (Abb. 3.3).

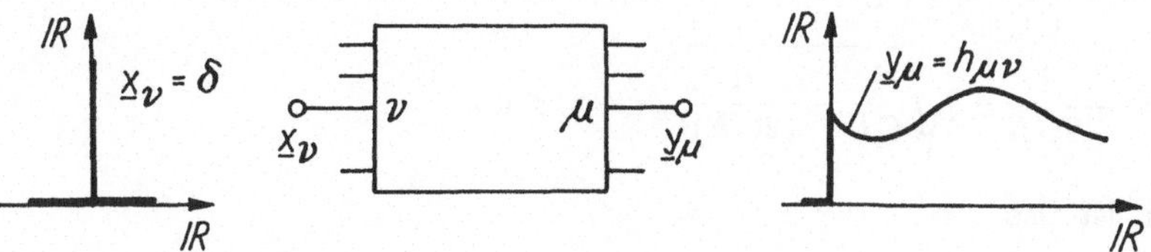

Abb. 3.3. Messung der Impulsantwort.

3.1.2.5 Beispiel

Zur Illustration der in den vorausgegangenen Abschnitten definierten Begriffe betrachten wir abschließend noch ein ausführlich durchgerechnetes Beispiel.

Gegeben sei das lineare elektrische RLC-Netzwerk Abb. 2.22, von dem wir annehmen wollen, daß die Schaltelemente so dimensioniert sind, daß die Nebenbedingung

$$\frac{1}{(2CR)^2} < \frac{1}{LC}$$

erfüllt ist. Wählen wir i_L und u_C als Zustandsvariable und u_L und u_C als Ausgabe, so erhalten wir bei der Eingabe von e die Zustandsgleichungen (vgl. auch (3.8))

$$\begin{pmatrix} \dot{i}_L \\ \dot{u}_C \end{pmatrix} = \begin{pmatrix} 0 & -\frac{1}{L} \\ \frac{1}{C} & -\frac{1}{RC} \end{pmatrix} \begin{pmatrix} i_L \\ u_C \end{pmatrix} + \begin{pmatrix} \frac{1}{L} \\ \frac{1}{CR} \end{pmatrix} e$$

$$\begin{pmatrix} u_L \\ u_C \end{pmatrix} = \begin{pmatrix} 0 & -1 \\ 0 & 1 \end{pmatrix} \begin{pmatrix} i_L \\ u_C \end{pmatrix} + \begin{pmatrix} 1 \\ 0 \end{pmatrix} e$$

mit den Zustandsmatrizen

$$A = \begin{pmatrix} 0 & -\frac{1}{L} \\ \frac{1}{C} & -\frac{1}{RC} \end{pmatrix}; \quad B = \begin{pmatrix} \frac{1}{L} \\ \frac{1}{CR} \end{pmatrix}; \quad C = \begin{pmatrix} 0 & -1 \\ 0 & 1 \end{pmatrix}; \quad D = \begin{pmatrix} 1 \\ 0 \end{pmatrix}.$$

Aus der Matrix A erhalten wir zunächst die Fundamentalmatrix $\Phi^*(p)$ im Bildbereich, nämlich

$$\Phi^*(p) = (pE - A)^{-1} = \begin{pmatrix} p & \frac{1}{L} \\ -\frac{1}{C} & p + \frac{1}{CR} \end{pmatrix}^{-1}$$

$$= \frac{1}{p(p + \frac{1}{CR}) + \frac{1}{CL}} \begin{pmatrix} p + \frac{1}{CR} & -\frac{1}{L} \\ \frac{1}{C} & p \end{pmatrix}$$

mit dem charakteristischen Polynom

$$\varphi_A(p) = p^2 + p\frac{1}{CR} + \frac{1}{CL} = (p - p_1)(p - p_2),$$

wobei mit Berücksichtigung der oben angegebenen Nebenbedingung

$$p_{1,2} = -\frac{1}{2CR} \pm \mathrm{j}\sqrt{\frac{1}{CL} - \frac{1}{(2CR)^2}} = -\sigma_0 \pm \mathrm{j}\omega_0$$

gilt. Damit ist also

$$\Phi^*(p) = \begin{pmatrix} \dfrac{p + \frac{1}{CR}}{(p-p_1)(p-p_2)} & \dfrac{-\frac{1}{L}}{(p-p_1)(p-p_2)} \\[3ex] \dfrac{\frac{1}{C}}{(p-p_1)(p-p_2)} & \dfrac{p}{(p-p_1)(p-p_2)} \end{pmatrix} = \begin{pmatrix} \varphi_{11}^*(p) & \varphi_{12}^*(p) \\[2ex] \varphi_{21}^*(p) & \varphi_{22}^*(p) \end{pmatrix}$$

gegeben.

Die Übertragungsmatrix $H^*(p)$ erhalten wir aus

$$\begin{aligned} H^*(p) &= C\Phi^*(p)B + D \\[2ex] &= \frac{1}{(p-p_1)(p-p_2)} \begin{pmatrix} 0 & -1 \\ 0 & 1 \end{pmatrix} \begin{pmatrix} p+\frac{1}{CR} & -\frac{1}{L} \\[1ex] \frac{1}{C} & p \end{pmatrix} \begin{pmatrix} \frac{1}{L} \\[1ex] \frac{1}{CR} \end{pmatrix} + \begin{pmatrix} 1 \\[1ex] 0 \end{pmatrix} \\[2ex] &= \begin{pmatrix} \dfrac{p^2}{(p-p_1)(p-p_2)} \\[3ex] \dfrac{p\frac{1}{CR} + \frac{1}{CL}}{(p-p_1)(p-p_2)} \end{pmatrix} = \begin{pmatrix} h_{11}^*(p) \\[2ex] h_{21}^*(p) \end{pmatrix}. \end{aligned}$$

Nun kann die Eingabe–Ausgabe–Gleichung im Bildbereich aufgeschrieben werden. Sie lautet mit $e^*(p) = L(e(t))$

$$\begin{pmatrix} u_L^*(p) \\ u_C^*(p) \end{pmatrix} = C\Phi^*(p) \begin{pmatrix} i_L(0) \\ u_C(0) \end{pmatrix} + H^*(p)e^*(p)$$

bzw. ausgeschrieben

$$u_L^*(p) = \frac{-\frac{1}{C}i_L(0) - pu_C(0)}{(p-p_1)(p-p_2)} + \frac{p^2}{(p-p_1)(p-p_2)}e^*(p)$$

$$u_C^*(p) = \frac{\frac{1}{C}i_L(0) + pu_C(0)}{(p-p_1)(p-p_2)} + \frac{p\frac{1}{CR} + \frac{1}{CL}}{(p-p_1)(p-p_2)}e^*(p).$$

Im Originalbereich erhalten wir, indem wir jedes Element von $\Phi^*(p)$ der inversen Laplace–Transformation unterwerfen, die Fundamentalmatrix

$$\begin{aligned} \Phi(t) &= \begin{pmatrix} \mathrm{e}^{-\sigma_0 t}(\cos\omega_0 t + \frac{\sigma_0}{\omega_0}\sin\omega_0 t) & -\frac{1}{\omega_0 L}\mathrm{e}^{-\sigma_0 t}\sin\omega_0 t \\[2ex] \frac{1}{\omega_0 C}\mathrm{e}^{-\sigma_0 t}\sin\omega_0 t & \mathrm{e}^{-\sigma_0 t}(\cos\omega_0 t - \frac{\sigma_0}{\omega_0}\sin\omega_0 t) \end{pmatrix} \\[2ex] &= \begin{pmatrix} \varphi_{11}(t) & \varphi_{12}(t) \\ \varphi_{21}(t) & \varphi_{22}(t) \end{pmatrix}. \end{aligned}$$

Daraus ergibt sich die Gewichtsmatrix

$$H(t) \;=\; C\Phi(t)B + D\delta(t)$$

$$= \begin{pmatrix} 0 & -1 \\ 0 & 1 \end{pmatrix} \begin{pmatrix} \varphi_{11}(t) & \varphi_{12}(t) \\ \varphi_{21}(t) & \varphi_{22}(t) \end{pmatrix} \begin{pmatrix} \frac{1}{L} \\ \frac{1}{CR} \end{pmatrix} + \begin{pmatrix} 1 \\ 0 \end{pmatrix} \delta(t)$$

$$= \begin{pmatrix} \delta(t) - \frac{1}{CR} e^{-\sigma_0 t}(\cos\omega_0 t + (\frac{R}{\omega_0 L} - \frac{\sigma_0}{\omega_0})\sin\omega_0 t) \\[2mm] \frac{1}{CR} e^{-\sigma_0 t}(\cos\omega_0 t + (\frac{R}{\omega_0 L} - \frac{\sigma_0}{\omega_0})\sin\omega_0 t) \end{pmatrix} = \begin{pmatrix} h_{11}(t) \\ h_{21}(t) \end{pmatrix}.$$

Dieses Ergebnis kann man natürlich auch erhalten, indem man $H^*(p)$ elementeweise der inversen Laplace–Transformation unterzieht.

Die Eingabe–Ausgabe–Gleichung im Zeitbereich lautet nun

$$\begin{pmatrix} u_L(t) \\ u_C(t) \end{pmatrix} = C\Phi(t) \begin{pmatrix} i_L(0) \\ u_C(0) \end{pmatrix} + \int\limits_0^t H(t-\tau)e(\tau)\,\mathrm{d}\tau$$

$$= \begin{pmatrix} 0 & -1 \\ 0 & 1 \end{pmatrix} \begin{pmatrix} \varphi_{11}(t) & \varphi_{12}(t) \\ \varphi_{21}(t) & \varphi_{22}(t) \end{pmatrix} \begin{pmatrix} i_L(0) \\ u_C(0) \end{pmatrix} + \int\limits_0^t \begin{pmatrix} h_{11}(t-\tau) \\ h_{21}(t-\tau) \end{pmatrix} e(\tau)\,\mathrm{d}\tau.$$

Wird diese Gleichung ausführlich ausgeschrieben, so ergibt sich

$$u_L(t) \;=\; -\frac{i_L(0)}{\omega_0 C} e^{-\sigma_0 t}\sin\omega_0 t - u_C(0)e^{-\sigma_0 t}(\cos\omega_0 t - \frac{\sigma_0}{\omega_0}\sin\omega_0 t)$$

$$+ \int\limits_0^t \Big(\delta(t-\tau) - \frac{e^{-\sigma_0(t-\tau)}}{CR}(\cos\omega_0(t-\tau)$$

$$+ (\frac{R}{\omega_0 L} - \frac{\sigma_0}{\omega_0})\sin\omega_0(t-\tau)) \Big) e(\tau)\,\mathrm{d}\tau$$

$$u_C(t) \;=\; \frac{i_L(0)}{\omega_0 C} e^{-\sigma_0 t}\sin\omega_0 t + u_C(0)e^{-\sigma_0 t}(\cos\omega_0 t - \frac{\sigma_0}{\omega_0}\sin\omega_0 t)$$

$$+ \int\limits_0^t \frac{e^{-\sigma_0(t-\tau)}}{CR}(\cos\omega_0(t-\tau)$$

$$+ (\frac{R}{\omega_0 L} - \frac{\sigma_0}{\omega_0})\sin\omega_0(t-\tau))e(\tau)\,\mathrm{d}\tau.$$

Zur Berechnung des freien Vorgangs nehmen wir an, daß $e = 0$ ist (die Spannungsquelle wird durch einen Kurzschluß ersetzt) und daß $i_L(0) = I_0$ und $u_C(0) = U_0$ gilt, d. h., der Anfangszustand des Systems ist durch die in den Schaltelementen L und C gespeicherte Anfangsenergie

$$W_m = \frac{1}{2}LI_0^2 \qquad \text{bzw.} \qquad W_e = \frac{1}{2}CU_0^2$$

gegeben. Dann folgt aus den letzten Gleichungen

$$u_{Lf}(t) \;=\; -\frac{I_0}{\omega_0 C}e^{-\sigma_0 t}\sin\omega_0 t - U_0 e^{-\sigma_0 t}\left(\cos\omega_0 t - \frac{\sigma_0}{\omega_0}\sin\omega_0 t\right)$$

$$u_{Cf}(t) \;=\; \frac{I_0}{\omega_0 C}e^{-\sigma_0 t}\sin\omega_0 t + U_0 e^{-\sigma_0 t}\left(\cos\omega_0 t - \frac{\sigma_0}{\omega_0}\sin\omega_0 t\right).$$

Der freie Vorgang ist in Abb. 3.4a qualitativ grafisch dargestellt.

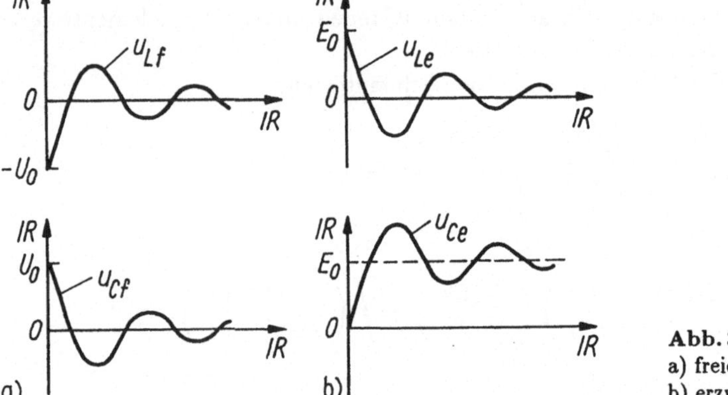

Abb. 3.4. Beispiel:
a) freie Ausgabe;
b) erzwungene Ausgabe.

Zur Berechnung des erzwungenen Vorgangs nehmen wir den energielosen Anfangszustand $i_L(0) = 0$ und $u_C(0) = 0$ (d. h. den Nullzustand) des Systems an und untersuchen die Reaktion des Systems (d. h. die Ausgabe) für den speziellen Fall, daß am Eingang eine Gleichspannung E_0 eingeschaltet wird. Dann gilt also

$$e(t) = E_0 s(t),$$

und wir erhalten durch Berechnung der Integrale

$$u_{Le}(t) \;=\; E_0 e^{-\sigma_0 t}\left(\cos\omega_0 t - \frac{\sigma_0}{\omega_0}\sin\omega_0 t\right)$$

$$u_{Ce}(t) \;=\; E_0\left(1 - e^{-\sigma_0 t}\left(\cos\omega_0 t - \frac{\sigma_0}{\omega_0}\sin\omega_0 t\right)\right).$$

Die qualitative grafische Darstellung des erzwungenen Vorgangs wird in Abb. 3.4b gezeigt. Die etwas mühsame Ausrechnung der Integrale kann vermieden werden, wenn man den erzwungenen Vorgang sofort aus

$$\begin{pmatrix} u_L^*(p) \\ u_C^*(p) \end{pmatrix} = H^*(p)e^*(p) = H^*(p)\frac{E_0}{p}$$

durch Laplace–Rücktransformation bestimmt.

3.1.3 Aufgaben zum Abschnitt 3.1

3.1-1 Für die in Abb. 3.1-1 dargestellte RLC-Reihenschaltung mit dem Eingabesignal e und dem Ausgabesignal u_L sind die Zustandsgleichungen

a) mit Φ und Q,

b) mit i_L und u_C als Zustandsvariable aufzustellen!

c) Man skizziere das Blockschaltbild des linearen Systems!

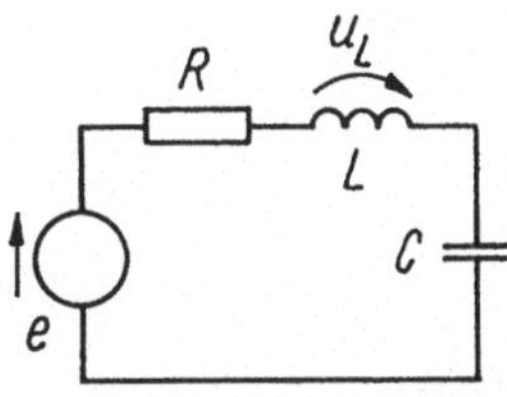

Abb. 3.1-1 .

3.1-2 Mit Hilfe des Ansatzes

$$\ddot{u}_L + a_1 \dot{u}_L + a_0 u_L = b_2 \ddot{e} + b_1 \dot{e} + b_0 e$$

leite man aus den in Aufgabe 3.1-1b erhaltenen Zustandsgleichungen eine Differentialgleichung für u_L her!

3.1-3 Für das in Abb. 3.1-3 dargestellte lineare System (Motor mit Last) sind die Zustandsgleichungen mit der Eingabe $\underline{x}$ (Spannung e), der Ausgabe $\underline{y}$ (Drehwinkel α) und den Zustandsvariablen $\underline{z}_1 = \alpha$, $\underline{z}_2 = \dot{\alpha} = \omega$ und $\underline{z}_3 = i$ aufzustellen! Es bedeuten: Θ Trägheitsmoment, ϱ Reibungskoeffizient ($m_\varrho = \varrho\dot\alpha$), K Motorkonstante ($m_{el} = Ki$).

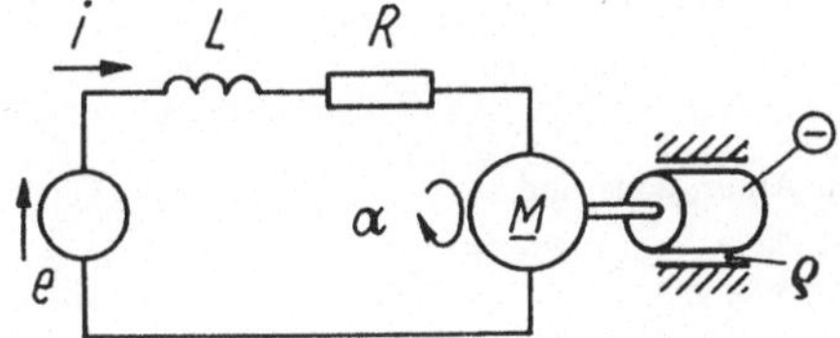

Abb. 3.1-3 .

3.1-4 Für die Schaltung Abb. 3.1-4 sind die Zustandsgleichungen aufzustellen. Es seien

$$\begin{pmatrix} u_{C3} \\ i_{L2} \end{pmatrix} \text{ Zustandsvariable;} \qquad \begin{pmatrix} i_1 \\ e_2 \end{pmatrix} \text{ Eingabe;} \qquad \begin{pmatrix} i_{R4} \\ u_{R2} \end{pmatrix} \text{ Ausgabe.}$$

Die Systemmatrizen A, B, C und D sind anzugeben!

3.1-5 Ein lineares System werde durch die Differentialgleichung

$$\ddot{\underline{y}}(t) + a\dot{\underline{y}}(t) + b\underline{y}(t) = \underline{x}(t)$$

beschrieben.

a) Man stelle die Zustandsgleichungen auf! (Hinweis: Man führe die Zustandsvariablen $\underline{z}_1 = \underline{y}$ und $\underline{z}_2 = \dot{\underline{y}}$ ein!)

b) Man gebe eine Realisierung des linearen Systems an!

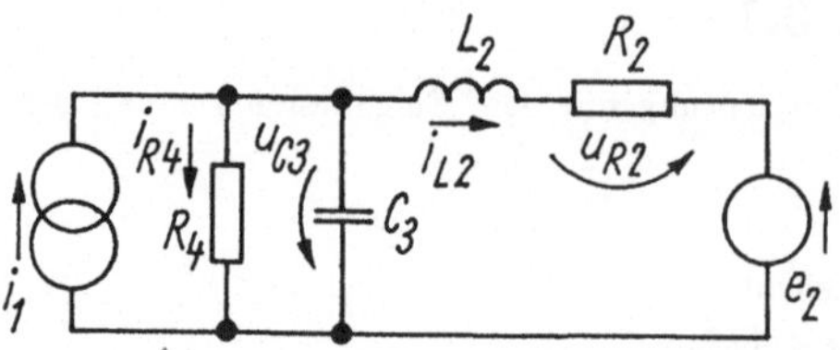

Abb. 3.1-4 .

3.1-6 Ein (autonomes) lineares System werden durch das Differentialgleichungssystem

$$\begin{aligned}
\dot{z}_1(t) &= -\,z_1(t) - z_2(t) \\
\dot{z}_2(t) &= z_1(t) - z_2(t)
\end{aligned} \qquad \text{und} \qquad z(0) = \begin{pmatrix} 2 \\ 3 \end{pmatrix}$$

beschrieben.

a) Man bestimme die Fundamentalmatrix $\Phi(t)$
   α) mit Hilfe der Laplace–Transformation, β) durch Reihenentwicklung!

b) Man zeige an diesem Beispiel, daß $\Phi(t)$ die Eigenschaften

$$\alpha)\ \Phi(0) = E; \qquad \beta)\ \Phi(t_1 + t_2) = \Phi(t_1)\Phi(t_2); \qquad \gamma)\ \Phi^{-1}(t) = \Phi(-t)$$

   besitzt!

c) Man bestimme den Zustand $z(t_1)$ des Systems für $t_1 > 0$! Was erhält man für $t \to \infty$?

3.1-7 Für ein System mit zwei Eingängen und zwei Ausgängen und den Systemmatrizen

$$A = \begin{pmatrix} -2 & -1 \\ 2 & -5 \end{pmatrix}; \quad B = \begin{pmatrix} 1 & 0 \\ 0 & -2 \end{pmatrix}; \quad C = \begin{pmatrix} 2 & 0 \\ 0 & 2{,}5 \end{pmatrix}; \quad D = \begin{pmatrix} 0 & 0 \\ 0 & 0 \end{pmatrix}$$

bestimme man die Übertragungsmatrix $H^*(p)$ und die Gewichtsmatrix $H(t)$!

3.1-8 Gegeben ist ein System mit den Systemmatrizen

$$A = \begin{pmatrix} -2 & 0 \\ 1 & -1 \end{pmatrix}; \quad B = \begin{pmatrix} 3 \\ 1 \end{pmatrix}; \quad C = (-2\ \ 2); \quad D = 0$$

und der Eingabe $x(t) = s(t)$.

a) Berechnen Sie die Zustandstrajektorie z für den Anfangszustand

$$z(0) = \begin{pmatrix} 1 \\ 2 \end{pmatrix}$$

   und stellen Sie diese grafisch dar!

b) Berechnen und skizzieren Sie die Ausgabe y!

3.1-9 Für die in Abb. 3.1-1 dargestellte RLC-Reihenschaltung (vgl. Aufgabe 3.1-1) gelten die Zustandsgleichungen

$$\begin{aligned}
\dot{i}_L &= -\tfrac{R}{L}i_L + \tfrac{1}{L}u_C + \tfrac{1}{L}e \\
\dot{u}_C &= \tfrac{1}{C}i_L \\
u_L &= -Ri_L - u_C + e.
\end{aligned} \qquad
\begin{aligned}
&\text{Zahlenwerte:}\\
&R = 1\Omega,\ L = 0{,}5\mathrm{H},\ C = 0{,}2\mathrm{F}.
\end{aligned}$$

a) Man gebe die Matrizen A, B, C und D an!

b) Man berechne die Matrizen $\Phi^*(p)$ und $H^*(p)$ und gebe die Eingabe–Ausgabe–Gleichung im Bildbereich für den Anfangszustand $i_L(0) = I_0$, $u_C(0) = U_0$ an!

c) Wie lautet das charakteristische Polynom $\varphi_A(p)$?

d) Man berechne $\Phi(t)$ und gebe die Lösung der Zustandsgleichungen (Zustand und Ausgabe) im Zeitbereich an!

e) Für $e = 0$, $I_0 = 0$ und $U_0 = 1\text{V}$ skizziere man qualitativ den freien Vorgang (Zustandstrajektorie und Ausgabe)!

Hinweise:

1. Alle Aufgaben sind zur Vereinfachung mit normierten (dimensionslosen) physikalischen Größen und Zahlenwerten zu lösen!

2. Man benutze die Korrespondenzen

$$L^{-1}\left(\frac{1}{p^2 + 2p + 10}\right) \;=\; \tfrac{1}{3}e^{-t}\sin 3t$$

$$L^{-1}\left(\frac{p}{p^2 + 2p + 10}\right) \;=\; e^{-t}(\cos 3t - \tfrac{1}{3}\sin 3t).$$

3.1-10 Ein Gleichstromgenerator mit konstanter Erregung (Abb. 3.1-10) wird durch das Differentialgleichungssystem

$$L\dot{i} + Ri \;=\; K\omega$$

$$\Theta\dot{\omega} + Ki \;=\; m$$

beschrieben. Es sei weiterhin

$$\left(\frac{R}{2L}\right)^2 > \frac{K^2}{\Theta L}$$

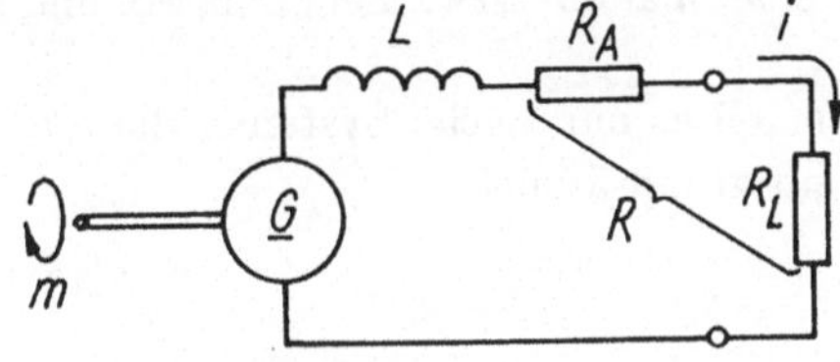

Abb. 3.1-10 .

(K Generatorkonstante; Θ Trägheitsmoment des Ankers; ω Winkelgeschwindigkeit).

a) Man stelle die Zustandsgleichungen in Matrizenform auf! (i und ω seien Zustandsvariable, das Antriebsmoment m die Eingabe und der erzeugte Strom i die Ausgabe.)

b) Berechnen Sie die Matrizen $\Phi^*(p)$ und $H^*(p)$!

c) Was erhält man für den Strom $i^*(p)$ im Bildbereich, wenn von $t = 0$ an ein konstantes Antriebsmoment wirkt, d.h. $m(t) = M_0 s(t)$, unter Berücksichtigung des Anfangszustands $i(0) = I_0$, $\omega(0) = \omega_0$?

d) Welcher Strom $i(t)$ ergibt sich unter diesen Bedingungen?

e) Für $i(0) = 0$ und $\omega(0) = 0$ skizziere man qualitativ den Anlaufvorgang $i(t)$ für $t > 0$ (erzwungener Vorgang)!

3.2 Systeme im Nullzustand

3.2.1 Allgemeine Systemcharakteristiken

3.2.1.1 Grundgleichungen

Der Einfachheit halber wollen wir in den folgenden Abschnitten nur Systeme mit einem Eingang und einem Ausgang ($q = m = 1$) betrachten. Die Verallgemeinerung der Ausführungen für Systeme mit q Eingängen und m Ausgängen ist in vielen Fällen unter Berücksichtigung der in den vorhergehenden Abschnitten angegebenen allgemeinen Gleichungen leicht möglich.

Für Systeme mit einem Eingang und einem Ausgang erhalten wir die Zustandsgleichungen nach (3.4) in der Form

$$\begin{aligned}
\underline{\dot{z}}(t) &= A\underline{z}(t) + B\underline{x}(t) \\
\underline{y}(t) &= C\underline{z}(t) + D\underline{x}(t)
\end{aligned} \tag{3.47}$$

mit

$$A = \begin{pmatrix} \alpha_{11} & \cdots & \alpha_{1n} \\ \vdots & & \vdots \\ \alpha_{n1} & \cdots & \alpha_{nn} \end{pmatrix}; \quad B = \begin{pmatrix} \beta_1 \\ \vdots \\ \beta_n \end{pmatrix}; \quad C = (\gamma_1 \ \cdots \ \gamma_n); \quad D = \delta, \tag{3.48}$$

d. h., die Matrizen B und C reduzieren sich auf eine Spalten- bzw. Zeilenmatrix und die Matrix D geht in eine reelle Zahl über.

Wir betrachten in den folgenden Abschnitten weiter nur solche Systeme, die aus dem Nullzustand heraus erregt werden, d. h., es gilt grundsätzlich

$$\underline{z}(0) = 0. \tag{3.49}$$

Man erhält dann aus (3.21)

$$\underline{y}^*(p) = (C\Phi^*(p)B + D)\underline{x}^*(p) \tag{3.50}$$

oder, da die Matrix $C\Phi^*(p)B + D$ nur ein einziges Element enthält, kurz

$$\boxed{\underline{y}^*(p) = h^*(p)\underline{x}^*(p).} \tag{3.51}$$

Man nennt h^* die *Übertragungsfunktion* des Systems. Die letzte Gleichung läßt sich unter Beachtung des Faltungssatzes der Laplace–Transformation leicht in den Originalbereich überführen. Wir erhalten dann

$$\boxed{\underline{y}(t) = \int_0^t h(t - \tau)\underline{x}(\tau)\,d\tau,} \tag{3.52}$$

worin h die *Gewichtsfunktion* des Systems bezeichnet.

Durch (3.51) und (3.52) sind zwei sehr wichtige Grundformeln gegeben, die den Zusammenhang zwischen Ursache und Wirkung (Eingabe und Ausgabe) bei einem linearen System im Nullzustand beschreiben. Besonders einfach ist dieser Zusammenhang im

Bildbereich. Hier erhalten wir die Laplace–Transformierte der Wirkung, indem wir die Laplace–Transformierte der Ursache mit der Übertragungsfunktion h^* multiplizieren. In Abb. 3.5 ist dieser Zusammenhang nochmals schematisch dargestellt.

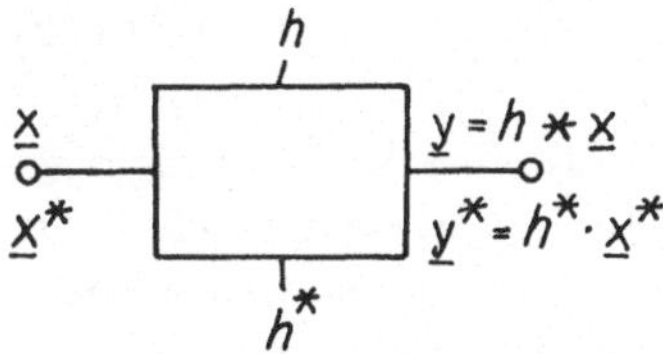

Abb. 3.5. Schema eines Systems mit einem Eingang und einem Ausgang.

Wird das System am Eingang durch das Impulssignal δ erregt, so erhält man mit

$$\underline{x}^*(p) = L(\delta(t)) = 1$$

die Wirkung

$$\underline{y}^*(p) = h^*(p) \cdot 1 = h^*(p) \tag{3.53}$$

oder im Zeitbereich

$$\underline{y}(t) = h(t). \tag{3.54}$$

Die Gewichtsfunktion des Systems ist also gerade die Reaktion des Systems auf das Impulssignal (daher auch die Bezeichnung *Impulsantwort*).

Die Gewichtsfunktion (Impulsantwort) bzw. deren Laplace–Transformierte, die Übertragungsfunktion, kann als wichtigste Systemcharakteristik des linearen Systems im Nullzustand angesehen werden. Sie wird deshalb im Zusammenhang mit weiteren Systemkenngrößen in den weiteren Ausführungen einen zentralen Platz einnehmen. Bevor wir jedoch auf diese Zusammenhänge näher eingehen, wollen wir einige allgemeine Eigenschaften der Übertragungs- bzw. Gewichtsfunktion etwas genauer untersuchen.

3.2.1.2 Übertragungs- und Gewichtsfunktion

Mit Hilfe von (3.50) und den in (3.48) angegebenen Matrizen kann die Übertragungsfunktion durch

$$h^*(p) = (\gamma_1 \ \ldots \ \gamma_n) \left(\begin{pmatrix} p & \ldots & 0 \\ \vdots & & \vdots \\ 0 & \ldots & p \end{pmatrix} - \begin{pmatrix} \alpha_{11} & \ldots & \alpha_{1n} \\ \vdots & & \vdots \\ \alpha_{n1} & \ldots & \alpha_{nn} \end{pmatrix} \right)^{-1} \begin{pmatrix} \beta_1 \\ \vdots \\ \beta_n \end{pmatrix} + \delta \tag{3.55}$$

berechnet werden, worin die Matrizenelemente α_{ij}, β_i, γ_i und δ reelle Zahlen sind. Nach Ausführung der Matrizenoperationen erhält man die Darstellung

$$h^*(p) = \frac{a_0 + a_1 p + \ldots + a_{n-1} p^{n-1} + a_n p^n}{b_0 + b_1 p + \ldots + b_{n-1} p^{n-1} + p^n}, \tag{3.56}$$

wobei die Koeffizienten des Zähler- und Nennerpolynoms wieder reelle Zahlen sind ($a_\nu, b_\nu \in \mathbb{R}$) und so gekürzt wurde, daß der Koeffizient der höchsten Potenz des Nennerpolynoms zu eins wird ($b_n = 1$). Wesentlich ist, daß h^* eine reellwertige rationale

Funktion der komplexen Variablen p ist, d. h., $h^*(p)$ ist reell für reelle Werte der Variablen p.

Berechnet man die Nullstellen von Zähler- und Nennerpolynom, so kann $h^*(p)$ auch in Produktform

$$h^*(p) = a\frac{(p - p_1')(p - p_2') \ldots (p - p_{k'}')}{(p - p_1)(p - p_2) \ldots (p - p_k)} \qquad (a \in \mathbb{R}) \tag{3.57}$$

dargestellt werden. In der letzten Gleichung wurden die Nullstellen der Übertragungsfunktion mit p_i' $(i = 1, 2, \ldots, k')$ und die Pole mit p_i $(i = 1, 2, \ldots, k)$ bezeichnet. Es ist üblich, die Pole und Nullstellen der Übertragungsfunktion in der komplexen p-Ebene graphisch darzustellen. Dabei bezeichnet man die Pole durch kleine Kreuze ($\times$) und die Nullstellen durch kleine Kreise (o). In Abb. 3.6 ist der auf diese Weise entstehende *Pol–Nullstellen–Plan* (abgekürzt: PN-Plan) der Übertragungsfunktion eines Systems dargestellt.

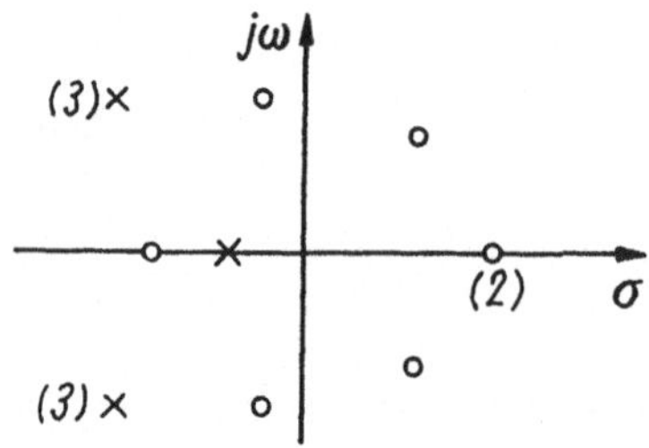

Abb. 3.6. Pol–Nullstellen–Plan eines Systems.

In dieser Darstellung wurden gleichzeitig einige weitere Eigenschaften von $h^*(p)$ berücksichtigt, die noch erwähnt werden sollen:

a) Es ist durchaus möglich, daß in (3.57) Pole und Nullstellen mehrfach auftreten. Ist z. B. $h^*(p)$ in der Form

$$h^*(p) = \frac{\ldots (p - p_i')^j \ldots}{\ldots (p - p_i)^k \ldots} \tag{3.58}$$

darstellbar, so hat $h^*(p)$ in $p = p_i'$ eine j–fache Nullstelle und in $p = p_i$ einen k–fachen Pol. Die Vielfachheit wird im PN-Plan an die Pole und Nullstellen herangeschrieben. (So haben wir in Abb. 3.6 z. B. zwei dreifache Pole und eine zweifache Nullstelle.)

b) Da $h^*(p)$ reellwertig ist, können die Pole und Nullstellen von $h^*(p)$ nur in konjugiert komplexen Paaren oder auf der reellen Achse liegend auftreten. Konjugiert komplexe Pole und Nullstellen haben stets die gleiche Vielfachheit.

c) Verschwindet in (3.56) der Koeffizient an der höchsten Potenz des Zählerpolynoms, so ist $h^*(\infty) = 0$. Andernfalls gilt

$$h^*(\infty) = a_n \neq 0. \tag{3.59}$$

Es ist offensichtlich nicht möglich, daß der Grad des Zählerpolynoms den des Nennerpolynoms übersteigt. (Das folgt aus (3.55).)

Wenden wir uns nun der Gewichtsfunktion h näher zu.

Da $h^*(p)$ im Unendlichen möglicherweise nicht verschwindet, kann die Residuenmethode zur inversen Laplace–Transformation von $h^*(p)$ nicht unmittelbar angewandt werden. Zerlegen wir aber

$$h^*(p) = \bar{h}^*(p) + h^*(\infty), \tag{3.60}$$

indem wir den nicht verschwindenden Anteil $h^*(\infty)$ als Summanden abspalten, so erhalten wir mit $L^{-1}(1) = \delta(t)$ die Gewichtsfunktion h:

$$h(t) = L^{-1}(\bar{h}^*(p)) + h^*(\infty)\delta(t). \tag{3.61}$$

Die inverse Laplace–Transformation von $h^*(p)$ ist nun ohne weiteres mit Hilfe der Residuenmethode durchführbar, da $\bar{h}^*(p)$ voraussetzungsgemäß im Unendlichen verschwindet und außerdem eine rationale Funktion ist. Bei Anwendung von (1.124) und (1.125) erhalten wir damit die folgenden Ergebnisse:

Enthält $\bar{h}^*(p)$ nur einfache Pole an den Stellen $p = p_i$, so setzt sich $\bar{h}(t)$ aus Summanden der Form

$$\bar{h}_i(t) = e^{p_i t}(\bar{h}^*(p)(p - p_i))_{p=p_i} \tag{3.62}$$

zusammen, d. h., es gilt

$$\bar{h}(t) = \sum_i \bar{h}_i(t). \tag{3.63}$$

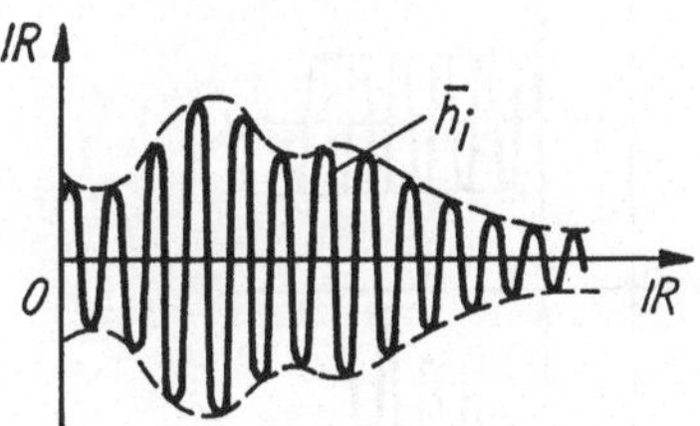

Abb. 3.7. Zeitverlauf einer Komponente der Impulsantwort.

Treten noch k-fache Pole an den Stellen $p = p_i$ auf, so kommen in dieser Summe noch Summanden der Form

$$\bar{h}_i(t) = \frac{1}{(k-1)!} \left(\bar{h}^*(p)e^{pt}(p - p_i)^k\right)^{(k-1)}\Big|_{p=p_i} \tag{3.64}$$

vor, worin der hochgestellte Index die $(k-1)$-te Ableitung nach p bezeichnet. Der Ausdruck (3.64) kann auch in der Form

$$\bar{h}_i(t) = e^{p_i t} \sum_{m=0}^{k-1} g_m(p_i)t^m \tag{3.65}$$

geschrieben werden, was sich leicht bestätigen läßt, wenn man in (3.64) die $(k-1)$-te Ableitung mit Hilfe der Produktregel der Differentialrechnung ausrechnet. Für ein konjugiert komplexes Polpaar k-ter Ordnung (das ist der allgemeine Fall) erhalten wir zwei Ausdrücke der Form (3.65), die wegen der Reellwertigkeit von $\bar{h}_i(t)$ zueinander konjugiert komplexe Werte annehmen müssen. Da die Summe zweier konjugiert komplexer Ausdrücke aber gerade den doppelten Realteil eines Summanden ergibt, ist der einem k-fachen konjugiert komplexen Polpaar zugeordnete Summand $\bar{h}_i(t)$, der in $\bar{h}(t)$ enthalten ist, durch

$$\bar{h}_i(t) = 2\,\mathrm{Re}\left(\mathrm{e}^{p_i t}\sum_{m=0}^{k-1} g_m(p_i)t^m\right) = 2\mathrm{e}^{\sigma_i t}\left|\sum_{m=0}^{k-1} g_m(p_i)t^m\right|\cos(\omega_i t + \alpha_i) \qquad (3.66)$$

mit

$$\alpha_i = \arg\sum_{m=0}^{k-1} g_m(p_i)t^m \qquad (3.67)$$

gegeben $(p_i = \sigma_i + \mathrm{j}\omega_i)$. Der grundsätzliche Zeitverlauf einer solchen Komponente der Gewichtsfunktion ist in Abb. 3.7 dargestellt. Abb. 3.8 zeigt die qualitative Darstellung der Gewichtsfunktionen (Impulsantworten) für einige besonders einfache Sonderfälle.

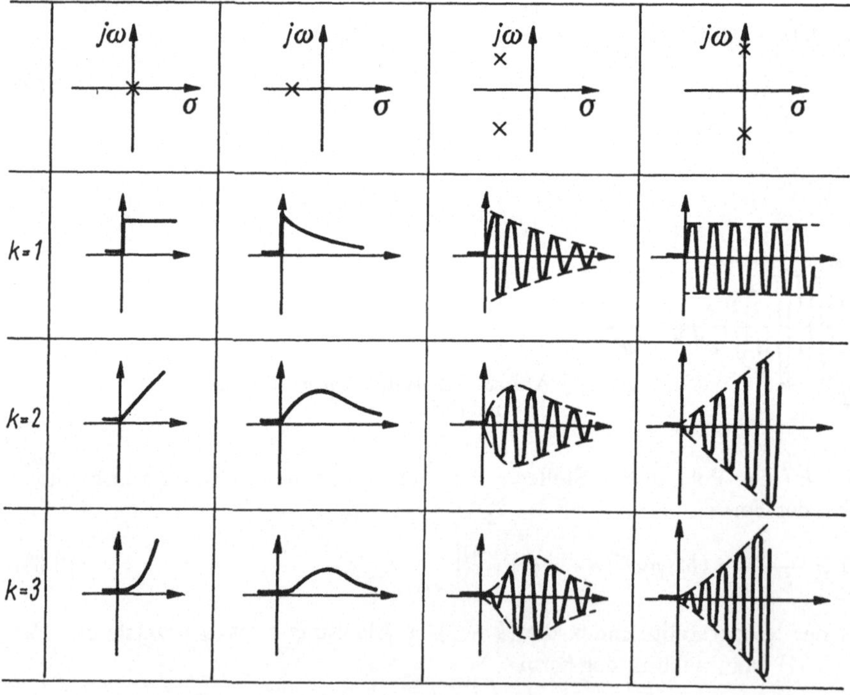

Abb. 3.8. Gewichtsfunktionen (Impulsantworten) für einige spezielle Polkonfigurationen.

3.2.1.3 Vereinfachte Methoden der Analyse

Das Ziel der nachfolgenden Überlegungen soll sein, zu einem gegebenen System durch Analyse die Übertragungsfunktion h^* zu bestimmen. Der grundsätzliche Weg zur

Lösung dieser Aufgabe wurde bereits skizziert: Zunächst müssen die Zustandsgleichungen des Systems aufgestellt werden, aus denen man die Matrizen A, B, C und D abliest, danach kann $h^*(p)$ mit Hilfe von (3.55) berechnet werden. Dieser Rechenweg, der zwar grundsätzlich zum Ziel führt, ist aber viel zu langwierig und umständlich. Für einfache Fälle (bei nicht zu komplizierten Systemen) gibt es eine Reihe von Methoden, die bedeutend schneller zum Ziel führen. Zwei dieser Methoden sollen nun kurz dargestellt werden.

I. Verallgemeinerte symbolische Methode: Die folgende Methode hat ihren Namen von ihrer Ähnlichkeit zur symbolischen Methode der Wechselstromlehre erhalten und ist insbesondere für die Analyse elektrischer Netzwerke (RLC-Schaltungen) geeignet. Betrachten wir den in Abb. 3.9a dargestellten allgemeinen Zweig eines RLC-Netzwerks, das sich im Nullzustand befindet. Bezeichnen wir den Zweigstrom mit i und die Zweigspannung mit u, so gilt die Differentialgleichung

$$Ri(t) + L\dot{i}(t) + \frac{1}{C} \int\limits_0^t i(\tau)\,\mathrm{d}\tau - e(t) = u(t). \tag{3.68}$$

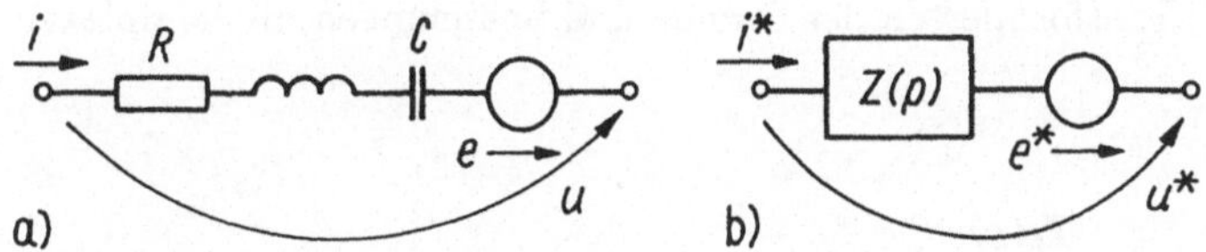

Abb. 3.9. Allgemeiner Netzwerkzweig: a) Original; b) Bild.

Bei Anwendung der Laplace–Transformation geht diese Gleichung über in

$$\left(R + pL + \frac{1}{pC}\right) i^*(p) - e^*(p) = u^*(p). \tag{3.69}$$

Diese Gleichung kann aber sofort aus Abb. 3.9a abgelesen werden, wenn man nur der RLC-Reihenschaltung den symbolischen Widerstand

$$Z(p) = R + pL + \frac{1}{pC} \tag{3.70}$$

zuordnet und die Kirchhoffschen Regeln formal wie bei einem nur aus Ohmschen Widerständen bestehenden Netzwerk anwendet. Wir erhalten damit den in Abb. 3.9b dargestellten symbolischen Netzwerkzweig mit dem symbolischen Zweigstrom i^* und der symbolischen Zweigspannung u^*. Verfährt man in der beschriebenen Weise mit allen Zweigen des Netzwerks, so erhält man ein zugeordnetes *symbolisches Netzwerk*.

Die Regeln für das Auffinden des symbolischen Netzwerks lauten:

1. Jedem Widerstand R wird der symbolische Widerstand R zugeordnet.
2. Jeder Induktivität L wird der symbolische Widerstand pL zugeordnet.
3. Jeder Kapazität C wird der symbolische Widerstand $1/pC$ zugeordnet.

4. Alle Ströme i und Spannungen u (bzw. Spannungsquellen e) des Netzwerks werden durch die zugehörigen Laplace–Transformierten i^* und u^* (bzw. e^*) ersetzt.

In dem so gefundenen symbolischen Netzwerk gelten alle Kirchhoffschen Gesetze wie in einem nur aus Ohmschen Widerständen bestehenden Netzwerk, wenn die symbolischen Widerstände wie Ohmsche Widerstände und die symbolischen Ströme und Spannungen wie wirkliche Ströme und Spannungen behandelt werden. Weiterhin gelten alle aus den Kirchhoffschen Gesetzen für lineare Netzwerke abgeleiteten Regeln, so z. B. die Stromteilerregel, die Spannungsteilerregel, der Überlagerungssatz usw., die dem Elektrotechniker von der Grundausbildung her wohlbekannt sind.

Die Analogie zur symbolischen Methode der Wechselstromlehre ist offensichtlich: Anstelle des symbolischen Widerstands

$$Z(p) = R + pL + \frac{1}{pC}$$

haben wir in der Wechselstromlehre den symbolischen (komplexen) Widerstand

$$Z(\mathrm{j}\omega) = R + \mathrm{j}\omega L + \frac{1}{\mathrm{j}\omega C}$$

und anstelle der Laplace–Transformierten der Ströme und Spannungen die komplexen Ströme und Spannungen.

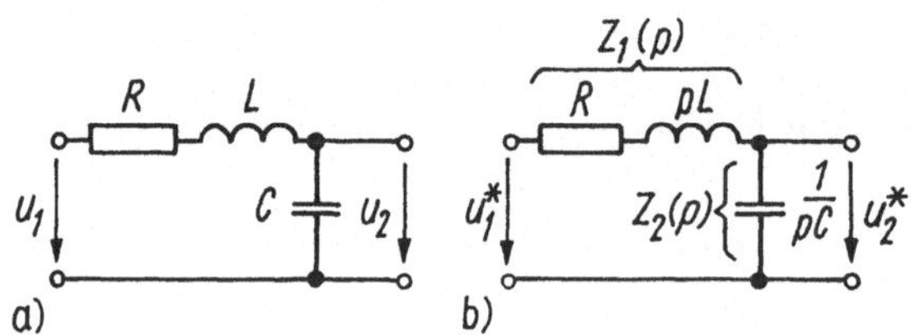

Abb. 3.10. RLC-Schaltung:
a) Original; b) Bild.

Beispiel: Betrachten wir noch ein einfaches Beispiel zur Illustration der dargelegten Methode. Gegeben sei die RLC-Schaltung Abb. 3.10a mit der Eingabe u_1 (Ursache) und der Ausgabe u_2 (Wirkung). Mit Hilfe der Regeln 1 bis 4 geht die Schaltung in Abb. 3.10b über. (Dieser Schritt kann beim praktischen Rechnen ebenfalls noch eingespart werden; die symbolischen Größen können sofort in die Originalschaltung eingetragen werden.) Nun erhalten wir mit Hilfe der Spannungsteilerregel

$$\frac{u_2^*(p)}{u_1^*(p)} = \frac{Z_2(p)}{Z_1(p) + Z_2(p)} = \frac{\frac{1}{pC}}{\frac{1}{pC} + R + pL} = \frac{1}{p^2 LC + pCR + 1}.$$

Da $u_2^*(p)$ der Ausgabe $\underline{y}^*(p)$ und $u_1^*(p)$ der Eingabe $\underline{x}^*(p)$ entsprechen, ist folglich die gesuchte Übertragungsfunktion des Systems

$$h^*(p) = \frac{u_2^*(p)}{u_1^*(p)} = \frac{1}{p^2 LC + pCR + 1} = \frac{1}{LC}\frac{1}{(p - p_1)(p - p_2)}$$

mit

$$p_{1,2} = -\frac{R}{2L} \pm \sqrt{\left(\frac{R}{2L}\right)^2 - \frac{1}{LC}}.$$

Mit Hilfe von $h^*(p)$ kann nun die Ausgabe u_2 für eine beliebige Eingabe u_1 berechnet werden. Ist z. B. $u_1(t) = U_0 s(t)$ (Einschalten einer Gleichspannung U_0 zur Zeit $t = 0$), so ist

$$u_1^*(p) = \frac{U_0}{p}$$

und, falls $p_1 \neq p_2$ gilt,

$$\begin{aligned}
u_2(t) &= L^{-1}(h^*(p)u_1^*(p)) \\
&= \sum \mathrm{Res}\left(\frac{1}{LC}\frac{1}{(p-p_1)(p-p_2)}\frac{U_0}{p}\mathrm{e}^{pt}\right) \\
&= \frac{U_0}{LC}\left(\frac{1}{p_1 p_2} + \frac{1}{p_1(p_1-p_2)}\mathrm{e}^{p_1 t} + \frac{1}{p_2(p_2-p_1)}\mathrm{e}^{p_2 t}\right).
\end{aligned}$$

$\square$

Wie das vorstehende Beispiel zeigte und durch weitere Beispiele bestätigt werden kann, führt die verallgemeinerte symbolische Methode in Verbindung mit den Regeln der Elektrotechnik bei nicht allzu komplizierten RLC-Schaltungen sehr schnell zum Ziel, d. h., zur gesuchten Übertragungsfunktion h^*. Das relativ komplizierte Aufstellen der Zustandsgleichungen (bzw. Differentialgleichungen) des Systems, deren Laplace–Transformation und Auflösung können bei dieser Methode umgangen werden. Es liegt deshalb der Gedanke nahe, die Grundidee dieser für RLC-Netzwerke so vorteilhaften Methode – das Ablesen der Gleichungen im Bildbereich aus der Schaltung – auch dann anzuwenden, wenn das System als Blockschaltung mit Integratoren, Verstärkern und Addiergliedern vorliegt.

a)   b)   **Abb. 3.11.** Integrator: a) Original; b) Bild.

In diesem Fall geht ein Integrator (Abb. 3.11a), der der Differentialgleichung

$$\dot{\underline{y}}(t) = \underline{x}(t)$$

genügt, in einen „symbolischen Integrator", d. h., einen Verstärker (Abb. 3.11b) über, für den

$$p\underline{y}^*(p) = \underline{x}^*(p)$$

oder

$$\underline{y}^*(p) = \frac{1}{p}\underline{x}^*(p) \tag{3.71}$$

gilt. Beim Übergang zur symbolischen Blockschaltung ist also jeder Integrator durch einen Verstärker mit dem Verstärkungsfaktor $1/p$ zu ersetzen. Aus der so erhaltenen Blockschaltung werden die Gleichungen im Bildbereich sofort abgelesen.

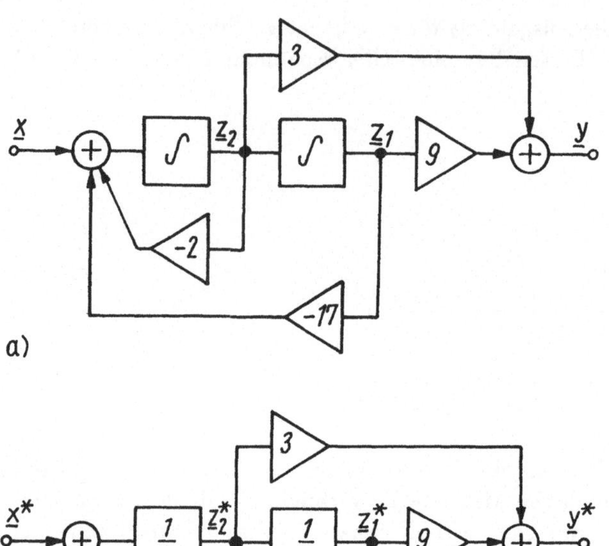

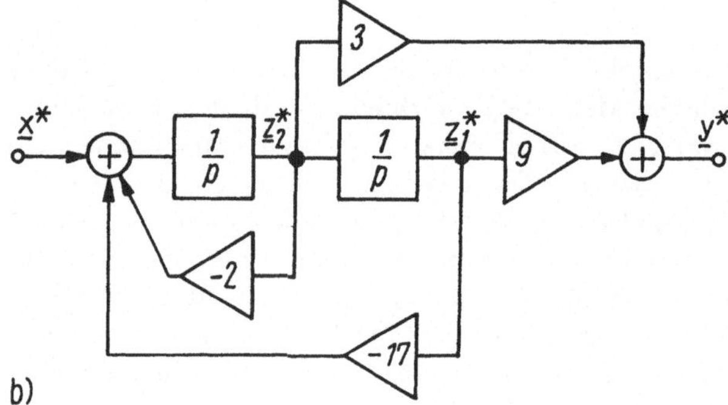

Abb. 3.12. Blockschaltbild eines linearen Systems (Beispiel):
a) Original; b) Bild.

Beispiel: Gegeben ist das lineare System Abb. 3.12a im Nullzustand in Form eines Blockschaltbilds. Das transformierte Blockschaltbild wird in Abb. 3.12b gezeigt. (Diese Schaltung wird man beim praktischen Rechnen nicht erst neu aufzeichnen.) Aus Abb. 3.12b liest man die folgenden Gleichungen ab :

$$\begin{aligned}
p z_1^*(p) &= z_2^*(p) \\
p z_2^*(p) &= -17 z_1^*(p) - 2 z_2^*(p) + x^*(p) \\
y^*(p) &= 9 z_1^*(p) + 3 z_2^*(p).
\end{aligned} \qquad (3.72)$$

Nach Eliminieren von $z_2^*(p)$ aus den ersten beiden Gleichungen ergibt sich

$$p^2 z_1^*(p) = -17 z_1^*(p) - 2p z_1^*(p) + x^*(p)$$

und daraus

$$z_1^*(p) = \frac{x^*(p)}{p^2 + 2p + 17}; \qquad z_2^*(p) = \frac{p x^*(p)}{p^2 + 2p + 17}.$$

Nach Einsetzen in die dritte Gleichung des obigen Gleichungssystems erhalten wir die gesuchte Übertragungsfunktion

$$\frac{\underline{y}^*(p)}{\underline{x}^*(p)} = h^*(p) = \frac{3p+9}{p^2+2p+17}. \tag{3.73}$$

$\square$

II. Methode der Signalflußgraphen: Wie das vorhergehende Beispiel zeigte, ist zur Berechnung der Übertragungsfunktion ein lineares Gleichungssystem zu lösen, falls das System als Blockschaltung gegeben ist und die das System beschreibenden Gleichungen im Bildbereich daraus abgelesen werden. Die Lösung eines solchen linearen Gleichungssystems kann mit Hilfe der nachfolgend beschriebenen Methode gefunden werden, ohne daß diese Gleichungen erst aufgeschrieben werden müssen. Dabei wird aus dem Blockschaltbild ein sogenannter *Signalflußgraph* abgelesen, aus dem die gesuchte Übertragungsfunktion nach bestimmten Regeln ermittelt werden kann.

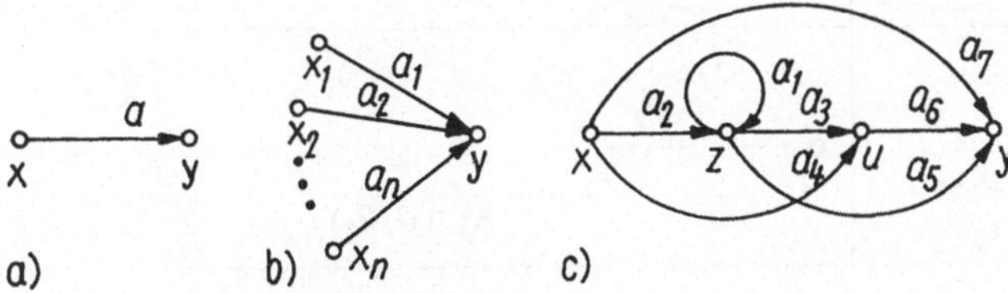

Abb. 3.13. Einfache Signalflußgraphen.

Ein Signalflußgraph besteht aus Knoten und orientierten Zweigen. Die Knoten repräsentieren die Variablen des Systems (z. B. die Signale $\underline{x}^*$, $\underline{y}^*$, $\underline{z}^*$ im Bildbereich usw.) und die Zweige die Beziehungen zwischen ihnen. Die Zweige sind neben ihrer Orientierung noch durch ihr Gewicht (Transmission) gekennzeichnet. Besteht zwischen zwei Variablen x und y die Beziehung

$$y = ax, \tag{3.74}$$

so wird dieser Zusammenhang durch den Signalflußgraphen Abb. 3.13a zum Ausdruck gebracht. Gilt in einem allgemeineren Fall

$$y = a_1 x_1 + a_2 x_2 + \ldots + a_n x_n, \tag{3.75}$$

so kann diese Gleichung durch den Signalflußgraphen Abb. 3.13b dargestellt werden. Haben wir mehrere Variable, z. B. u, x, y, z, die durch ein lineares Gleichungssystem, z. B.

$$\begin{aligned} z &= a_1 z + a_2 x \\ u &= a_3 z + a_4 x \\ y &= a_5 z + a_6 u + a_7 x, \end{aligned} \tag{3.76}$$

miteinander verknüpft sind, so erhalten wir den in Abb. 3.13c dargestellten Signalflußgraphen. Offensichtlich wird eine durch einen Knoten repräsentierte Variable immer durch die in diesen Knoten einmündenden Zweige bestimmt, d. h., es gilt (3.75), während die fortführenden Zweige die Variable nicht beeinflussen. Zur Auflösung des Gleichungssystems (3.77) nehmen wir an, daß x eine gegebene (unabhängige) Variable und y die gesuchte (abhängige) Variable ist. Die übrigen Variablen u und z seien zu eliminierende Zwischenvariable. Es ist also das Ziel der Auflösung des Gleichungssystems, zwischen x und y eine Beziehung der Form (3.74), d. h. $y = ax$, herzustellen. Das bedeutet im Signalflußgraphen Abb. 3.13c, daß dieser Graph so zu vereinfachen ist, daß er bis auf einen einzigen Zweig reduziert wird (Abb. 3.13a).

Zur Vereinfachung (Reduktion) von Signalflußgraphen gelten die folgenden Regeln, die leicht einzusehen sind:

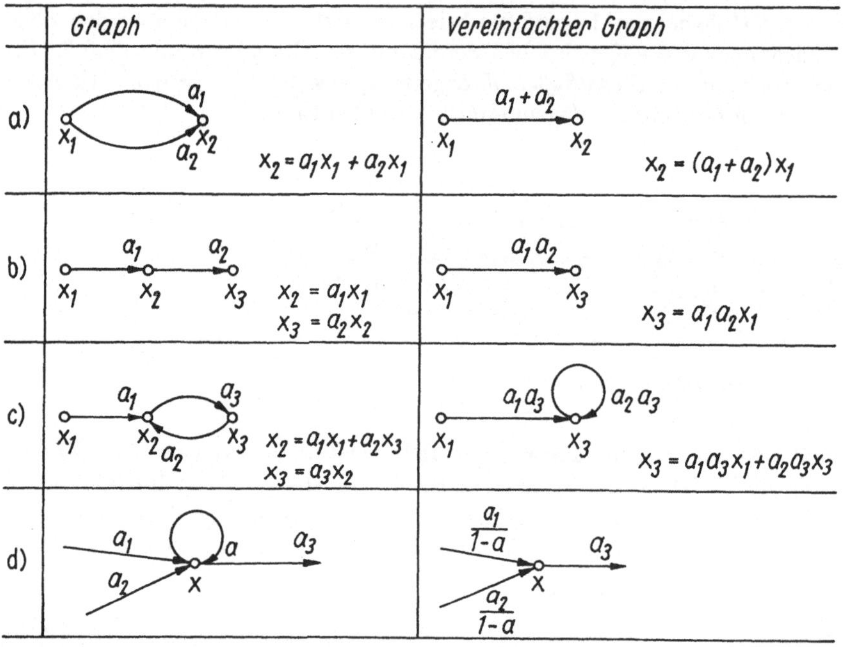

Graph	*Vereinfachter Graph*
a) $x_2 = a_1 x_1 + a_2 x_1$	$x_2 = (a_1 + a_2) x_1$
b) $x_2 = a_1 x_1$ $x_3 = a_2 x_2$	$x_3 = a_1 a_2 x_1$
c) $x_2 = a_1 x_1 + a_2 x_3$ $x_3 = a_3 x_2$	$x_3 = a_1 a_3 x_1 + a_2 a_3 x_3$
d)	

Abb. 3.14. Regeln zur Vereinfachung von Signalflußgraphen.

1. Gleichorientierte parallele Zweige können zu einem Zweig zusammengefaßt werden, wobei sich die Gewichte addieren (Abb. 3.14a).

2. Enthält ein Knoten nur einen hinführenden und einen fortführenden Zweig, so kann der Knoten fortgelassen und die beiden Zweige durch einen neuen Zweig ersetzt werden. Das Gewicht des neuen Zweiges ergibt sich aus dem Produkt der Gewichte der beiden zusammengefaßten Zweige (Abb. 3.14b).

3. Entgegengesetzt orientierte parallele Zweige können nach der in Abb. 3.14c dargestellten Weise eliminiert werden, wobei eine Schlinge entsteht.

4. Eine Schlinge mit dem Gewicht a kann aufgelöst werden, indem man alle Gewichte der zum betreffenden Knoten hinführenden Zweige mit dem Gewicht $1/(1 - a)$ multipliziert (Abb. 3.14d).

Es gibt noch eine Anzahl weiterer Regeln, die weniger wichtig sind und deshalb hier nicht mehr aufgezählt werden sollen.

Beispiel: Die praktische Handhabung dieser Regeln soll nun noch an einem einfachen Beispiel verdeutlicht werden. Wir benutzen dazu das bereits angegebene Blockschaltbild eines linearen Systems (Abb. 3.12b). Die Gleichungen, die dieses Systems beschreiben, wurden bereits in (3.72) angegeben. Sie lassen sich auch in der Form

$$\underline{z}_1^*(p) = \frac{1}{p}\underline{z}_2^*(p)$$

$$\underline{z}_2^*(p) = -\frac{17}{p}\underline{z}_1^*(p) - \frac{2}{p}\underline{z}_2^*(p) + \frac{1}{p}\underline{x}^*(p)$$

$$\underline{y}^*(p) = 9\underline{z}_1^*(p) + 3\underline{z}_2^*(p)$$

notieren. Zu diesem Gleichungssystem gehört der Signalflußgraph Abb. 3.15a. Beim praktischen Rechnen wird der Signalflußgraph sofort aus der Schaltung 3.12b abgelesen, ohne das Gleichungssystem erst aufzuschreiben.

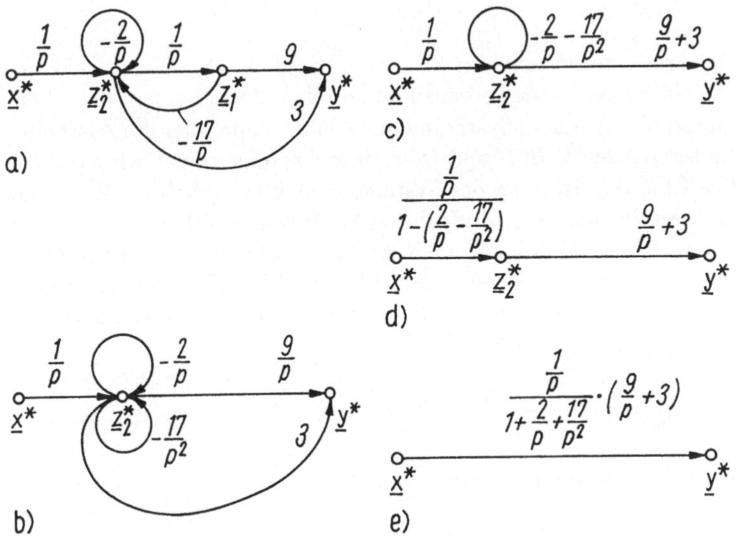

Abb. 3.15. Vereinfachung des Signalflußgraphen zu Abb. 3.12.

Der Signalflußgraph Abb. 3.15a soll nun unter Beachtung der angegebenen Regeln schrittweise reduziert werden. Zunächst erhalten wir durch Eliminieren von $\underline{z}_1^*$ nach Regel 3 den Signalflußgraphen Abb. 3.15b. Fassen wir nun noch die beiden Schlingen und die beiden zu $\underline{y}^*$ führenden Zweige nach Regel 1 zusammen, so entsteht Abb. 3.15c. Die Auflösung der Schlinge nach Regel 4 ergibt anschließend Abb. 3.15d und die Zusammenfassung der verbleibenden Zweige nach Regel 2 schließlich die gesuchte Lösung, so daß wir ablesen können

$$\underline{y}^*(p) = \frac{\frac{1}{p}}{1 + \frac{2}{p} + \frac{17}{p^2}}\left(\frac{9}{p} + 3\right)\underline{x}^*(p).$$

Die gesuchte Übertragungsfunktion lautet damit (wie bereits früher in (3.73) errechnet wurde)

$$h^*(p) = \frac{3p + 9}{p^2 + 2p + 17}.$$

$\square$

Es sei noch darauf hingewiesen, daß die Reduktion eines Signalflußgraphen in komplizierteren Fällen recht mühsam werden kann. Man verwendet in diesen Fällen eine allgemeinere Formel, mit deren Hilfe die gesuchte Übertragungsfunktion zwischen zwei beliebigen Knoten des Graphen direkt hingeschrieben werden kann, wenn man gewisse geschlossene und nichtgeschlossene Wege im Graphen systematisch aufsucht und deren Gewichte nach bestimmten Vorschriften miteinander verknüpft (*Formel von Mason*). Außerdem sei bemerkt, daß es sich bei der Methode der Signalflußgraphen um ein Verfahren zur Lösung linearer Gleichungssysteme handelt, das auch zur Analyse elektrischer Netzwerke (*RLC*-Schaltungen) verwendet werden kann. Der interessierte Leser sei auf die einschlägige Fachliteratur verwiesen (z. B. [RS76]).

3.2.1.4 Systemmodell

Weiterhin soll nun die Frage untersucht werden, ob es möglich ist, einer gegebenen rationalen Funktion h^* ein Systemmodell so zuzuordnen, daß dieses System die Übertragungsfunktion h^* annimmt. Aus dem Systemmodell können dann über die Zustandsgleichungen die Zustandsmatrizen A, B, C und D bestimmt werden, so daß wir auf diese Weise eine vollständige Charakterisierung des Systems über $h^*(p)$ erhalten. Es sei an dieser Stelle bereits festgestellt, daß diese Aufgabe nicht eindeutig lösbar ist. Zu einer gegebenen Übertragungsfunktion h^* können mehrere unterschiedliche Systemmodelle gefunden werden, denen auch entsprechend unterschiedliche Zustandsmatrizen zugeordnet sind. Aus der Vielzahl der möglichen Lösungen sei hier nur eine wiedergegeben.

Vorgegeben sei die Übertragungsfunktion durch

$$h^*(p) = \frac{a_0 + a_1 p + a_2 p^2 + \ldots + a_{n-1} p^{n-1} + a_n p^n}{b_0 + b_1 p + b_2 p^2 + \ldots + b_{n-1} p^{n-1} + p^n}$$

gemäß (3.56). Daraus ergibt sich durch Umstellung

$$(b_0 + b_1 p + \ldots + b_{n-1} p^{n-1}) h^*(p) + p^n h^*(p) = a_0 + a_1 p + \ldots + a_{n-1} p^{n-1} + a_n p^n$$

und weiter

$$h^*(p) = \left(a_n + \frac{a_{n-1}}{p} + \ldots + \frac{a_0}{p^n} \right) - \left(\frac{b_{n-1}}{p} + \frac{b_{n-2}}{p^2} + \ldots + \frac{b_0}{p^n} \right) h^*(p).$$

Mit $h^*(p) = \underline{y}^*(p)/\underline{x}^*(p)$ folgt schließlich

$$\underline{y}^*(p) = \left(a_n + \frac{a_{n-1}}{p} + \ldots + \frac{a_0}{p^n} \right) \underline{x}^*(p) - \left(\frac{b_{n-1}}{p} + \frac{b_{n-2}}{p^2} + \ldots + \frac{b_0}{p^n} \right) \underline{y}^*(p).$$

Wir setzen nun

$$\underline{y}^*(p) = a_n \underline{x}^*(p) + \underline{z}_n^*(p), \tag{3.77}$$

wobei

$$z_n^*(p) = \left(\frac{a_{n-1}}{p} + \frac{a_{n-2}}{p^2} + \ldots + \frac{a_0}{p^n}\right) x^*(p) - \left(\frac{b_{n-1}}{p} + \frac{b_{n-2}}{p^2} + \ldots + \frac{b_0}{p^n}\right) y^*(p)$$

und weiter

$$z_n^*(p) = \frac{a_{n-1}}{p} x^*(p) + \frac{z_{n-1}^*(p)}{p} - \frac{b_{n-1}}{p} y^*(p), \tag{3.78}$$

mit

$$z_{n-1}^*(p) = \left(\frac{a_{n-2}}{p} + \ldots + \frac{a_0}{p^{n-1}}\right) x^*(p) - \left(\frac{b_{n-2}}{p} + \ldots + \frac{b_0}{p^{n-1}}\right) y^*(p)$$

usw., bis sich schließlich

$$z_2^*(p) = \frac{a_1}{p} x^*(p) + \frac{z_1^*(p)}{p} - \frac{b_1}{p} y^*(p) \tag{3.79}$$

$$z_1^*(p) = \frac{a_0}{p} x^*(p) - \frac{b_0}{p} y^*(p) \tag{3.80}$$

ergibt. Aus den Gleichungen (3.77) bis (3.80) erhält man das in Abb. 3.16 dargestellte Systemmodell.

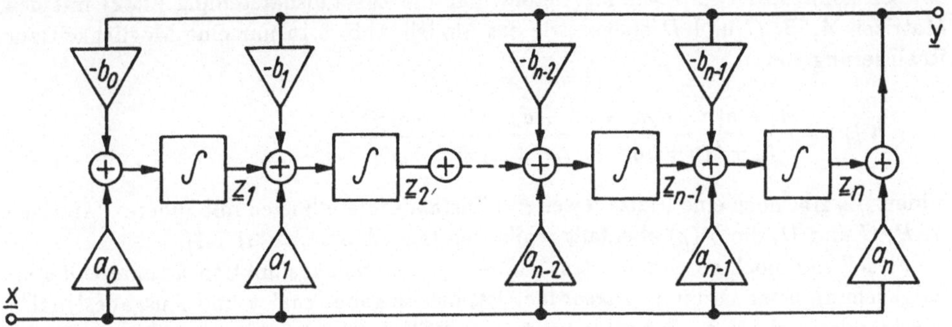

Abb. 3.16. Systemmodell zur Realisierung der Übertragungsfunktion.

3.2.1.5 Zustandsgleichungen und Differentialgleichung

Wir wollen nun für das oben entwickelte Systemmodell die Zustandsgleichungen aufstellen. Indem wir die Gleichungen (3.80), (3.79) bis (3.77) in dieser Reihenfolge aufschreiben und jeweils mit p durchmultiplizieren, erhalten wir das Gleichungssystem

$$
\begin{aligned}
p z_1^*(p) &= & a_0 x^*(p) &- b_0 y^*(p) \\
p z_2^*(p) &= z_1^*(p) &+ a_1 x^*(p) &- b_1 y^*(p) \\
&\ \vdots & \vdots\qquad & \vdots \\
p z_{n-1}^*(p) &= z_{n-2}^*(p) &+ a_{n-2} x^*(p) &- b_{n-2} y^*(p) \\
p z_n^*(p) &= z_{n-1}^*(p) &+ a_{n-1} x^*(p) &- b_{n-1} y^*(p) \\
y^*(p) &= z_n^*(p) &+ a_n x^*(p). &
\end{aligned}
\tag{3.81}
$$

Setzen wir nun noch die letzte Gleichung in die ersten n Gleichungen ein und gehen in den Originalbereich über, so erhalten wir unter Berücksichtigung des verschwindenden Anfangszustands die Zustandsgleichungen

$$
\begin{aligned}
\dot{\underline{z}}_1(t) &= & & -b_0\underline{z}_n(t) & + & (a_0 - b_0a_n)\underline{x}(t) \\
\dot{\underline{z}}_2(t) &= \underline{z}_1(t) & & -b_1\underline{z}_n(t) & + & (a_1 - b_1a_n)\underline{x}(t) \\
&\vdots & &\vdots & & \vdots \\
\dot{\underline{z}}_{n-1}(t) &= \underline{z}_{n-2}(t) & & -b_{n-2}\underline{z}_n(t) & + & (a_{n-2} - b_{n-2}a_n)\underline{x}(t) \\
\dot{\underline{z}}_n(t) &= \underline{z}_{n-1}(t) & & -b_{n-1}\underline{z}_n(t) & + & (a_{n-1} - b_{n-1}a_n)\underline{x}(t) \\
\underline{y}(t) &= & & \underline{z}_n(t) & + & a_n\underline{x}(t),
\end{aligned}
\tag{3.82}
$$

aus denen wir die Systemmatrizen

$$
A = \begin{pmatrix}
0 & 0 & 0 & \ldots & 0 & -b_0 \\
1 & 0 & 0 & \ldots & 0 & -b_1 \\
0 & 1 & 0 & \ldots & 0 & -b_2 \\
\vdots & & & & & \vdots \\
0 & 0 & 0 & \ldots & 1 & -b_{n-1}
\end{pmatrix}; \quad
B = \begin{pmatrix}
a_0 - b_0a_n \\
a_1 - b_1a_n \\
\vdots \\
a_{n-1} - b_{n-1}a_n
\end{pmatrix};
\tag{3.83}
$$

$$
C = (0 \quad 0 \quad 0 \ldots 0 \quad 1); \qquad D = a_n
$$

ablesen können. Es sei nochmals betont, daß die Zustandsdarstellung (3.82) mit den Matrizen A, B, C und D ebenso wie das Modell Abb. 3.16 nur eine Möglichkeit zur Realisierung von

$$
h^*(p) = \frac{a_0 + a_1p + a_2p^2 + \ldots + a_{n-1}p^{n-1} + a_np^n}{b_0 + b_1p + b_2p^2 + \ldots + b_{n-1}p^{n-1} + p^n}
$$

bilden. Es gibt noch eine Vielzahl weiterer Zustandsdarstellungen mit anderen Matrizen A, B, C und D, die $h^*(p)$ ebenfalls realisieren (vgl. Abschnitt 3.1.1.2).

Es soll nun noch gezeigt werden, daß jeder Übertragungsfunktion h^* eine Differentialgleichung n-ter Ordnung zugeordnet ist, die Eingabesignal $\underline{x}$ und Ausgabesignal $\underline{y}$ miteinander verknüpft. Zur Ableitung dieser Differentialgleichung transformieren wir (3.81) unter Berücksichtigung des Anfangszustands $\underline{z}(0) = 0$ in den Originalbereich zurück und erhalten

$$
\begin{aligned}
\dot{z}_1 &= & & a_0x & - & b_0y \\
\dot{z}_2 &= z_1 & + & a_1x & - & b_1y \\
\dot{z}_3 &= z_2 & + & a_2x & - & b_2y \\
&\vdots & &\vdots & & \vdots \\
\dot{z}_n &= z_{n-1} & + & a_{n-1}x & - & b_{n-1}y \\
y &= z_n & + & a_nx.
\end{aligned}
\tag{3.84}
$$

Dabei wurde der Einfachheit halber $\underline{x}(t) = x$, $\underline{y}(t) = y$, $\underline{z}_\nu(t) = z_\nu$ und $\dot{\underline{z}}_\nu(t) = \dot{z}_\nu$ gesetzt. Wir eliminieren nun die Zustandsvariablen auf folgende Weise: Zunächst wird die zweite Gleichung einmal differenziert und $\dot{z}_1$ aus der ersten Gleichung eingesetzt, danach die dritte Gleichung zweimal differenziert und $\ddot{z}_2$ aus der zweiten Gleichung eingesetzt usw. Die letzte Gleichung wird n-mal differenziert. Damit erhalten wir

$$
\begin{aligned}
\dot{z}_1 &= a_0 x - b_0 y \\
\ddot{z}_2 &= a_1 \dot{x} + a_0 x - b_0 y - b_1 \dot{y} \\
\dddot{z}_3 &= a_2 \ddot{x} + a_1 \dot{x} + a_0 x - b_0 y - b_1 \dot{y} - b_2 \ddot{y} \\
\vdots \quad & \qquad \vdots \\
z_n^{(n)} &= a_{n-1} x^{(n-1)} + \ldots + a_1 \dot{x} + a_0 x - b_0 y - b_1 \dot{y} - \ldots - b_{n-1} y^{(n-1)} \\
z_n^{(n)} &= -a_n x^{(n)} + y^{(n)}.
\end{aligned}
\tag{3.85}
$$

Aus den letzten beiden Gleichungen folgt nach Eliminieren von $z_n^{(n)}$ sofort die gesuchte Differentialgleichung n-ter Ordnung

$$
y^{(n)} + b_{n-1} y^{(n-1)} + \ldots + b_1 \dot{y} + b_0 y = a_n x^{(n)} + \ldots + a_1 \dot{x} + a_0 x.
\tag{3.86}
$$

Unterziehen wir beide Seiten dieser Differentialgleichung der Laplace–Transformation, so erhalten wir

$$
p^n \underline{y}^*(p) + \ldots + b_1 p \underline{y}^*(p) + b_0 \underline{y}^*(p) = a_n p^n \underline{x}^*(p) + \ldots + a_1 p \underline{x}^*(p) + a_0 \underline{x}^*(p).
\tag{3.87}
$$

Dabei ist zu beachten, daß die auf beiden Seiten der Gleichung bei Anwendung der Differentiationsregel auftretenden Anfangswerte von $\underline{x}(t)$ und $\underline{y}(t)$, nämlich $\underline{x}(0)$, $\dot{\underline{x}}(0)$, $\ddot{\underline{x}}(0), \ldots, \underline{y}(0), \dot{\underline{y}}(0), \ldots$ usw., nicht etwa verschwinden, sondern sich gegenseitig aufheben, wenn sich das System im Nullzustand befindet. Aus (3.87) kann nun sofort auch wieder die Übertragungsfunktion

$$
h^*(p) = \frac{\underline{y}^*(p)}{\underline{x}^*(p)} = \frac{a_0 + a_1 p + \ldots + a_n p^n}{b_0 + b_1 p + \ldots + b_{n-1} p^{n-1} + p^n}
$$

abgelesen werden.

3.2.2 Frequenzcharakteristiken

3.2.2.1 Stationärer und flüchtiger Vorgang

Wir betrachten nun ein System im Nullzustand mit einem Eingang und einem Ausgang, das durch eine Exponentialschwingung (harmonisches Signal)

$$
\underline{x}_\sim(t) = \hat{X} e^{\sigma_0 t} \cos(\omega_0 t + \varphi_x)
\tag{3.88}
$$

erregt wird. Offensichtlich kann das Eingabesignal $\underline{x}_\sim$ auch in der Form

$$
\underline{x}_\sim(t) = \frac{1}{2}(X^* e^{p_0 t} + \overline{X}^* e^{\bar{p}_0 t}) = \mathrm{Re}(X^* e^{p_0 t})
\tag{3.89}
$$

mit den Abkürzungen

$$
X^* = \hat{X} e^{j\varphi_x}, \qquad \overline{X}^* = \hat{X} e^{-j\varphi_x}
\tag{3.90}
$$

und

$$
p_0 = \sigma_0 + j\omega_0, \qquad \bar{p}_0 = \sigma_0 - j\omega_0
\tag{3.91}
$$

dargestellt werden. Die Laplace–Transformierte dieses Eingabesignals lautet

$$\underline{x}^*_\sim(p) = L(\underline{x}_\sim(t)) = \frac{1}{2}\left(\frac{X^*}{p - p_0} + \frac{\overline{X}^*}{p - \overline{p}_0}\right). \tag{3.92}$$

Damit kann mit Hilfe von (3.51) das Ausgabesignal im Bildbereich angegeben werden, nämlich

$$\underline{y}^*(p) = h^*(p)\underline{x}^*_\sim(p) = \frac{1}{2}\left(\frac{X^*h^*(p)}{p - p_0} + \frac{\overline{X}^*h^*(p)}{p - \overline{p}_0}\right).$$

Zur Berechnung des Ausgabesignals muß der letzte Ausdruck in den Zeitbereich übergeführt werden. Da $h^*(p)$ rational ist und $\underline{y}^*(p)$ im Unendlichen verschwindet, kann die Residuenmethode für diese Rücktransformation angewandt werden. Schreiben wir die Residuen an den Polstellen p_0 bzw. $\overline{p}_0$ und an den Polstellen von $h^*(p)$ getrennt auf, so erhalten wir

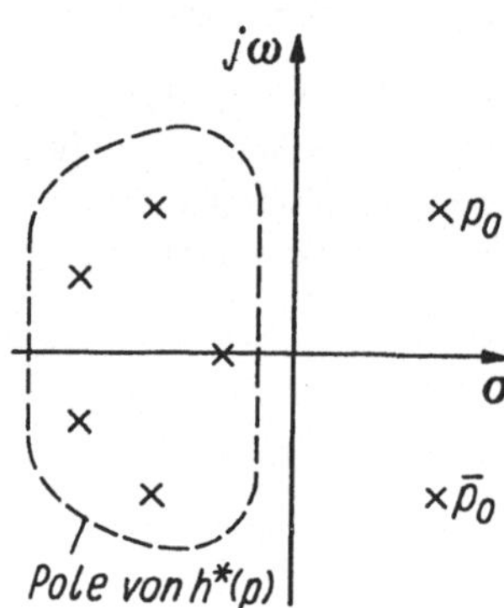

Abb. 3.17. Pole der Erregung und Pole der Übertragungsfunktion.

$$\begin{aligned}
\underline{y}(t) &= L^{-1}(\underline{y}^*(p)) \\
&= \sum_{p=p_0,\,p=\overline{p}_0} \operatorname*{Res}\, (\underline{y}^*(p)e^{pt}) + \sum \operatorname*{Res}_{h^*(p)}(\underline{y}^*(p)e^{pt}) \\
&= \underline{y}_\sim(t) + \underline{y}_{fl}(t).
\end{aligned} \tag{3.93}$$

Das Ausgabesignal zerfällt damit in zwei Komponenten, die wir zur Abkürzung mit $\underline{y}_\sim$ und $\underline{y}_{fl}$ bezeichnen und nun getrennt ausrechnen wollen.

Die Berechnung von $\underline{y}_\sim(t)$ liefert nach den Regeln der Residuenmethode

$$\begin{aligned}
\underline{y}_\sim(t) &= \frac{1}{2}\sum_{p=p_0,\,p=\overline{p}_0} \operatorname*{Res}\, \left(\frac{X^*h^*(p)e^{pt}}{p - p_0} + \frac{\overline{X}^*h^*(p)e^{pt}}{p - \overline{p}_0}\right) \\
&= \frac{1}{2}(X^*h^*(p_0)e^{p_0 t} + \overline{X}^*h^*(\overline{p}_0)e^{\overline{p}_0 t})
\end{aligned}$$

oder, da die Summe zweier konjugiert komplexer Zahlen bekanntlich den zweifachen Realteil ergibt,

$$\underline{y}_\sim(t) \;=\; \mathrm{Re}(X^* h^*(p_0)e^{p_0 t}) \tag{3.94}$$

$$\;=\; |X^* h^*(p_0)|e^{\sigma_0 t}\cos(\omega_0 t + \varphi_y) \tag{3.95}$$

mit

$$\varphi_y = \arg X^* h^*(p_0). \tag{3.96}$$

Wie (3.95) zeigt, ist $\underline{y}_\sim(t)$ eine Wirkung vom gleichen Typ wie die Erregung $\underline{x}_\sim(t)$ gemäß (3.88), lediglich Amplitude und Phasenwinkel sind unterschiedlich. Man bezeichnet die Komponente $\underline{y}_\sim$ der Wirkung als *stationären Vorgang*.

Die zweite Komponente $\underline{y}_{fl}$ der Wirkung wird durch die Summe der Residuen an den Polstellen von $h^*(p)$ bestimmt:

$$\underline{y}_{fl}(t) = \sum \operatorname*{Res}_{h^*(p)} \frac{1}{2}\left(\frac{X^* h^*(p)e^{pt}}{p - p_0} + \frac{\overline{X}^* h^*(p)e^{pt}}{p - \overline{p}_0} \right).$$

Die Berechnung der Residuen an den Polstellen p_i von $h^*(p)$ liefert Summanden der Form

$$\underline{y}_{fl,i}(t) = e^{p_i t} \sum_{m=0}^{k-1} f_m(p_i)t^m, \tag{3.97}$$

wenn p_i ein k-facher Pol ist (vgl. auch (3.65)). Wesentlich ist dabei jedoch, daß alle Polstellen von $h^*(p)$ einen negativen Realteil haben (Abb. 3.17). Dadurch verschwinden alle Summanden von $\underline{y}_{fl}(t)$ wegen des Faktors $e^{p_i t}$ nach hinreichend langer Zeit ($t \to \infty$); es gilt also

$$\lim_{t \to \infty} \underline{y}_{fl}(t) = 0. \tag{3.98}$$

Man nennt die Komponente $\underline{y}_{fl}$ der Wirkung deshalb auch den *flüchtigen Vorgang*.

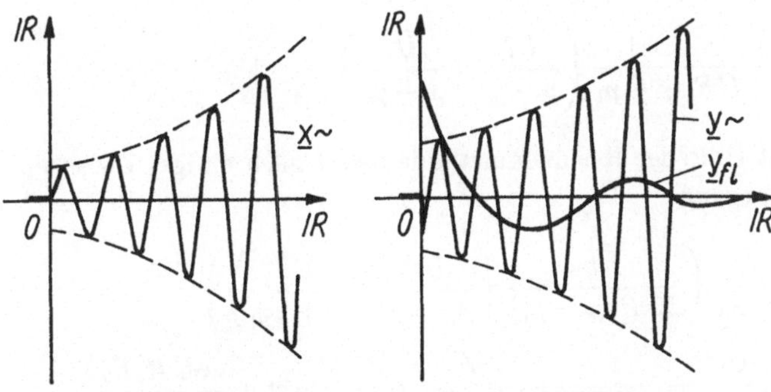

Abb. 3.18. Stationärer und flüchtiger Vorgang.

Die Eigenschaft der Übertragungsfunktion h^*, nur Polstellen p_i mit negativem Realteil zu haben, hängt eng mit der Frage der Stabilität des Systems zusammen. Wir werden in einem gesonderten Abschnitt auf diese Problematik näher eingehen.

Zusammengefaßt erhalten wir also am Ausgang eines linearen Systems bei harmonischer Erregung die in Abb. 3.18 schematisch dargestellten Ausgangssignale. Nach hinreichend langer Zeit, d. h. nach dem Abklingen des flüchtigen Vorgangs, erhalten wir am Ausgang ebenfalls ein harmonisches Signal.

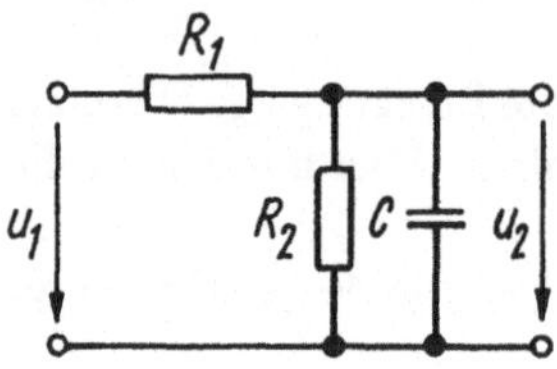

Abb. 3.19. *RC*–Schaltung (Beispiel).

Beispiel: Zur Illustration der Zusammenhänge betrachten wir die in Abb. 3.19 dargestellte elektrische Schaltung, an deren Eingang die Spannung

$$u_{1\sim}(t) = \hat{U}_1 \cos(\omega_0 t + \varphi_1)$$

angelegt wird. Gesucht ist die Ausgangsspannung $u_2(t)$. Mit Hilfe der verallgemeinerten symbolischen Methode erhalten wir (Spannungsteilerregel!)

$$h^*(p) = \frac{u_2^*(p)}{u_1^*(p)} = \frac{R_2\|\frac{1}{pC}}{R_1 + \left(R_2\|\frac{1}{pC}\right)} = \frac{R_2}{pCR_1R_2 + R_1 + R_2}$$

$$= \frac{1}{CR_1}\frac{1}{p - p_1} \qquad p_1 = -\frac{R_1 + R_2}{CR_1R_2}$$

und mit Hilfe von (3.92)

$$u_1^*(p) = \frac{1}{2}\left(\frac{U_1^*}{p - p_0} + \frac{\overline{U}_1^*}{p - \overline{p}_0}\right) \qquad U_1^* = \hat{U}_1 e^{j\varphi_1}, \quad p_0 = j\omega_0.$$

Daraus ergibt sich

$$u_2^*(p) = h^*(p)u_1^*(p) = \frac{1}{2}\frac{1}{CR_1}\frac{1}{p - p_1}\left(\frac{U_1^*}{p - p_0} + \frac{\overline{U}_1^*}{p - \overline{p}_0}\right).$$

Die Rücktransformation mit Hilfe der Residuenmethode liefert nach einiger Zwischenrechnung den stationären Vorgang

$$u_{2\sim}(t) = \sum_{p=j\omega_0,\,p=-j\omega_0} \mathrm{Res}\left(\frac{1}{2CR_1(p - p_1)}\left(\frac{U_1^*}{p - j\omega_0} + \frac{\overline{U}_1^*}{p + j\omega_0}\right)\right)$$

$$= \frac{\hat{U}_1 R_2}{\sqrt{(R_1 + R_2)^2 + (\omega_0 CR_1R_2)^2}}\cos\left(\omega_0 t + \varphi_1 - \arctan\frac{\omega_0 CR_1R_2}{R_1 + R_2}\right)$$

und den flüchtigen Vorgang

$$u_{2fl}(t) = \operatorname*{Res}_{p=p_1}\left(\frac{1}{2CR_1(p-p_1)}\left(\frac{U_1^*}{p-j\omega_0}+\frac{\overline{U}_1^*}{p+j\omega_0}\right)\right)$$

$$= \frac{\hat{U}_1}{CR_1}\frac{p_1\cos\varphi_1-\omega_0\sin\varphi_1}{p_1^2+\omega_0^2}e^{p_1 t}\qquad\left(p_1=-\frac{R_1+R_2}{CR_1R_2}\right).$$

Insgesamt ist dann

$$u_2(t) = u_{2\sim}(t) + u_{2fl}(t).$$

$\square$

3.2.2.2 Vereinfachte Berechnung des stationären Vorgangs

In vielen Fällen interessiert man sich lediglich für den stationären Vorgang am Ausgang des Systems, insbesondere dann, wenn am Eingang ein harmonisches Signal mit konstanter Amplitude (d. h. $\sigma_0 = 0$) anliegt. In der Wechselstromlehre werden derartige Fragen ausgiebig behandelt.

Wir haben also im vorliegenden Fall das Eingabesignal

$$\underline{x}_\sim(t) = \hat{X}\cos(\omega_0 t + \varphi_x) = \operatorname{Re}(X^* e^{j\omega_0 t}) \tag{3.99}$$

und erhalten dazu mit (3.94) das stationäre Ausgabesignal

$$\begin{aligned}\underline{y}_\sim(t) &= \operatorname{Re}(X^* h^*(j\omega_0)e^{j\omega_0 t}) \\ &= \operatorname{Re}(Y^* e^{j\omega_0 t}) = |Y^*|\cos(\omega_0 t + \arg Y^*)\end{aligned} \tag{3.100}$$

mit

$$Y^* = h^*(j\omega_0)X^*. \tag{3.101}$$

Zur Berechnung des stationären Ausgabesignals ist also lediglich die Kenntnis von Y^* erforderlich. Diese Größe kann mit Hilfe der letzten Gleichung sofort berechnet werden, wenn die Übertragungsfunktion h^* des Systems gegeben ist.

Die letzte Gleichung ist gleichzeitig die Grundlage für ein vereinfachtes Verfahren zur Berechnung des stationären Vorganges, das unter der Bezeichnung *symbolische Methode der Wechselstromlehre* bekannt ist. Bei diesem Verfahren wird jedem Signal $a_\sim$ der Form

$$a_\sim(t) = \hat{A}\cos(\omega_0 t + \varphi_a)$$

eine komplexe Amplitude

$$A^* = \hat{A}e^{j\varphi_a}$$

zugeordnet. Insbesondere gelten also für das stationäre Eingabesignal $\underline{x}_\sim$ und das zugehörige stationäre Ausgabesignal $\underline{y}_\sim$ die Zuordnungen

$$\underline{x}_\sim(t) \to X^* = \hat{X}e^{j\varphi_x}, \qquad \underline{y}_\sim(t) \to Y^* = \hat{Y}e^{j\varphi_y}. \tag{3.102}$$

Ist das Eingabesignal $\underline{x}_\sim$ und damit auch X^* gegeben und die Übertragungsfunktion h^* des Systems bekannt, so kann mit der bereits weiter oben angegebenen Beziehung die komplexe Ausgabeamplitude

$$Y^* = h^*(\mathrm{j}\omega_0)X^*$$

berechnet werden, indem man in $h^*(p)$ für $p = \mathrm{j}\omega_0$ setzt. Durch Übergang zum Realteil erhält man dann schließlich das gesuchte stationäre Ausgabesignal

$$\underline{y}_\sim(t) = \mathrm{Re}(Y^* \mathrm{e}^{\mathrm{j}\omega_0 t}).$$

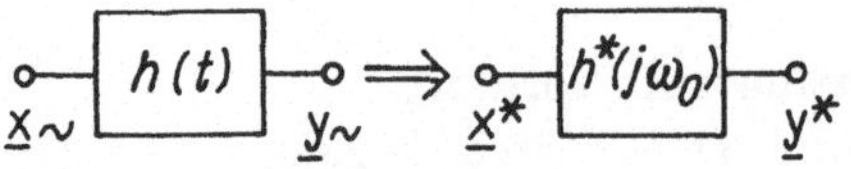

$$\underline{x}_\sim \;-\!\boxed{h(t)}\!-\; \underline{y}_\sim \quad\Longrightarrow\quad \underline{x}^* \;-\!\boxed{h^*(\mathrm{j}\omega_0)}\!-\; \underline{y}^*$$

Abb. 3.20. Zur symbolischen Methode der Wechselstromlehre.

In Abb. 3.20 ist der Grundgedanke der symbolischen Methode, das Ersetzen der stationären Signale durch komplexe Amplituden, schematisch veranschaulicht.

Beispiel: Kehren wir abschließend noch einmal zu dem bereits behandelten Beispiel Abb. 3.19 zurück, so erhalten wir nach dem vereinfachten Verfahren

$$U_1^* = \hat{U}_1 \mathrm{e}^{\mathrm{j}\varphi_1}$$

und

$$h^*(\mathrm{j}\omega_0) = \frac{R_2 \| \frac{1}{\mathrm{j}\omega_0 C}}{R_1 + \left(R_2 \| \frac{1}{\mathrm{j}\omega_0 C}\right)} = \frac{R_2}{\mathrm{j}\omega_0 C R_1 R_2 + R_1 + R_2}.$$

Daraus folgt

$$U_2^* = \frac{R_2 \hat{U}_1 \mathrm{e}^{\mathrm{j}\varphi_1}}{\mathrm{j}\omega_0 C R_1 R_2 + R_1 + R_2}$$

und schließlich

$$
\begin{aligned}
u_{2\sim}(t) &= \mathrm{Re}(U_2^* \mathrm{e}^{\mathrm{j}\omega_0 t}) \\
&= \frac{\hat{U}_1 R_2}{\sqrt{(R_1 + R_2)^2 + (\omega_0 C R_1 R_2)^2}} \cos\left(\omega_0 t + \varphi_1 - \arctan\frac{\omega_0 C R_1 R_2}{R_1 + R_2}\right).
\end{aligned}
$$

$\square$

3.2.2.3   Ortskurve, Dämpfung und Phase

Durch Umstellung von (3.101) erhalten wir die Gleichung

$$h^*(\mathrm{j}\omega_0) = \frac{Y^*}{X^*} = \frac{\hat{Y}\mathrm{e}^{\mathrm{j}\varphi_y}}{\hat{X}\mathrm{e}^{\mathrm{j}\varphi_x}} = \frac{\hat{Y}}{\hat{X}}\,\mathrm{e}^{\mathrm{j}(\varphi_y - \varphi_x)}. \tag{3.103}$$

Die komplexen Amplituden X^* und Y^* können anschaulich durch Zeiger in der komplexen Ebene dargestellt werden (Abb. 3.21).

Fassen wir $\omega_0 = \omega$ als variable Frequenz auf und setzen speziell

$$X^* = 1, \qquad (3.104)$$

so erhalten wir

$$Y^* = h^*(\mathrm{j}\omega). \qquad (3.105)$$

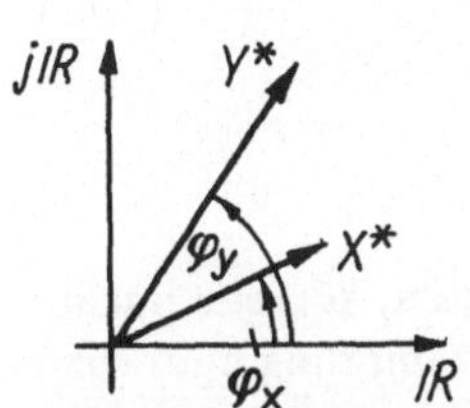

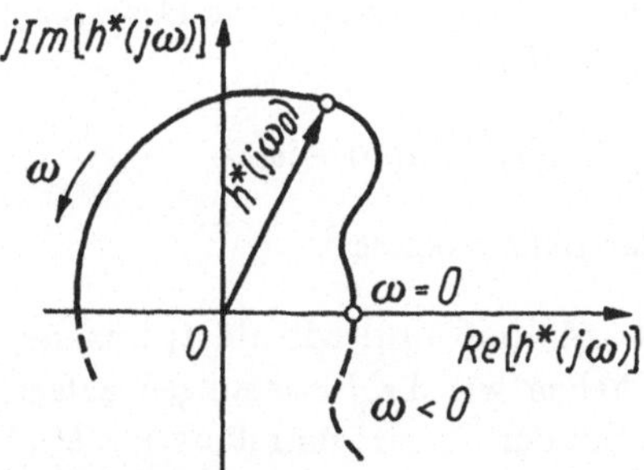

Abb. 3.21. Komplexe Eingangs- und Ausgangsamplitude.

Abb. 3.22. Ortskurve.

Bei der Darstellung in der komplexen Ebene durchläuft in diesem Fall die Spitze des Zeigers Y^* eine Kurve, wenn die Frequenz ω verändert wird. Durch Messung der komplexen Ausgangsamplitude Y^* kann damit gleichzeitig $h^*(\mathrm{j}\omega)$ gemessen werden. Verändert man die Meßfrequenz ω über alle Punkte des Intervalls $[0,\infty)$, so erhält man die in Abb. 3.22 dargestellte *Ortskurve* des Systems, genauer die Ortskurve der Übertragungsfunktion des Systems. Da h^* eine reellwertige Funktion ist, liegen die Punkte der Ortskurve für negative Frequenzen $\omega \in (-\infty, 0)$ spiegelbildlich zur reellen Achse, wie in Abb. 3.22 gestrichelt angedeutet.

Aus (3.103) können noch die folgenden Definitionen abgeleitet werden:

a) Der Betrag der Übertragungsfunktion

$$|h^*(\mathrm{j}\omega)| = \frac{\hat{Y}}{\hat{X}} = A(\omega) \qquad (3.106)$$

ist der *Amplitudenfrequenzgang* und das Argument

$$-\arg h^*(\mathrm{j}\omega) = \varphi_x - \varphi_y = b(\omega) \qquad (3.107)$$

der *Phasenfrequenzgang* (das *Phasenmaß* oder kurz die *Phase*) des Systems. Mit Hilfe dieser Größen kann der *Frequenzgang* $h^*(\mathrm{j}\omega)$ in der Form

$$h^*(\mathrm{j}\omega) = A(\omega)\mathrm{e}^{-\mathrm{j}b(\omega)}. \qquad (3.108)$$

dargestellt werden.

b) Bilden wir den negativen Logarithmus des Frequenzgangs, so erhalten wir das *Übertragungsmaß*

$$- \ln h^*(\mathrm{j}\omega) = - \ln A(\omega) + \mathrm{j}b(\omega) = g(\omega). \tag{3.109}$$

Der Realteil des Übertragungsmaßes

$$- \ln A(\omega) = a(\omega) \tag{3.110}$$

ist die *Dämpfung* oder das *Dämpfungsmaß*, so daß wir das Übertragungsmaß auch in der Form

$$g(\omega) = a(\omega) + \mathrm{j}b(\omega) \tag{3.111}$$

darstellen können.

3.2.2.4 Allpaß und Mindestphasensystem

Bisher haben wir die Beziehungen aufgeschrieben, die es gestatten, für ein lineares System mit der Übertragungsfunktion h^* ($h^*(p)$ bzw. $h^*(\mathrm{j}\omega)$) die Dämpfung $a(\omega)$ (bzw. den Amplitudenfrequenzgang $A(\omega)$) und die Phase $b(\omega)$ auszurechnen.

Wir wollen nun folgende Fragen etwas näher untersuchen:

a) Ist es möglich, aus der Dämpfung $a(\omega)$ bzw. aus $A(\omega)$ die Übertragungsfunktion h^* ($h^*(\mathrm{j}\omega)$ bzw. $h^*(p)$) zu bestimmen?

b) Da Dämpfung und Phase eines Systems aus derselben Übertragungsfunktion abgeleitet werden, muß zwischen diesen Größen ein Zusammenhang bestehen, der auf den Zusammenhang zwischen Realteil und Imaginärteil von Funktionen mit bestimmten Regularitätseigenschaften zurückzuführen ist. Wie kann ein solcher Zusammenhang gefunden werden?

Zur Beantwortung der ersten Frage ist zunächst zu bemerken, daß der Übergang von $A(\omega)$ zu $h^*(\mathrm{j}\omega)$ nicht eindeutig ist; denn es gilt

$$|h_1^*(\mathrm{j}\omega)| = |h_2^*(\mathrm{j}\omega)| \Leftrightarrow h_1^*(p) = h_2^*(p)h_A^*(p), \tag{3.112}$$

wobei

$$|h_A^*(\mathrm{j}\omega)| = 1$$

ist. Das bedeutet, daß die Übertragungsfunktionen zweier Systeme mit identischen Dämpfungen sich durch den Faktor einer Übertragungsfunktion h_A^* mit der Eigenschaft $|h_A^*(\mathrm{j}\omega)| = 1$ unterscheiden können.

Daraus ergibt sich die folgende Definition:

Ein System, dessen Übertragungsfunktion h_A^* die Eigenschaft

$$|h_A^*(\mathrm{j}\omega)| = 1 \tag{3.113}$$

hat, heißt *Allpaß*. (Allgemeiner kann man auch schreiben $|h_A^*(\mathrm{j}\omega)| = k \in \mathbb{R}^+$.)

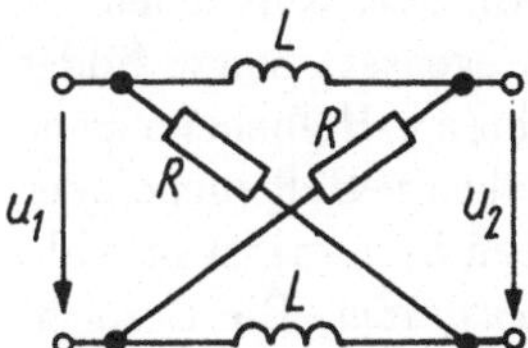

Abb. 3.23. Allpaß (Beispiel).

Beispiel: Wir betrachten die Schaltung Abb. 3.23 mit

$$h_A^*(p) = \frac{u_2^*(p)}{u_1^*(p)} = \frac{R - pL}{R + pL}.$$

Offensichtlich ist

$$|h_A^*(j\omega)| = \frac{\sqrt{R^2 + (\omega L)^2}}{\sqrt{R^2 + (\omega L)^2}} = 1$$

und damit die Schaltung ein Allpaß. $\qquad\qquad\square$

Allgemein läßt sich zeigen, daß jedes System einen Allpaß darstellt, dessen Übertragungsfunktion in der Form

$$h_A^*(p) = \frac{f(-p)}{f(p)} \qquad\qquad (3.114)$$

geschrieben werden kann, worin $f(p)$ ein für reelle p reellwertiges Polynom ist, das nur Nullstellen mit negativem Realteil hat. Es gilt dann nämlich

$$|h_A^*(j\omega)| = \frac{|f(-j\omega)|}{|f(j\omega)|} = 1. \qquad\qquad (3.115)$$

Da die Nullstellen von $f(p)$ gerade die Polstellen von $h_A^*(p)$ sind und die Nullstellen von $f(-p)$ – das sind die Nullstellen von $h_A^*(p)$ – gerade spiegelbildlich zur imaginären Achse zu denen von $f(p)$ liegen, ergibt sich für einen Allpaß stets ein Pol–Nullstellen–Plan der im Abb. 3.24 dargestellten Art. Zu jedem Pol in der linken Halbebene gibt es genau eine spiegelbildlich zur imaginären Achse liegende Nullstelle der gleichen Ordnung in der rechten p-Halbebene.

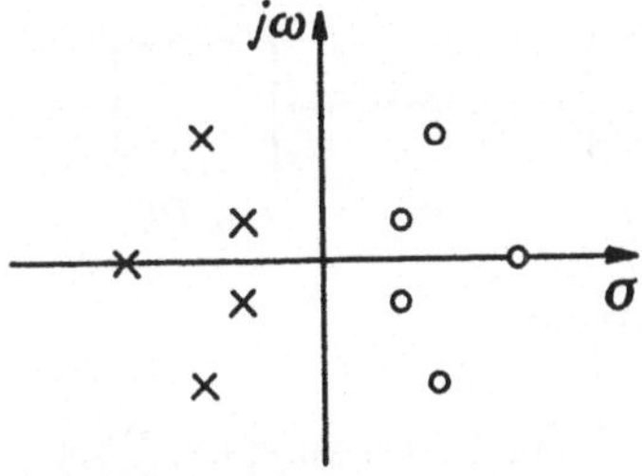

Abb. 3.24. Pol–Nullstellen–Plan eines Allpasses.

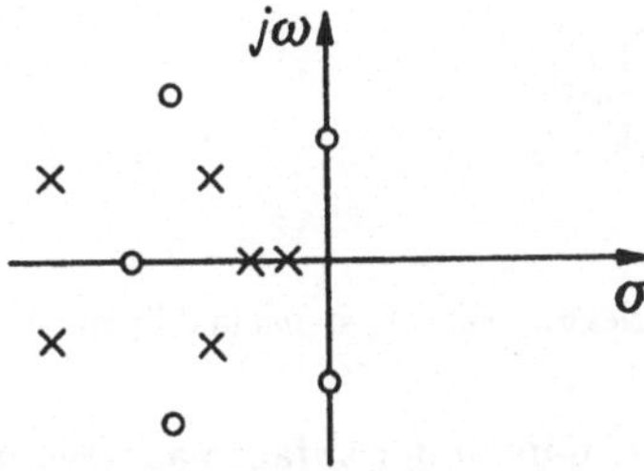

Abb. 3.25. Pol–Nullstellen–Plan eines Mindestphasensystems.

Wie wir gesehen haben, hat die Übertragungsfunktion eines Allpasses Nullstellen nur im Innern der rechten p–Halbebene und sonst nirgends. Den Gegensatz hierzu bildet ein System, dessen Übertragungsfunktion h_M^* im Innern der rechten p–Halbebene keine Nullstellen besitzt, d. h., die Nullstellen liegen im Innern der linken p–Halbebene oder auf der imaginären Achse. Der Pol–Nullstellen–Plan eines solchen Systems ist in Abb. 3.25 dargestellt. Man nennt solch ein System ein *Mindestphasensystem*. Die Bezeichnung rührt daher, daß ein solches System von allen Systemen mit gleicher Dämpfung bei sinusförmiger Erregung die geringste Phasenwinkeländerung zwischen den komplexen Eingangs- und Ausgangsamplituden aufweist, wenn die Frequenz von Null bis Unendlich verändert wird. Ein Beispiel eines Mindestphasensystems ist die Schaltung Abb. 3.19.

Von besonderer Wichtigkeit ist der folgende Satz:
Die Übertragungsfunktion h^* eines Systems ist stets in das Produkt zweier Übertragungsfunktionen zerlegbar, so daß ein Faktor die Übertragungsfunktion h_A^* eines Allpasses und der andere Faktor die Übertragungsfunktion h_M^* eines Mindestphasensystems bildet, in Zeichen:

$$h^*(p) = h_A^*(p)h_M^*(p) \tag{3.116}$$

Der Beweis dieses Satzes kann grafisch–anschaulich in der in Abb. 3.26 gezeigten Weise erfolgen. Zunächst werden spiegelbildlich zur imaginären Achse zu den Nullstellen von $h^*(p)$ der rechten p–Halbebene in die linke p–Halbebene Pol–Nullstellen–Paare eingezeichnet, die sich gegenseitig aufheben, so daß $h^*(p)$ nicht verändert wird. Anschließend werden die Pole der neu hinzugenommenen Pol–Nullstellen–Paare mit den spiegelbildlich dazu rechts liegenden Nullstellen zu $h_A^*(p)$ zusammengefaßt. Alle danach noch verbleibenden Pole und Nullstellen bilden die Übertragungsfunktion h_M^* des Mindestphasensystems. Jedes beliebige System läßt sich damit als rückwirkungsfreie Kettenschaltung eines Allpasses und eines Mindestphasensystems realisieren (Abb. 3.26).

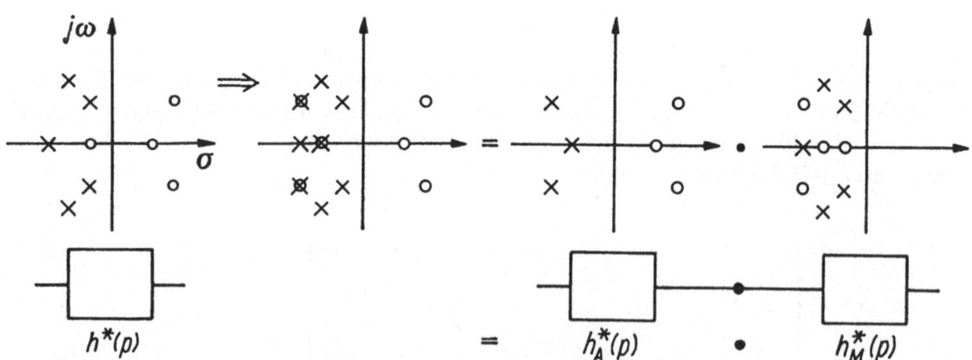

Abb. 3.26. Zerlegung eines Systems in Allpaß und Mindestphasensystem.

Kehren wir nun zu der anfangs aufgeworfenen Frage nach der Berechnung der Übertragungsfunktion h^* aus dem Amplitudenfrequenzgang $A(\omega)$ (bzw. der Dämpfung $a(\omega)$) zurück, so ergibt sich aus (3.112) in Zusammenhang mit den letzten Ausführungen, daß

ein solcher Übergang für ein Mindestphasensystem eindeutig ist. Es ergibt sich damit der Satz:
Jeder Funktion $A(\omega)$ mit der Eigenschaft

$$(A(\omega))^2 = \frac{\sum_i a_i \omega^{2i}}{\sum_i b_i \omega^{2i}} = R(\omega^2) \tag{3.117}$$

und

$$0 \leq R(\omega^2) \leq K \tag{3.118}$$

ist eindeutig ein Mindestphasensystem mit $h^*(p) = h_M^*(p)$ zugeordnet.

Es läßt sich zeigen, daß die Eigenschaften (3.117) und (3.118) notwendig und hinreichend für den Betrag der Übertragungsfunktion eines Systems sind, deren Pole im Innern der linken p–Halbebene liegen (stabiles System). Das Betragsquadrat der Übertragungsfunktion ist eine nichtnegative beschränkte rationale Funktion in ω^2, und jede derartige Funktion kann als Betragsquadrat der Übertragungsfunktion eines Systems aufgefaßt werden.

Die Berechnung der Übertragungsfunktion h^*, d.h. $h^*(p) = h_M^*(p)$, eines (Mindestphasen–)Systems kann auf folgendem Wege durchgeführt werden, wenn der Amplitudenfrequenzgang $A(\omega)$ des Systems gegeben ist:
1. Man bilde

$$(A(\omega))^2 = R(\omega^2). \tag{3.119}$$

Die rationale Funktion $R(\omega^2)$ ergibt sich sofort, wenn $A(\omega)$ selbst eine rationale Funktion ist. Ist $A(\omega)$ als Meßkurve gegeben, so muß zunächst eine geeignete Approximation von $(A(\omega))^2$ durch eine in ω^2 rationale Funktion gefunden werden.
2. Man substituiere in der letzten Gleichung jω durch p bzw. ω^2 durch $-p^2$. Dann erhält man eine rationale Funktion in $-p^2$, die sich stets in der Form

$$R(-p^2) = \frac{Z_1(p) Z_1(-p)}{N_1(p) N_1(-p)} \tag{3.120}$$

darstellen läßt.

In Abb. 3.27 ist diese Zerlegung anschaulich dargestellt. Besitzt $R(-p^2)$ in $p = p_\nu$ einen komplexen Pol, so ist wegen $p^2 = (-p)^2$ auch $p = -p_\nu$ ein komplexer Pol. Da zu jedem komplexen Pol auch der zugehörige konjugiert komplexe Pol auftritt, treten die Pole (und dasselbe gilt auch für die Nullstellen) stets in Quadrupeln auf, falls sie nicht reell sind. Auf der imaginären Achse liegende Nullstellen sind deshalb stets von geradzahliger Ordnung. Die Zerlegung von $R(-p^2)$ gemäß (3.120) wird nun so durchgeführt, daß $Z_1(p)$ keine Nullstellen mit $\sigma > 0$ und $N_1(p)$ keine Nullstellen mit $\sigma \geq 0$ enthält. Die auf der imaginären Achse liegenden Nullstellen von $R(-p^2)$ von geradzahliger Ordnung werden zur Hälfte zu $Z_1(p)$ und zur Hälfte zu $Z_1(-p)$ gezählt.
3. Die durch diese Zerlegung erhaltene Funktion h^* mit

$$h^*(p) = \frac{Z_1(p)}{N_1(p)} \tag{3.121}$$

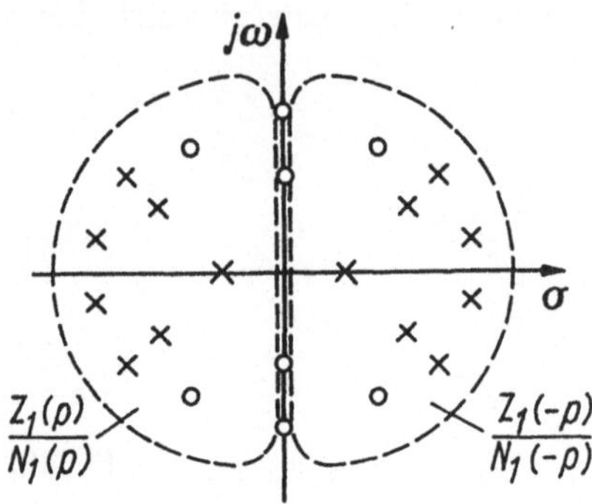

Abb. 3.27. Zerlegung von $R(-p^2)$.

ist die gesuchte Übertragungsfunktion. Es läßt sich zeigen, daß h^* Übertragungsfunktion eines Mindestphasensystems ist, d. h., es gilt

$$h^*(p) = h_M^*(p)$$

und außerdem realisiert $h^*(p)$ den vorgegebenen Amplitudenfrequenzgang $A(\omega)$:

$$|h^*(j\omega)| = A(\omega).$$

Es soll nun noch gezeigt werden, wie die Übertragungsfunktion h^* aus dem grafisch vorgegebenen Verlauf der Dämpfung $a(\omega)$ sehr einfach abgelesen werden kann, wenn man annimmt, daß $h^*(p)$ nur reelle Pole und Nullstellen besitzt. (Bei komplexen Polen und Nullstellen ist das Verfahren etwas komplizierter.) Gehen wir zunächst von der Übertragungsfunktion in Produktform

$$h^*(p) = K \,\frac{(p - \sigma_1')(p - \sigma_2')\ldots(p - \sigma_{n'}')}{(p - \sigma_1)(p - \sigma_2)\ldots(p - \sigma_n)} \tag{3.122}$$

aus, so lautet die zugehörige Dämpfung nach (3.110)

$$
\begin{aligned}
a(\omega) &= -\ln|h^*(j\omega)| \\
&= -\ln|K| + \sum_{i=1}^{n}\ln(\omega^2 + \sigma_i^2)^{1/2} - \sum_{i=1}^{n'}\ln(\omega^2 + \sigma_i'^2)^{1/2} \\
&= a(0) + \sum_{i=1}^{n}\ln\left(1 + \left(\frac{\omega}{\sigma_i}\right)^2\right)^{1/2} - \sum_{i=1}^{n'}\ln\left(1 + \left(\frac{\omega}{\sigma_i'}\right)^2\right)^{1/2}.
\end{aligned}
\tag{3.123}
$$

Die Dämpfung $a(\omega)$ des Systems setzt sich also aus einer konstanten Grunddämpfung

$$a(0) = -\ln|K| + \sum_{i=1}^{n}\ln|\sigma_i| - \sum_{i=1}^{n'}\ln|\sigma_i'| \tag{3.124}$$

und einer Summe elementarer Dämpfungen der Form

$$a_\nu(\omega) = \ln\left(1 + \left(\frac{\omega}{\sigma_\nu}\right)^2\right)^{1/2} \tag{3.125}$$

zusammen. Diese Elementardämpfung hat (aufgetragen über $\ln\omega$) einen sehr einfachen grundsätzlichen Verlauf. Für $\ln\omega < \ln\sigma_\nu$ ist $a_\nu(\omega)$ im wesentlichen gleich Null, während $a_\nu(\omega)$ für $\ln\omega > \ln\sigma_\nu$ in der Hauptsache den Verlauf einer Geraden annimmt (Abb. 3.28).

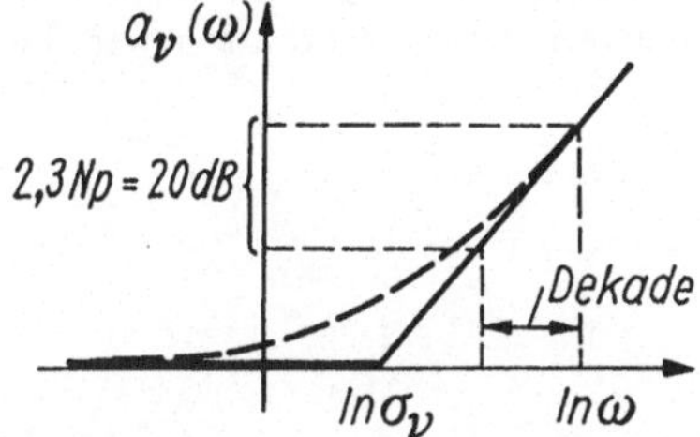

Abb. 3.28. Dämpfungsbeitrag eines einfachen reellen Pols.

Die Steigung dieser Geraden beträgt für eine Frequenzänderung von 1:10, also je Frequenzdekade

$$\ln\frac{10\omega}{\sigma_\nu} - \ln\frac{\omega}{\sigma_\nu} = \ln 10 \approx 2,3\,\mathrm{Np} = 20\,\mathrm{dB}.$$

Die maximale Abweichung zwischen dem in Abb. 3.28 gestrichelt eingezeichneten exakten Dämpfungsverlauf und den asymptotischen Geraden liegt an der Stelle $\omega = \sigma_\nu$ und beträgt $\ln\sqrt{2}\,\mathrm{Np} = 3\,\mathrm{dB}$.

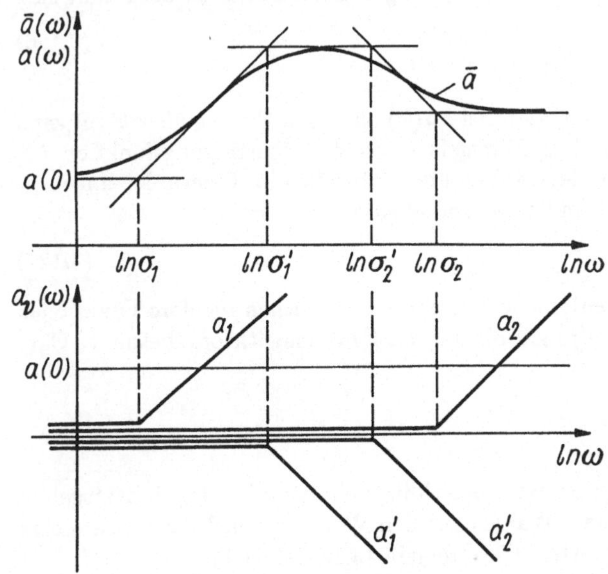

Abb. 3.29. Approximation einer gegebenen Dämpfungskurve.

Abb. 3.29 zeigt, wie eine vorgegebene Dämpfungskurve $\bar{a}(\omega)$ durch eine realisierbare Dämpfung $a(\omega)$ approximiert werden kann. Die grafisch gegebene und über $\ln\omega$

in Neper (Np) aufgetragene Dämpfungskurve $\overline{a}(\omega)$ wird dabei durch Geradenstücken approximiert, die sämtlich die Steigung $m \cdot 2,3$ Np/Dekade ($m \in \mathbb{Z}$) haben. Dann läßt sich $\overline{a}(\omega)$ als Summe von elementaren Teilfunktionen auffassen, die entweder parallel zur ω–Achse verlaufen oder die Form geknickter Geraden haben. Die Knickpunkte liefern dabei die Pole und Nullstellen, wobei den nach oben geknickten Geraden Pole und den nach unten geknickten Geraden Nullstellen entsprechen. Die Zahl m gibt die Ordnung (Vielfachheit) des Pols bzw. der Nullstelle an. In unserem Beispiel erhalten wir die Nullstellen

$$p_1' = \sigma_1'; \qquad p_2' = \sigma_2'$$

und die Pole

$$p_1 = \sigma_1; \qquad p_2 = \sigma_2$$

und damit

$$h^*(p) = h_M^*(p) = K \frac{(p - \sigma_1')(p - \sigma_2')}{(p - \sigma_1)(p - \sigma_2)},$$

wobei die Konstante K aus (3.124) bestimmt werden kann. Sie lautet

$$K = \mathrm{e}^{-a(0)} \frac{\sigma_1 \sigma_2}{\sigma_1' \sigma_2'}.$$

Wir wollen uns nun der anfangs aufgeworfenen zweiten Frage zuwenden und den Zusammenhang zwischen Dämpfung und Phase etwas näher betrachten. Wie soeben gezeigt wurde, ist einer gegebenen Dämpfung $a(\omega)$ (bzw. auch $A(\omega)$) eindeutig ein Mindestphasensystem mit der Übertragungsfunktion h_M^* zugeordnet. Damit ist auch die Phase

$$b_M(\omega) = -\arg h_M^*(\mathrm{j}\omega) \tag{3.126}$$

festgelegt.

Eine direkte Beziehung zwischen $a(\omega)$ und $b_M(\omega)$ ohne den Umweg über $h^*(p)$ kann auf folgende Weise gefunden werden: Wir gehen von der Übertragungsfunktion h_M^* eines Mindestphasensystems aus, dessen Pole und Nullstellen im Innern der linken p–Halbebene liegen. In diesem Fall sind $h^*(p)$ und ebenso

$$g(p) = -\ln h^*(p) \tag{3.127}$$

in der abgeschlossenen rechten p–Halbebene und im Unendlichen reguläre Funktionen der komplexen Variablen p. Für $g(p)$ gilt die aus der Funktionentheorie bekannte Cauchysche Integralformel

$$g(p) = \frac{1}{2\pi\mathrm{j}} \oint_C \frac{g(p_0)}{p_0 - p} \, \mathrm{d}p_0, \tag{3.128}$$

worin C einen geschlossenen, den Punkt p umschlingenden und im Regularitätsgebiet von $g(p)$ liegenden Weg bezeichnet. Wählen wir den Weg C so, daß die ganze rechte p–Halbebene eingeschlossen wird (Abb. 3.30), so geht (3.128) über in

$$g(p) = \frac{1}{\pi} \int\limits_{-\infty}^{\infty} \frac{a(\omega_0)}{p - \mathrm{j}\omega_0} \, \mathrm{d}\omega_0, \tag{3.129}$$

wenn man noch beachtet, daß für $p_0 = j\omega_0$

$$g(j\omega_0) = a(\omega_0) + jb(\omega_0)$$

gilt. Beim Grenzübergang $p \to j\omega$ ($\sigma > 0$) in (3.129) folgt nach einiger Zwischenrechnung, die wir hier übergehen,

$$g(j\omega) = a(\omega) + \frac{1}{\pi} \int\limits_{-\infty}^{\infty} \frac{a(\omega_0)}{j\omega - j\omega_0}\, d\omega_0 = a(\omega) + jb(\omega).$$

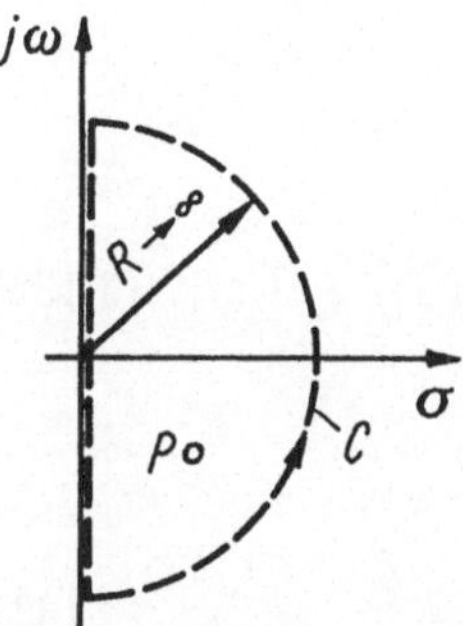

Abb. 3.30. Integrationsweg.

Durch Vergleich der Imaginärteile der letzten Gleichung folgt schließlich der gesuchte Zusammenhang

$$b(\omega) = b_M(\omega) = \frac{1}{\pi} \int\limits_{-\infty}^{\infty} \frac{a(\omega_0)}{\omega_0 - \omega}\, d\omega_0. \tag{3.130}$$

Es sei noch bemerkt, daß das letzte sowie die vorhergehenden Integrale im Sinne des Cauchyschen Hauptwerts zu verstehen sind. Man bezeichnet die durch (3.130) vermittelte Abbildung zwischen Dämpfung und Phase auch als *Hilbert–Transformation*.

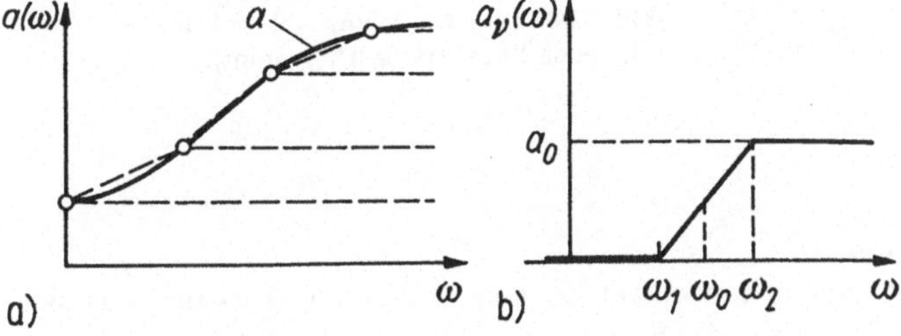

Abb. 3.31. a) Approximation einer Dämpfungskurve; b) Teilfunktion für die Approximation.

Die wesentliche Aussage der Gleichung (3.130) besteht darin, daß bei einem Mindestphasensystem ein fester Zusammenhang zwischen Dämpfung und Phase besteht.

Beide Funktionen können nicht unabhängig voneinander vorgeschrieben werden. Das ist besonders bei der Synthese derartiger Systeme zu beachten.

Die exakte Auswertung des Integrals (3.130) ist im allgemeinen sehr schwierig. Approximiert man aber die gegebene Dämpfung $a(\omega)$ durch Teilfunktionen $a_\nu(\omega)$, wie in Abb. 3.31 dargestellt, so braucht man nur die zu $a_\nu(\omega)$ gehörende Phase $b_\nu(\omega)$ zu kennen, um durch Summation näherungsweise $b(\omega)$ bilden zu können. Denn ist

$$a(\omega) \approx \sum_{\nu=1}^{n} a_\nu(\omega), \tag{3.131}$$

so ist

$$
\begin{aligned}
b(\omega) &\approx \frac{1}{\pi} \int_{-\infty}^{\infty} \frac{1}{\omega_0 - \omega} \left(\sum_{\nu=1}^{n} a_\nu(\omega_0) \right) d\omega_0 \\
&= \sum_{\nu=1}^{n} \frac{1}{\pi} \int_{-\infty}^{\infty} \frac{a_\nu(\omega_0)}{\omega_0 - \omega} d\omega_0 = \sum_{\nu=1}^{n} b_\nu(\omega).
\end{aligned}
\tag{3.132}
$$

Die Phasen

$$b_\nu(\omega) = \frac{1}{\pi} \int_{-\infty}^{\infty} \frac{a_\nu(\omega_0)}{\omega_0 - \omega} d\omega_0 = \frac{2\omega}{\pi} \int_{0}^{\infty} \frac{a_\nu(\omega_0)}{\omega_0^2 - \omega^2} d\omega_0 \tag{3.133}$$

werden für $a_\nu(\omega)$ gemäß Abb. 3.31b ausgerechnet und für verschiedene Parameter ω_1, ω_2, a_0 in Abhängigkeit von ω/ω_0 tabelliert oder in einem Diagramm dargestellt (*Bode-Diagramm*). Abb. 3.32 zeigt den prinzipiellen Kurvenverlauf von $b_\nu(\omega)$ für $a_\nu(\omega)$ gemäß Abb. 3.31b.

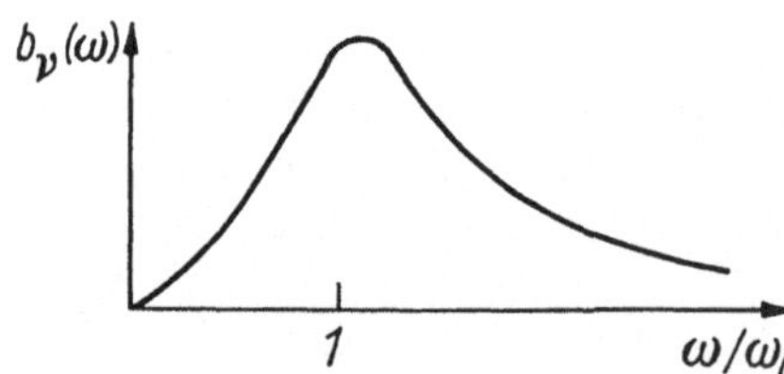

Abb. 3.32. Zur Dämpfung Abb. 3.31b gehörende Phase (Bode–Diagramm).

3.2.3 Stabilität

3.2.3.1 Hurwitz–Kriterium

Wir betrachten ein lineares System mit einem Eingang und einem Ausgang, das sich im Nullzustand befindet. Bei Eingabe des Signals $\underline{x}$ für $t > 0$ erhalten wir am Ausgang das Signal $\underline{y}$.

Es gilt nun die folgende Definition: Das System heißt *stabil*, wenn gilt

$$|\underline{x}(t)| < K_1 \Rightarrow |\underline{y}(t)| < K_2 \tag{3.134}$$

für alle $t \in T$ $(K_1, K_2 \in \mathbb{R}^+)$. Das bedeutet, daß das Ausgabesignal beschränkt bleiben muß, falls das Eingabesignal beschränkt ist. Abb. 3.33 zeigt eine anschauliche Darstellung dieses Sachverhalts.

Für die weiteren Überlegungen wollen wir annehmen, $\underline{x}$ sei ein beschränktes Eingabesignal und so beschaffen, daß $\underline{x}^*(p)$ rational ist, keine singulären Stellen mit positivem Realteil hat und im Unendlichen verschwindet (z. B. $\underline{x}(t) = s(t)$, $\underline{x}^*(p) = 1/p$). Dann ist

$$\underline{y}^*(p) = h^*(p)\underline{x}^*(p)$$

ebenfalls rational in p und verschwindet im Unendlichen. Wir können also für das Ausgabesignal im Zeitbereich

$$\underline{y}(t) = \sum_i \operatorname*{Res}_{p=p_i} h^*(p)\underline{x}^*(p)\mathrm{e}^{pt} \tag{3.135}$$

schreiben. Bei der Residuenberechnung erscheinen die singulären Stellen von $\underline{y}^*(p)$ im Exponenten der e–Funktion. Da $\underline{x}^*(p)$ voraussetzungsgemäß keine singulären Stellen mit positivem Realteil besitzt, entscheiden die singulären Stellen von $h^*(p)$ darüber, ob $\underline{y}(t)$ beschränkt bleibt oder nicht.

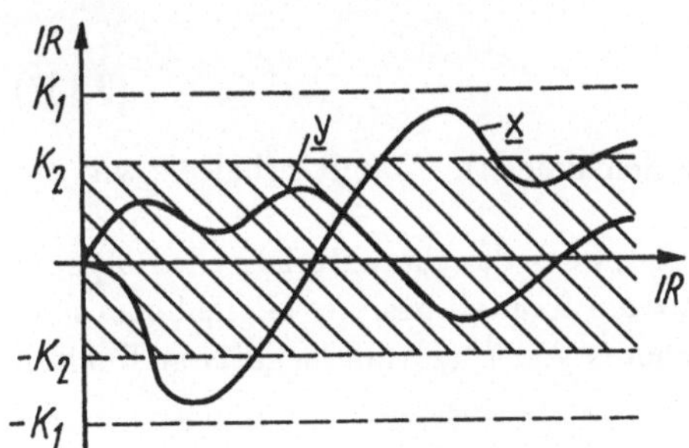

Abb. 3.33. Zur Definition der Stabilität.

Wir können folgende Fälle unterscheiden:

a) Die Übertragungsfunktion h^* hat nur Pole mit negativem Realteil $(\mathrm{Re}(p_i) < 0)$. Dann ergibt sich für $\underline{y}(t)$ eine Summe von Exponentialfunktionen, die im Exponenten einen negativen Realteil haben (vgl. auch (3.65) und (3.66)). Das Ausgabesignal bleibt also beschränkt, und das System ist stabil.

b) Die Übertragungsfunktion h^* hat einfache imaginäre Pole $(p_i = \pm\mathrm{j}\omega_i)$. In diesem Fall enthält das Ausgabesignal Summanden der Art

$$A_i \mathrm{e}^{\mathrm{j}\omega_i t} + \overline{A}_i \mathrm{e}^{-\mathrm{j}\omega_i t} = 2|A_i| \cos(\omega_i t + \varphi_i),$$

die dazu führen, daß $\underline{y}(t)$ im Unendlichen in diesem Fall ebenfalls beschränkt bleibt. Das System ist wiederum stabil.

c) Hat die Übertragungsfunktion aber mehrfache (m–fache) imaginäre Pole, so treten in $\underline{y}(t)$ Summanden der Art

$$A_i t^{m-1} \mathrm{e}^{\mathrm{j}\omega_i t} + \overline{A_i} t^{m-1} \mathrm{e}^{-\mathrm{j}\omega_i t} = 2|A_i| t^{m-1} \cos(\omega_i t + \varphi_i)$$

auf, die bewirken, daß $\underline{y}(t)$ mit wachsendem t unbeschränkt anwächst ($m > 1$). Das System ist instabil.

d) Dieser Fall tritt auch dann ein, wenn $h^*(p)$ wenigstens einen Pol mit positivem Realteil besitzt. In diesem Fall enthält die Residuensumme (3.135) eine Exponentialfunktion mit positiv reellem Exponenten, so daß $\underline{y}(t)$ unbeschränkt anwächst (instabiles System).

Die Untersuchung der Stabilität eines Systems kann damit auf die Untersuchung der Polstellen der Übertragungsfunktion zurückgeführt werden. Da die Polstellen der Übertragungsfunktion h^* mit

$$h^*(p) = \frac{a_0 + a_1 p + \ldots + a_{n-1} p^{n-1} + a_n p^n}{b_0 + b_1 p + \ldots + b_{n-1} p^{n-1} + p^n} \tag{3.136}$$

aber gerade durch die Nullstellen des Nennerpolynoms in (3.136) bestimmt werden, genügt es, das Nennerpolynom allein zu untersuchen. Wie aus der Definition (3.18) und dem Übergang von (3.55) zu (3.56) hervorgeht, ist das Nennerpolynom von $h^*(p)$ mit dem charakteristischen Polynom

$$\varphi_A(p) = \det(pE - A) \tag{3.137}$$

identisch (A ist die Matrix aus den Zustandsgleichungen). Damit erhalten wir das folgende (hinreichende) *Stabilitätskriterium*:

Ein System mit der Zustandsmatrix A ist stabil, wenn das charakteristische Polynom $\varphi_A(p) = \det(pE - A)$ nur Nullstellen mit negativem Realteil besitzt. Gleichbedeutend damit ist, daß die Nullstellen des Nennerpolynoms von $h^*(p)$ nur negativen Realteil haben.

Um festzustellen, ob sämtliche Nullstellen eines Polynoms einen negativen Realteil haben, braucht man die Nullstellen nicht explizit auszurechnen. Es gilt vielmehr das folgende Kriterium (*Hurwitz–Kriterium*):

Ein reellwertiges Polynom (mit $b_0 > 0$)

$$b_0 + b_1 p + b_2 p^2 + \ldots + b_{n-1} p^{n-1} + p^n \tag{3.138}$$

besitzt genau dann nur Nullstellen mit negativem Realteil, wenn die Abschnittsdeterminanten D_ν ($\nu = 1, 2, \ldots, n$) von

$$D = \begin{vmatrix} b_1 & b_3 & b_5 & b_7 & \ldots \\ b_0 & b_2 & b_4 & b_6 & \ldots \\ 0 & b_1 & b_3 & b_5 & \ldots \\ 0 & b_0 & b_2 & b_4 & \ldots \\ 0 & 0 & b_1 & b_3 & \ldots \\ \vdots & \vdots & \vdots & \vdots & \end{vmatrix} \tag{3.139}$$

positiv sind, wenn also gilt

$$D_1 = b_1 > 0; \qquad D_2 = \begin{vmatrix} b_1 & b_3 \\ b_0 & b_2 \end{vmatrix} > 0; \qquad D_3 = \begin{vmatrix} b_1 & b_3 & b_5 \\ b_0 & b_2 & b_4 \\ 0 & b_1 & b_3 \end{vmatrix} > 0 \quad \text{usw.}$$

Man nennt das Polynom (3.138) in diesem Fall ein *Hurwitz–Polynom*.

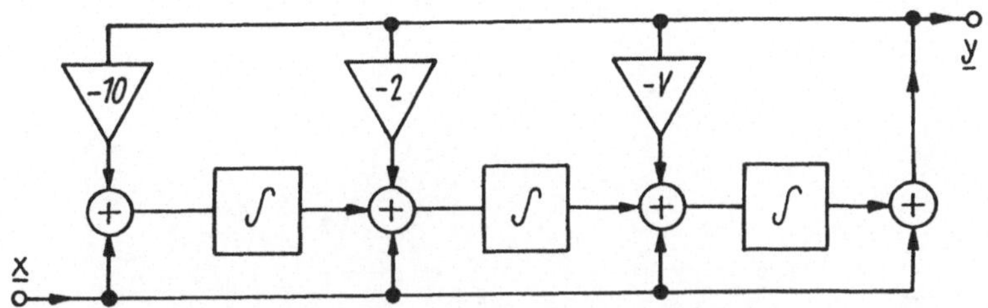

Abb. 3.34. Blockschaltbild eines linearen Systems (Beispiel).

Das oben angegebene Stabilitätskriterium kann nun auch wie folgt ausgedrückt werden:

Ist das charakteristische Polynom $\varphi_A(p)$ bzw. das Nennerpolynom der Übertragungsfunktion h^* ein Hurwitz–Polynom, so ist das System stabil.

Beispiel: Wir betrachten die Schaltung Abb. 3.34. Unter Beachtung des allgemeinen Systemmodells Abb. 3.16 (bzw. durch Nachrechnen) erhalten wir die Übertragungsfunktion h^*:

$$h^*(p) = \frac{p^3 + p^2 + p + 1}{p^3 + Vp^2 + 2p + 10}$$

mit den Koeffizienten $b_0 = 10$, $b_1 = 2$, $b_2 = V$, $b_3 = 1$. Die Abschnittsdeterminanten haben die Werte

$$\begin{aligned} D_1 &= b_1 = 2 > 0 \\ D_2 &= b_1 b_2 - b_0 b_3 = 2V - 10 > 0 \\ D_3 &= b_3 D_2 = 2V - 10 > 0. \end{aligned}$$

Die letzten beiden Ungleichungen sind nur dann erfüllt, wenn $V > 5$ gilt. Ist diese Bedingung für den betreffenden Verstärker erfüllt, so ist das in Abb. 3.34 dargestellte System stabil. $\square$

3.2.3.2 Michailow–Kriterium

Das nachfolgend beschriebene Stabilitätskriterium ist ein *Ortskurvenkriterium*, bei dem die Ortskurve des charakteristischen Polynoms $\varphi_A(p)$ (bzw. des Nennerpolynoms der Übertragungsfunktion h^*) für $p = j\omega$ untersucht wird. Schreiben wir zunächst für das charakteristische Polynom ($b_0 > 0$)

$$\varphi_A(p) = p^n + b_{n-1}p^{n-1} + \ldots + b_2 p^2 + b_1 p + b_0 \tag{3.140}$$

die Produktform

$$\varphi_A(p) = (p - p_1)(p - p_2) \ldots (p - p_n), \tag{3.141}$$

so ist das Argument dieses Ausdrucks für $p = j\omega$

$$\arg \varphi_A(j\omega) = \sum_{\nu=1}^{n} \arg(j\omega - p_\nu). \tag{3.142}$$

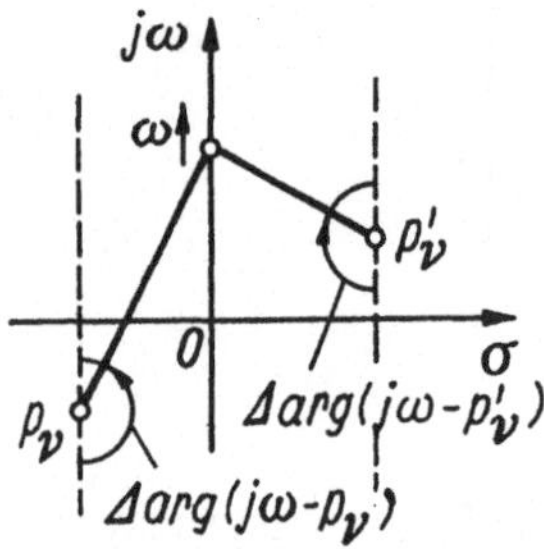

Abb. 3.35. Zur Berechnung der Beiträge der Nullstellen des charakteristischen Polynoms zur Winkeländerung.

Wir untersuchen nun die Winkeländerung $\Delta \arg \varphi_A(j\omega)$, wenn die Frequenz ω von $-\infty$ bis $+\infty$ verändert wird. Offensichtlich liefert jede Nullstelle p_ν von $\varphi_A(p)$ einen Beitrag der Größe $\Delta \arg(j\omega - p_\nu)$ zu dieser Winkeländerung. Die Größe dieses Beitrags hängt davon ab, ob die Nullstelle p_ν in der rechten oder in der linken p–Halbebene liegt. Es gilt nämlich (vgl. Abb. 3.35)

$$\Delta \arg(j\omega - p_\nu) = \begin{cases} \pi, & \text{falls } \mathrm{Re}(p_\nu) < 0 \\ -\pi, & \text{falls } \mathrm{Re}(p_\nu) > 0. \end{cases} \tag{3.143}$$

Die gesamte Winkeländerung ist damit

$$\Delta \arg \varphi_A(j\omega) = (n_1 - n_2)\pi, \tag{3.144}$$

wenn n_1 die Anzahl der Nullstellen mit negativem und n_2 die Anzahl der Nullstellen mit positivem Realteil bezeichnet ($n_1 + n_2 = n$). Besitzt $\varphi_A(p)$ nur Nullstellen mit negativem Realteil, so ist $n_1 = n$ und $n_2 = 0$ und damit die Winkeländerung

$$\Delta \arg \varphi_A(j\omega) = n\pi \qquad (-\infty < \omega < \infty) \tag{3.145}$$

bzw.

$$\Delta \arg \varphi_A(j\omega) = n\frac{\pi}{2} \qquad (0 \leq \omega < \infty), \tag{3.146}$$

da $\varphi_A(p)$ reellwertig ist ($\varphi_A(-j\omega) = \overline{\varphi_A(j\omega)}$).

Daraus ergibt sich folgendes Stabilitätskriterium: Durchläuft die Ortskurve von $\varphi_A(j\omega)$ für $0 \leq \omega < \infty$ genau n Quadranten monoton in positivem Sinn, so ist das System stabil.

Beispiel: In Abb. 3.36 ist eine Ortskurve für $n = 4$ (d. h. für ein Polynom 4. Grades) dargestellt. Abb. 3.36a zeigt den Verlauf der Ortskurve für ein stabiles, Abb. 3.36b für ein instabiles System. $\square$

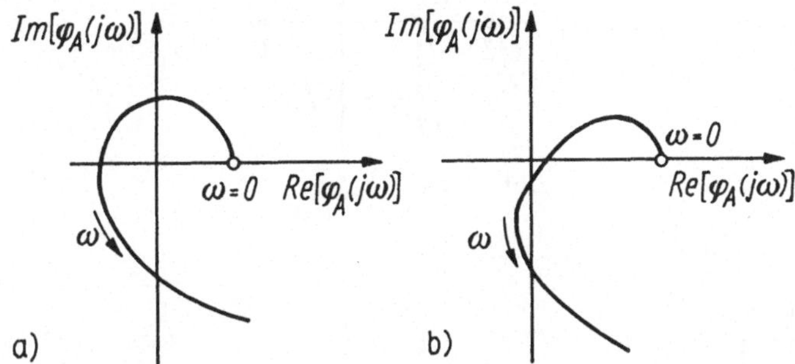

Abb. 3.36. Ortskurve des charakteristischen Polynoms: a) stabiles System; b) instabiles System.

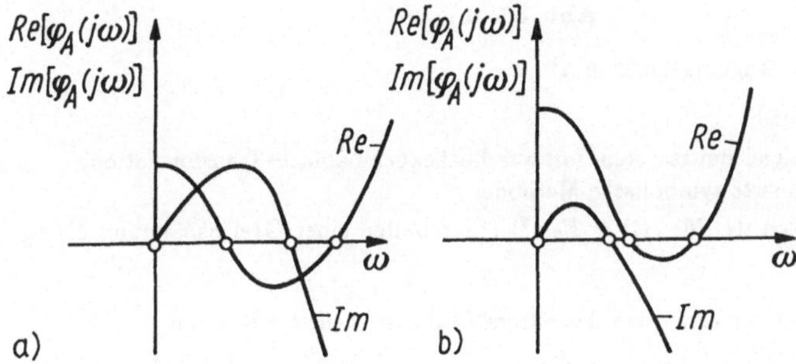

Abb. 3.37. Real- und Imaginärteil des charakteristischen Polynoms: a) stabiles System; b) instabiles System.

Das oben angegebene Stabilitätskriterium kann auch wie folgt formuliert werden (*Lückenkriterium*): Haben $\mathrm{Re}(\varphi_A(-j\omega))$ und $\mathrm{Im}(\varphi_A(-j\omega))$ für $\omega \geq 0$ zusammen n reelle Nullstellen, die, beginnend mit einer Nullstelle von $\mathrm{Im}(\varphi_A(-j\omega))$, abwechselnd aufeinander folgen, so ist das System stabil.

Abb. 3.37 zeigt diesen Sachverhalt für die in Abb. 3.36 gewählten Beispiele.

3.2.4 Aufgaben zum Abschnitt 3.2

3.2-1 Welcher Zusammenhang besteht zwischen Eingabesignal u_1 und Ausgabesignal u_2 bei dem in Abb. 3.2-1 dargestellten System

   a) im Zeitbereich;   b) im Bildbereich?

3.2-2 Gegeben ist ein lineares System mit dem (normierten) Pol–Nullstellen–Plan der Übertragungsfunktion h^* (Abb. 3.2-2). Wie lautet die Impulsantwort h des Systems? ($\times$ Pole, $\circ$ Nullstellen; die Zahlen in Klammern geben die Ordnung der Pole bzw. Nullstellen an.)

3.2-3 Gegeben ist das in Abb. 3.2-3 dargestellte lineare Netzwerk.

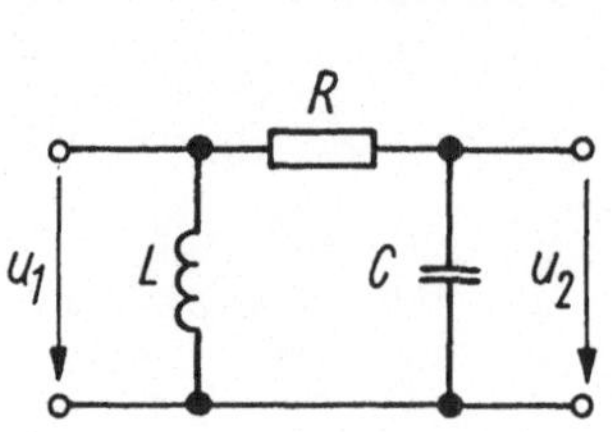

Abb. 3.2-1 .

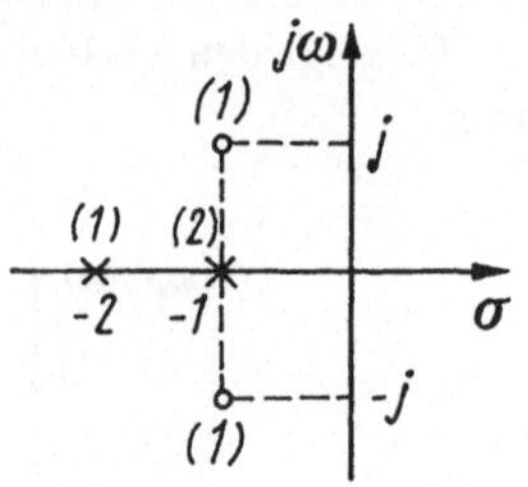

Abb. 3.2-2.

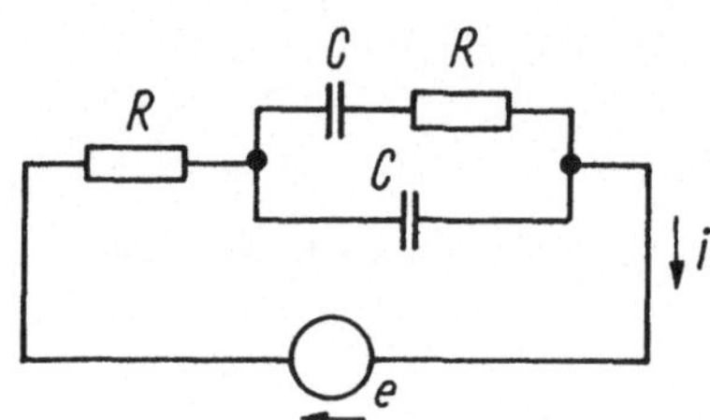

Abb. 3.2-3 .

a) Man bestimme die Übertragungsfunktion h^*:

$$h^*(p) = i^*(p)/e^*(p)$$

α) über das Differentialgleichungssystem mit anschließender Laplace–Transformation,
β) über die verallgemeinerte symbolische Methode!

b) Man berechne den Strom $i(t)$ für $e(t) = E_0 s(t)$ (Einschalten einer Gleichspannung E_0 zur Zeit $t = 0$)!

3.2-4 In der Schaltung Abb. 3.2-4 berechne man den Strom i_R durch R für $t > 0$, wenn

a) $e(t) = E_0 \sin \omega_0 t$,

b) $e(t) = \begin{cases} E_0 \sin \omega_0 t & 0 \le t < \pi/\omega_0 \\ 0 & t \ge \pi/\omega_0, \quad t < 0! \end{cases}$

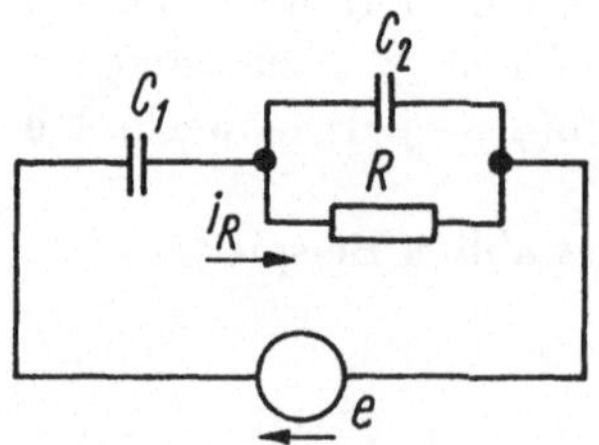

Abb. 3.2-4 .

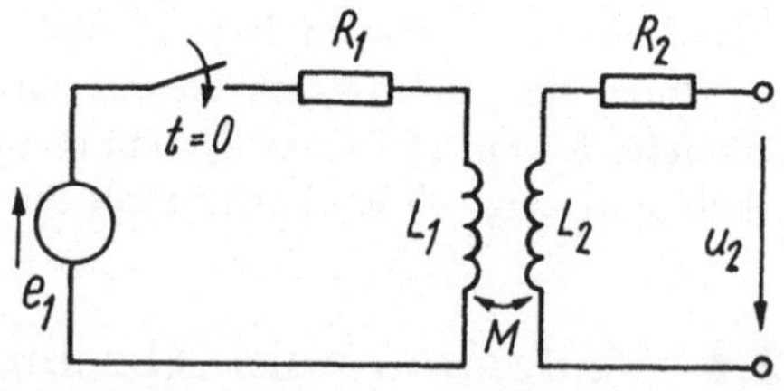

Abb. 3.2-5.

3.2-5 In der Schaltung Abb. 3.2-5 berechne man für $e_1(t) = E_1 \sin \omega_1 t$ die Spannung u_2 am Ausgang des leerlaufenden Transformators, wenn der Schalter zur Zeit $t = 0$ geschlossen wird!

3.2-6 Gegeben ist das in Abb. 3.2-6 dargestellte Blockschaltbild eines linearen Systems im Nullzustand.

a) Bestimmen Sie die Übertragungsfunktion h^*:

$$h^*(p) = \underline{y}^*(p)/\underline{x}^*(p)$$

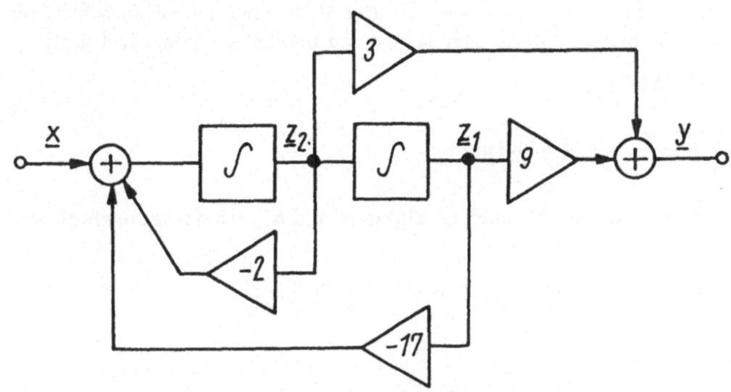

Abb. 3.2-6 .

α) über die Zustandsgleichungen und die zugehörigen Matrizen,

β) durch Ablesen der Zustandsgleichungen im Bildbereich!

b) Bestimmen Sie die Pole und Nullstellen von $h^*(p)$!

3.2-7 Berechnen Sie die Spannung $u_{R2}(t)$ in der angegebenen Schaltung Abb. 3.2-7a

a) für $e(t)$ entsprechend Abb. 3.2-7b,

b) für $e(t) = E_0 \sin \omega_0 t$!

Geben Sie den stationären und den flüchtigen Vorgang an!

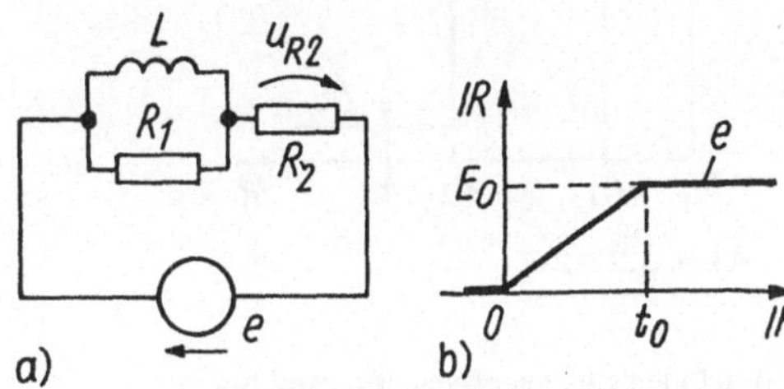

a)   b)

Abb. 3.2-7 .

3.2-8 Für die Schaltung Abb. 3.2-8 ermittle man die Übertragungsfunktion h^* mit Hilfe eines Signalflußgraphen! (Man gebe $h^*(p) = \underline{y}^*(p)/\underline{x}^*(p)$ an!)

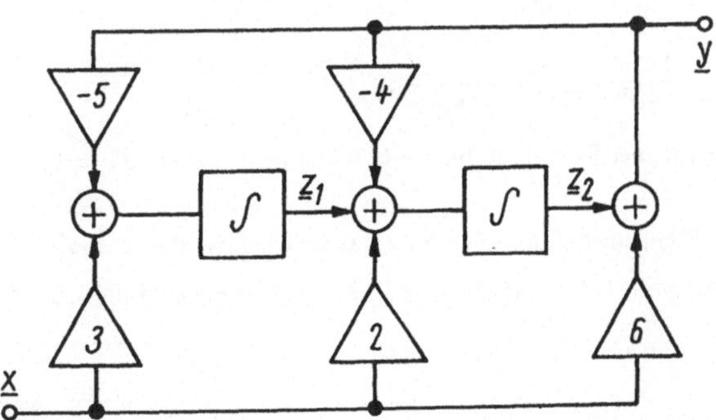

Abb. 3.2-8 .

3.2-9 Ein lineares System im Nullzustand wird durch das Signal $\underline{x}$: $\underline{x}(t) = s(t)$ erregt. Am Ausgang erhält man für $t > 0$ die Wirkung $\underline{y}$: $\underline{y}(t) = 1 - 6e^{-t} + 6e^{-2t}$. Bestimmen Sie die Übertragungsfunktion h^*, d.h. $h^*(p)$ des Systems, und stellen Sie mit Hilfe eines PN–Planes fest, ob das System ein Mindestphasensystem, ein Allpaß oder keines von beiden ist! (Begründung!)

3.2-10 Zerlegen Sie die Übertragungsfunktion h^*:

$$h^*(p) = \frac{(p+1)(p-2)(p-3)}{(p^2 + 2p + 2)(p+5)} = h_A^*(p)h_M^*(p)$$

so in zwei Faktoren, daß h_A^* Übertragungsfunktion eines Allpasses und h_M^* Übertragungsfunktion eines Mindestphasensystems ist!

3.2-11 Von einem linearen System wurde $A(\omega) = |h^*(j\omega)|$ gemessen (Abb. 3.2-11).

a) Man approximiere

$$(A(\omega))^2 = \frac{\omega^2}{\alpha + \beta\omega^2}$$

und bestimme α und β!

b) Man berechne $h^*(p) = h_M^*(p)$ und gebe die Phase $b_M(\omega)$ an!

3.2-12 Von einem idealen Tiefpaß ist $A(\omega) = |h^*(j\omega)|$ gegeben (Abb. 3.2-12). Man bestimme die Dämpfung $a(\omega)$ und die Phase $b(\omega)$ (Mindestphase)!

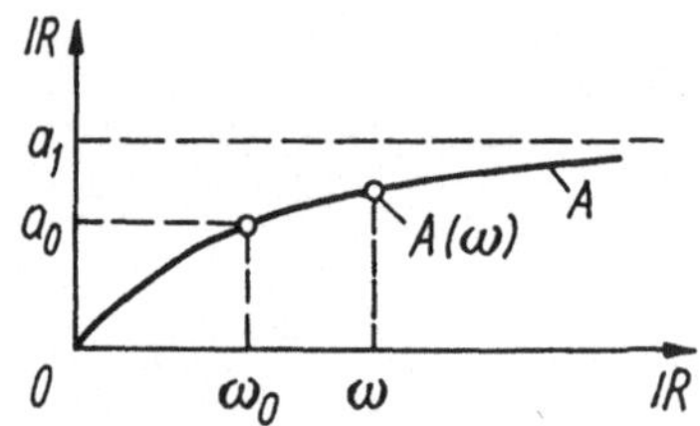

Abb. 3.2-11.

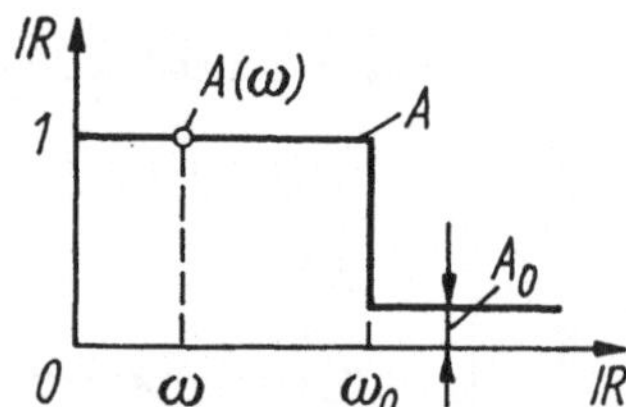

Abb. 3.2-12 .

3.2-13 Man untersuche, ob folgende Polynome nur Nullstellen mit negativem Realteil haben:

a) $f(p) = p^6 + p^5 + 5p^4 + 3p^3 + 6p^2 + 2p + 1$
b) $f(p) = p^5 + 2p^4 + 3p^3 + 4p^2 + 5p + 3.$

3.2-14 Ein Regelungssystem für die Spannungsregelung bei einem Drehstromgenerator habe die Übertragungsfunktion h^* :

$$h^*(p) = \frac{1}{T_R T_1 T_2 p^3 + T_R(T_1 + T_2)p^2 + T_R(1 + V)p + V}.$$

Wie groß ist $V > 0$ zu wählen, damit das System stabil bleibt? (Zahlenbeispiel: $T_1 = 0,5$ s; $T_2 = 3$ s; $T_R = 0,15$ s).

3.2-15 Kann ein System stabil sein, wenn $h^*(p)$ im Nennerpolynom negative Koeffizienten enthält?

3.2-16 Man untersuche die Stabilität der in Abb. 3.2-8 dargestellten Blockschaltung (Aufgabe 3.2-8)!

4 Lineare zeitdiskrete Systeme

4.1 Zustandsdarstellung

4.1.1 Systembeschreibung

4.1.1.1 Zustandsgleichungen

Zeitdiskrete dynamische Systeme enthalten neben den im Abschnitt 2.1.1 angegebenen Elementarsystemen (Addierglied, Multiplizierglied, Verstärker und Potenzierglied) zusätzlich Speicherelemente (Abb. 4.1). Ein solches Speicherelement realisiert die Signalabbildung $\varphi = \underline{S}$:

$$S : \underline{X} \to \underline{Y}, \quad \underline{S}(\underline{x}) = \underline{y}, \quad \underline{y}(k) = \underline{x}(k-1). \tag{4.1}$$

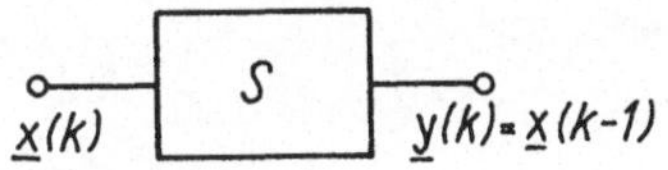

Abb. 4.1. Speicherelement.

In der folgenden Aufstellung ist diese Abbildung näher erläutert:

k	0	1	2	3	...	k	$k+1$	...
$\underline{x}$	$\underline{x}(0)$	$\underline{x}(1)$	$\underline{x}(2)$	$\underline{x}(3)$	...	$\underline{x}(k)$	$\underline{x}(k+1)$	...
$\underline{y}$	$\underline{y}(0)$	$\underline{x}(0)$	$\underline{x}(1)$	$\underline{x}(2)$	...	$\underline{x}(k-1)$	$\underline{x}(k)$	...

$$\tag{4.2}$$

Das diskrete Ausgabesignal des Speicherelements stellt also das um eine Zeiteinheit (einen Takt) verzögerte diskrete Eingabesignal dar. Der Signalwert $\underline{y}(0)$ charakterisiert den im Takt $k = 0$ ausgegebenen Wert von $\underline{y}$ (Speicherinhalt im Zeitpunkt $k = 0$).

Für ein zeitdiskretes dynamisches System erhalten wir formal die gleichen Zustandsgleichungen wie bei einem sequentiellen Automaten (vgl. [WS93], Abschnitt 2.3.1), nämlich

$$\begin{aligned} \underline{z}(k+1) &= f(\underline{z}(k), \underline{x}(k)) \\ \underline{y}(k) &= g(\underline{z}(k), \underline{x}(k)). \end{aligned} \tag{4.3}$$

Bei einem linearen zeitdiskreten System, das nur Speicherelemente, Addierglieder und Verstärker enthält, stellen die Überführungsfunktion f und die Ergebnisfunktion

g lineare Funktionen dar. Die Zustandsgleichungen (4.3) gehen in diesem Fall in die Form

$$\boxed{\begin{aligned} \underline{z}(k+1) &= A\underline{z}(k) + B\underline{x}(k) \\ \underline{y}(k) &= C\underline{z}(k) + D\underline{x}(k) \end{aligned}} \tag{4.4}$$

über. In diesen Gleichungen sind A, B, C und D das System charakterisierende Matrizen und $\underline{x}(k)$, $\underline{y}(k)$ und $\underline{z}(k)$ der Eingabe–, Ausgabe– bzw. Zustandsvektor (vgl. Abschnitt 3.1.1.1 und [WS93], Abschnitt 3.2.1.1).

4.1.1.2 Modell

Das Blockschaltbild des linearen zeitdiskreten Systems ergibt sich aus den Zustandsgleichungen (4.4). Die Schaltung ist in Abb. 4.2 dargestellt. Sie gleicht formal dem in Abb. 3.1 aufgezeichneten Blockschaltbild für das zeitkontinuierliche lineare System, bei dem lediglich der Integratorblock durch einen Speicherblock ersetzt ist. Dieser Speicherblock enthält n Speicher mit der durch (4.1) beschriebenen Signalabbildung.

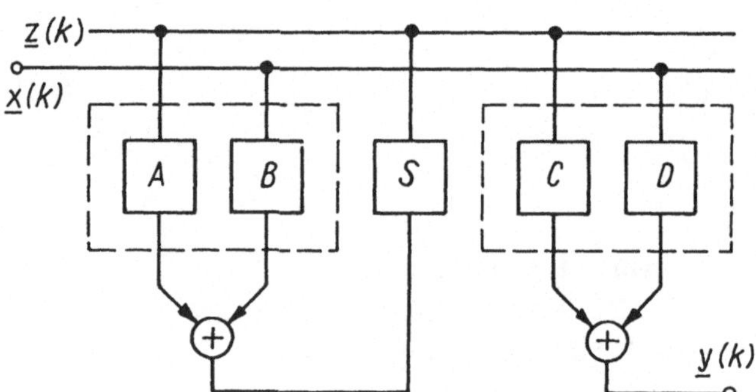

Abb. 4.2. Lineares zeitdiskretes System.

Beispiel: Für das in Abb. 4.3 dargestellte lineare zeitdiskrete System mit einem Eingang, drei Ausgängen und zwei Speichern erhalten wir die Zustandsgleichungen

$$\begin{pmatrix} \underline{z}_1(k+1) \\ \underline{z}_2(k+1) \end{pmatrix} = \begin{pmatrix} 0 & 2 \\ -3 & -5 \end{pmatrix} \begin{pmatrix} \underline{z}_1(k) \\ \underline{z}_2(k) \end{pmatrix} + \begin{pmatrix} 0 \\ 2 \end{pmatrix} \underline{x}(k)$$

$$\begin{pmatrix} \underline{y}_1(k) \\ \underline{y}_2(k) \\ \underline{y}_3(k) \end{pmatrix} = \begin{pmatrix} 1 & 0 \\ 0 & 1 \\ 0 & 0 \end{pmatrix} \begin{pmatrix} \underline{z}_1(k) \\ \underline{z}_2(k) \end{pmatrix} + \begin{pmatrix} 3 \\ 0 \\ 1 \end{pmatrix} \underline{x}(k). \tag{4.5}$$

Die Systemmatrizen lauten also in diesem Fall

$$A = \begin{pmatrix} 0 & 2 \\ -3 & -5 \end{pmatrix}; \quad B = \begin{pmatrix} 0 \\ 2 \end{pmatrix}; \quad C = \begin{pmatrix} 1 & 0 \\ 0 & 1 \\ 0 & 0 \end{pmatrix}; \quad D = \begin{pmatrix} 3 \\ 0 \\ 1 \end{pmatrix}.$$

$\square$

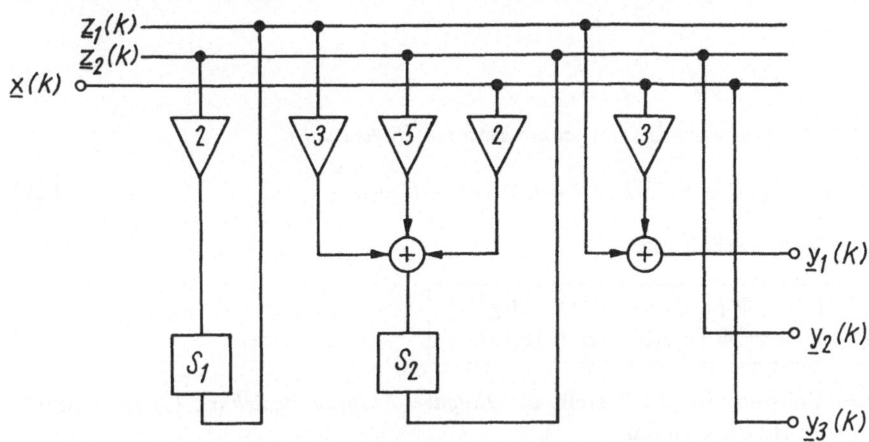

Abb. 4.3. Lineares zeitdiskretes System (Beispiel).

4.1.2   Systemcharakteristiken

4.1.2.1   Zustandsgleichungen im Bildbereich

Wir wollen nun die Zustandsgleichungen (4.4) des linearen zeitdiskreten Systems lösen
und bedienen uns dazu der im Abschnitt 1.2.3 beschriebenen Methode der Z–Transformation. Werden die Zustandsgleichungen

$$\underline{z}(k+1) = A\underline{z}(k) + B\underline{x}(k)$$
$$\underline{y}(k) = C\underline{z}(k) + D\underline{x}(k)$$

mit Hilfe der Z–Transformation in den Bildbereich übergeführt, so erhält man mit Hilfe
des Verschiebungssatzes (Tabelle im Anhang, Regel 3) zunächst für die erste Gleichung

$$z\underline{z}^*(z) - z\underline{z}(0) = A\underline{z}^*(z) + B\underline{x}^*(z). \tag{4.6}$$

In dieser Gleichung bezeichnen

$$\underline{z}^*(z) = Z(\underline{z}(k)) \qquad \text{bzw.} \qquad \underline{x}^*(z) = Z(\underline{x}(k))$$

die Z–Transformierten des Zustands– bzw. des Eingabevektors. Durch Umstellung von
(4.6) erhält man

$$z\underline{z}^*(z) - A\underline{z}^*(z) = (zE - A)\underline{z}^*(z) = z\underline{z}(0) + B\underline{x}^*(z),$$

worin E die Einheitsmatrix (vgl. (3.14)) bezeichnet. Löst man nun nach $\underline{z}^*(z)$ auf, so
ergibt sich

$$\underline{z}^*(z) = (zE - A)^{-1}z\underline{z}(0) + (zE - A)^{-1}B\underline{x}^*(z) \tag{4.7}$$

bzw. mit der zweiten Gleichung von (4.4)

$$\underline{y}^*(z) = C\underline{z}^*(z) + D\underline{x}^*(z)$$
$$= C(zE - A)^{-1}z\underline{z}(0) + (C(zE - A)^{-1}B + D)\underline{x}^*(z). \tag{4.8}$$

In (4.8) werden nun (ähnlich wie im Abschnitt 3.1.2) die *Fundamentalmatrix im Bildbereich*

$$\Phi^*(z) = (zE - A)^{-1}z \tag{4.9}$$

und die *Übertragungsmatrix (Gewichtsmatrix im Bildbereich)*

$$H^*(z) = C(zE - A)^{-1}B + D = C\Phi^*(z)z^{-1}B + D \tag{4.10}$$

eingeführt. Damit erhält man

$$\boxed{\begin{aligned}\underline{z}^*(z) &= \Phi^*(z)\underline{z}(0) + \Phi^*(z)z^{-1}B\underline{x}^*(z)\\ \underline{y}^*(z) &= C\Phi^*(z)\underline{z}(0) + H^*(z)\underline{x}^*(z).\end{aligned}} \tag{4.11}$$

Die letzte Gleichung in (4.11) stellt die *Eingabe–Ausgabe–Beziehung (Input–Output–Gleichung)* im Bildbereich dar.

Die Ausgabe $\underline{y}^*(z)$ im Bildbereich setzt sich, ebenso wie bei den zeitkontinuierlichen Systemen (vgl. (3.24) und (3.25)), aus zwei Summanden zusammen, von denen der erste durch den Anfangszustand $\underline{z}(0)$ des Systems und der zweite durch die Eingabe $\underline{x}^*(z)$ (im Bildbereich) bestimmt wird. Ist $\underline{x}^*(z) = 0$ (keine Eingabe), so ist

$$\underline{y}^*(z) = \underline{y}_f^*(z) = C\Phi^*(z)\underline{z}(0) \tag{4.12}$$

die *freie Ausgabe*, und ist $\underline{z}(0) = 0$, so ist

$$\underline{y}^*(z) = \underline{y}_e^*(z) = H^*(z)\underline{x}^*(z) \tag{4.13}$$

die *erzwungene Ausgabe* (jeweils im Bildbereich).

4.1.2.2 Zustandsgleichungen im Zeitbereich

Die im Bildbereich der Z–Transformation erhaltenen Lösungen (4.11) der Zustandsgleichungen sollen nun in den Originalbereich (Zeitbereich) zurücktransformiert werden. Unter Beachtung des Verschiebungssatzes und des Faltungssatzes der Z–Transformation (Tabelle im Anhang, Regeln 3 und 8) erhalten wir

$$\underline{z}(k) = \Phi(k)\underline{z}(0) + \sum_{i=0}^{k-1}\Phi(k - i - 1)B\underline{x}(i) \tag{4.14}$$

$$\underline{y}(k) = C\Phi(k)\underline{z}(0) + \sum_{i=0}^{k}H(k - i)\underline{x}(i). \tag{4.15}$$

In dem zuletzt angegebenen Gleichungssystem sind zwei wichtige, das lineare zeitdiskrete System charakterisierende Matrizen enthalten, und zwar die *Fundamentalmatrix im Zeitbereich*

$$\Phi(k) = Z^{-1}(\Phi^*(z)) = \begin{pmatrix} \varphi_{11}(k) & \cdots & \varphi_{1n}(k) \\ \vdots & & \vdots \\ \varphi_{n1}(k) & \cdots & \varphi_{nn}(k) \end{pmatrix} \tag{4.16}$$

und die *Gewichtsmatrix im Zeitbereich*

$$H(k) = Z^{-1}(H^*(z)) = \begin{pmatrix} h_{11}(k) & \ldots & h_{1q}(k) \\ \vdots & & \vdots \\ h_{m1}(k) & \ldots & h_{mq}(k) \end{pmatrix} \tag{4.17}$$

Die Beziehung (4.15) ist die *Input–Output–Gleichung im Zeitbereich*. Sie setzt sich wieder aus zwei Summanden zusammen. Für $\underline{x} = 0$ (keine Eingabe) erhalten wir den durch den Anfangszustand $\underline{z}(0)$ bestimmten freien Vorgang, d. h. die *freie Ausgabe*

$$\underline{y}(k) = \underline{y}_f(k) = C\Phi(k)\underline{z}(0), \tag{4.18}$$

und für $\underline{z}(0) = 0$ ergibt sich die durch die Eingabe $\underline{x}$ *erzwungene Ausgabe*

$$\underline{y}(k) = \underline{y}_e(k) = \sum_{i=0}^{k} H(k-i)\underline{x}(i). \tag{4.19}$$

Im letzten Fall haben wir es wieder mit einer Erregung des Systems aus dem Nullzustand $\underline{z}(0) = 0$ heraus zu tun.

4.1.2.3 Fundamentalmatrix und Gewichtsmatrix
Es läßt sich leicht zeigen, daß die Fundamentalmatrix $\Phi(k)$ mit der Matrix A aus den Zustandsgleichungen (4.4) durch die Beziehung

$$\Phi(k) = A^k \tag{4.20}$$

verknüpft ist.

Nehmen wir zunächst einmal an, daß (4.20) gilt, so folgt aus dieser Gleichung

$$\Phi(k+1) = A^{k+1} = A\Phi(k). \tag{4.21}$$

Durch Z–Transformation auf beiden Seiten von (4.21) erhalten wir weiter

$$z\Phi^*(z) - z\Phi(0) = A\Phi^*(z) \tag{4.22}$$

oder mit $\Phi(0) = E$ (Einheitsmatrix) nach Umstellung

$$(zE - A)\Phi^*(z) = zE$$

bzw. nach Multiplikation von links mit $(zE - A)^{-1}$

$$\Phi^*(z) = (zE - A)^{-1}z \tag{4.23}$$

in Übereinstimmung mit (4.9). Damit ist auch (4.20) bestätigt, und wir können (4.20) mit (1.149) zusammenfassend schreiben

$$\Phi(k) = Z^{-1}(\Phi^*(z)) = \sum_i \text{Res}\left((zE - A)^{-1}z^k\right) = A^k. \tag{4.24}$$

Die Funamentalmatrix $\Phi(k)$ ist ebenso wie die Matrix A aus den Zustandsgleichungen eine n–reihige quadratische Matrix. Ihre wichtigsten Eigenschaften sind die folgenden:

a) Aus (4.20) folgt unmittelbar

$$\Phi(k_1)\Phi(k_2) = \Phi(k_1 + k_2). \tag{4.25}$$

b) Aus der letzten Gleichung folgt mit $k_1 = k$ und $k_2 = -k$

$$\Phi(k)\Phi(-k) = \Phi(0) = E, \tag{4.26}$$

worin E die n–reihige Einheitsmatrix bezeichnet.

c) Aus (4.26) ergibt sich schließlich noch

$$(\Phi(k))^{-1} = \Phi(-k). \tag{4.27}$$

Für die Gewichtsmatrix $H(k)$ in (4.17) kann geschrieben werden

$$H(k) = \begin{cases} D & k = 0 \\ CA^{k-1}B & k = 1, 2, \ldots \end{cases} \tag{4.28}$$

Auch diese Beziehung läßt sich mit Hilfe der Z–Transformation leicht bestätigen. Mit (4.20) ergibt sich nämlich wegen $A^{k-1} = \Phi(k-1)$ unter Berücksichtigung des Verschiebungssatzes

$$H^*(z) = D + Cz^{-1}\Phi^*(z)B \tag{4.29}$$

oder mit (4.23)

$$H^*(z) = C(zE - A)^{-1}B + D, \tag{4.30}$$

womit wir wieder die Übereinstimmung mit (4.10) gezeigt haben.

Die Gewichtsmatrix $H(k)$ enthält q Spalten und m Zeilen, ebenso wie die Systemmatrix D aus den Zustandsgleichungen (4.4). Hierbei ist q die Anzahl der Eingänge und m die Anzahl der Ausgänge des Systems. Hat das betrachtete System nur einen Eingang und einen Ausgang ($q = m = 1$), so enthält die Gewichtsmatrix lediglich ein einziges Element, und es gilt

$$H(k) = h_{11}(k) = h(k). \tag{4.31}$$

Man bezeichnet $h_{11} = h$ in diesem Fall als *Gewichtsfolge* oder auch als *zeitdiskrete Gewichtsfunktion* des linearen zeitdiskreten Systems.

Beispiel: Von einem linearen zeitdiskreten System mit einem Eingang, einem Ausgang und zwei Speichern seien die Zustandsgleichungen

$$\begin{aligned}
\underline{z}_1(k+1) &= 2\underline{z}_2(k) \\
\underline{z}_2(k+1) &= -3\underline{z}_1(k) - 5\underline{z}_2(k) + 2\underline{x}(k) \\
\underline{y}(k) &= \underline{z}_1(k) + 3\underline{x}(k)
\end{aligned}$$

gegeben. Aus diesem Gleichungssystem lesen wir die Systemmatrizen

$$A = \begin{pmatrix} 0 & 2 \\ -3 & -5 \end{pmatrix}; \quad B = \begin{pmatrix} 0 \\ 2 \end{pmatrix}; \quad C = \begin{pmatrix} 1 & 0 \end{pmatrix}; \quad D = (3)$$

ab. Damit erhalten wir nach (4.30)

$$H^*(z) = \left(\begin{array}{cc} 1 & 0 \end{array}\right) \cdot \left(\begin{array}{cc} z & -2 \\ 3 & z+5 \end{array}\right)^{-1} \left(\begin{array}{c} 0 \\ 2 \end{array}\right) + 3$$

oder nach Ausführung der Matrizenoperationen

$$H^*(z) = h^*(z) = \frac{3z^2 + 15z + 22}{z^2 + 5z + 6}.$$

Die Rücktransformation in den Zeitbereich mit Hilfe von (1.149) ergibt schließlich die zeitdiskrete Gewichtsfunktion

$$H(k) = h(k) = \begin{cases} 3 & k = 0 \\ 4 \cdot (-2)^{k-1} - 4 \cdot (-3)^{k-1} & k = 1, 2, \ldots \end{cases}$$

Die ersten Glieder dieser Folge lauten

$$h = (3, 0, 4, -20, 76, \ldots)$$

□

Wir kehren nun noch einmal zu der im Zeitbereich erhaltenen Lösung der Zustandsgleichungen zurück, um die beiden Summanden (4.18) und (4.19) etwas näher zu betrachten.

Zunächst wollen wir annehmen, daß sich das System im Anfangszustand $\underline{z}(0) = 0$ befindet und von außen nicht erregt wird, d. h., es gilt $\underline{x}(k) = 0$ für $k = 0, 1, 2, \ldots$. In diesem Fall folgt aus (4.14) bzw. (4.15)

$$\underline{z}(k) = \underline{z}_f(k) = \Phi(k)\underline{z}(0) \tag{4.32}$$
$$\underline{y}(k) = \underline{y}_f(k) = C\Phi(k)\underline{z}(0). \tag{4.33}$$

Durch den Index f wird angedeutet, daß es sich hier um freie Vorgänge (d. h. von der Eingabe $\underline{x}$ unabhängige Vorgänge) handelt. Die zuletzt notierten Gleichungen geben also an, welchen Zustand bzw. welche Ausgabe man im Taktzeitpunkt k erhält, wenn sich das System im Zeitpunkt $k = 0$ im Anfangszustand $\underline{z}(0)$ befindet und anschließend „sich selbst überlassen" (d. h. mit der Eingabe $\underline{x}(k) = 0$ für $k > 0$ betrieben) wird. Wegen $\Phi(k) = A^k$ ist das freie Verhalten des Systems (abgesehen von der Matrix C) im wesentlichen von der Systemmatrix A abhängig.
Zwei Sonderfälle sollen noch besonders hervorgehoben werden:

a) Es gibt einen Zeitpunkt r, so daß $\Phi(r) = 0$ gilt (0 ist die Nullmatrix). In diesem Fall geht das System nach r Takten in den Nullzustand $\underline{z}(r) = 0$ über, den es ohne äußere Einwirkung nicht mehr verlassen kann.

b) Es gibt einen Zeitpunkt r, so daß $\Phi(r) = E$ gilt (E ist die Einheitsmatrix). Liegt dieser Fall vor, so wird ein gegebener Zustand nach r Takten in sich selbst überführt. Da mit $\Phi(r) = E$ auch $\Phi(nr) = E$ ($n \in \mathbb{N}$) gilt, verlaufen Zustand und Ausgabe periodisch mit r Takten.

Wir wollen nun als weitere Situation annehmen, daß sich das System im Anfangs-
zustand $\underline{z}(0) = 0$ befindet und von außen durch das Eingabesignal $\underline{x}$ erregt wird. In
dieser Situation ergibt sich aus (4.14) bzw. (4.15)

$$\underline{z}(k) = \underline{z}_e(k) = \sum_{i=0}^{k-1} \Phi(k - i - 1)B\underline{x}(i) \qquad (4.34)$$

$$\underline{y}(k) = \underline{y}_e(k) = \sum_{i=0}^{k} H(k - i)\underline{x}(i). \qquad (4.35)$$

Der Index e kennzeichnet die erzwungenen Vorgänge, die durch die Eingabe $\underline{x}$ bestimmt
werden und vom Anfangszustand unabhängig sind.

In (4.35) bezeichnet y_e die (durch die Eingabe $\underline{x}$) erzwungene Ausgabe. Speziell für
den ν–ten Ausgang des Systems erhält man aus dieser Gleichung

$$\underline{y}_{e\nu}(k) = \sum_{i=0}^{k} \sum_{j=1}^{q} h_{\nu j}(k - i)\underline{x}_j(i). \qquad (4.36)$$

Erfolgt nur am μ–ten Eingang des Systems eine Eingabe, d. h., für alle anderen Eingänge
gilt für alle $k = 0, 1, 2, \ldots$

$$\underline{x}_j(k) = 0 \qquad (j \neq \mu),$$

so folgt aus (4.36)

$$\underline{y}_{e\nu}(k) = \sum_{i=0}^{k} h_{\nu\mu}(k - i)\underline{x}_\mu(i). \qquad (4.37)$$

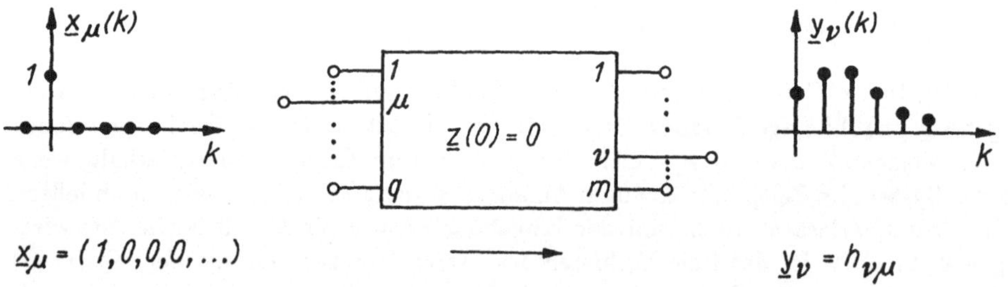

Abb. 4.4. Gewichtsfolge (Impulsantwort) des zeitdiskreten Systems.

Ist nun speziell das Eingabesignal am Eingang μ das diskrete Impulssignal δ, gilt
also

$$\underline{x}_\mu(k) = \delta(k) = \begin{cases} 1 & k = 0 \\ 0 & k \neq 0, \end{cases} \qquad (4.38)$$

so ergibt sich aus (4.37)

$$\underline{y}_{e\nu}(k) = h_{\nu\mu}(k). \qquad (4.39)$$

Damit können die Elemente $h_{\nu\mu}(k)$ der Gewichtsmatrix $H(k)$ wie folgt anschaulich interpretiert werden: Die Gewichtsfolge $h_{\nu\mu}$ ist das zeitdiskrete Ausgabesignal, welches man am Ausgang ν des Systems erhält, wenn der Eingang μ durch das zeitdiskrete Impulssignal $\delta = (1, 0, 0, 0, \ldots)$ erregt wird. Man bezeichnet die Gewichtsfolge $h_{\nu\mu}$ deshalb auch häufig als *diskrete Impulsantwort* des Systems (bezüglich Eingang μ und Ausgang ν). Abb. 4.4 zeigt die Veranschaulichung dieses Sachverhaltes.

4.1.2.4 Beispiel

Die in den vorangegangenen Abschnitten dargestellten Methoden der Systembeschreibung bilden einen wesentlichen Bestandteil der im Zusammenhang mit der Analyse von linearen Systemen zu lösenden Aufgaben. Wir illustrieren die wichtigsten Rechenschritte nun nochmals an dem in Abb. 4.5 aufgezeichneten Beispiel.

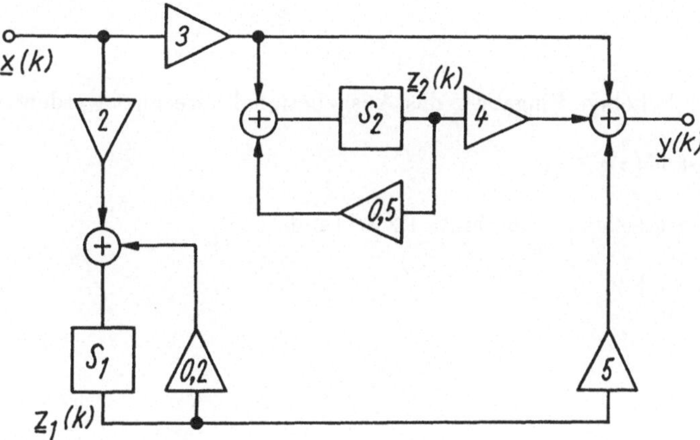

Abb. 4.5. Lineares zeitdiskretes System (Beispiel).

Zunächst können wir aus der gegebenen Schaltung die Zustandsgleichungen

$$
\begin{aligned}
\underline{z}_1(k+1) &= 0,2\underline{z}_1(k) + 2\underline{x}(k) \\
\underline{z}_2(k+1) &= 0,5\underline{z}_2(k) + 3\underline{x}(k) \\
\underline{y}(k) &= 5\underline{z}_1(k) + 4\underline{z}_2(k) + 3\underline{x}(k)
\end{aligned}
$$

mit den Matrizen

$$
A = \begin{pmatrix} 0,2 & 0 \\ 0 & 0,5 \end{pmatrix}; \quad B = \begin{pmatrix} 2 \\ 3 \end{pmatrix}; \quad C = \begin{pmatrix} 5 & 4 \end{pmatrix}; \quad D = (3)
$$

ablesen. Die Fundamentalmatrix des Systems lautet im Bildbereich

$$
\Phi^*(z) = (zE - A)^{-1}z = \begin{pmatrix} \frac{z}{z-0,2} & 0 \\ 0 & \frac{z}{z-0,5} \end{pmatrix}
$$

und im Zeitbereich

$$
\Phi(k) = \begin{pmatrix} (0,2)^k & 0 \\ 0 & (0,5)^k \end{pmatrix}.
$$

Die Übertragungsmatrix $H^*(z)$ enthält nur ein einziges Element, die Übertragungsfunktion h^*:

$$H^*(z) = C(zE - A)^{-1}B + D = \frac{3z^2 + 19,9z - 7,1}{z^2 - 0,7z + 0,1} = h^*(z).$$

Daraus erhält man durch inverse Z–Transformation die zeitdiskrete Gewichtsfunktion (Impulsantwort)

$$h(k) = \begin{cases} 3 & k = 0 \\ 10 \cdot (0,2)^{k-1} + 12 \cdot (0,5)^{k-1} & k = 1, 2, \ldots \end{cases}$$

Befindet sich das System im Anfangszustand

$$\underline{z}(0) = \begin{pmatrix} \underline{z}_1(0) \\ \underline{z}_2(0) \end{pmatrix},$$

so kann mit (4.11) für jede beliebige Eingabe $\underline{x}$ das Ausgabesignal berechnet werden:

$$\underline{y}^*(z) = C\Phi^*(z)\underline{z}(0) + h^*(z)\underline{x}^*(z).$$

Ist z. B. $\underline{x}(k) = s(k)$ das Sprungsignal (Abschnitt 1.2.3.1) mit

$$s(k) = \begin{cases} 1 & k = 0, 1, 2, \ldots \\ 0 & k < 0, \end{cases}$$

so gilt

$$\underline{x}^*(z) = \frac{z}{z - 1},$$

und man erhält

$$\underline{y}^*(z) = \frac{5z}{z - 0,2}\underline{z}_1(0) + \frac{4z}{z - 0,5}\underline{z}_2(0) + \frac{(3z^2 + 19,9z - 7,1)z}{(z - 0,2)(z - 0,5)(z - 1)}.$$

Im Zeitbereich gilt daher

$$\underline{y}(k) = 5 \cdot (0,2)^k \underline{z}_1(0) + 4 \cdot (0,5)^k \underline{z}_2(0) + 39,5 - 12,5 \cdot (0,2)^k - 24 \cdot (0,5)^k.$$

Die ersten beiden Summanden stellen die vom Anfangszustand $\underline{z}(0)$ abhängige freie Ausgabe $\underline{y}_f$ dar, die nicht von der Eingabe $\underline{x}$ abhängt:

$$\underline{y}_f(k) = 5 \cdot (0,2)^k \underline{z}_1(0) + 4 \cdot (0,5)^k \underline{z}_2(0).$$

Die übrigen drei Summanden bilden die (vom Anfangszustand $\underline{z}(0)$ unabhängige) durch die Eingabe $\underline{x}$ erzwungene Ausgabe $\underline{y}_e$:

$$\underline{y}_e(k) = 39,5 - 12,5 \cdot (0,2)^k - 24 \cdot (0,5)^k.$$

4.1.3 Aufgaben zum Abschnitt 4.1

4.1-1 Gegeben ist die in Abb. 4.1-1 dargestellte Schaltung eines zeitdiskreten linearen Systems.

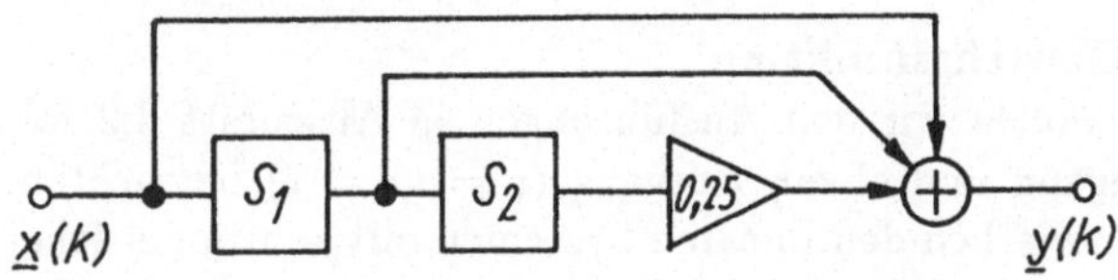

Abb. 4.1-1 .

a) Stellen Sie die Zustandsgleichungen auf!
b) Geben Sie die Systemmatrizen A, B, C und D an!
c) Bestimmen Sie die zeitdiskrete Impulsantwort $h(k)$!
d) Bestimmen sie die Ausgabe $\underline{y}(k)$ für $k \geq 0$, wenn $\underline{z}_1(0) = \underline{z}_2(0) = 0$ gilt und

$$\underline{x}(k) = \begin{cases} 1 & k = 0, 1, 2, 3, 4 \\ 0 & \text{sonst!} \end{cases}$$

4.1-2 Am Ausgang eines linearen zeitdiskreten Systems erhält man

$$\underline{y}(k) = \begin{cases} 2 & k = 0 \\ 1 & k = 1 \\ 0 & \text{sonst,} \end{cases}$$

wenn das System im Nullzustand durch $\underline{x}(k) = s(k)$ (Sprungsignal) erregt wird. Wie lautet die zeitdiskrete Gewichtsfunktion (Impulsantwort) dieses Systems?

4.1-3 Für das in Abb. 4.1-3 aufgezeichnete lineare zeitdiskrete System stelle man die Zustandsgleichungen auf und bestimme die Übertragungsfunktion!

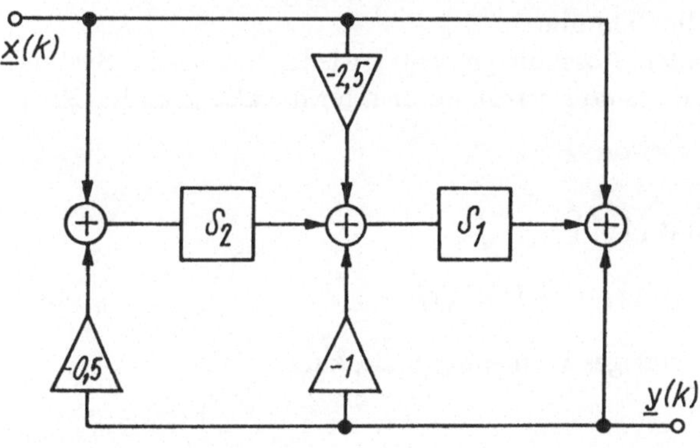

Abb. 4.1-3 .

4.1-4 Von einem linearen zeitdiskreten System ist die Impulsantwort durch

$$h(k) = (\frac{1}{2})^k \qquad (k = 0, 1, 2, \ldots)$$

gegeben. Man bestimme das Ausgabesignal, wenn das System im Nullzustand durch die Eingabe

$$\underline{x}(k) = \begin{cases} 1 & k = 0 \\ -3 & k = 4 \\ 0 & \text{sonst} \end{cases}$$

erregt wird!

4.2 Systeme im Nullzustand

4.2.1 Allgemeine Systemcharakteristiken

4.2.1.1 Übertragungs- und Gewichtsfunktion

Bei den folgenden Überlegungen wollen wir den Ausführungen in Abschnitt 3.2 folgend nur Systeme mit einem Eingang und einem Ausgang ($q = m = 1$) betrachten. Wegen der engen Verwandtschaft zwischen den linearen Systemen mit kontinuierlicher und diskreter Zeit ergeben sich bei der mathematischen Beschreibung dieser beiden Systemklassen zahlreiche formale Ähnlichkeiten, die sich auch bereits beim Vergleich der Abschnitte 3.1 und 4.1 feststellen ließen. Wir können uns also hier auf das Wesentliche beschränken.

Für Systeme mit einem Eingang und einem Ausgang nehmen die Matrizen in den Zustandsgleichungen nach (4.4)

$$\underline{z}(k+1) = A\underline{z}(k) + B\underline{x}(k)$$
$$\underline{y}(t) = C\underline{z}(k) + D\underline{x}(k)$$

die Form

$$A = \begin{pmatrix} \alpha_{11} & \cdots & \alpha_{1n} \\ \vdots & & \vdots \\ \alpha_{n1} & \cdots & \alpha_{nn} \end{pmatrix}; \quad B = \begin{pmatrix} \beta_1 \\ \vdots \\ \beta_n \end{pmatrix}; \quad C = (\gamma_1 \ \ldots \ \gamma_n); \quad D = \delta \qquad (4.40)$$

an, d. h., die Matrizen B und C reduzieren sich auf eine Spalten- bzw. Zeilenmatrix und die Matrix D geht in eine reelle Zahl über.

Wir werden nun in den folgenden Abschnitten weiter wieder nur solche Systeme betrachten, die aus dem Nullzustand heraus erregt werden, für die also grundsätzlich

$$\underline{z}(0) = 0 \qquad (4.41)$$

gilt. Man erhält dann aus (4.11) mit (4.10)

$$\underline{y}^*(z) = (C(zE - A)^{-1}B + D)\underline{x}^*(z) = H^*(z)\underline{x}^*(z) \qquad (4.42)$$

oder, da die Matrix $H^*(z)$ nur ein einziges Element enthält, kurz

$$\boxed{\underline{y}^*(z) = h^*(z)\underline{x}^*(z).} \qquad (4.43)$$

Man nennt h^* die *Übertragungsfunktion* des Systems. Die letzte Gleichung läßt sich unter Beachtung des Faltungssatzes der Z–Transformation leicht in den Originalbereich überführen. Wir erhalten dann

$$\boxed{\underline{y}(k) = \sum_{i=0}^{k} h(k-i)\underline{x}(i),} \qquad (4.44)$$

worin h die *diskrete Gewichtsfunktion* des Systems bezeichnet.

Durch (4.43) und (4.44) sind zwei sehr wichtige Grundformeln gegeben, die den Zusammenhang zwischen Ursache und Wirkung (Eingabe und Ausgabe) bei einem linearen zeitdiskreten System im Nullzustand beschreiben. Wie bei den zeitkontinuierlichen Systemen ist dieser Zusammenhang im Bildbereich besonders einfach. Hier erhalten wir die Z–Transformierte der Wirkung, indem wir die Z–Transformierte der Ursache mit der Übertragungsfunktion h^* multiplizieren.

Wird das System am Eingang durch das zeitdiskrete Impulssignal δ erregt, so erhält man mit

$$\underline{x}^*(z) = Z(\delta(k)) = 1$$

die Wirkung

$$\underline{y}^*(z) = h^*(z) \cdot 1 = h^*(z) \tag{4.45}$$

oder im Zeitbereich

$$\underline{y}(k) = h(k). \tag{4.46}$$

Die zeitdiskrete Gewichtsfunktion des Systems ist also gerade die Reaktion des Systems auf das Impulssignal (daher auch die Bezeichnung *Impulsantwort*).

Die zeitdiskrete Gewichtsfunktion (Impulsantwort) bzw. deren Z–Transformierte, die Übertragungsfunktion, kann als wichtigste Systemcharakteristik des linearen Systems im Nullzustand angesehen werden. Mit Hilfe von (4.42) und den in (4.40) angegebenen Matrizen kann die Übertragungsfunktion durch

$$h^*(z) = (\gamma_1 \ \ldots \ \gamma_n) \left(\begin{pmatrix} z & \ldots & 0 \\ \vdots & & \vdots \\ 0 & \ldots & z \end{pmatrix} - \begin{pmatrix} \alpha_{11} & \ldots & \alpha_{1n} \\ \vdots & & \vdots \\ \alpha_{n1} & \ldots & \alpha_{nn} \end{pmatrix} \right)^{-1} \begin{pmatrix} \beta_1 \\ \vdots \\ \beta_n \end{pmatrix} + \delta \tag{4.47}$$

berechnet werden, worin die Matrizenelemente α_{ij}, β_i, γ_i und δ reelle Zahlen sind. Nach Ausführung der Matrizenoperationen erhält man die Darstellung

$$h^*(z) = \frac{a_0 + a_1 z + \ldots + a_{n-1} z^{n-1} + a_n z^n}{b_0 + b_1 z + \ldots + b_{n-1} z^{n-1} + z^n}, \tag{4.48}$$

wobei die Koeffizienten des Zähler- und Nennerpolynoms wieder reelle Zahlen sind $(a_\nu, b_\nu \in \mathbb{R})$ und so gekürzt wurde, daß der Koeffizient der höchsten Potenz des Nennerpolynoms zu eins wird $(b_n = 1)$. Wesentlich ist, daß h^* eine reellwertige rationale Funktion der komplexen Variablen z ist, d. h., $h^*(z)$ ist reell für reelle Werte der Variablen z.

Berechnet man die Nullstellen von Zähler- und Nennerpolynom, so kann $h^*(z)$ auch in Produktform

$$h^*(z) = a \, \frac{(z - z_1')(z - z_2') \ldots (z - z_{N'}')}{(z - z_1)(z - z_2) \ldots (z - z_N)} \tag{4.49}$$

dargestellt werden. In der letzten Gleichung wurden die Nullstellen der Übertragungsfunktion mit z_i' $(i = 1, 2, \ldots, N')$ und die Pole mit z_i $(i = 1, 2, \ldots, N)$ bezeichnet. Üblicherweise werden die Pole und Nullstellen der Übertragungsfunktion in der komplexen z-Ebene graphisch durch kleine Kreuze ($\times$) bzw. kleine Kreise ($\circ$) dargestellt, ebenso wie bei den zeitkontinuierlichen Systemen (*Pol–Nullstellen–Plan*, vgl. auch Abb. 3.6). Der Ingenieur ist in der Lage, wichtige Systemeigenschaften wie z. B. Frequenzcharakteristiken, Stabilitätsverhalten usw. direkt aus dem Pol–Nullstellen–Plan abzulesen.

4.2.1.2 Systemmodell

Wir wollen nun auch für das zeitdiskrete lineare System die Frage untersuchen, ob es möglich ist, einer gegebenen rationalen Funktion h^* ein Systemmodell so zuzuordnen, daß dieses System die Übertragungsfunktion h^* annimmt. Aus dem Systemmodell können dann über die Zustandsgleichungen die Systemmatrizen A, B, C und D bestimmt werden, so daß wir auf diese Weise eine vollständige Charakterisierung des Systems über $h^*(z)$ erhalten. Auch hier muß festgestellt weden, daß diese Aufgabe nicht eindeutig lösbar ist. Aus der Vielzahl der möglichen Lösungen sei hier nur eine wiedergegeben.

Vorgegeben sei die Übertragungsfunktion durch

$$h^*(z) = \frac{a_0 + a_1 z + a_2 z^2 + \ldots + a_{n-1} z^{n-1} + a_n z^n}{b_0 + b_1 z + b_2 z^2 + \ldots + b_{n-1} z^{n-1} + z^n}$$

gemäß (4.48). Wenn wir den Ausführungen von Abschnitt 3.2.1.4 formal folgen, ergibt sich daraus durch Umstellung

$$(b_0 + b_1 z + \ldots + b_{n-1} z^{n-1}) h^*(z) + z^n h^*(z) = a_0 + a_1 z + \ldots + a_{n-1} z^{n-1} + a_n z^n$$

und weiter

$$h^*(z) = \left(a_n + \frac{a_{n-1}}{z} + \ldots + \frac{a_0}{z^n}\right) - \left(\frac{b_{n-1}}{z} + \frac{b_{n-2}}{z^2} + \ldots + \frac{b_0}{z^n}\right) h^*(z).$$

Mit $h^*(z) = \underline{y}^*(z)/\underline{x}^*(z)$ folgt schließlich

$$\underline{y}^*(z) = \left(a_n + \frac{a_{n-1}}{z} + \ldots + \frac{a_0}{z^n}\right) \underline{x}^*(z) - \left(\frac{b_{n-1}}{z} + \frac{b_{n-2}}{z^2} + \ldots + \frac{b_0}{z^n}\right) \underline{y}^*(z).$$

Wir setzen nun wieder

$$\underline{y}^*(z) = a_n \underline{x}^*(z) + \underline{z}_n^*(z), \tag{4.50}$$

wobei

$$\underline{z}_n^*(z) = \left(\frac{a_{n-1}}{z} + \frac{a_{n-2}}{z^2} + \ldots + \frac{a_0}{z^n}\right) \underline{x}^*(z) - \left(\frac{b_{n-1}}{z} + \frac{b_{n-2}}{z^2} + \ldots + \frac{b_0}{z^n}\right) \underline{y}^*(z)$$

und weiter

$$\underline{z}_n^*(z) = \frac{a_{n-1}}{z} \underline{x}^*(z) + \frac{\underline{z}_{n-1}^*(z)}{z} - \frac{b_{n-1}}{z} \underline{y}^*(z), \tag{4.51}$$

mit

$$\underline{z}_{n-1}^*(z) = \left(\frac{a_{n-2}}{z} + \ldots + \frac{a_0}{z^{n-1}}\right) \underline{x}^*(z) - \left(\frac{b_{n-2}}{z} + \ldots + \frac{b_0}{z^{n-1}}\right) \underline{y}^*(z)$$

usw., bis sich schließlich

$$\underline{z}_2^*(z) = \frac{a_1}{z} \underline{x}^*(z) + \frac{\underline{z}_1^*(z)}{z} - \frac{b_1}{z} \underline{y}^*(z) \tag{4.52}$$

$$\underline{z}_1^*(z) = \frac{a_0}{z} \underline{x}^*(z) - \frac{b_0}{z} \underline{y}^*(z) \tag{4.53}$$

ergibt. Aus den Gleichungen (4.50) bis (4.53) erhält man das in Abb. 4.6 dargestellte
Systemmodell, das sich von dem in Abb. 3.16 für zeitkontinuierliche Systeme dargestell-
ten Modell formal nur dadurch unterscheidet, daß es anstelle der Integrierglieder die
Speicherelemente gemäß Abb. 4.1 enthält. Beim Ablesen der Schaltung Abb. 4.6 aus
den Gleichungen (4.50) bis (4.53) wurde noch berücksichtigt, daß sich aus (4.1) durch
Z–Transformation

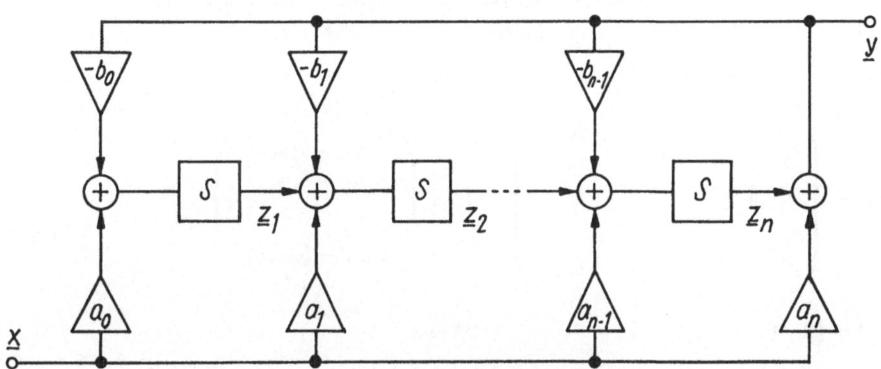

Abb. 4.6. Systemmodell zur Realisierung der Übertragungsfunktion.

$$\underline{y}^*(z) = z^{-1}\underline{x}^*(z) = \frac{1}{z}\underline{x}^*(z) \tag{4.54}$$

ergibt, wenn sich das System im Nullzustand befindet (der Speicherinhalt im Takt $k = 0$
den Wert 0 hat). Jeder Speicher kann also im Bildbereich der Z–Transformation als
„symbolischer Speicher“, d. h., als Verstärker mit dem Verstärkungsfaktor $1/z$ aufgefaßt
werden. Durch diese Betrachtungsweise kann das Ablesen der das System beschreibenden Gleichungen im Bildbereich erheblich erleichtert werden.

4.2.1.3 Zustandsgleichungen und Differenzengleichung

Wir wollen nun für das oben entwickelte Systemmodell die Zustandsgleichungen aufstellen. Indem wir die Gleichungen (4.53), (4.52) bis (4.50) in dieser Reihenfolge aufschreiben und jeweils mit z durchmultiplizieren, erhalten wir das Gleichungssystem

$$
\begin{aligned}
z\underline{z}_1^*(z) &= & a_0\underline{x}^*(z) &- b_0\underline{y}^*(z) \\
z\underline{z}_2^*(z) &= \underline{z}_1^*(z) + & a_1\underline{x}^*(z) &- b_1\underline{y}^*(z) \\
\vdots \quad & \quad \vdots \quad & \vdots \quad & \vdots \\
z\underline{z}_{n-1}^*(z) &= \underline{z}_{n-2}^*(z) + & a_{n-2}\underline{x}^*(z) &- b_{n-2}\underline{y}^*(z) \\
z\underline{z}_n^*(z) &= \underline{z}_{n-1}^*(z) + & a_{n-1}\underline{x}^*(z) &- b_{n-1}\underline{y}^*(z) \\
\underline{y}^*(z) &= \underline{z}_n^*(z) + & a_n\underline{x}^*(z). &
\end{aligned}
\tag{4.55}
$$

Setzen wir nun noch die letzte Gleichung in die ersten n Gleichungen ein und gehen in
den Originalbereich über, so erhalten wir unter Berücksichtigung des verschwindenden

Anfangszustands die Zustandsgleichungen

$$
\begin{aligned}
\underline{z}_1(k+1) &= & - \; b_0\underline{z}_n(k) & + (a_0 - b_0 a_n)\underline{x}(k)\\
\underline{z}_2(k+1) &= \underline{z}_1(k) & - \; b_1\underline{z}_n(k) & + (a_1 - b_1 a_n)\underline{x}(k)\\
&\;\;\vdots & \vdots \qquad & \qquad \vdots\\
\underline{z}_{n-1}(k+1) &= \underline{z}_{n-2}(k) & - \; b_{n-2}\underline{z}_n(k) & + (a_{n-2} - b_{n-2}a_n)\underline{x}(k)\\
\underline{z}_n(k+1) &= \underline{z}_{n-1}(k) & - \; b_{n-1}\underline{z}_n(k) & + (a_{n-1} - b_{n-1}a_n)\underline{x}(k)\\
\underline{y}(k) &= & \underline{z}_n(k) & + a_n\underline{x}(k),
\end{aligned}
\tag{4.56}
$$

aus denen wir die Systemmatrizen

$$
A = \begin{pmatrix}
0 & 0 & 0 & \ldots & 0 & -b_0\\
1 & 0 & 0 & \ldots & 0 & -b_1\\
0 & 1 & 0 & \ldots & 0 & -b_2\\
\vdots & & & & & \vdots\\
0 & 0 & 0 & \ldots & 1 & -b_{n-1}
\end{pmatrix}
; \quad
B = \begin{pmatrix}
a_0 - b_0 a_n\\
a_1 - b_1 a_n\\
\vdots\\
a_{n-1} - b_{n-1}a_n
\end{pmatrix}
;
\tag{4.57}
$$

$$
C = (0 \quad 0 \quad 0 \ldots 0 \quad 1); \qquad\qquad D = a_n
$$

ablesen können.

Wir wollen nun noch zeigen, daß jeder Übertragungsfunktion h^* eine Differenzengleichung n-ter Ordnung zugeordnet ist, die Eingabesignal $\underline{x}$ und Ausgabesignal $\underline{y}$ miteinander verknüpft. Zur Ableitung dieser Differenzengleichung transformieren wir (4.55) unter Berücksichtigung des Anfangszustands $\underline{z}(0) = 0$ in den Originalbereich zurück und erhalten

$$
\begin{aligned}
\underline{z}_1(k+1) &= & a_0\underline{x}(k) & - b_0\underline{y}(k)\\
\underline{z}_2(k+1) &= \underline{z}_1(k) & + a_1\underline{x}(k) & - b_1\underline{y}(k)\\
\underline{z}_3(k+1) &= \underline{z}_2(k) & + a_2\underline{x}(k) & - b_2\underline{y}(k)\\
&\;\;\vdots & \vdots \qquad & \quad \vdots\\
\underline{z}_n(k+1) &= \underline{z}_{n-1}(k) & + a_{n-1}\underline{x}(k) & - b_{n-1}\underline{y}(k)\\
\underline{y}(k) &= \underline{z}_n(k) & + a_n\underline{x}(k).
\end{aligned}
\tag{4.58}
$$

Wir eliminieren nun die Zustandsvariablen auf folgende Weise: Zunächst wird in der zweiten Gleichung k durch $k+1$ ersetzt und $\underline{z}_1(k+1)$ aus der ersten Gleichung eingesetzt, danach in der dritten Gleichung k durch $k+2$ ersetzt und $\underline{z}_2(k+2)$ aus der zweiten Gleichung eingesetzt usw. In der letzten Gleichung wird k durch $k+n$ ersetzt. Damit erhalten wir

$$
\begin{aligned}
\underline{z}_1(k+1) &= a_0\underline{x}(k) - b_0\underline{y}(k)\\
\underline{z}_2(k+2) &= a_1\underline{x}(k+1) + a_0\underline{x}(k) - b_0\underline{y}(k) - b_1\underline{y}(k+1)\\
\underline{z}_3(k+3) &= a_2\underline{x}(k+2) + a_1\underline{x}(k+1) + a_0\underline{x}(k)\\
&\qquad\quad - b_0\underline{y}(k) - b_1\underline{y}(k+1) - b_2\underline{y}(k+2)\\
&\;\;\vdots \qquad\qquad \vdots\\
\underline{z}_n(k+n) &= a_{n-1}\underline{x}(k+n-1) + \ldots + a_1\underline{x}(k+1) + a_0\underline{x}(k)\\
&\qquad\quad - b_0\underline{y}(k) - b_1\underline{y}(k+1) - \ldots - b_{n-1}\underline{y}(k+n-1)\\
\underline{z}_n(k+n) &= -a_n\underline{x}(k+n) + \underline{y}(k+n).
\end{aligned}
\tag{4.59}
$$

Aus den letzten beiden Gleichungen folgt nach Eliminieren von $\underline{z}_n(k+n)$ sofort die gesuchte Differenzengleichung n-ter Ordnung

$$\begin{aligned}
\underline{y}(k+n) + b_{n-1}\underline{y}(k+n-1) + \ \ldots\ + b_1\underline{y}(k+1) + b_0\underline{y}(k) \\
= a_n\underline{x}(k+n) + \ \ldots\ + a_2\underline{x}(k+2) + a_1\underline{x}(k+1) + a_0\underline{x}(k).
\end{aligned} \tag{4.60}$$

Unterziehen wir beide Seiten dieser Differenzengleichung der Z–Transformation, so erhalten wir

$$z^n\underline{y}^*(z) + \ldots + b_1 z\underline{y}^*(z) + b_0\underline{y}^*(z) = a_n z^n\underline{x}^*(z) + \ldots + a_1 z\underline{x}^*(z) + a_0\underline{x}^*(z). \tag{4.61}$$

Dabei ist zu beachten, daß die auf beiden Seiten der Gleichung bei Anwendung des Verschiebungssatzes der Z–Transformation (Linksverschiebung!) auftretenden Anfangswerte von $\underline{x}(k)$ und $\underline{y}(k)$, nämlich $\underline{x}(0)$, $\underline{x}(1)$, $\underline{x}(2),\ldots$, $\underline{y}(0)$, $\underline{y}(1),\ldots$ usw., nicht etwa verschwinden, sondern sich gegenseitig aufheben, wenn sich das System im Nullzustand befindet. Aus (4.61) kann man nun auch wieder die Übertragungsfunktion

$$h^*(z) = \frac{\underline{y}^*(z)}{\underline{x}^*(z)} = \frac{a_0 + a_1 z + \ldots + a_n z^n}{b_0 + b_1 z + \ldots + b_{n-1} z^{n-1} + z^n}$$

ablesen.

4.2.2 Frequenzcharakteristiken

4.2.2.1 Stationärer und flüchtiger Vorgang

Wir wollen nun noch untersuchen, wie sich ein zeitdiskretes lineares System unter der Einwirkung einer periodischen Erregung verhält. Hierzu berachten wir der Einfachheit halber wieder ein System mit nur einem Eingang und einem Ausgang im Nullzustand $\underline{z}(0) = 0$.

Das zeitdiskrete periodische Signal wird durch Abtastung eines zeitkontinuierlichen periodischen Signals $\underline{x}$ mit den Signalwerten

$$\underline{x}(t) = \hat{X}\cos(\omega t + \varphi_x) \tag{4.62}$$

gewonnen. Die Abtastung erfolgt in äquidistanten zeitlichen Abständen ΔT mit der Abtastfrequenz

$$f_T = \frac{1}{\Delta T} \tag{4.63}$$

zu den Abtastzeitpunkten

$$t_k = k\Delta T = \frac{k}{f_T} \qquad (k = 0, 1, 2, \ldots). \tag{4.64}$$

Damit erhalten wir die Abtastwerte

$$\underline{x}(t_k) = \hat{X}\cos(\omega t_k + \varphi_x) = \hat{X}\cos(\frac{\omega}{f_T}k + \varphi_x), \tag{4.65}$$

die man auch in der Form

$$\underline{x}(k) = \hat{X}\cos(\Omega k + \varphi_x) \qquad (k = 0, 1, 2, \ldots) \tag{4.66}$$

als Signalwerte eines zeitdiskreten Signals $\underline{x}$ mit der normierten Frequenz

$$\Omega = \frac{\omega}{f_T} = 2\pi \frac{f}{f_T} \tag{4.67}$$

notieren kann.

Es ist leicht einzusehen, daß Signalfrequenz f und Abtastfrequenz f_T in einem bestimmten Verhältnis zueinander stehen müssen, wenn die Abtastwerte $\underline{x}(k)$ „repräsentativ" für das zeitkontinuierliche Signal $\underline{x}$ sein sollen, d. h., wenn gefordert wird, daß es möglich sein muß, die Signalwerte des zeitkontinuierlichen Signals (auch zwischen den Abtastzeitpunkten) aus den diskreten Abtastwerten $\underline{x}(k)$ zu rekonstruieren. Die mit diesem Problemkreis zusammenhängenden Fragen sind im Rahmen der Signaltheorie eingehend untersucht worden. (Vgl. z. B. [Wun72])

Ein wichtiges Ergebnis dieser Untersuchungen, auf die wir hier nicht näher eingehen können, ist in die Fachliteratur unter der Bezeichnung *Abtasttheorem* eingegangen. Es besteht in der Forderung, daß für zeitkontinuierliche Signale mit *bandbegrenztem Spektrum* (Vgl. Abschnitt 1.2.1) die Abtastfrequenz f_T mindestens das Doppelte der Signalfrequenz f betragen, d. h.

$$f_T \geq 2f \tag{4.68}$$

gelten muß. Daraus ergibt sich mit (4.67), daß in die normierte Frequenz in (4.66) der Bedingung

$$0 \leq \Omega \leq \pi \tag{4.69}$$

genügen muß.

Wir kehren nun zu der eingangs gegebenen Aufgabenstellung zurück und notieren das zeitdiskrete Eingabesignal $\underline{x}$ nach (4.66) in der Form

$$\underline{x}(k) = \frac{1}{2}\hat{X}\left(e^{j\Omega k + j\varphi_x} + e^{-j\Omega k - j\varphi_x}\right). \tag{4.70}$$

Zur Abkürzung führen wir noch die komplexen Amplituden

$$X^* = \hat{X}e^{j\varphi_x} \qquad \text{und} \qquad \overline{X}^* = \hat{X}e^{-j\varphi_x} \tag{4.71}$$

ein, dann folgt aus (4.70)

$$\underline{x}(k) = \frac{1}{2}\left(X^* e^{j\Omega k} + \overline{X}^* e^{-j\Omega k}\right). \tag{4.72}$$

Im Bildbereich der Z–Transformation lautet die letzte Gleichung

$$\underline{x}^*(z) = \frac{1}{2}\left(\frac{X^* z}{z - e^{j\Omega}} + \frac{\overline{X}^* z}{z - e^{j\Omega}}\right). \tag{4.73}$$

Am Ausgang des Systems erhalten wir nun mit $\underline{y}^*(z) = h^*(z)\underline{x}^*(z)$ den Ausdruck

$$\underline{y}^*(z) = \frac{1}{2}\left(\frac{X^* z}{z - e^{j\Omega}} + \frac{\overline{X}^* z}{z - e^{j\Omega}}\right) h^*(z), \tag{4.74}$$

der nun wieder in den Zeitbereich zu übertragen ist.

Zur Rücktransformation in den Originalbereich mit Hilfe von (1.149) werden die Residuen an den Polstellen von $h^*(z)$ und an den singulären Stellen $z_0 = e^{j\Omega}$ bzw. $\overline{z}_0 = e^{-j\Omega}$ getrennt aufgeschrieben, dann erhält man die Darstellung

$$\underline{y}(k) = \underline{y}_{fl}(k) + \underline{y}_{st}(k). \tag{4.75}$$

Hierbei bedeuten

$$\underline{y}_{fl}(k) = \frac{1}{2} \sum \operatorname*{Res}_{h^*(z)} \left(\frac{X^*}{z - z_0} + \frac{\overline{X}^*}{z - \overline{z}_0} \right) z^k h^*(z) \tag{4.76}$$

und

$$\underline{y}_{st}(k) = \frac{1}{2} \sum \operatorname*{Res}_{z=z_0, z=\overline{z}_0} \left(\frac{X^*}{z - z_0} + \frac{\overline{X}^*}{z - \overline{z}_0} \right) z^k h^*(z). \tag{4.77}$$

Liegen nun alle Pole von $h^*(z)$ im Innern des Einheitskreises $|z| = 1$ (was bei einem stabilen System stets der Fall ist, wie wir noch sehen werden, vgl. Abschnitt 4.2.3), so enthält die Residuensumme (4.76) nur solche Summanden, die Faktoren der Art z_i^k, z_i^{k-1}, z_i^{k-2}, ..., z_i^{k-n} (z_i Polstellen von $h^*(z)$, $i = 1, 2, \ldots, n$) enthalten, so daß wegen $|z_i| < 1$ für $k \to \infty$ gilt

$$\lim_{k \to \infty} \underline{y}_{fl}(k) = 0. \tag{4.78}$$

Der Summand $y_{fl}(k)$ in (4.75) stellt also einen *flüchtigen Vorgang* dar, der nach hinreichend langer Zeit verschwindet.

Die Residuensumme (4.77) ergibt hingegen einen *stationären Vorgang*, und zwar

$$\begin{aligned}
\underline{y}_{st}(k) &= \frac{1}{2} \left(X^* z_0^k h^*(z_0) + \overline{X}^* \overline{z}_0^k h^*(\overline{z}_0^k) \right) \\
&= \frac{1}{2} \, 2 \operatorname{Re} \left(X^* h^*(z_0) z_0^k \right) \\
&= \operatorname{Re} \left(X^* h^*(e^{j\Omega}) e^{j\Omega k} \right) \\
&= \hat{X} |h^*(e^{j\Omega})| \cos \left(\Omega k + \varphi_x + \arg h^*(e^{j\Omega}) \right).
\end{aligned} \tag{4.79}$$

Das stationäre Ausgabesignal $\underline{y}_{st}$ ist also ebenfalls ein periodisches zeitdiskretes Signal mit der gleichen Frequenz Ω wie das Eingabesignal $\underline{x}$, lediglich Amplitude und Phase sind verändert. Setzen wir für das stationäre Ausgabesignal für $k = 0, 1, 2, \ldots$

$$\underline{y}(k) = \hat{Y} \cos(\Omega k + \varphi_y), \tag{4.80}$$

so liest man aus (4.79) unmittelbar ab, daß das Ausgabesignal die Amplitude

$$\hat{Y} = |h^*(e^{j\Omega})| \hat{X} \tag{4.81}$$

und die Phase

$$\varphi_y = \arg h^*(e^{j\Omega}) + \varphi_x \tag{4.82}$$

hat. Die durch das System hervorgerufene Amplituden– und Phasenänderung wird also maßgeblich durch den Wert von $h^*(e^{j\Omega})$, genauer gesagt, durch den Betrag $|h^*(e^{j\Omega})|$ und das Argument $\arg h^*(e^{j\Omega})$ bestimmt.

4.2.2.2 Ortskurve, Dämpfung und Phase

Aus den im vorangegangenen Abschnitt hergeleiteten Beziehungen ergeben sich ähnlich wie bei den zeitkontinuierlichen Systemen die folgenden Definitionen:

a) Durch die Werte $h^*(e^{j\Omega})$ der Übertragungsfunktion h^* wird der *Frequenzgang* des Systems gebildet. Die Darstellung von $h^*(e^{j\Omega})$ in der komplexen z–Ebene in Abhängigkeit von Ω ist die *Ortskurve* des Frequenzganges.

b) Das Verhältnis

$$\frac{\hat{Y}}{\hat{X}} = |h^*(e^{j\Omega})| = A(\Omega) \tag{4.83}$$

heißt *Amplitudenfrequenzgang* des Systems. Dieser Ausdruck kann häufig zweckmäßig nach der Formel

$$A(\Omega) = \left. \sqrt{h^*(z)h^*(z^{-1})}\, \right|_{z=e^{j\Omega}} \tag{4.84}$$

berechnet werden.

c) Die Differenz

$$\varphi_x - \varphi_y = -\arg h^*(e^{j\Omega}) \tag{4.85}$$

heißt *Phasenmaß* oder kurz *Phase* des Systems.

d) Anstelle von (4.83) wird in der Praxis auch häufig das *Dämpfungsmaß*

$$a(\Omega) = -\ln A(\Omega) \tag{4.86}$$

angegeben.

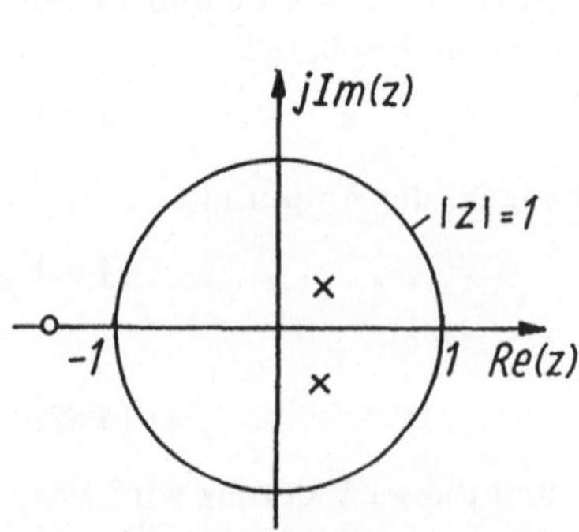

Abb. 4.7. PN–Plan (Beispiel).

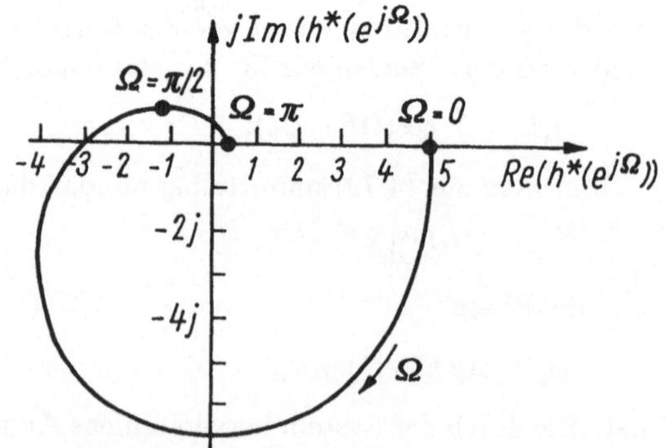

Abb. 4.8. Frequenzgang (Beispiel).

Beispiel: Für ein lineares System mit der Übertragungsfunktion h^*:

$$h^*(z) = \frac{z + 1,5}{z^2 - z + 0,5} = \frac{z + 1,5}{(z - 0,5(1 + \mathrm{j}))(z - 0,5(1 - \mathrm{j}))}$$

erhält man den in Abb. 4.7 dargestellten Pol–Nullstellen–Plan. Die Ortskurve des Frequenzganges

$$h^*(\mathrm{e}^{\mathrm{j}\Omega}) = \frac{\mathrm{e}^{\mathrm{j}\Omega} + 1,5}{\mathrm{e}^{2\mathrm{j}\Omega} - \mathrm{e}^{\mathrm{j}\Omega} + 0,5}$$

ist in Abb. 4.8 aufgezeichnet.

Für den Amplitudenfrequenzgang erhält man mit (4.84)

$$
\begin{aligned}
A(\Omega) &= \left. \sqrt{h^*(z)h^*(z^{-1})} \right|_{z=\mathrm{e}^{\mathrm{j}\Omega}} = \left. \sqrt{\frac{z + 1,5}{z^2 - z + 0,5} \cdot \frac{z^{-1} + 1,5}{z^{-2} - z^{-1} + 0,5}} \right|_{z=\mathrm{e}^{\mathrm{j}\Omega}} \\[2mm]
&= \left. \sqrt{\frac{3,25 + 1,5(z + z^{-1})}{2,25 - 1,5(z + z^{-1}) + 0,5(z^2 + z^{-2})}} \right|_{z=\mathrm{e}^{\mathrm{j}\Omega}} \\[2mm]
&= \sqrt{\frac{3,25 + 3\cos\Omega}{2,25 - 3\cos\Omega + \cos 2\Omega}}.
\end{aligned}
$$

Aus der Darstellung von $A(\Omega)$ in Abb. 4.9a ist ersichtlich, daß es sich um ein System mit Tiefpaßcharakter handelt. In Abb. 4.9b ist schließlich noch das Phasenmaß $b(\Omega) = -\arg h^*(\mathrm{e}^{\mathrm{j}\Omega})$ aufgezeichnet. $\qquad\Box$

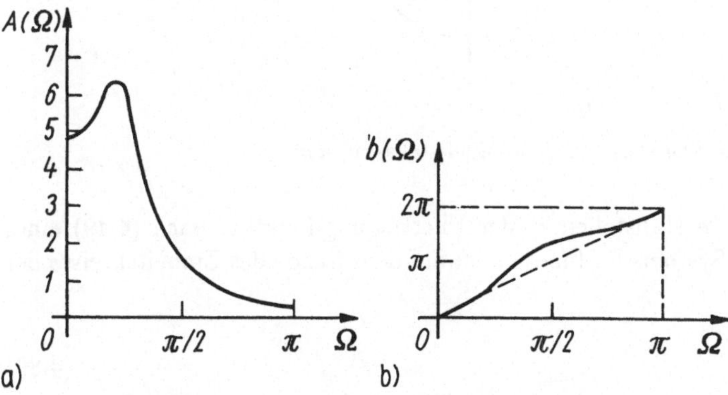

Abb. 4.9. Beispiel: a) Amplitudenfrequenzgang; b) Phasenmaß.

4.2.2.3 Allpaß und Mindestphasensystem

Zwei spezielle Systemklassen sollen noch besonders hervorgehoben werden: Der Allpaß und das Mindestphasensystem. Hierfür gelten in Analogie zu den Ausführungen in Abschnitt 3.2.2.4 die folgenden Definitionen:

Definition 1: Ein System, dessen Frequenzgang für alle $\Omega \in \mathbb{R}$ der Bedingung

$$|h_A^*(e^{j\Omega})| = 1 \tag{4.87}$$

(oder allgemeiner $|h_A^*(e^{j\Omega})| = $ konst.) genügt, heißt *Allpaß*.

Es läßt sich zeigen, daß die Übertragungsfunktion h^* nach (4.49) in diesem Fall die allgemeine Form

$$h_A^*(z) = a\frac{(z - z_1^{-1})(z - z_2^{-1})\dots(z - z_N^{-1})}{(z - \overline{z}_1)(z - \overline{z}_2)\dots(z - \overline{z}_N)} \tag{4.88}$$

hat, d. h., Pole und Nullstellen liegen spiegelbildlich zum Einheitskreis $|z| = 1$ der z-Ebene, und zwar so, daß jedem Pol innerhalb des Einheitskreises eine Nullstelle außerhalb des Einheitskreises zugeordnet ist. Die Pole und Nullstellen können auch mehrfach sein. Abb. 4.10a zeigt als Beispiel den Pol–Nullstellen–Plan eines Allpasses 5. Ordnung.

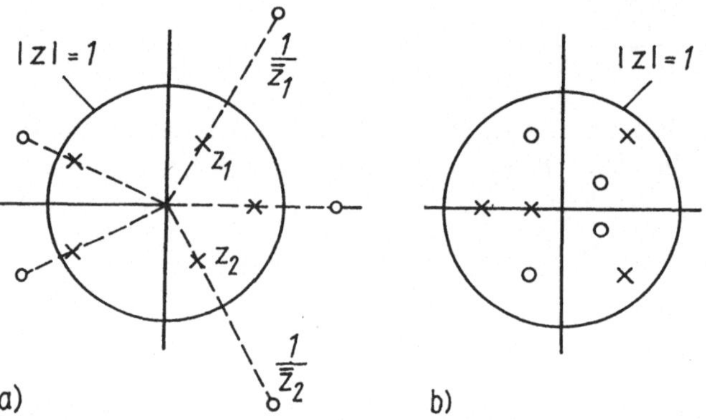

Abb. 4.10. Beispiele für PN–Pläne: a) Allpaß; b) Mindestphasensystem.

Definition 2: Liegen alle Nullstellen z_ν' der Übertragungsfunktion nach (4.49) eines (stabilen) zeitdiskreten Systems im Innern oder auf dem Rande des Einheitskreises der z-Ebene, gilt also

$$|z_\nu'| \leq 1, \tag{4.89}$$

so heißt das System *Mindestphasensystem*.

Ein solches System weist unter allen Systemen mit gleichem Amplitudenfrequenzgang (gleicher Dämpfung) die kleinste Phasenänderung auf, wenn die Frequenz Ω von $-\pi$ nach $+\pi$ verändert wird. Wir bezeichnen die Übertragungsfunktion eines Mindestphasensystems mit h_M^*. Abb. 4.10b zeigt als Beispiel den Pol–Nullstellen–Plan eines Mindestphasensystems 4. Ordnung.

Allpässe und Mindestphasensysteme haben insofern besondere Bedeutung, als die Übertragungsfunktion h^* eines beliebigen Systems in ein Produkt zweier Übertragungsfunktionen zerlegt werden kann, von denen die eine Übertragungsfunktion eines Allpasses und die zweite Übertragungsfunktion eines Mindestphasensystems ist. Es gilt also allgemein

$$h^*(z) = h_A^*(z)h_M^*(z). \tag{4.90}$$

Damit ist jedes lineare System durch eine rückwirkungsfreie Kettenschaltung eines Allpasses und eines Mindestphasensystems darstellbar (Vgl. auch (3.116) und Abb. 3.26).

Beispiel: Gegeben ist die Übertragungsfuntion h^* eines zeitdiskreten Systems mit

$$\begin{aligned}
h^*(z) &= \frac{(z-0,2)(z-1,5)(z^2-2z+2)}{z^3(z+0,5)} \\
&= \frac{(z-0,2)(z-1,5)(z-(1+\mathrm{j}))(z-(1-\mathrm{j}))}{z^3(z+0,5)}.
\end{aligned}$$

Dieses System ist weder ein Mindestphasensystem noch ein Allpaß, wie man durch Aufzeichnen des PN-Planes sofort feststellen könnte.

Erweitert man nun $h^*(z)$ im Zähler und Nenner mit dem Faktor

$$(z-\frac{1}{1,5})(z-\frac{1}{1-\mathrm{j}})(z-\frac{1}{1+\mathrm{j}}) = (z-\frac{2}{3})(z^2-z+\frac{1}{2}),$$

so erhält man den Ausdruck

$$h^*(z) = \frac{(z-0,2)(z-1,5)(z^2-2z+2)(z-\frac{2}{3})(z^2-z+\frac{1}{2})}{z^3(z+0,5)(z-\frac{2}{3})(z^2-z+\frac{1}{2})},$$

der sich in $h^*(z) = h_A^*(z)h_M^*(z)$ mit

$$h_A^*(z) = \frac{(z-1,5)(z^2-2z+2)}{(z-\frac{2}{3})(z^2-z+\frac{1}{2})}$$

und

$$h_M^*(z) = \frac{(z-0,2)(z-\frac{2}{3})(z^2-z+\frac{1}{2})}{z^3(z+0,5)}$$

zerlegen läßt. Hierbei ist offensichtlich h_A^* die Übertragungsfunktion eines Allpasses und h_M^* die eines Mindestphasensystems, wovon man sich durch Aufzeichnen des PN–Planes leicht überzeugen kann. $\qquad\square$

4.2.2.4 Linearphasige Systeme

Zeitdiskrete Systeme sind im allgemeinen *rekursive Systeme*, d. h., zur Berechnung des Ausgabesignalwertes $\underline{y}(k)$ im Zeitpunkt k werden im allgemeinen außer den Eingabesignalwerten $\underline{x}(k)$, $\underline{x}(k-1)$, $\underline{x}(k-2)$, ... noch die Ausgabesignalwerte zu den k vorausgehenden Zeitpunkten $k-1$, $k-2$, ... benötigt. Das ergibt sich sofort aus der

Differenzengleichung (4.60), wenn man diese nach $\underline{y}(k + n)$ auflöst und formal k durch $k - n$ ersetzt:

$$\begin{aligned} \underline{y}(k) \;=\;& a_n\underline{x}(k) + a_{n-1}\underline{x}(k - 1) + \ldots + a_1\underline{x}(k - n + 1) + a_0\underline{x}(k - n) \\ & -b_{n-1}\underline{y}(k - 1) - \ldots - b_1\underline{y}(k - n + 1) - b_0\underline{y}(k - n). \end{aligned} \qquad (4.91)$$

Das Blockschaltbild des rekursiven Systems wurde bereits in Abb. 4.6 aufgezeichnet (Abschnitt 4.2.1.3).

Ein Sonderfall liegt vor, wenn in der Differenzengleichung (4.60) bzw. (4.91) alle Koeffizienten b_i $(i = 0, 1, 2, \ldots, n - 1)$ verschwinden. Man spricht in diesem Fall von einem *nichtrekursiven System*, da

$$\underline{y}(k) = a_n\underline{x}(k) + a_{n-1}\underline{x}(k - 1) + \ldots + a_1\underline{x}(k - n + 1) + a_0\underline{x}(k - n) \qquad (4.92)$$

nur von den Eingabesignalwerten $\underline{x}(k)$, $\underline{x}(k - 1)$, $\ldots$, $\underline{x}(k - n)$ abhängig ist. In der (kanonischen) Realisierung Abb. 4.6 verschwinden bei einem nichtrekursiven System also alle Rückkopplungen, so daß eine Schaltung der in Abb. 4.11 dargestellten Art entsteht.

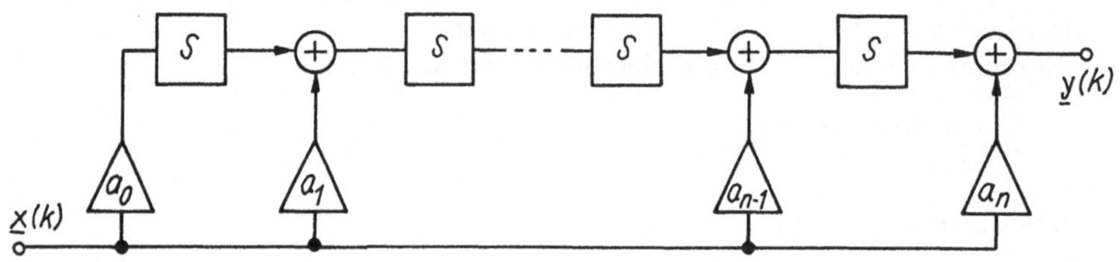

Abb. 4.11. Nichtrekursives System.

Wir wollen nun die Übertragungsfunktion h^* des in Abb. 4.11 dargestellten Systems (mit $\underline{z}(0) = 0$) bestimmen. Hierzu schreiben wir (4.92) in der Form

$$\underline{y}(k) = \sum_{i=0}^{n} a_{n-i}\underline{x}(k - i)$$

und erhalten im Bildbereich der Z–Transformation (Verschiebungssatz)

$$\underline{y}^*(z) = \sum_{i=0}^{n} a_{n-i}z^{-i}\underline{x}^*(z).$$

Daraus folgt unmittelbar

$$h^*(z) = \frac{\underline{y}^*(z)}{\underline{x}^*(z)} = \sum_{i=0}^{n} a_{n-i}z^{-i}$$

oder in anderer Schreibweise

$$h^*(z) = \frac{a_n z^n + a_{n-1} z^{n-1} + \ldots + a_1 z + a_0}{z^n}. \qquad (4.93)$$

Der Pol-Nullstellen–Plan eines nichtrekursiven Systems ist also dadurch gekennzeichnet, daß er einen n-fachen Pol an der Stelle $z = 0$ (und sonst keine weiteren Pole) enthält.

Einen Sonderfall eines nichtrekursiven Systems wollen wir noch besonders hervorheben. Gemeint sind solche nichtrekursiven Systeme, die durch eine lineare Abhängigkeit des Phasenmaßes $b(\Omega)$ von der Frequenz ausgezeichnet sind. Für den praktischen Filterentwurf haben zeitdiskrete Systeme mit linearer Phase insofern besondere Bedeutung, als diese Systeme eine konstante *Gruppenlaufzeit*

$$T_g(\Omega) = \frac{\mathrm{d}}{\mathrm{d}\Omega} b(\Omega) \tag{4.94}$$

haben. *Linearphasige Systeme* sind spezielle nichtrekursive Systeme, bei denen die Nullstellen der Übertragungsfunktion h^* spiegelbildlich zum Einheitskreis der z–Ebene angeordnet sind oder auf dem Einheitskreis selbst liegen.

Beispiel: Für das linearphasige System mit der durch

$$\begin{aligned}
h^*(z) &= \frac{1}{z^4}(z-1)^2(z-2)(z-\frac{1}{2}) \\
&= z^{-2}(z^2 - 4,5z + 7 - 4,5z^{-1} + z^{-2})
\end{aligned}$$

gegebenen Übertragungsfunktion erhält man den Frequenzgang

$$\begin{aligned}
h^*(e^{j\Omega}) &= e^{-2j\Omega}\left(e^{2j\Omega} - 4,5e^{j\Omega} + 7 - 4,5e^{-j\Omega} + e^{-2j\Omega}\right) \\
&= e^{-2j\Omega}(7 - 9\cos\Omega + 2\cos 2\Omega).
\end{aligned}$$

Daraus ergibt sich der Amplitudenfrequenzgang

$$A(\Omega) = |h^*(e^{j\Omega})| = 7 - 9\cos\Omega + 2\cos 2\Omega$$

und die Phase

$$b(\Omega) = -\arg h^*(e^{j\Omega}) = -(-2\Omega) = 2\Omega.$$

$\square$

4.2.3 Stabilität

Für die praktischen Anwendungen ist die Untersuchung der Stabilität eines gegebenen Systems von besonderer Bedeutung. Da in vielen Fällen lediglich das Übertragungsverhalten des Systems interessiert, kann man die Definition der Stabilität in solchen Fällen auf das Verhalten von Eingabe- und Ausgabesignal zurückführen.

Der Einfachheit halber betrachten wir wieder ein System mit nur einem Eingang und einem Ausgang, das sich im Nullzustand $\underline{z}(0) = 0$ befindet. Hier gilt die folgende

Definition: Ein zeitdiskretes System heißt stabil, wenn ein beschränktes zeitdiskretes Eingabesignal $\underline{x}$ ein beschränktes zeitdiskretes Ausgabesignal $\underline{y}$ zur Folge hat, in Zeichen

$$|\underline{x}(k)| < K_1 \quad \Rightarrow \quad |\underline{y}(k)| < K_2 \qquad (k = 0, 1, 2, \ldots), \tag{4.95}$$

worin K_1 und K_2 endliche positive reelle Zahlen bezeichnen.

Beachtet man nun noch, daß wegen (4.44)

$$\underline{y}(k) = \sum_{i=0}^{k} h(k-i)\underline{x}(i) = \sum_{i=0}^{k} h(i)\underline{x}(k-i)$$

gilt und daraus mit (4.95)

$$|\underline{y}(k)| \leq K_1 \sum_{i=0}^{k} |h(i)| \qquad (k = 0, 1, 2, \ldots)$$

folgt, so ist

$$\sum_{i=0}^{\infty} |h(i)| < K < \infty \tag{4.96}$$

offensichtlich für die Stabilität des Systems im Sinne von (4.95) hinreichend und – wie sich zeigen läßt – auch notwendig.

Geht man nun von der Gewichtsfolge h zur Übertragungsfunktion h^* des Systems über, so zeigt sich folgendes: Berechnet man $h(k)$ durch inverse Z–Transformation von $h^*(z)$, so gilt nach (1.149) und (4.48)

$$\begin{aligned}
h(k) &= Z^{-1}(h^*(z)) = \sum \operatorname*{Res}_{z=z_\nu} \left(h^*(z) z^{k-1} \right) \\
&= \sum \operatorname*{Res}_{z=z_\nu} \left(\frac{a_n z^n + a_{n-1} z^{n-1} + \ldots + a_1 z + a_0}{z^n + b_{n-1} z^{n-1} + \ldots + b_1 z + b_0} \, z^{k-1} \right)
\end{aligned}$$

Die Berechnung der Residuen an den singulären Stellen z_ν der Übertragungsfunktion liefert Summanden, welche Faktoren der Art z_ν^k, z_ν^{k-1}, ..., z_ν^{k-n} enthalten. Die Reihensumme (4.96) kann also nur dann beschränkt bleiben, wenn für alle singulären Stellen z_ν der Übertragungsfunktion

$$|z_\nu| < 1 \tag{4.97}$$

gilt, d. h., wenn alle Pole von $h^*(z)$ im Innern des Einheitskreises $|z| = 1$ der komplexen z-Ebene liegen. Die PN-Pläne Abb. 4.10 zeigen Beispiele für die Lage der Pole und Nullstellen der Übertragungsfunktion eines stabilen Systems. Die Gewichtsfolge (Impulsantwort) des Systems strebt in diesem Fall für $k \to \infty$ gegen Null:

$$\lim_{k \to \infty} h(k) = 0. \tag{4.98}$$

Liegt dagegen wenigstens ein Pol von $h^*(z)$ außerhalb des Einheitskreises ($|z_\nu| > 1$), so kann $h(k)$ für $k \to \infty$ und damit auch (4.96) nicht beschränkt bleiben. Das System ist also in diesem Fall instabil.

Es sei noch bemerkt, daß einfache auf dem Einheitskreis $|z| = 1$ gelegene Pole zu einer Impulsantwort führen, die beschränkt bleibt. In diesem Fall kann (4.95) nur eingehalten werden, wenn das Eingabesignal beschränkt und zeitbegrenzt ist (d. h., von einem gewissen $k = k_0$ an $\underline{x}(k) = 0$ gilt). Man spricht in diesem Fall von einem bedingt stabilen System. Mehrfache auf $|z| = 1$ gelegene Pole von $h^*(z)$ führen jedoch wieder auf ein instabiles System.

Beispiel: Für das zeitdiskrete System Abb. 4.5 (Abschnitt 4.1.2.4) wurde

$$h^*(z) = \frac{3z^2 + 19,9z - 7,1}{z^2 - 0,7z + 0,1}$$

errechnet. Das System ist stabil, da die beiden Polstellen $z_1 = 0,2$ und $z_2 = 0,5$ innerhalb des Einheitskreises liegen. Vergrößert man aber z. B. den Verstärkungsfaktor des Verstärkers im Bild unten links von $V = 0,2$ auf $V' = 2$, so erhält man anstelle von $h^*(z)$

$$h'^*(z) = \frac{3z^2 + 14,5z - 26}{z^2 - 2,5z + 1}$$

mit den Polstellen $z_1' = 2$ und $z_2' = 0,5$. Das System ist nun wegen $|z_1'| > 1$ instabil. $\square$

Bei der Untersuchung der Stabilität zeitkontinuierlicher Systeme wurden im Abschnitt 3.2.3 einige Stabilitätskriterien angegeben. Mit Hilfe dieser Kriterien ist es möglich, zu entscheiden, ob ein gegebenen Polynom $\varphi(p)$ nur Nullstellen mit negativem Realteil hat (d. h. ein Hurwitz–Polynom ist) oder nicht.

Auf zeitdiskrete Systeme können diese Kriterien nicht ohne weiteres angewendet werden, da hier die Frage zu entscheiden ist, ob ein gegebenes Polynom $\varphi(z)$ nur Nullstellen im Innern des Einheitskreises hat oder nicht. Mit Hilfe der konformen Abbildung

$$z = \frac{1+p}{1-p} \tag{4.99}$$

gelingt es jedoch, das Innere des Einheitskreises der z–Ebene auf die offene linke p–Halbebene abzubilden, so daß damit alle im Abschnitt 3.2.3 für zeitkontinuierliche Systeme genannten Stabilitätskriterien auch auf zeitdiskrete Systeme ausgedehnt werden können (Vgl. Übungsaufgabe 4.2-8)

4.2.4   Aufgaben zum Abschnitt 4.2

4.2-1 Ein lineares zeitdiskretes System im Nullzustand soll auf die Eingabe $\underline{x}$:

$$\underline{x}(k) = 3\left(1 + (-1)^k\right) \qquad (k = 0, 1, 2, \ldots)$$

mit der Ausgabe $\underline{y}$:

$$\underline{y}(k) = 8\left((-1)^k - (0,5)^{k+2}\right) \qquad (k = 0, 1, 2, \ldots)$$

reagieren.

a) Wie lautet die Übertragungsfunktion?

b) Wie lautet die Differenzengleichung?

   c) Geben Sie eine Realisierung des Systems an!

   d) Lesen Sie aus der Realisierung die Zustandsgleichungen ab und zeigen Sie, daß das System wirklich die in a) erhaltene Übertragungsfunktion hat!

4.2-2 Ein zeitdiskretes Glättungsfilter soll im Zeitpunkt k am Ausgang den Mittelwert aus dem aktuellen und den beiden vorhergegangenen Signalwerten bilden.

   a) Wie lautet die Differenzengleichung?

   b) Bestimmen Sie die Übertragungsfunktion!

   c) Geben Sie eine Realisierung des Filters an!

4.2-3 Gegeben ist die in Abb. 4.1-1 (Abschnitt 4.1.3) dargestellte Schaltung eines linearen zeitdiskreten Systems im Nullzustand ($\underline{z}_1(0) = 0$, $\underline{z}_2(0) = 0$).

   a) Bestimmen Sie die Übertragungsfunktion aus der Differenzengleichung!

   b) Berechnen und skizzieren Sie die Ortskurve des Frequenzganges $h^*(e^{j\Omega})$!

   c) Bestimmen Sie den Amplitudenfrequenzgang! (Skizze!)

   d) Bestimmen Sie das Phasenmaß! (Skizze!)

   e) Geben Sie das Ausgabesignal an, welches man nach hinreichend langer Zeit ($k \to \infty$) am Ausgang erhält, falls am Eingang

$$\underline{x}(k) = 5 \cos\left(\frac{\pi}{6} k - \frac{\pi}{4}\right) \qquad (k = 0, 1, 2, \ldots)$$

eingegeben wird (Stationärer Vorgang)!

4.2-4 Gegeben sind die folgenden Übertragungsfunktionen h^* linearer zeitdiskreter Systeme:

$$\text{a)} \quad h^*(z) = \frac{z^2 + 1}{z^2 + z + 0,5} \qquad\qquad \text{b)} \quad h^*(z) = \frac{z^2 + 1}{z^2 - z + 0,5}$$

$$\text{c)} \quad h^*(z) = \frac{z^2 + z + 0,25}{z^2} \qquad\qquad \text{d)} \quad h^*(z) = \frac{z^2 + 1}{z^2}.$$

Zeichnen Sie die Pol–Nullstellen–Pläne von $h^*(z)$ und stellen Sie durch Berechnung der Amplitudenfrequenzgänge

$$A(\Omega) = \left|h^*(e^{j\Omega})\right|$$

fest, welche Frequenzcharakteristiken die Systeme haben (Tiefpaß, Hochpaß, Bandpaß, Bandsperre)!

4.2-5 Gegeben ist das in Abb. 4.2-5 dargestellte lineare zeitdiskrete System im Nullzustand (Digitalfilter).

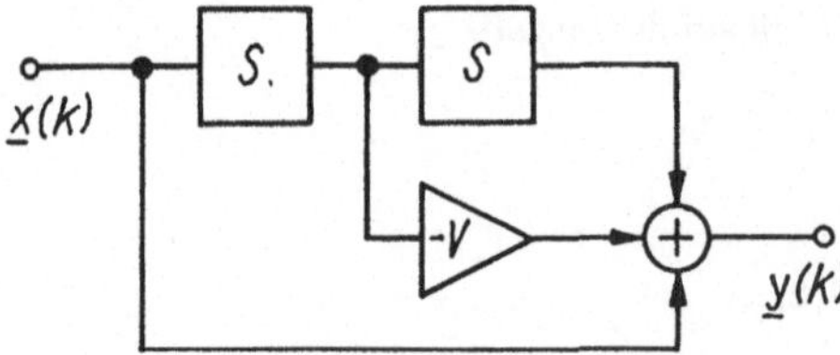

Abb. 4.2-5 .

   a) Bestimmen Sie die Übertragungsfunktion!

   b) Berechnen Sie $A(\Omega)$ und $b(\Omega)$ (Skizze für $V = 1$ und $V = 2$)!

c) Wie groß muß die Verstärkung V gewählt werden, damit das Filter ein zeitdiskretes sinusförmiges Signal mit der Frequenz $f = 50$ Hz ideal sperrt (Netzfilter)? Die Taktfrequenz sei $f_T = 400$ Hz.

d) Wie groß ist die Dämpfung des Filters gemäß c) für ein zeitdiskretes Signal mit $f = 60$ Hz (USA–Netz)?

4.2-6 Gegeben ist die Übertragungsfunktion h^*:

$$h^*(z) = \frac{z^2 - 1}{2z^2}$$

eines zeitdiskreten linearen Systems. Handelt es sich um ein linearphasiges System?

4.2-7 Gesucht ist die Schaltung eines Bandpasses, der ein zeitdiskretes sinusförmiges Eingabesignal mit einer Frequenz $f = 8$ kHz ungedämpft hindurchläßt und bei den Frequenzen 0 kHz und 16 kHz ideal sperrt. Die Taktfrequenz beträgt $f_T = 32$ kHz.

a) Zeigen Sie, daß ein System mit der Übertragungsfunktion h^*:

$$h^*(z) = \frac{z^2 - 1}{8z^2 + 10}$$

hinsichtlich seines Amplitudenfrequenzganges diese Forderungen erfüllt!

b) Weshalb ist das System trotzdem ungeeignet?

c) Wie könnte man das System „brauchbar" machen, ohne den Amplitudenfrequenzgang zu verändern?

d) Geben Sie eine geeignete Schaltung an!

4.2-8 Untersuchen Sie, ob ein lineares zeitdiskretes System mit der Übertragungsfunktion h^*:

$$h^*(z) = \frac{1}{15z^4 + 6z^3 + 8z^2 + 2z + 1}$$

stabil ist!

5 Lösungen zu den Übungsaufgaben

Lösungen zu Kapitel 1

1.1-1 a) Für alle t gilt

$$\begin{aligned}(\alpha(\underline{x}_1 * \underline{x}_2))(t) &= \alpha \int_{-\infty}^{\infty} \underline{x}_1(\tau)\underline{x}_2(t-\tau)\,\mathrm{d}\tau = \int_{-\infty}^{\infty} \alpha\underline{x}_1(\tau)\underline{x}_2(t-\tau)\,\mathrm{d}\tau \\ &= ((\alpha\underline{x}_1) * \underline{x}_2))(t).\end{aligned}$$

b)
$$\underline{x} : \underline{x}(t) = A\mathrm{e}^{-at^2}$$
$$\underline{D}(\underline{x}) : \underline{\dot{x}}(t) = -2at A\mathrm{e}^{-at^2}$$
$$\underline{S}^{\tau}(\underline{D}(\underline{x})) : \underline{\dot{x}}(t-\tau) = -2a(t-\tau)A\mathrm{e}^{-a(t-\tau)^2}.$$

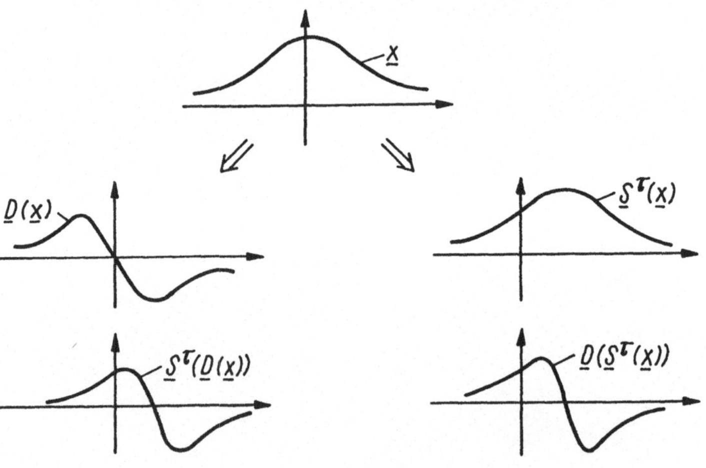

Abb. 1.1-1 *

Andererseits erhalten wir
$$\underline{S}^{\tau}(\underline{x}) : \underline{x}(t-\tau) = A\mathrm{e}^{-a(t-\tau)^2}$$
$$\underline{D}(\underline{S}^{\tau}(\underline{x})) : \underline{\dot{x}}(t-\tau) = -2a(t-\tau)A\mathrm{e}^{-a(t-\tau)^2}.$$

Die graphische Veranschaulichung wird in Abb. 1.1-1* gezeigt.

1.1-2 a) $\qquad (s*s)(t) = \displaystyle\int_{-\infty}^{\infty} s(\tau)s(t-\tau)\,\mathrm{d}\tau = \int_0^t \mathrm{d}\tau = ts(t); \qquad s*s = ts$

b) $\qquad (s*s*s)(t) = (s*(s*s))(t) = \displaystyle\int_0^t \tau\,\mathrm{d}\tau = \frac{1}{2}t^2 s(t)$

c) $\qquad (s*s*\ldots*s)(t) = \dfrac{1}{n!}t^n s(t) \qquad (n\text{--malige Faltung})$

1.1-3

$$\begin{aligned}
\underline{x}_3(t) &= (\underline{x}_1*\underline{x}_2)(t) = \int_{-\infty}^{\infty} \tau^2 s(\tau)(t-\tau)^3 s(t-\tau)\,\mathrm{d}\tau \\
&= \left\{ \begin{array}{ll} \int_0^t \tau^2(t-\tau)^3\,\mathrm{d}\tau = \frac{1}{60}t^6 & (t \geq 0) \\ 0 & (t < 0) \end{array} \right\} = \frac{1}{60}t^6 s(t).
\end{aligned}$$

Mit der angegehenen Regel erhalten wir einerseits

$$(\underline{D}(\underline{x}_1 * \underline{x}_2))(t) = \frac{1}{10}t^5 s(t);$$

anderseits gilt mit $(\underline{D}(\underline{x}_1))(t) = 2ts(t)$

$$(\underline{D}(\underline{x}_1) * \underline{x}_2)(t) = \int_{-\infty}^{\infty} 2\tau s(\tau)(t-\tau)^3 s(t-\tau)\,\mathrm{d}\tau = \frac{1}{10}t^5 s(t).$$

Damit ist die Regel für das Beispiel bestätigt.

1.1-4 $\qquad \underline{x}_T = \displaystyle\sum_{i=1}^{3} h_i \underline{S}^{\tau_i}(s) = -a\underline{S}^{-\tau}(s) + 2as - a\underline{S}^{\tau}(s)$

$$\underline{x}_T(t) = a(-s(t+\tau) + 2s(t) - s(t-\tau))$$

1.1-5

$$\begin{aligned}
\underline{x}_P &= \sum_{i=1}^{6}(\tan\alpha_i + \tan\beta_i)s^{-1} \qquad (\text{Abb. } 1.1\text{-}5^*) \\
&= \frac{a}{\tau}\left(s^{-1} - 2\underline{S}^{\tau}(s^{-1}) + 2\underline{S}^{3\tau}(s^{-1}) - \underline{S}^{4\tau}(s^{-1})\right)
\end{aligned}$$

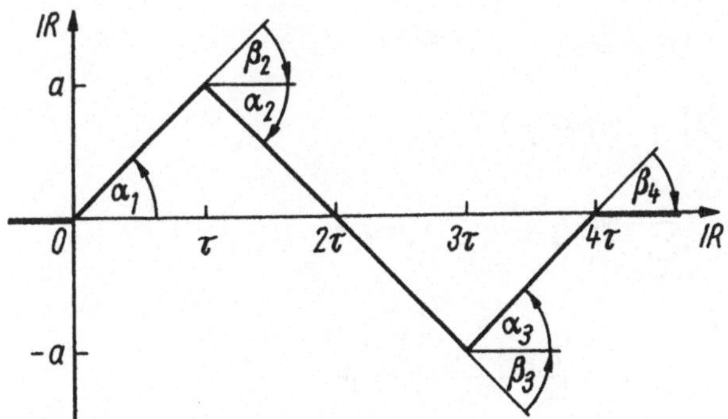

Abb. 1.1-5 *

$$\underline{x}_P(t) = \frac{a}{\tau}(ts(t) - 2(t-\tau)s(t-\tau) + 2(t-3\tau)s(t-3\tau) - (t-4\tau)s(t-4\tau))$$

1.1-6 a) Wir bilden zunächst $\underline{x}_C * \delta_\epsilon$ und erhalten

$$(\underline{x}_C * \delta_\epsilon)(t) = \int_{t-\epsilon}^{t+\epsilon} \underline{x}_C(\tau)\frac{1}{2\epsilon}\,d\tau.$$

Beim Grenzübergang $\epsilon \to 0$ erhalten wir wegen der Stetigkeit von $\underline{x}_C$

$$(\underline{x}_C * \delta)(t) = \lim_{\epsilon \to 0}\frac{1}{2\epsilon}\int_{t-\epsilon}^{t+\epsilon}\underline{x}_C(\tau)\,d\tau = \lim_{\epsilon \to 0}\frac{\underline{x}_C(t)}{2\epsilon}\int_{t-\epsilon}^{t+\epsilon}d\tau$$

$$= \lim_{\epsilon \to 0}\frac{\underline{x}_C(t)}{2\epsilon}(t + \epsilon - (t - \epsilon)) = \underline{x}_C(t)$$

b)
$$(\underline{x}_C * s)(t) = \int_{-\infty}^{\infty}\underline{x}_C(\tau)s(t-\tau)\,d\tau = \int_{-\infty}^{t}\underline{x}_C(\tau)\,d\tau = (\underline{D}^{-1}(\underline{x}_C))(t)$$

1.1-7 a) Die Zerlegung ist in Abb. 1.1-7* dargestellt.

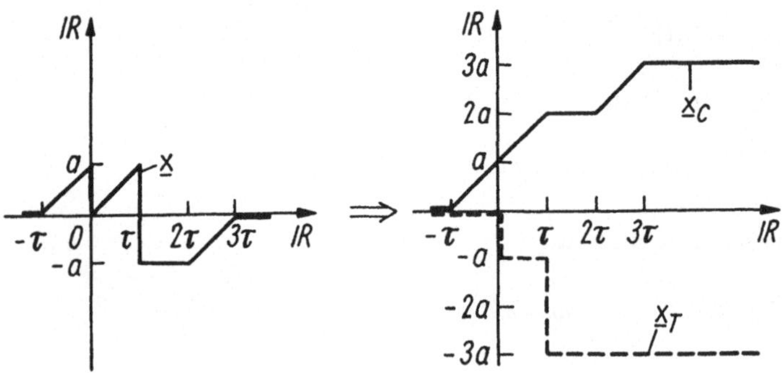

Abb. 1.1-7 *

b) Aus Abb. 1.1-7* folgt

$$\underline{x}_C = \frac{a}{\tau}\left(\underline{S}^{-\tau}(s^{-1}) - \underline{S}^{\tau}(s^{-1}) + \underline{S}^{2\tau}(s^{-1}) - \underline{S}^{3\tau}(s^{-1})\right)$$

$$\underline{x}_T = -a(s + 2\underline{S}^{\tau}(s)); \qquad \underline{x} = \underline{x}_C + \underline{x}_T.$$

1.2-1 a) Abb. 1.2-1*a zeigt die Lösung.

b) Mit

$$c_k = \frac{1}{T_0}\int_{-T_0/2}^{T_0/2}\underline{x}(t)e^{-jk\omega_T t}dt = \frac{a}{T_0}\int_0^{T_0/4}e^{-jk\omega_T t}dt$$

$$= \frac{ja}{2\pi k}\left(e^{-jk\pi/2} - 1\right) \qquad (\omega_T = \frac{2\pi}{T_0})$$

erhält man

$$\underline{x}(t) = \sum_{k=-\infty}^{\infty}c_k e^{-jk\omega_T t} = \sum_{k=-\infty}^{\infty}\frac{ja}{2\pi k}\left(e^{-jk\pi/2} - 1\right)e^{j2k\pi t/T_0}.$$

c) Die Koeffizienten lauten $c_0 = \frac{a}{4}$,

$$c_1 = \frac{a}{2\pi}(1 - j); \quad c_2 = -\frac{ja}{2\pi}; \quad c_3 = \frac{a}{2\pi}\frac{-1-j}{3}; \quad c_4 = 0;$$

$$c_{-1} = \frac{a}{2\pi}(1 + j); \quad c_{-2} = \frac{ja}{2\pi}; \quad c_{-3} = \frac{a}{2\pi}\frac{-1+j}{3}; \quad c_{-4} = 0.$$

Die grafische Darstellung wird in Abb. 1.2-1*b gezeigt.

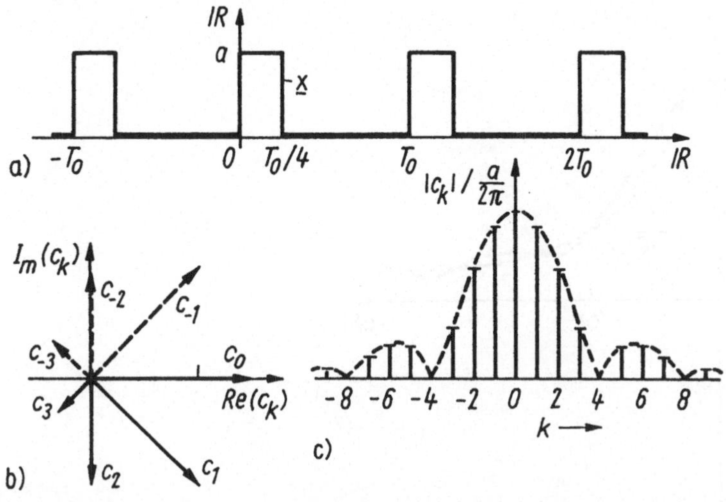

Abb. 1.2-1 *

Für den Betrag gilt

$$|c_k| = \frac{|a|}{2\pi|k|}\sqrt{\left(\cos k\frac{\pi}{2} - 1\right)^2 + \sin^2 k\frac{\pi}{2}} = \frac{|a|}{\pi|k|}\left|\sin k\frac{\pi}{4}\right|.$$

Die grafische Darstellung wird in Abb. 1.2-1*c gezeigt.

1.2-2 a)
$$\underline{x}^*(\omega) = \int_0^\tau a\left(1 - \frac{t}{\tau}\right)e^{-j\omega t}\,dt = \frac{a((1 - \cos\omega\tau) + j(\sin\omega\tau - \omega\tau))}{\omega^2\tau}$$

b)
$$|\underline{x}^*(\omega)| = \frac{a}{\omega^2\tau}\sqrt{(1 - \cos\omega\tau)^2 + (\sin\omega\tau - \omega\tau)^2}$$

$$\arg\underline{x}^*(\omega) = \arctan\frac{\sin\omega\tau - \omega\tau}{1 - \cos\omega\tau}$$

Diskussion:

$\omega\tau$	0	$\frac{\pi}{4}$	$\frac{\pi}{2}$	π	$\frac{3\pi}{2}$	2π
$|\underline{x}^*(\omega)|/a\tau$	0,5	0,49	0,47	0,38	0,26	0,16
$\arg\underline{x}^*(\omega)$	0	$-15,0°$	$-29,7°$	$-57,5°$	$-80,1°$	$-90°$

Für $\omega\tau \gg 1$ gilt

$$\frac{|\underline{x}^*(\omega)|}{a\tau} \approx \frac{1}{\omega\tau} \qquad \text{bzw.} \qquad \arg\underline{x}^*(\omega) \approx \arctan\frac{-\omega\tau}{1 - \cos\omega\tau}.$$

Die qualitative grafische Darstellung wird in Abb. 1.2-2* gezeigt.

1.2-3 Das Signal $\underline{x}$ kann nach der in Abb. 1.2-3*a dargestellten Weise zerlegt werden, so daß $\underline{x} = \underline{x}_1 + \underline{x}_2$ gilt. Das Spektrum von $\underline{x}_2$ ist aus der Lösung von Aufgabe 1.2-2 bekannt. Für das Spektrum von $\underline{x}_1$ ergibt sich wegen $\underline{x}_1(t) = \underline{x}_2(-t)$

$$\underline{x}_1^*(\omega) = \int_{-\tau}^0 \underline{x}_2(-t)e^{-j\omega t}\,dt = \int_0^\tau \underline{x}_2(t)e^{j\omega t}\,dt = \overline{\underline{x}_2^*(\omega)}.$$

Damit ist

$$\underline{x}^*(\omega) = \underline{x}_1^*(\omega) + \underline{x}_2^*(\omega) = 2\,\mathrm{Re}(\underline{x}_2^*(\omega)) = \frac{2a}{\omega^2\tau}(1 - \cos\omega\tau).$$

Da das Spektrum für alle ω reell ist, gilt $\arg\underline{x}^*(\omega) = 0$. Die grafische Darstellung von $\underline{x}^*(\omega)$ wird in Abb. 1.2-3*b gezeigt.

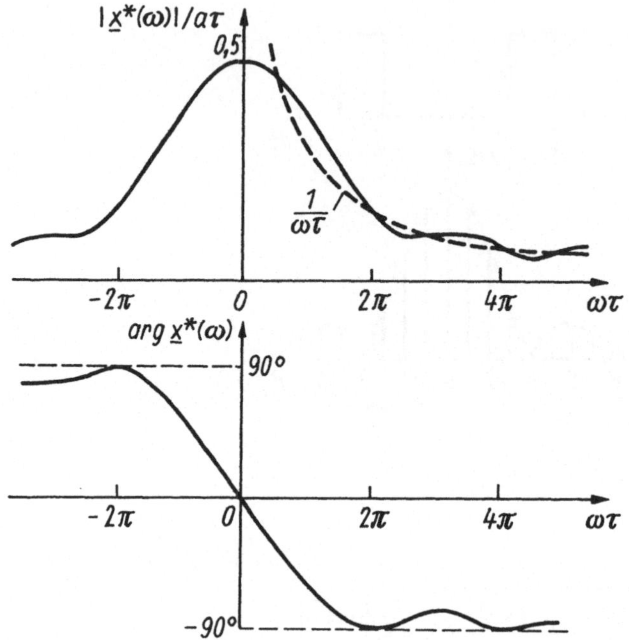

Abb. 1.2-2 *

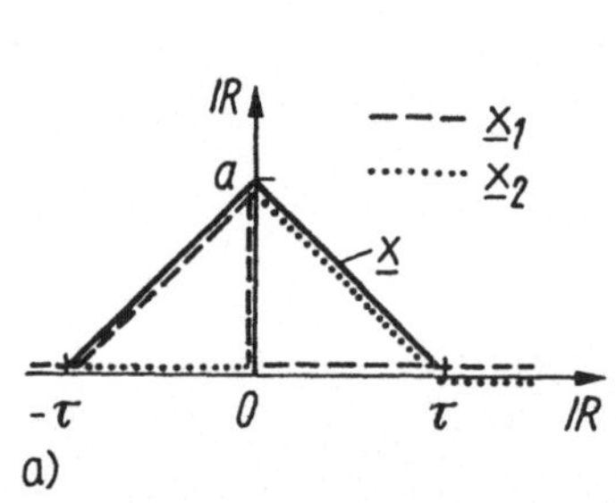

a)

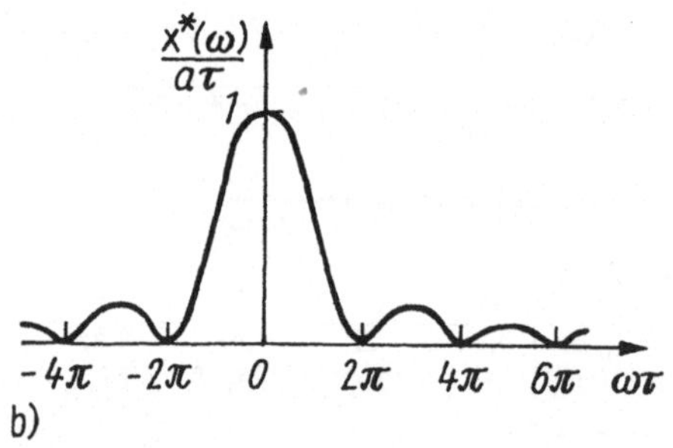

b)

Abb. 1.2-3 *

1.2-4 a)
$$\underline{x}^*(\omega) = \int_{-\tau}^{\tau} a e^{-j\omega t}\, dt = \frac{2a}{\omega}\sin\omega\tau$$

b)
$$\underline{x}(t) = \frac{1}{2\pi}\int_{-\Omega}^{\Omega} b e^{j\omega t}\, d\omega = \frac{1}{2\pi}\,\frac{2b}{t}\sin\Omega t$$

Diskussion: Das Signal $\underline{x}$ und die Fourier–Transformierte $\underline{x}^*$ können in gewisser Weise miteinander vertauscht werden: Gehört zu $\underline{x}(t)$ das Fourier–Integral $\underline{x}^*(\omega)$, so gehört zu $\underline{x}^*(t)$ (d. h., die Funktion $\underline{x}^*$ wird als Zeitfunktion aufgefaßt) das Fourier–Integral $2\pi\underline{x}(-\omega)$ (Abb. 1.2-4*).

1.2-5 a)
$$F(\underline{x}(at)) = \int_{-\infty}^{\infty} \underline{x}(at)e^{-j\omega t}\, dt = \int_{-\infty}^{\infty} \underline{x}(\tau)e^{-j\omega\tau/a}\,\frac{d\tau}{a} = \frac{1}{a}\underline{x}^*\left(\frac{\omega}{a}\right)$$

b)
$$F(e^{-a|t|}) = \int_{-\infty}^{0} e^{at}e^{-j\omega t}\, dt + \int_{0}^{\infty} e^{-at}e^{-j\omega t}\, dt$$

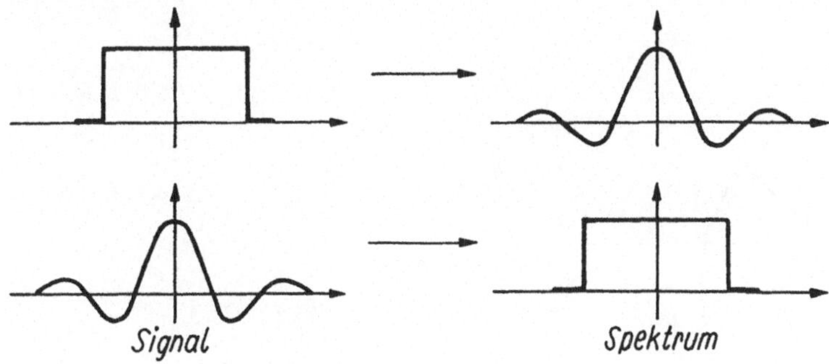

Abb. 1.2-4 *

$$F(e^{-a|t|}) \;=\; \frac{1}{a-j\omega} + \frac{1}{a+j\omega} = \frac{2a}{\omega^2 + a^2}$$

$a \ll 1$: Signal mit „langer Dauer" $\Rightarrow$ „schmales" Spektrum.
$a \gg 1$: Signal mit „kurzer Dauer" $\Rightarrow$ „breites" Spektrum.

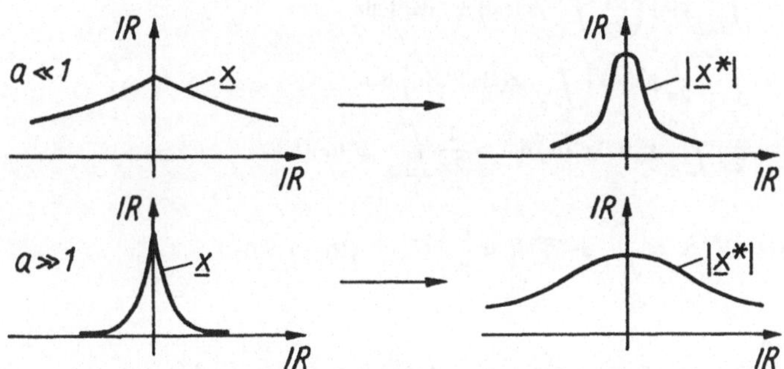

Abb. 1.2-5 *

In der Nachrichtenübertragung bedeutet das, daß ein Signal entweder „langsam" mit geringer Bandbreite oder „schnell" mit großer Bandbreite übertragen werden kann (vgl. auch Abb. 1.2-5*).

1.2-6
$$\underline{x}(t) = \frac{1}{2\pi} \int_{-\infty}^{\infty} \underline{x}^*(\omega) e^{j\omega t}\, d\omega = \frac{1}{2\pi j} \int_{-j\infty}^{j\infty} \frac{a\omega_0}{\omega_0^2 - p^2} e^{pt}\, dp$$

Bei Integration über die in Abb. 1.2-6* dargestellten Wege ergibt sich für $t > 0$

$$\underline{x}(t) = \operatorname*{Res}_{p=-\omega_0} \frac{-a\omega_0 e^{pt}}{(p+\omega_0)(p-\omega_0)} = \frac{a}{2}\, e^{-\omega_0 t}$$

und für $t < 0$

$$\underline{x}(t) = \operatorname*{Res}_{p=\omega_0} \frac{a\omega_0 e^{pt}}{(p+\omega_0)(p-\omega_0)} = \frac{a}{2}\, e^{\omega_0 t},$$

da die Integrale über die Kreisbögen mit $R \to \infty$ verschwinden. Damit ist

$$\underline{x}(t) = \frac{a}{2}\, e^{-\omega_0 |t|}.$$

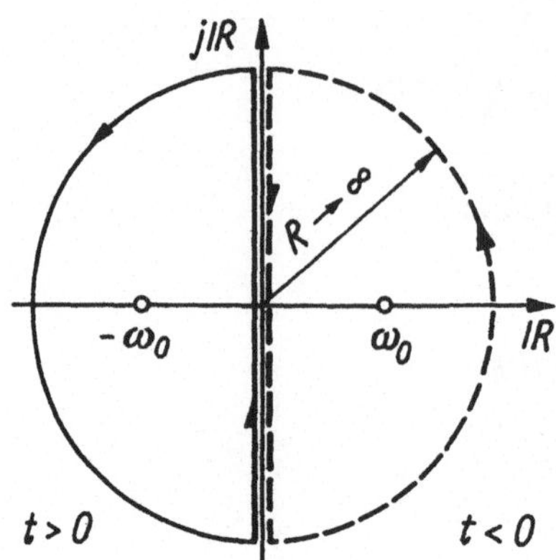

Abb. 1.2-6 *

1.2-7

$$\int_{-\infty}^{\infty} |\underline{x}(t)|^2 \, dt \;=\; \int_{-\infty}^{\infty} \underline{x}(t) \left(\frac{1}{2\pi} \int_{-\infty}^{\infty} \underline{x}^*(\omega) e^{j\omega t} \, d\omega \right) dt$$

$$=\; \int_{-\infty}^{\infty} \frac{1}{2\pi} \underline{x}^*(\omega) \left(\int_{-\infty}^{\infty} \underline{x}(t) e^{j\omega t} \, dt \right) d\omega$$

$$=\; \frac{1}{2\pi} \int_{-\infty}^{\infty} \underline{x}^*(\omega) \overline{\underline{x}^*(\omega)} \, d\omega = \frac{1}{2\pi} \int_{-\infty}^{\infty} |\underline{x}^*(\omega)|^2 \, d\omega$$

1.2-8 a) $\qquad \underline{x}^*(p) = \int_0^{\infty} \underline{x}(t) e^{-pt} \, dt = \int_{\tau}^{\infty} a e^{-pt} \, dt = \frac{a}{p} e^{-p\tau} \qquad (\mathrm{Re}(p) > 0)$

  b)

$$\underline{x}^*(p) \;=\; \int_{\tau}^{\infty} \tan\alpha\,(t - \tau) s(t - \tau) e^{-pt} \, dt = e^{-p\tau} \tan\alpha \int_0^{\infty} t' e^{-pt'} \, dt'$$

$$=\; e^{-p\tau} \frac{\tan\alpha}{p^2} \qquad (\mathrm{Re}(p) > 0)$$

  c)

$$\underline{x}^*(p) \;=\; \int_0^{\infty} e^{\sigma_0 t} \cos\omega_0 t\, e^{-pt} \, dt = \int_0^{\infty} e^{\sigma_0 t} \frac{1}{2} \left(e^{j\omega_0 t} + e^{-j\omega_0 t} \right) e^{-pt} \, dt$$

$$=\; \frac{1}{2} \left(\frac{1}{p - p_0} + \frac{1}{p - \overline{p}_0} \right) \qquad (\mathrm{Re}(p) > \sigma_0)$$

In der letzten Gleichung gilt $p_0 = \sigma_0 + j\omega_0$, $\overline{p}_0 = \sigma_0 - j\omega_0$.

  d) $\qquad \underline{x}^*(p) = \int_0^{\infty} \sinh at\, e^{-pt} \, dt = \int_0^{\infty} \frac{1}{2} \left(e^{at} - e^{-at} \right) e^{-pt} \, dt = \frac{a}{p^2 - a^2} \qquad (\mathrm{Re}(p) > |\,\mathrm{Re}(a)\,|)$

1.2-9 Das Signal wird nach Abb. 1.2-9* zerlegt:

$$\underline{x} = \underline{x}_T + \underline{x}_C; \qquad \underline{x}_T = as + a\underline{S}^\tau(s); \qquad \underline{x}_C = \tan\alpha_1\, s^{-1} + \tan\alpha_2\, \underline{S}^\tau(s^{-1}).$$

Mit der Lösung von Aufgabe 1.2-8a und b erhält man

$$\underline{x}^*(p) = \frac{a}{p} + \frac{a}{p} e^{-p\tau} - \frac{2a}{\tau} \frac{1}{p^2} + \frac{2a}{\tau} \frac{1}{p^2} e^{-p\tau}.$$

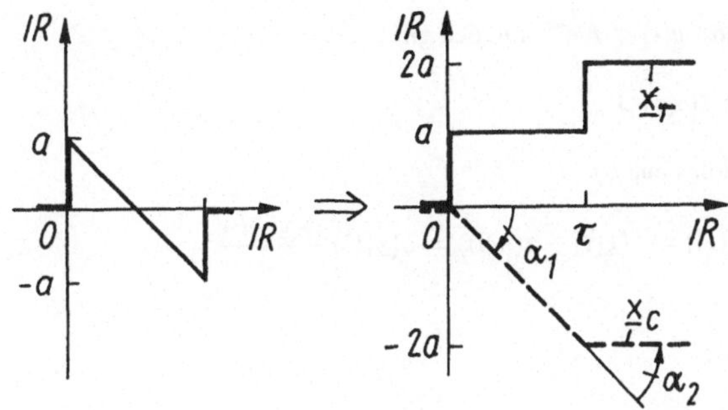

Abb. 1.2-9 *

Im vorliegenden Beispiel gilt

$$\underline{x}^*(\omega) = \underline{x}^*(p)|_{p=j\omega} = \frac{a}{j\omega} + \frac{a}{j\omega}\,e^{-j\omega\tau} + \frac{2a}{\omega^2\tau} - \frac{2a}{\omega^2\tau}\,e^{-j\omega\tau}.$$

Allgemein gilt $\underline{x}^*(\omega) = \underline{x}^*(p)|_{p=j\omega}$ falls $\underline{x}(t) = 0$ für $t < 0$ und $\underline{x} \in \underline{L}_1 \cap \underline{C}_T^1$.

1.2-10 Mit den in Abb. 1.2-10* angegebenen Winkelbezeichnungen ist

$$\underline{x} = \tan\alpha_1 s^{-1} + \tan\alpha_2 \underline{S}^\tau(s^{-1}) + \tan\alpha_3 \underline{S}^{2\tau}(s^{-1}) + \tan\alpha_4 \underline{S}^{3\tau}(s^{-1}).$$

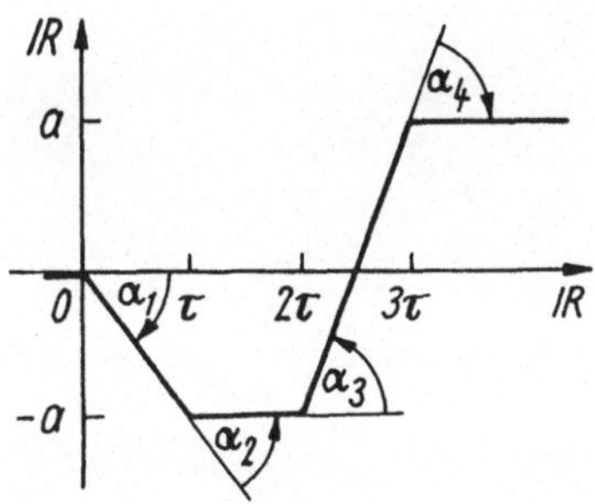

Abb. 1.2-10 *

Damit folgt

$$\underline{x}^*(p) = \frac{a}{\tau p^2}\left(-1 + e^{-p\tau} + 2e^{-2p\tau} - 2e^{-3p\tau}\right).$$

1.2-11 a)

$$\begin{aligned}
L(\underline{x}(t-\tau)) &= \int_\tau^\infty \underline{x}(t-\tau)e^{-pt}\,\mathrm{d}t = \int_0^\infty \underline{x}(t')e^{-pt'}e^{-p\tau}\,\mathrm{d}t' \\
&= e^{-p\tau}\int_0^\infty \underline{x}(t')e^{-pt'}\,\mathrm{d}t' = e^{-p\tau}L(\underline{x}(t))
\end{aligned}$$

b)

$$\begin{aligned}
L\left(\int_0^t \underline{x}(\tau)\,\mathrm{d}\tau\right) &= L(\underline{y}(t)) = \int_0^\infty \underline{y}(t)e^{-pt}\,\mathrm{d}t \\
&= \underline{y}(t)\frac{e^{-pt}}{-p}\Big|_0^\infty + \frac{1}{p}\int_0^\infty \underline{\dot{y}}(t)e^{-pt}\,\mathrm{d}t = \frac{1}{p}\int_0^\infty \underline{x}(t)e^{-pt}\,\mathrm{d}t = \frac{1}{p}L(\underline{x}(t))
\end{aligned}$$

Wegen $\underline{x}, \underline{y} \in \underline{X}_\gamma$ ist $\underline{y}(0) = 0$ und $\underline{y}(t) < K e^{\gamma t}$; folglich gilt

$$\lim_{t \to \infty} \underline{y}(t) \frac{e^{-pt}}{-p} = 0 \qquad \text{für } \operatorname{Re}(p) > \gamma.$$

c) Mit $\int_0^t \underline{\dot{x}}(\tau)\, \mathrm{d}\tau = \underline{x}(t) - \underline{x}(+0)$ folgt aus b)

$$L\left(\int_0^t \underline{\dot{x}}(\tau)\, \mathrm{d}\tau\right) = \frac{1}{p} L(\underline{\dot{x}}(t)) = L(\underline{x}(t) - \underline{x}(+0)) = L(\underline{x}(t)) - \frac{\underline{x}(+0)}{p}.$$

Somit gilt

$$L(\underline{\dot{x}}(t)) = p L(\underline{x}(t)) - \underline{x}(+0).$$

1.2-12 a) Mit Hilfe des Ähnlichkeitssatzes

$$L(\underline{x}(at)) = \frac{1}{a}\, \underline{x}^*\left(\frac{p}{a}\right)$$

folgt

$$L(\underline{x}_0(t)) = L(\cos^2 \omega_0 t) = \frac{1}{p}\, \frac{p^2 + 2\omega_0^2}{p^2 + 4\omega_0^2}.$$

b) Bei Anwendung des Verschiebungssatzes auf das Ergebnis von a) folgt

$$L(\underline{x}_0(t - t_0)) = L(\cos^2 \omega_0(t - t_0)) = e^{-pt_0}\, \frac{p^2 + 2\omega_0^2}{p(p^2 + 4\omega_0^2)}.$$

c) Nach Anwendung der Differentiationsregel auf die Lösung von a) folgt

$$L(\underline{\dot{x}}_0(t)) = L\left(\frac{\mathrm{d}}{\mathrm{d}t} \cos^2 \omega_0 t\right) = -\frac{2\omega_0^2}{p^2 + 4\omega_0^2}.$$

1.2-13
$$\underline{x}^*(p) = \frac{p - 4}{p^3 + p^2 - 6p} = \frac{p - 4}{p(p - 2)(p + 3)}$$

Lösungsvariante I: Partialbruchzerlegung

$$\underline{x}^*(p) = \frac{2}{3}\, \frac{1}{p} - \frac{1}{5}\, \frac{1}{p - 2} - \frac{7}{15}\, \frac{1}{p + 3}$$

$$\underline{x}(t) = \frac{2}{3} - \frac{1}{5}\, e^{2t} - \frac{7}{15}\, e^{-3t} \qquad (t > 0) \quad \text{(Tabelle!)}$$

Lösungsvariante II: Residuenmethode

$$\begin{aligned}
\underline{x}(t) &= \sum \operatorname{Res}(\underline{x}^*(p) e^{pt}) \\
&= \left.\frac{(p - 4) e^{pt}}{(p - 2)(p + 3)}\right|_{p=0} + \left.\frac{(p - 4) e^{pt}}{p(p + 3)}\right|_{p=2} + \left.\frac{(p - 4) e^{pt}}{p(p - 2)}\right|_{p=-3} \\
&= \frac{2}{3} - \frac{1}{5}\, e^{2t} - \frac{7}{15}\, e^{-3t} \qquad (t > 0)
\end{aligned}$$

1.2-14 a)
$$\underline{x}(t) = \frac{a}{\tau} t s(t) - \frac{a}{\tau}(t - \tau) s(t - \tau) - a s(t - 2\tau) = \underline{x}_1(t) + \underline{x}_2(t) + \underline{x}_3(t)$$
Das zusammengesetzte Signal $\underline{x}$ ist in Abb. 1.2-14*a dargestellt.

b) Der Verschiebungsfaktor $e^{-p\tau}$ wird zunächst fortgelassen und später durch eine Zeitverschiebung berücksichtigt.

$$\underline{x}_1^*(p) = \frac{p}{p^2 + 4} = \frac{p}{(p + 2\mathrm{j})(p - 2\mathrm{j})} = \frac{1/2}{p + 2\mathrm{j}} + \frac{1/2}{p - 2\mathrm{j}}$$

$$\underline{x}_1(t) = \frac{1}{2}\, e^{-2\mathrm{j}t} + \frac{1}{2}\, e^{2\mathrm{j}t} = \cos 2t$$

Daraus folgt $\underline{x}(t) = \cos 2(t - \tau) s(t - \tau)$. Die Skizze wird in Abb. 1.2-14*b gezeigt.

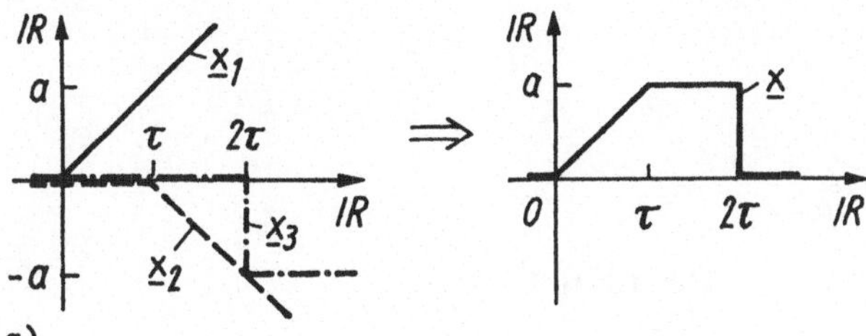

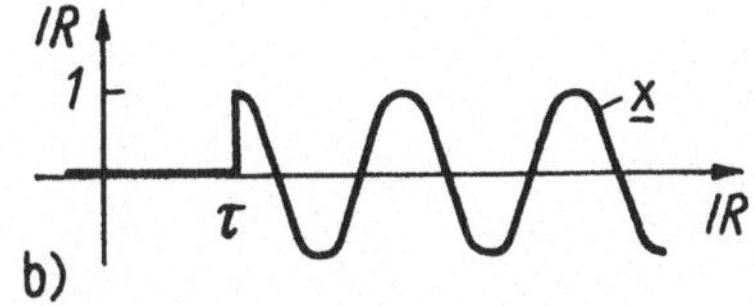

Abb. 1.2-14 *

1.2-15

$$\underline{x}(t) \;=\; \operatorname*{Res}_{p=-1}\left(\frac{p^2}{(p+1)^3}\,\mathrm{e}^{pt}\right) = \frac{1}{2}\,\frac{\mathrm{d}}{\mathrm{d}p}\,p^2\mathrm{e}^{pt}\bigg|_{p=-1}$$

$$= \frac{1}{2}\mathrm{e}^{-t}(t^2 - 4t + 2) \qquad (t > 0)$$

1.2-16 a)

$$\underline{x}^*(p) = \frac{p}{p^2 - 16} = \frac{Z(p)}{N(p)} \qquad \text{Pole: } p_1 = 4,\ p_2 = -4$$

$$\underline{x}(t) = \sum_{i=1}^{2} \frac{Z(p_i)}{N'(p_i)}\,\mathrm{e}^{p_i t} = \frac{1}{2}\,\mathrm{e}^{4t} + \frac{1}{2}\,\mathrm{e}^{-4t} = \cosh 4t \qquad (t > 0)$$

b)

$$\underline{x}^*(p) = \frac{a\sinh p\frac{\tau}{4}}{p\cosh p\frac{\tau}{4}} = \frac{a}{p}\,\frac{1 - \mathrm{e}^{-p\tau/2}}{1 + \mathrm{e}^{-p\tau/2}}$$

Mit der Reihenentwicklung

$$\frac{1-z}{1+z} = 1 - 2z + 2z^2 - 2z^3 \pm \ldots$$

folgt

$$\underline{x}^*(p) = \frac{a}{p}\left(1 - 2\mathrm{e}^{-p\tau/2} + 2\mathrm{e}^{-p\tau} - 2\mathrm{e}^{-3p\tau/2} \pm \ldots\right).$$

Gliedweise Rücktransformation ergibt

$$\underline{x}(t) = a\left(s(t) - 2s(t - \frac{\tau}{2}) + 2s(t - \tau) - 2s(t - \frac{3\tau}{2}) \pm \ldots\right).$$

Abb. 1.2-16* zeigt eine Darstellung von $\underline{x}(t)$.

1.2-17

$$\underline{x}^*(p) = \frac{1}{p^2}\,\frac{1}{p\sqrt{p}} = \underline{x}_1^*(p)\,\underline{x}_2^*(p)$$

$$L^{-1}(\underline{x}_1^*(p)) = t; \qquad L^{-1}(\underline{x}_2^*(p)) = 2\sqrt{\frac{t}{\pi}}$$

$$\underline{x}(t) \;=\; \underline{x}_1(t) * \underline{x}_2(t) = \int_0^t \underline{x}_1(t-\tau)\underline{x}_2(\tau)\,\mathrm{d}\tau$$

$$= \int_0^t (t-\tau)2\sqrt{\frac{\tau}{\pi}}\,\mathrm{d}\tau = \frac{8}{15}t^2\sqrt{\frac{t}{\pi}}$$

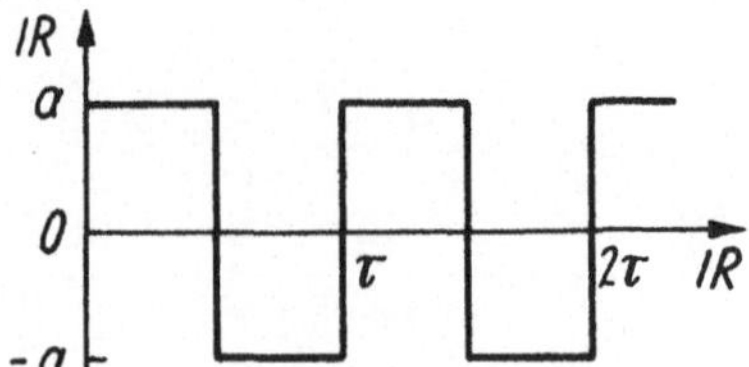

Abb. 1.2-16 *

1.2-18 Die Laplace–Transformation der Differentialgleichung ergibt

$$p\underline{x}^*(p) - \underline{x}(+0) + 3\underline{x}^*(p) = \frac{1}{p-2} - \frac{2}{p}$$

mit der Lösung

$$\underline{x}^*(p) = -\frac{p-4}{p(p-2)(p+3)}.$$

Die inverse Laplace–Transformation liefert, wie in der Lösung zu Aufgabe 1.2-13 beschrieben,

$$\underline{x}(t) = -\frac{2}{3} + \frac{1}{5}e^{2t} + \frac{7}{15}e^{-3t} \qquad (t > 0).$$

1.2-19 Das Differentialgleichungssystem wird der Laplace–Transformation unterworfen:

$$D\frac{1}{p} + \Theta(p\omega^*(p) - \omega(+0)) = Ki^*(p)$$

$$Ri^*(p) + L(pi^*(p) - i(+0)) + K\omega^*(p) = u^*(p).$$

Mit $u^*(p) = E/p$ ergibt sich nach Eliminieren von $i^*(p)$ der Ausdruck

$$\omega^*(p) = \frac{KE - D(R + pL)}{\Theta Lp(p - p_1)(p - p_2)}$$

mit

$$p_{1,2} = -\frac{R}{2L} \pm \sqrt{\left(\frac{R}{2L}\right)^2 - \frac{K^2}{\Theta L}}.$$

Daraus folgt

$$\omega(t) = \frac{1}{\Theta L}\left(\frac{KE - DR}{p_1 p_2} + \frac{KE - D(R + p_1 L)}{p_1(p_1 - p_2)}e^{p_1 t} + \frac{KE - D(R + p_2 L)}{p_2(p_2 - p_1)}e^{p_2 t}\right).$$

1.2-20

$$\begin{aligned}
Z(\underline{x}(k - m)) &= \sum_{k=0}^{\infty}\underline{x}(k - m)z^{-k} = \sum_{k=m}^{\infty}\underline{x}(k - m)z^{-k} \\
&= \sum_{k'=0}^{\infty}\underline{x}(k')z^{-k'-m} = z^{-m}\sum_{k'=0}^{\infty}\underline{x}(k')z^{-k'} = z^{-m}\underline{x}^*(z)
\end{aligned}$$

1.2-21

$$\begin{aligned}
\underline{x}^*(z) &= \sum_{k=0}^{\infty}\underline{x}(k)z^{-k} = \sum_{k=0}^{\infty}akz^{-k} = \frac{a}{z}\left(1 + \frac{2}{z} + \frac{3}{z^2} + \ldots\right) \\
&= \frac{a}{z}\left(1 + \frac{1}{z} + \frac{1}{z^2} + \ldots\right)^2 = \frac{a}{z}\left(\frac{z}{z-1}\right)^2 = \frac{az}{(z-1)^2}
\end{aligned}$$

1.2-22 Wir berechnen zunächst

$$Z(e^{ak}) = \sum_{k=0}^{\infty} e^{ak} z^{-k} = \left(1 + \frac{e^a}{z} + \frac{e^{2a}}{z^2} + \ldots\right) = \frac{z}{z - e^a}.$$

Wegen $\sin ak = \frac{1}{2j}(e^{jak} - e^{-jak})$ folgt damit

$$Z(\sin ak) = \frac{1}{2j}\left(\frac{z}{z - e^{ja}} - \frac{z}{z - e^{-ja}}\right) = \frac{z \sin a}{z^2 - 2z\cos a + 1}.$$

1.2-23 a) $\quad \underline{x}^*(z) = \dfrac{2z}{2z^2 - 3z + 1}$

Polynomdivision:

$$2z \quad : (2z^2 - 3z + 1) = z^{-1} + 1,5z^{-2} + 1,75z^{-3} + \ldots$$
$$\underline{-(2z - 3 + z^{-1})}$$
$$3 - z^{-1}$$
$$\underline{-(3 - 4,5z^{-1} + 1,5z^{-2})}$$
$$3,5z^{-1} - 1,5z^{-2}$$
$$\ldots$$

Damit erhält man

$$\underline{x}(0) = 0; \qquad \underline{x}(1) = 1; \qquad \underline{x}(2) = 1,5; \qquad \underline{x}(3) = 1,75; \qquad \ldots$$

b) Rekursionsformel

$$c_k = \underline{x}(k) = a_k - \sum_{\nu=1}^{k} b_\nu c_{k-\nu}$$

$$\underline{x}^*(z) = \frac{2z}{2z^2 - 3z + 1} = \frac{z^{-1}}{1 - 1,5z^{-1} + 0,5z^{-2}} = \frac{a_0 + a_1 z^{-1}}{b_0 + b_1 z^{-1} + b_2 z^{-2}}$$

$$
\begin{aligned}
c_0 &= a_0 = 0 = \underline{x}(0) \\
c_1 &= a_1 - b_1 c_0 = 1 = \underline{x}(1) \\
c_2 &= a_2 - b_1 c_1 - b_2 c_0 = 1,5 = \underline{x}(2) \\
c_3 &= a_3 - b_1 c_2 - b_2 c_1 - b_3 c_0 = 1,75 = \underline{x}(3) \\
c_4 &= a_4 - b_1 c_3 - b_2 c_2 - b_3 c_1 - b_4 c_0 = 1,875 = \underline{x}(4) \quad \text{usw.}
\end{aligned}
$$

Man beachte: $\quad a_\nu = 0$ für $\nu \geq 2$; $\quad b_\mu = 0$ für $\mu \geq 3$.

c) Residuenmethode:

$$\underline{x}(k) = \sum_i \operatorname*{Res}_{z=z_i}(\underline{x}^*(z)z^{k-1})$$

$$\underline{x}^*(z) = \frac{2z}{2(z^2 - 1,5z + 0,5)} = \frac{z}{(z-1)(z-0,5)}$$

$$\underline{x}(k) = \sum \operatorname{Res}\left(\frac{z^k}{(z-1)(z-0,5)}\right) = 2(1 - 2^{-k})$$

1.3-1 a) Die Folge lautet

$$(\underline{x}_i(t)) = (\alpha \sin \omega_0 t, \alpha \sin 2\omega_0 t, \alpha \sin 3\omega_0 t, \ldots).$$

Für den Abstand zweier Signale $\underline{x}_i$ und $\underline{x}_j$ erhält man

$$\|\underline{x}_i - \underline{x}_j\|_C = \sup |\alpha \sin i\omega_0 t - \alpha \sin j\omega_0 t| = 2|\alpha|$$

für beliebige $m, n \in \mathbb{Z}$ und $i, j \in \mathbb{N}$, die die Gleichung $j(2n+1) = i(2m-1)$ erfüllen. Es gilt also nicht $\|\underline{x}_i - \underline{x}_j\|_C < \varepsilon$ für beliebige $i, j > N(\varepsilon)$, d.h., die Folge ist keine Fundamentalfolge.

b) Die Folge lautet

$$(\underline{x}_i(t)) = \left((\alpha + \beta)\cos\omega_0 t, (\alpha + \frac{\beta}{2})\cos\omega_0 t, (\alpha + \frac{\beta}{3})\cos\omega_0 t, \dots\right).$$

Für den Signalabstand von $\underline{x}_i$ und $\underline{x}_j$ ergibt sich

$$\|\underline{x}_i - \underline{x}_j\|_C = \sup\left|(\alpha + \frac{\beta}{i})\cos\omega_0 t - (\alpha + \frac{\beta}{j})\cos\omega_0 t\right| = |\beta|\left|\frac{1}{i} - \frac{1}{j}\right|.$$

Für den letzten Ausdruck gilt die Abschätzung

$$|\beta|\left|\frac{1}{i} - \frac{1}{j}\right| < \varepsilon \quad \text{für} \quad i,j > \frac{2}{\varepsilon}|\beta|.$$

Die Folge ist eine Fundamentalfolge. Sie konvergiert gegen das Signal $\underline{x}$:

$$\underline{x}(t) = \alpha\cos\omega_0 t,$$

denn es ist für $i \to \infty$

$$\|\underline{x}_i - \underline{x}\|_C = \sup\left|(\alpha + \frac{\beta}{i})\cos\omega_0 t - \alpha\cos\omega_0 t\right| = \frac{1}{i}|\beta| \to 0.$$

1.3-2 Die Folge

$$(\underline{x}_i(t)) = \left(e^{-\alpha t}s(t), e^{-\alpha t/2}s(t), e^{-\alpha t/3}s(t), \dots\right)$$

strebt gegen das Grenzsignal $\underline{x}$:

$$\underline{x}(t) = s(t).$$

Während alle Glieder der Folge zu $\underline{L}_2$ gehören, trifft das für das Grenzsignal nicht zu (das Sprungsignal s ist nicht quadratisch integrierbar); folglich ist die Folge in $\underline{L}_2$ nicht konvergent.

1.3-3 a) Um zu zeigen, daß $\|\underline{\Phi}(\underline{x}_1) - \underline{\Phi}(\underline{x}_2)\|_C \leq m\|\underline{x}_1 - \underline{x}_2\|_C$ $(0 < m < 1)$ gilt, bilden wir

$$
\begin{aligned}
\|\underline{\Phi}(\underline{x}_1) - \underline{\Phi}(\underline{x}_2)\|_C
&= 0,1\|\underline{x}_1^3 + 2\underline{x}_1 + 3 - \underline{x}_2^3 - 2\underline{x}_2 - 3\|_C \\
&= 0,1\|(\underline{x}_1^3 - \underline{x}_2^3) + 2(\underline{x}_1 - \underline{x}_2)\|_C \\
&= 0,1\|(\underline{x}_1 - \underline{x}_2)(\underline{x}_1^2 + \underline{x}_1\underline{x}_2 + \underline{x}_2^2 + 2)\|_C \\
&= 0,1\|\underline{x}_1 - \underline{x}_2\|_C \cdot \|\underline{x}_1^2 + \underline{x}_1\underline{x}_2 + \underline{x}_2^2 + 2\|_C \\
&\leq 0,1\|\underline{x}_1 - \underline{x}_2\|_C(\|\underline{x}_1^2\|_C + \|\underline{x}_1\underline{x}_2\|_C + \|\underline{x}_2^2\|_C + 2) \\
&\leq 0,1\|\underline{x}_1 - \underline{x}_2\|_C(1 + 1 + 1 + 2) \\
&= 0,5\|\underline{x}_1 - \underline{x}_2\|_C.
\end{aligned}
$$

Ein Kontraktionsfaktor ist also $m = 0,5$.

b) Wir beginnen z. B. mit $\underline{x}_0(t) = 0$ und erhalten

$$
\begin{aligned}
\underline{x}_1(t) &= (\underline{\Phi}(\underline{x}_0))(t) = 0,3 \\
\underline{x}_2(t) &= (\underline{\Phi}(\underline{x}_1))(t) = 0,1(0,3^3 + 2 \cdot 0,3 + 3) = 0,3627 \\
\underline{x}_3(t) &= (\underline{\Phi}(\underline{x}_2))(t) = 0,1(0,3627^3 + 2 \cdot 0,3627 + 3) = 0,3773 \\
\underline{x}_4(t) &= (\underline{\Phi}(\underline{x}_3))(t) = 0,1(0,3773^3 + 2 \cdot 0,3773 + 3) = 0,3808.
\end{aligned}
$$

Nach weiteren Iterationsschritten erhält man die Lösung

$$\underline{x}(t) \approx 0,381966.$$

1.3-4 a) Es ist zu zeigen, daß $\|\underline{\Phi}(\underline{x}_1) - \underline{\Phi}(\underline{x}_2)\|_C \leq m\|\underline{x}_1 - \underline{x}_2\|_C$ $(0 < m < 1)$ gilt:

$$
\begin{aligned}
\|\underline{\Phi}(\underline{x}_1) - \underline{\Phi}(\underline{x}_2)\|_C
&= \sup\left|0,1\int_0^t (\underline{x}_1(\tau) - \underline{x}_2(\tau))\,d\tau\right| \\
&\leq 0,1\sup\int_0^t |\underline{x}_1(\tau) - \underline{x}_2(\tau)|\,d\tau \\
&\leq 0,1\sup|\underline{x}_1(\tau) - \underline{x}_2(\tau)|\sup|t|.
\end{aligned}
$$

Mit $\sup|t| = 1$ entsprechend der Voraussetzung ist also

$$\|\underline{\Phi}(\underline{x}_1) - \underline{\Phi}(\underline{x}_2)\|_C \leq 0,1\|\underline{x}_1 - \underline{x}_2\|_C.$$

b) Wir beginnen die Iteration mit $\underline{x}_0(t) = 0,1$ und erhalten

$$\underline{x}_1(t) = (\underline{\Phi}(\underline{x}_0))(t) = 0,1\int_0^t 0,1\,\mathrm{d}\tau + 0,1 = 10^{-2}t + 10^{-1}$$

$$\underline{x}_2(t) = (\underline{\Phi}(\underline{x}_1))(t) = 0,1\int_0^t (10^{-2}\tau + 10^{-1})\,\mathrm{d}\tau + 0,1 = 10^{-3}\frac{t^2}{2} + 10^{-2}t + 10^{-1}$$

$$\underline{x}_3(t) = (\underline{\Phi}(\underline{x}_2))(t) = 0,1\int_0^t \left(10^{-3}\frac{\tau^2}{2} + 10^{-2}\tau + 10^{-1}\right)\,\mathrm{d}\tau + 0,1$$

$$= 10^{-4}\frac{t^3}{3!} + 10^{-3}\frac{t^2}{2} + 10^{-2}t + 10^{-1} \qquad \text{usw.}$$

$$\underline{x}_n(t) = 0,1\left(1 + \frac{t}{10} + \left(\frac{t}{10}\right)^2\frac{1}{2!} + \left(\frac{t}{10}\right)^3\frac{1}{3!} + \cdots + \left(\frac{t}{10}\right)^n\frac{1}{n!}\right).$$

Für $n \to \infty$ erhalten wir das Grenzsignal $\underline{x}$:

$$\underline{x}(t) = 0,1e^{0,1t}.$$

Lösungen zu Kapitel 2

2.1-1 a) $\qquad i_1 = i_2 + i_4; \qquad i_2 = \alpha_2(e_1 + e_2 + e_3)^3; \qquad i_4 = \alpha_4 e_1^3 + \beta_4 e_1;$

$$i_1 = \alpha_2(e_1 + e_2 + e_3)^3 + \alpha_4 e_1^3 + \beta_4 e_1 = \varphi(e_1, e_2, e_3)$$

b) Die Realisierung ist in Abb. 2.1-1* dargestellt.

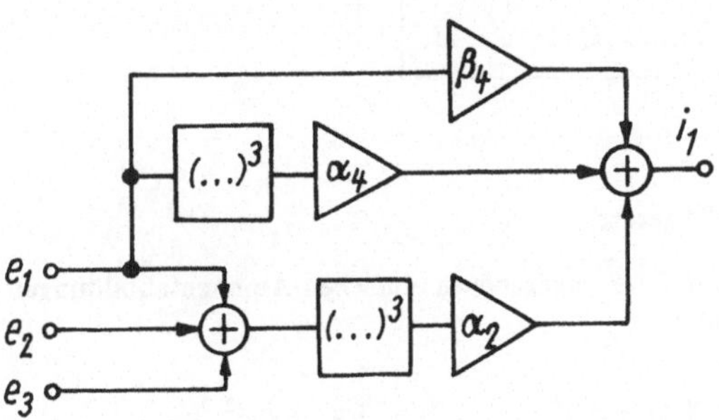

Abb. 2.1-1 *

	e_1/V	e_2/V	e_3/V	i_1/A
Fall I	1	0	0	0,4
Fall II	0	1	0	0,1
Fall III	0	0	1	0,1
Fall IV	1	1	1	3,0

c)

Das Beispiel zeigt deutlich, daß der von den Grundlagen der Elektrotechnik her bekannte Überlagerungssatz nicht gilt.

2.1-2 a) $\qquad y_1 = \varphi_1(x_1, x_2) = (x_1 + x_2)^3$

$\qquad\qquad y_2 = \varphi_2(x_1, x_2) = (x_1 + x_2)^3(3x_2 + (4x_2)^2)$

$\qquad\qquad y_3 = \varphi_3(x_1, x_2) = (4x_2)^2 = 16x_2^2$

b) $\qquad \Phi(x_1, x_2) = ((x_1 + x_2)^3, (x_1 + x_2)^3(3x_2 + 16x_2^2), 16x_2^2) = (y_1, y_2, y_3)$

$\qquad\qquad \Phi(2, 1) = (27, 513, 16)$

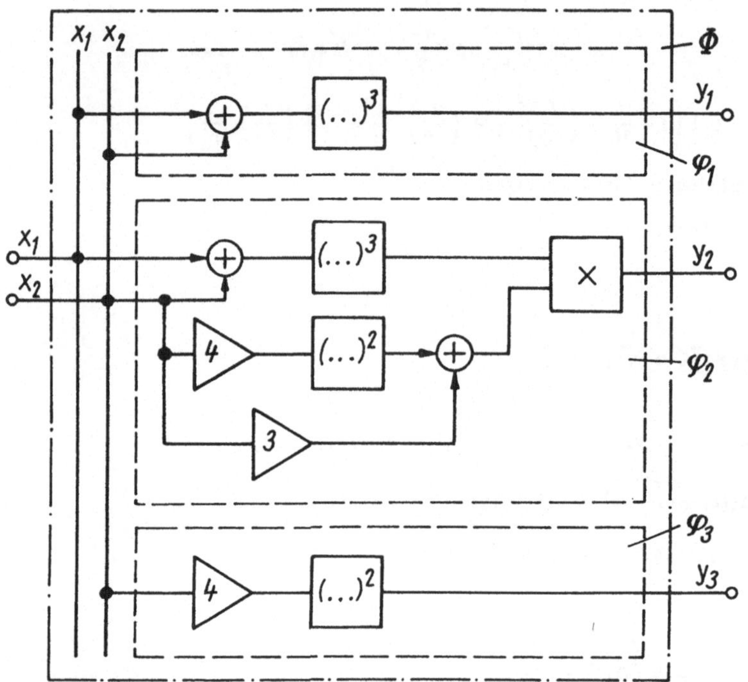

Abb. 2.1-2 *

c) Das Blockschaltbild wird in Abb. 2.1-2* gezeigt.

2.1-3 Mit den bereits in der Lösung von Aufgabe 2.1-2 angegebenen einfachen Alphahetabbildungen φ_1, φ_2 und φ_3 erhalten wir die Jacobi-Matrix

$$
A_0(x) = \begin{pmatrix} \dfrac{\partial \varphi_1}{\partial x_1} & \dfrac{\partial \varphi_1}{\partial x_2} \\[2mm] \dfrac{\partial \varphi_2}{\partial x_1} & \dfrac{\partial \varphi_2}{\partial x_2} \\[2mm] \dfrac{\partial \varphi_3}{\partial x_1} & \dfrac{\partial \varphi_3}{\partial x_2} \end{pmatrix} = \begin{pmatrix} 3(x_1 + x_2)^2 & 3(x_1 + x_2)^2 \\[2mm] 3(x_1 + x_2)(3x_2 + 16x_2^2) & F(x_1, x_2) \\[2mm] 0 & 32x_2 \end{pmatrix}
$$

wobei

$$
F(x_1, x_2) = 3(x_1 + x_2)^2(3x_2 + 16x_2^2) + (3 + 32x_2)(x_1 + x_2)^3.
$$

Mit $x_{10} = 2$ und $x_{20} = 1$ ist

$$A_0(x) = \begin{pmatrix} 27 & 27 \\ 513 & 1458 \\ 0 & 32 \end{pmatrix}.$$

Daraus ergibt sich

$$\begin{aligned}
\underline{y}_1(t) &= 27 + 0,27 \sin\omega_1 t + 0,27 \cos\omega_2 t \\
\underline{y}_2(t) &= 513 + 5,13 \sin\omega_1 t + 14,58 \cos\omega_2 t \\
\underline{y}_3(t) &= 16 + 0,32 \cos\omega_2 t.
\end{aligned}$$

2.1-4 Das Ausgabesignal $\underline{y}$ ist periodisch. Bezeichnen wir das Signal $\underline{y}$ für $t \in [-T_0/2, T_0/2]$ mit $\underline{y}_0$, so ergibt sich

$$\underline{y}_0(t) = \begin{cases}
0 & t \in [-\tfrac{T_0}{12}, 0] \cup [-\tfrac{T_0}{2}, -\tfrac{5T_0}{12}] \\[2mm]
\tfrac{1}{2} + \sin\tfrac{2\pi}{T_0}t & t \in [-\tfrac{5T_0}{12}, -\tfrac{T_0}{12}] \\[2mm]
\sin\tfrac{2\pi}{T_0}t & t \in [0, \tfrac{T_0}{12}] \cup [\tfrac{5T_0}{12}, \tfrac{T_0}{2}] \\[2mm]
\tfrac{1}{2} & t \in [\tfrac{T_0}{12}, \tfrac{5T_0}{12}],
\end{cases}$$

und wir erhalten damit

$$\underline{y} = \sum_{k=-\infty}^{\infty} \underline{S}^{kT_0}(\underline{y}_0).$$

Den Zeitverlauf von $\underline{y}(t)$ zeigt Abb. 2.1-4*.

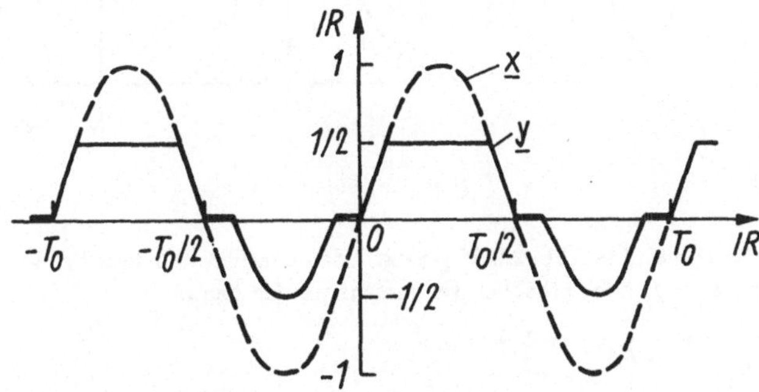

Abb. 2.1-4 *

2.2-1 Aus der Schaltung liest man ab:

$$\begin{aligned}
\underline{\dot{z}}_1(t) &= \underline{x}_1(t) \cdot 4\underline{z}_1(t)(\underline{z}_2(t) + \underline{x}_2(t) + \underline{z}_3(t))^2 \\
\underline{\dot{z}}_2(t) &= \underline{z}_2(t) + \underline{x}_2(t) + \underline{z}_3(t) \\
\underline{\dot{z}}_3(t) &= \underline{z}_2(t)(\underline{z}_2(t) + \underline{x}_2(t) + \underline{z}_3(t)) \\
\underline{y}_1(t) &= 4\underline{z}_1(t) \\
\underline{y}_2(t) &= \underline{z}_2(t) \\
\underline{y}_3(t) &= \underline{z}_2(t) + \underline{z}_2(t)(\underline{z}_2(t) + \underline{x}_2(t) + \underline{z}_3(t)) \\
\underline{y}_4(t) &= \underline{z}_3(t).
\end{aligned}$$

2.2-2 a)

$$\left.\begin{array}{l} e_1 + e_2 = u_{L_2} + u_{C_2} \\ u_{L_2} = \dot{\Phi}_2; \quad u_{C_2} = \beta Q_2^3 \end{array}\right\} \quad \Rightarrow \quad \dot{\Phi}_2 = e_1 + e_2 - \beta Q_2^3$$

$$i_{L_2} = i_{C_2} = \dot{Q}_2; \quad i_{L_2} = \alpha\Phi_2 \quad \Rightarrow \quad \dot{Q}_2 = \alpha\Phi_2$$

$$\left.\begin{array}{l} i_{R_3} = i_{C_3} = \dot{Q}_3; \quad i_{R_3} = \delta u_{R_3}^5 \\ u_{R_3} = e_1 - u_{C_3}; \quad u_{C_3} = \gamma Q_3 \end{array}\right\} \quad \Rightarrow \quad \dot{Q}_3 = \delta(e_1 - \gamma Q_3)^5$$

$$i_1 = i_{C_2} + i_{C_3} = \dot{Q}_2 + \dot{Q}_3 \quad \Rightarrow \quad i_1 = \alpha\Phi_2 + \delta(e_1 - \gamma Q_3)^5$$

$$u_{L_2} = \dot{\Phi}_2 \quad \Rightarrow \quad u_{L_2} = e_1 + e_2 - \beta Q_2^3$$

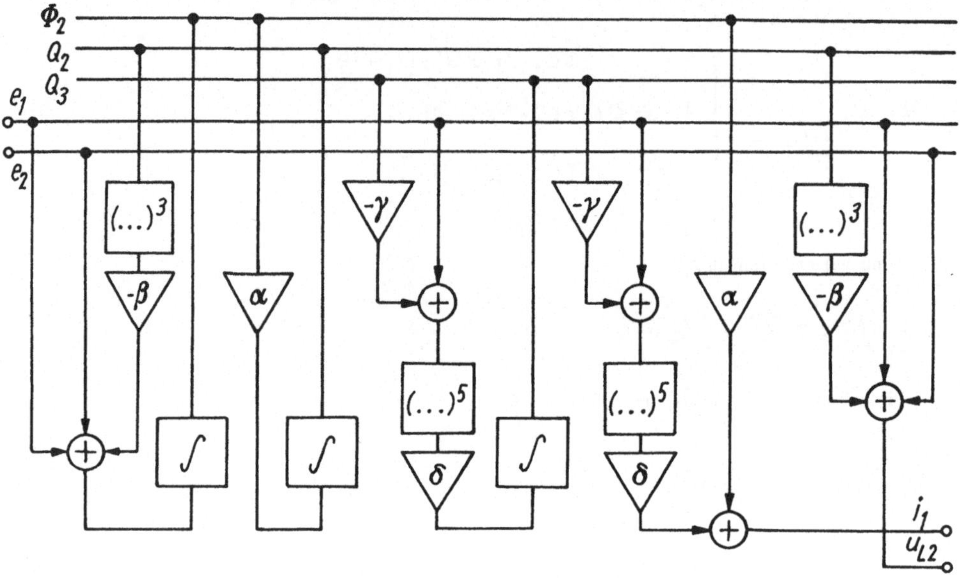

Abb. 2.2-2 *

b) Eine Blockschaltbild–Realisierung wird in Abb. 2.2-2* gezeigt. Man beachte, daß diese Schaltung wegen $g_1 = f_2 + f_3$ und $g_2 = f_1$ noch erheblich vereinfacht werden kann.

2.2-3 a) $\quad \left.\begin{array}{l} e = u_C + u_R \\ i_R = i_C = C\dot{u}_C = \alpha u_R^2 \end{array}\right\} \Rightarrow \left\{\begin{array}{l} \dot{u}_C = \frac{\alpha}{C}(e - u_C)^2 \\ i_R = \alpha(e - u_C)^2 \end{array}\right.$

b) Lösung der nichtlinearen Differentialgleichung durch Trennung der Variablen für $t > 0$ mit $e(t) = E$: Aus

$$\frac{1}{(E - u_C)^2}du_C = \frac{\alpha}{C}dt$$

folgt nach Integration auf beiden Seiten mit $u_C(0) = 0$

$$u_C(t) = E - \frac{E}{1 + \alpha Et/C}.$$

Daraus folgt

$$i_R(t) = i_C(t) = C\dot{u}_C(t) = \frac{\alpha E^2}{(1 + \alpha Et/C)^2}.$$

2.2-4 Mit $e(t) = Es(t)$, $u_C(0) = 0$ und $u_{C0}(t) = 0$ ergibt sich für $t > 0$:

$$u_{C1}(t) = u_C(0) + \int_0^t \frac{\alpha}{C}(E - u_{C0}(\tau))^2 d\tau = \frac{\alpha}{C}E^2 t = E\beta t \qquad \left(\beta = \frac{\alpha}{C}E\right)$$

$$u_{C2}(t) = \int_0^t \frac{\alpha}{C}(E - E\beta\tau)^2 d\tau = E\left(\beta t - (\beta t)^2 + \frac{1}{3}(\beta t)^3\right)$$

$$u_{C3}(t) = \int_0^t \frac{\alpha}{C}\left(E - E\left(\beta\tau - \beta^2\tau^2 + \frac{1}{3}\beta^3\tau^3\right)\right)^2 d\tau$$

$$= E\left(\beta t - (\beta t)^2 + (\beta t)^3 - \frac{2}{3}(\beta t)^4 + \frac{1}{3}(\beta t)^5 - \frac{1}{9}(\beta t)^6 + \frac{1}{63}(\beta t)^7\right).$$

Entwickeln wir die exakte Lösung (Aufgabe 2.2-3 b)

$$u_C(t) = E - \frac{E}{1 + \alpha Et/C} = E\left(1 - \frac{1}{1 + \beta t}\right)$$

in eine Reihe

$$u_C(t) = E\left(\beta t - (\beta t)^2 + (\beta t)^3 - (\beta t)^4 \pm \dots\right),$$

so ist ersichtlich, daß die Iterationslösung im n–ten Iterationsschritt mit der Reihe bis zum n–ten Glied übereinstimmt.

Lösungen zu Kapitel 3

3.1-1 a)

$$\begin{pmatrix} \dot{\Phi} \\ \dot{Q} \end{pmatrix} = \begin{pmatrix} -\frac{R}{L} & -\frac{1}{C} \\ \frac{1}{L} & 0 \end{pmatrix} \begin{pmatrix} \Phi \\ Q \end{pmatrix} + \begin{pmatrix} 1 \\ 0 \end{pmatrix} e; \quad A = \begin{pmatrix} -\frac{R}{L} & -\frac{1}{C} \\ \frac{1}{L} & 0 \end{pmatrix}; \quad B = \begin{pmatrix} 1 \\ 0 \end{pmatrix};$$

$$u_L = \begin{pmatrix} -\frac{R}{L} & -\frac{1}{C} \end{pmatrix} \begin{pmatrix} \Phi \\ Q \end{pmatrix} + (1)e; \qquad C = \begin{pmatrix} -\frac{R}{L} & -\frac{1}{C} \end{pmatrix}; \quad D = 1.$$

b)

$$\begin{pmatrix} \Phi \\ Q \end{pmatrix} = \begin{pmatrix} L & 0 \\ 0 & C \end{pmatrix} \begin{pmatrix} i_L \\ u_C \end{pmatrix} = T \begin{pmatrix} i_L \\ u_C \end{pmatrix} \qquad (T \text{ Transformationsmatrix})$$

$$\begin{pmatrix} \dot{i}_L \\ \dot{u}_C \end{pmatrix} = A^* \begin{pmatrix} i_L \\ u_C \end{pmatrix} + B^* e; \quad A^* = T^{-1}AT = \begin{pmatrix} -\frac{R}{L} & -\frac{1}{L} \\ \frac{1}{C} & 0 \end{pmatrix};$$

$$u_L = C^* \begin{pmatrix} i_L \\ u_C \end{pmatrix} + De; \quad B^* = T^{-1}B = \begin{pmatrix} \frac{1}{L} \\ 0 \end{pmatrix}; \quad C^* = CT = (-R \quad -1)$$

c) Das Schaltbild wird in Abb. 3.1-1* gezeigt.

3.1-2 Aus den Zustandsgleichungen

$$\dot{i}_L = -\frac{R}{L}i_L - \frac{1}{L}u_C + \frac{1}{L}e$$

$$\dot{u}_C = \frac{1}{C}i_L$$

$$u_L = -Ri_L - u_C + e$$

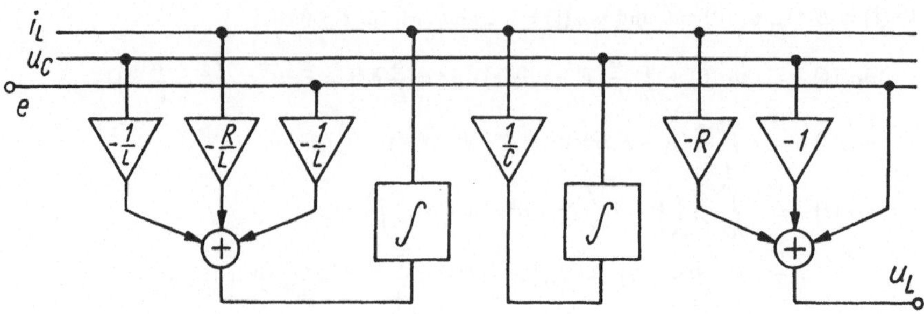

Abb. 3.1-1 *

erhält man

$$\ddot{u}_L = -R\ddot{i}_L - \ddot{u}_C + \ddot{e}$$

$$= -R\left(-\frac{R}{L}\dot{i}_L - \frac{1}{L}\dot{u}_C + \frac{1}{L}\dot{e}\right) - \frac{1}{C}\dot{i}_L + \ddot{e}$$

$$= -R\left(-\frac{R}{L}\left(-\frac{R}{L}i_L - \frac{1}{L}u_C + \frac{1}{L}e\right) - \frac{1}{LC}i_L + \frac{1}{L}\dot{e}\right)$$

$$\qquad -\frac{1}{C}\left(-\frac{R}{L}i_L - \frac{1}{L}u_C + \frac{1}{L}e\right) + \ddot{e}$$

$$a_1\dot{u}_L = -a_1 R\left(-\frac{R}{L}i_L - \frac{1}{L}u_C + \frac{1}{L}e\right) - a_1\frac{1}{C}i_L + a_1\dot{e}$$

$$a_0 u_L = -a_0 R i_L - a_0 u_C + a_0 e.$$

Nach Einsetzen dieser Ausdrücke auf der linken Seite des gegebenen Ansatzes erhält man durch Koeffizientenvergleich

$$a_1 = -\frac{R}{L}, \qquad a_0 = -\frac{1}{LC}, \qquad b_2 = 1, \qquad b_1 = 0, \qquad b_0 = 0$$

und damit die Differentialgleichung

$$\ddot{u}_L + \frac{R}{L}\dot{u}_L + \frac{1}{LC}u_L = \ddot{e}.$$

3.1-3 Maschengleichung: $\qquad e = Ri + L\dot{i} + K\dot{\alpha}$
Momentengleichung: $\quad Ki = \Theta\ddot{\alpha} + \varrho\dot{\alpha}$
Daraus ergeben sich die Zustandsgleichungen

$$\dot{z}_1(t) = z_2(t)$$

$$\dot{z}_2(t) = -\frac{\varrho}{\Theta}z_2(t) + \frac{K}{\Theta}z_3(t)$$

$$\dot{z}_3(t) = -\frac{K}{L}z_2(t) - \frac{R}{L}z_3(t) + \frac{1}{L}x(t)$$

$$y(t) = z_1(t)$$

mit den Systemmatrizen

$$A = \begin{pmatrix} 0 & 1 & 0 \\ 0 & -\frac{\varrho}{\Theta} & \frac{K}{\Theta} \\ 0 & -\frac{K}{L} & -\frac{R}{L} \end{pmatrix}; \quad B = \begin{pmatrix} 0 \\ 0 \\ \frac{1}{L} \end{pmatrix}; \quad C = (1\ 0\ 0); \quad D = 0.$$

3.1-4

$$\dot{u}_{C_3} = -\frac{1}{C_3 R_4}u_{C_3} - \frac{1}{C_3}i_{L_2} + \frac{1}{C_3}i_1$$

$$\dot{i}_{L_2} = \frac{1}{L_2}u_{C_3} - \frac{R_2}{L_2}i_{L_2} - \frac{1}{L_2}e_2$$

$$i_{R_4} = \frac{1}{R_4}u_{C_3}$$

$$u_{R_2} = R_2 i_{L_2}$$

$$A = \begin{pmatrix} -\frac{1}{C_3 R_4} & -\frac{1}{C_3} \\ \frac{1}{L_2} & -\frac{R_2}{L_2} \end{pmatrix}; \quad B = \begin{pmatrix} \frac{1}{C_3} & 0 \\ 0 & -\frac{1}{L_2} \end{pmatrix}; \quad C = \begin{pmatrix} \frac{1}{R_4} & 0 \\ 0 & R_2 \end{pmatrix}; \quad D = \begin{pmatrix} 0 & 0 \\ 0 & 0 \end{pmatrix}$$

3.1-5 a)

$$\dot{\underline{z}}_1(t) = \underline{z}_2(t)$$
$$\dot{\underline{z}}_2(t) = -b\underline{z}_1(t) - a_2\underline{z}_2(t) + \underline{x}(t)$$
$$\underline{y}(t) = \underline{z}_1(t)$$

$$A = \begin{pmatrix} 0 & 1 \\ -b & -a \end{pmatrix}; \quad B = \begin{pmatrix} 0 \\ 1 \end{pmatrix}; \quad C = (1 \ 0); \quad D = 0$$

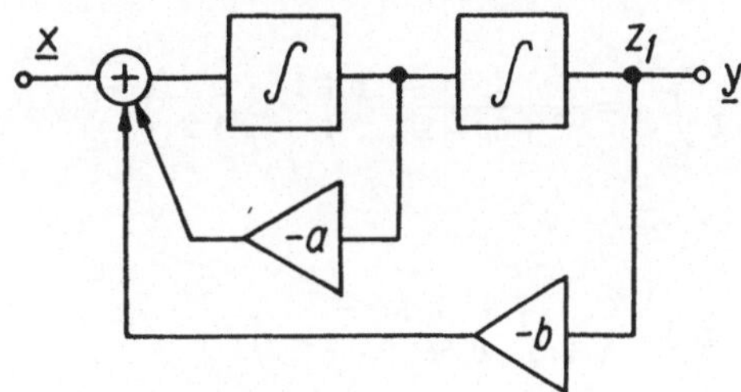

Abb. 3.1-5 *

b) Die Realisierung wird in Abb. 3.1-5* gezeigt.

3.1-6 a) Aus dem Gleichungssystem liest man ab

$$A = \begin{pmatrix} -1 & -1 \\ 1 & -1 \end{pmatrix}$$

$$\alpha) \ \Phi(t) = L^{-1}((pE - A)^{-1}) = L^{-1}\left(\frac{1}{p^2 + 2p + 2}\begin{pmatrix} p+1 & -1 \\ 1 & p+1 \end{pmatrix}^{-1}\right)$$

$$= \begin{pmatrix} e^{-t}\cos t & -e^{-t}\sin t \\ e^{-t}\sin t & e^{-t}\cos t \end{pmatrix}$$

$$\beta) \ \Phi(t) = e^{At} = E + At + A^2\frac{t^2}{2!} + A^3\frac{t^3}{3!} + \ldots$$

$$= \begin{pmatrix} 1 & 0 \\ 0 & 1 \end{pmatrix} + \begin{pmatrix} -1 & -1 \\ 1 & -1 \end{pmatrix}t + \begin{pmatrix} 0 & 2 \\ -2 & 0 \end{pmatrix}\frac{t^2}{2!} + \begin{pmatrix} 2 & -2 \\ 2 & 2 \end{pmatrix}\frac{t^3}{3!} + \ldots$$

$$= \begin{pmatrix} 1 - t + 2\frac{t^3}{3!} - 4\frac{t^4}{4!} \pm \ldots & -t + 2\frac{t^2}{2!} - 2\frac{t^3}{3!} \pm \ldots \\ t - 2\frac{t^2}{2!} + 2\frac{t^3}{3!} \pm \ldots & 1 - t + 2\frac{t^3}{3!} - 4\frac{t^4}{4!} \pm \ldots \end{pmatrix}$$

Die Lösungen $\alpha)$ und $\beta)$ sind identisch.

b)   α) $\Phi(0) = \begin{pmatrix} 1 & 0 \\ 0 & 1 \end{pmatrix} = E$

$$\beta)\ \Phi(t_1)\Phi(t_2) = e^{-t_1}\begin{pmatrix} \cos t_1 & -\sin t_1 \\ \sin t_1 & \cos t_1 \end{pmatrix} e^{-t_2}\begin{pmatrix} \cos t_2 & -\sin t_2 \\ \sin t_2 & \cos t_2 \end{pmatrix}$$

$$= e^{-(t_1+t_2)}\begin{pmatrix} \cos(t_1+t_2) & -\sin(t_1+t_2) \\ \sin(t_1+t_2) & \cos(t_1+t_2) \end{pmatrix} = \Phi(t_1+t_2)$$

$$\gamma)\ \Phi^{-1}(t) = \frac{1}{e^{-2t}\cos^2 t + e^{-2t}\sin^2 t}\begin{pmatrix} e^{-t}\cos t & e^{-t}\sin t \\ -e^{-t}\sin t & e^{-t}\cos t \end{pmatrix}$$

$$= \begin{pmatrix} e^{t}\cos t & e^{t}\sin t \\ -e^{t}\sin t & e^{t}\cos t \end{pmatrix} = \Phi(-t)$$

c) $\underline{z}(t_1) = \Phi(t_1)\underline{z}(0) = \begin{pmatrix} 2e^{-t_1}\cos t_1 - 3e^{-t_1}\sin t_1 \\ 2e^{-t_1}\sin t_1 + 3e^{-t_1}\cos t_1 \end{pmatrix};\quad \underline{z}(\infty) = \begin{pmatrix} 0 \\ 0 \end{pmatrix}$

3.1-7 $\Phi^*(p) = (pE - A)^{-1} = \begin{pmatrix} p+2 & 1 \\ -2 & p+5 \end{pmatrix}^{-1} = \frac{1}{p^2 + 7p + 12}\begin{pmatrix} p+5 & -1 \\ 2 & p+2 \end{pmatrix}$

$$H^*(p) = C(pE - A)^{-1}B + D = \frac{1}{p^2 + 7p + 12}\begin{pmatrix} 2p+10 & 4 \\ 5 & -5p-10 \end{pmatrix}$$

$$H(t) = \begin{pmatrix} 4e^{-3t} - 2e^{-4t} & 4e^{-3t} - 4e^{-4t} \\ 5e^{-3t} - 5e^{-4t} & 5e^{-3t} - 10e^{-4t} \end{pmatrix}$$

3.1-8 a) $\Phi^*(p) = (pE - A)^{-1} = \begin{pmatrix} p+2 & 0 \\ -1 & p+1 \end{pmatrix}^{-1} = \frac{1}{p^2 + 3p + 2}\begin{pmatrix} p+1 & 0 \\ 1 & p+2 \end{pmatrix}$

$$\underline{z}^*(p) = \Phi^*(p)\underline{z}(0) + \Phi^*(p)B\underline{x}^*(p)$$

$$= \begin{pmatrix} \dfrac{p+3}{p(p+2)} \\[2mm] \dfrac{2p^2+6p+5}{p(p+1)(p+2)} \end{pmatrix} \qquad \underline{z}(t) = \begin{pmatrix} 1,5 - 0,5e^{-2t} \\ 2,5 - 0,5e^{-2t} - e^{-t} \end{pmatrix}$$

Die Zustandstrajektorie wird in Abb. 3.1-8*a gezeigt. Das System wird durch die Eingabe von $\underline{x}$

vom Anfangszustand $\underline{z}(0) = \begin{pmatrix} 1 \\ 2 \end{pmatrix}$ in den Endzustand $\underline{z}(\infty) = \begin{pmatrix} 1,5 \\ 2,5 \end{pmatrix}$

übergeführt.

b)

$$\underline{y}(t) = C\underline{z}(t) + D\underline{x}(t) = -2\underline{z}_1(t) + 2\underline{z}_2(t)$$
$$= 2(1 - e^{-2t} - e^{-t})$$

Die Skizze von $\underline{y}(t)$ ist in Abb. 3. 1-8*b dargestellt.

3.1-9 a) $A = \begin{pmatrix} -2 & -2 \\ 5 & 0 \end{pmatrix};\quad B = \begin{pmatrix} 2 \\ 0 \end{pmatrix};\quad C = (-1\ \ -1);\quad D = 1$

b) $\Phi^*(p) = (pE - A)^{-1} = \begin{pmatrix} p+2 & 2 \\ -5 & p \end{pmatrix}^{-1} = \frac{1}{p^2 + 2p + 10}\begin{pmatrix} p & -2 \\ 5 & p+2 \end{pmatrix}$

$$H^*(p) = C(pE - A)^{-1}B + D = \frac{-2p - 10}{p^2 + 2p + 10} + 1 = \frac{p^2}{p^2 + 2p + 10}$$

$$u_L^*(p) = C\Phi^*(p)\underline{z}(0) + H^*(p)e^*(p) = \frac{(-p-5)I_0 - pU_0 + p^2 e^*(p)}{p^2 + 2p + 10}$$

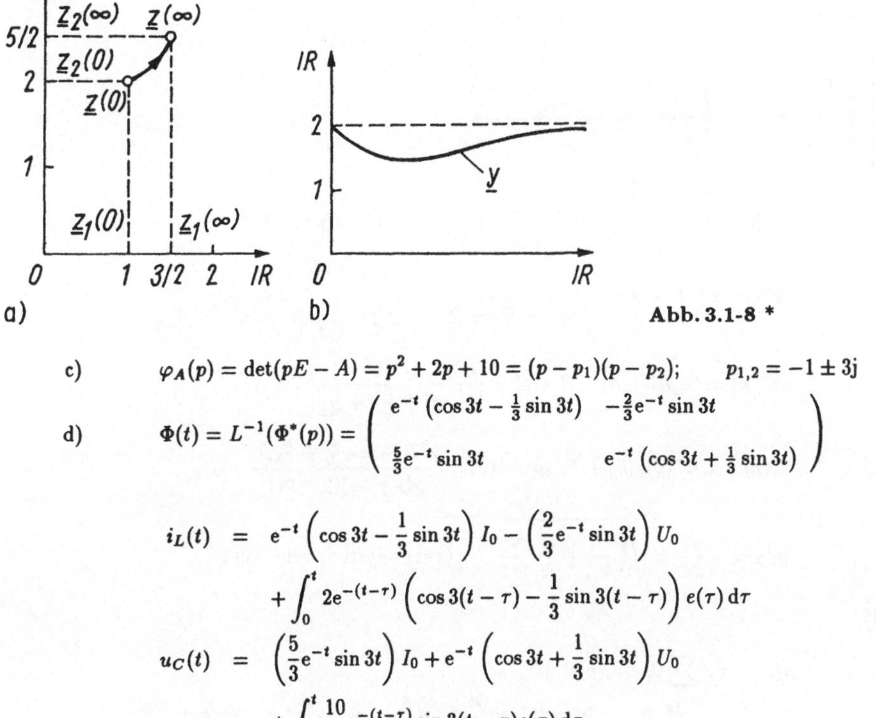

a)   **b)**   **Abb. 3.1-8 ***

c) $\varphi_A(p) = \det(pE - A) = p^2 + 2p + 10 = (p - p_1)(p - p_2); \qquad p_{1,2} = -1 \pm 3j$

d) $\Phi(t) = L^{-1}(\Phi^*(p)) = \begin{pmatrix} e^{-t}\left(\cos 3t - \frac{1}{3}\sin 3t\right) & -\frac{2}{3}e^{-t}\sin 3t \\[2mm] \frac{5}{3}e^{-t}\sin 3t & e^{-t}\left(\cos 3t + \frac{1}{3}\sin 3t\right) \end{pmatrix}$

$$i_L(t) = e^{-t}\left(\cos 3t - \frac{1}{3}\sin 3t\right) I_0 - \left(\frac{2}{3}e^{-t}\sin 3t\right) U_0$$
$$+ \int_0^t 2e^{-(t-\tau)}\left(\cos 3(t-\tau) - \frac{1}{3}\sin 3(t-\tau)\right) e(\tau)\,d\tau$$

$$u_C(t) = \left(\frac{5}{3}e^{-t}\sin 3t\right) I_0 + e^{-t}\left(\cos 3t + \frac{1}{3}\sin 3t\right) U_0$$
$$+ \int_0^t \frac{10}{3}e^{-(t-\tau)}\sin 3(t-\tau) e(\tau)\,d\tau$$

$$u_L(t) = -e^{-t}\left(\cos 3t + \frac{4}{3}\sin 3t\right) I_0 - e^{-t}\left(\cos 3t - \frac{1}{3}\sin 3t\right) U_0$$
$$- \int_0^t \left(2e^{-(t-\tau)}\left(\cos 3(t-\tau) + \frac{4}{3}\sin 3(t-\tau)\right) + \delta(t-\tau)\right) e(\tau)\,d\tau$$

e) Mit $e = 0$, $I_0 = 0$ und $U_0 = 1$ folgt aus d):

$$i_L(t) = -\frac{2}{3}e^{-t}\sin 3t$$
$$u_C(t) = e^{-t}\left(\frac{1}{3}\sin 3t + \cos 3t\right)$$
$$u_L(t) = e^{-t}\left(\frac{1}{3}\sin 3t - \cos 3t\right).$$

Die Skizzen der Zustandstrajektorie und der Ausgabe sind in Abb. 3.1-9* dargestellt.

3.1-10 a)

$$\begin{pmatrix} \dot{i} \\ \dot{\omega} \end{pmatrix} = \begin{pmatrix} -\frac{R}{L} & \frac{K}{L} \\ -\frac{K}{\Theta} & 0 \end{pmatrix} \begin{pmatrix} i \\ \omega \end{pmatrix} + \begin{pmatrix} 0 \\ \frac{1}{\Theta} \end{pmatrix} m; \quad A = \begin{pmatrix} -\frac{R}{L} & \frac{K}{L} \\ -\frac{K}{\Theta} & 0 \end{pmatrix}; \quad B = \begin{pmatrix} 0 \\ \frac{1}{\Theta} \end{pmatrix};$$

$$i = \begin{pmatrix} 1 & 0 \end{pmatrix} \begin{pmatrix} i \\ \omega \end{pmatrix} + (0)m; \qquad\qquad C = \begin{pmatrix} 1 & 0 \end{pmatrix}; \quad D = 0.$$

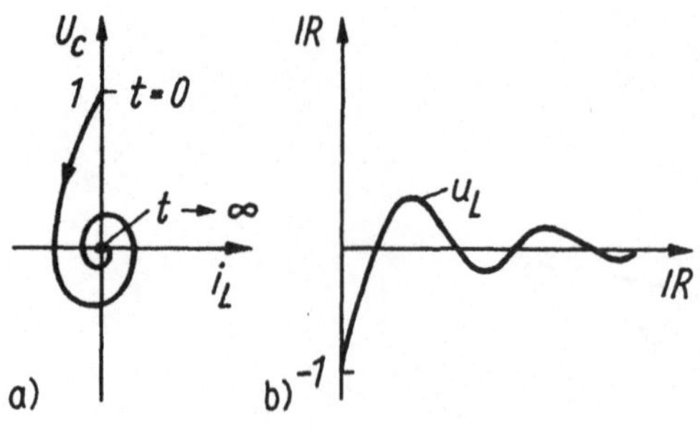

Abb. 3.1-9 *

b) $\quad \Phi^*(p) = (pE - A)^{-1} = \dfrac{1}{p^2 + \frac{R}{L}p + \frac{K^2}{\Theta L}} \begin{pmatrix} p & \frac{K}{L} \\[2mm] -\frac{K}{\Theta} & p + \frac{R}{L} \end{pmatrix}$

$$H^*(p) = C(pE - A)^{-1}B + D = \frac{K}{\Theta L}\, \frac{1}{p^2 + \frac{R}{L}p + \frac{K^2}{\Theta L}}$$

c) $\quad i^*(p) = C\Phi^*(p)\underline{z}(0) + H^*(p)m^*(p) = \dfrac{p^2 I_0 + p\omega_0\frac{K}{L} + \frac{M_0 K}{\Theta L}}{p(p - p_1)(p - p_2)}$

$$p_{1,2} = -\frac{R}{2L} \pm \sqrt{\left(\frac{R}{2L}\right)^2 - \frac{K^2}{\Theta L}} \qquad \text{(zwei negativ reelle Pole)}$$

d)

$$\begin{aligned}
i(t) &= \sum \text{Res}(i^*(p)e^{pt}) \\[2mm]
&= \frac{M_0 K}{\Theta L p_1 p_2} + \frac{p_1^2 I_0 + p_1\omega_0\frac{K}{L} + \frac{M_0 K}{\Theta L}}{p_1(p_1 - p_2)}\, e^{p_1 t} + \frac{p_2^2 I_0 + p_2\omega_0\frac{K}{L} + \frac{M_0 K}{\Theta L}}{p_2(p_2 - p_1)}\, e^{p_2 t}
\end{aligned}$$

e) Mit $I_0 = 0$ und $\omega_0 = 0$ folgt aus d):

$$i(t) = \frac{M_0 K}{\theta L}\left(\frac{1}{p_1 p_2} + \frac{e^{p_1 t}}{p_1(p_1 - p_2)} + \frac{e^{p_2 t}}{p_2(p_2 - p_1)}\right).$$

Diskussion:

$$i(0) = 0$$

$$\dot{i}(0) = 0 \qquad \text{(waagerechte Tangente in } t = 0\text{)}$$

$$i(\infty) = \frac{M_0 K}{\Theta L p_1 p_2} = \frac{M_0}{K}.$$

Den qualitativen Zeitverlauf von $i(t)$ zeigt Abb. 3.1-10*.

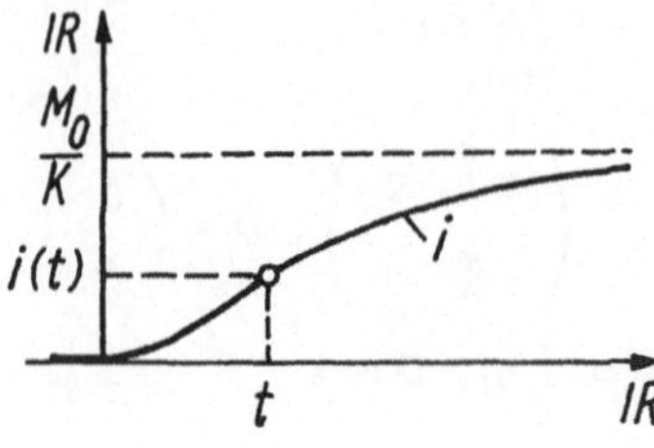

Abb. 3.1-10 *

3.2-1
$$h^*(p) = \frac{u_2^*(p)}{u_1^*(p)} = \frac{1/pC}{R + (1/pC)} = \frac{1}{pCR + 1}$$

$$h(t) = \sum_{p=-1/CR} \operatorname{Res} h^*(p)e^{pt} = \frac{1}{CR}\, e^{-t/CR}$$

a)
$$u_2(t) = \frac{1}{CR} \int_0^t e^{-\tau/CR} u_1(t - \tau)\, d\tau$$

b)
$$u_2^*(p) = \frac{1}{pCR + 1} u_1^*(p)$$

3.2-2
$$h^*(p) = \frac{p^2 + 2p + 2}{(p + 1)^2(p + 2)}; \qquad h(t) = \sum \operatorname{Res} h^*(p)e^{pt}$$

$$h(t) \; = \; \frac{d}{dp}\left(\frac{p^2 + 2p + 2}{(p + 2)}\, e^{pt}\right)_{p=-1} + \left(\frac{p^2 + 2p + 2}{(p + 1)^2}\, e^{pt}\right)_{p=-2}$$

$$= \; e^{-t}(t - 1) + 2e^{-2t} \quad (t > 0)$$

3.2-3 a) α) Mit den Strömen entsprechend Abb. 3.2-3* folgt

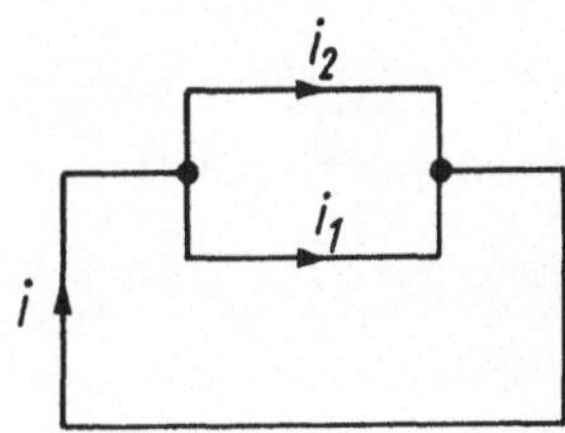

Abb. 3.2-3 *

$$e(t) \; = \; Ri(t) + \frac{1}{C} \int_0^t i_1(\tau)d\tau$$

$$e(t) \; = \; Ri(t) + Ri_2(t) + \frac{1}{C} \int_0^t i_2(\tau)d\tau$$

$$i(t) \; = \; i_1(t) + i_2(t).$$

Im Bildbereich lauten diese Gleichungen

$$e^*(p) \; = \; Ri^*(p) + \frac{1}{pC}i_1^*(p)$$

$$e^*(p) \; = \; Ri^*(p) + Ri_2^*(t) + \frac{1}{pC}i_2^*(p)$$

$$i^*(p) \; = \; i_1^*(p) + i_2^*(p).$$

Nun wird i_1^* aus der ersten und i_2^* aus der zweiten Gleichung in die dritte eingesetzt:

$$i^*(p)\left(1 + pCR + \frac{R}{R + (1/pC)}\right) = e^*(p)\left(pC + \frac{1}{R + (1/pC)}\right)$$

$$h^*(p) = \frac{i^*(p)}{e^*(p)} = \frac{pC(pCR + 2)}{p^2C^2R^2 + 3pCR + 1}$$

β) $\quad i^*(p) = \dfrac{e^*(p)}{Z(p)} = \dfrac{e^*(p)}{R + ((1/pC)\|(R + (1/pC)))} = \dfrac{e^*(p)pC(pCR + 2)}{p^2C^2R^2 + 3pCR + 1}$

$$h^*(p) = \frac{i^*(p)}{e^*(p)} = \frac{pC(pCR + 2)}{p^2C^2R^2 + 3pCR + 1} \qquad \text{(wesentlich kürzerer Rechenweg!)}$$

b) $i^*(p) = h^*(p)e^*(p) \qquad e^*(p) = E_0/p$

$$i^*(p) = \frac{E_0}{CR^2}\,\frac{pCR+2}{(p-p_1)(p-p_2)} \qquad p_{1,2} = \frac{-3\pm\sqrt{5}}{2CR}$$

$$i(t) = \sum \mathrm{Res}(i^*(p)e^{pt}) = \frac{E_0}{CR^2}\left(\frac{p_1CR+2}{p_1-p_2}\,e^{p_1t} + \frac{p_2CR+2}{p_2-p_1}\,e^{p_2t}\right)$$

3.2-4 a) $h^*(p) = \dfrac{i_R^*(p)}{e^*(p)} = \dfrac{C_1}{R(C_1+C_2)}\,\dfrac{p}{p-p_1}$

$$e^*(p) = \frac{E_0\omega_0}{p^2+\omega_0^2} \qquad p_1 = -\frac{1}{R(C_1+C_2)}$$

$$i_R(t) = \sum \mathrm{Res}(h^*(p)e^*(p)e^{pt})$$

$$= \frac{E_0\omega_0 C_1}{R(C_1+C_2)}\left(\frac{p_1 e^{p_1 t}}{p_1^2+\omega_0^2} + \frac{1}{\sqrt{p_1^2+\omega_0^2}}\cos\left(\omega_0 t - \arctan\frac{\omega_0}{-p_1}\right)\right)$$

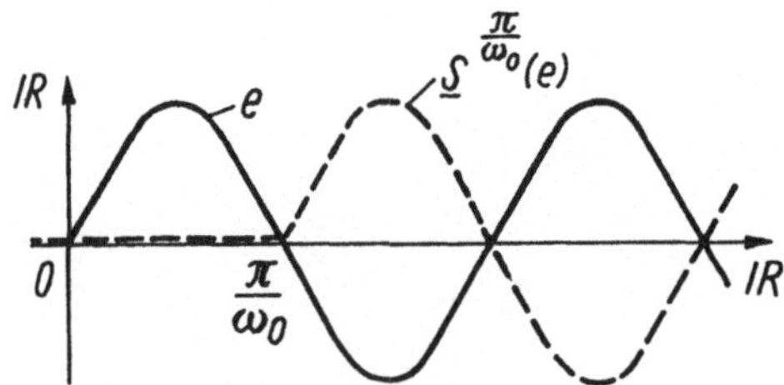

Abb. 3.2-4 *

b) Mit der Zerlegung nach Abb. 3.2-4* und dem Ergebnis von a) folgt:

$$i_R(t) = \frac{E_0\omega_0 C_1}{R(C_1+C_2)}\left(\frac{p_1 e^{p_1 t}}{p_1^2+\omega_0^2} + \frac{\cos\left(\omega_0 t - \arctan\frac{\omega_0}{-p_1}\right)}{\sqrt{p_1^2+\omega_0^2}}\right)$$

$$+ \frac{E_0\omega_0 C_1}{R(C_1+C_2)}\left(\frac{p_1 e^{p_1(t-(\pi/\omega_0))}}{p_1^2+\omega_0^2} + \frac{\cos\left(\omega_0\left(t-\frac{\pi}{\omega_0}\right) - \arctan\frac{\omega_0}{-p_1}\right)}{\sqrt{p_1^2+\omega_0^2}}\right) s\left(t-\frac{\pi}{\omega_0}\right)$$

Man beachte, daß der zweite Summand für $t < \pi/\omega_0$ verschwindet.

3.2-5

$$u_2^*(p) = pM i_1^*(p) \qquad i_1^*(p) = \frac{e_1^*(p)}{R_1+pL_1} \qquad e_1^*(p) = \frac{E_1\omega_1}{p^2+\omega_1^2}$$

$$= \frac{pM}{R_1+pL_1}e_1^*(p) = \frac{E_1\omega_1 M}{L_1}\,\frac{p}{(p-p_1)(p^2+\omega_1^2)}; \qquad p_1 = -R_1/L_1$$

$$u_2(t) = \sum \mathrm{Res}(u_2^*(p)e^{pt})$$

$$= \frac{E_1\omega_1 M}{L_1}\left(\frac{p_1 e^{p_1 t}}{p_1^2+\omega_1^2} + \frac{1}{\sqrt{p_1^2+\omega_1^2}}\cos\left(\omega_1 t - \arctan\frac{\omega_1}{-p_1}\right)\right)$$

3.2-6 a)

$$\alpha)\; \dot{\underline{z}}_1(t) = \underline{z}_2(t)$$
$$\dot{\underline{z}}_2(t) = -17\underline{z}_1(t) - 2\underline{z}_2(t) + \underline{x}(t)$$
$$\underline{y}(t) = 9\underline{z}_1(t) + 3\underline{z}_2(t)$$

$$A = \begin{pmatrix} 0 & 1 \\ -17 & -2 \end{pmatrix}; \qquad B = \begin{pmatrix} 0 \\ 1 \end{pmatrix}; \qquad C = (9\ 3); \qquad D = 0$$

$$h^*(p) = C(pE - A)^{-1}B + D = \frac{3p + 9}{p^2 + 2p + 17}$$

$$\beta)\quad p\underline{z}_1^*(p) = \underline{z}_2^*(p)$$
$$p\underline{z}_2^*(p) = -17\underline{z}_1^*(p) - 2\underline{z}_2^*(p) + \underline{x}^*(p)$$
$$\underline{y}^*(p) = 9\underline{z}_1^*(p) + 3\underline{z}_2^*(p)$$

Nach Eliminieren von $\underline{z}_1^*(p)$ und $\underline{z}_2^*(p)$ folgt

$$\underline{y}^*(p) = \frac{3p + 9}{p^2 + 2p + 17}\underline{x}^*(p) \qquad h^*(p) = \frac{3p + 9}{p^2 + 2p + 17}$$

b)$\qquad h^*(p) = \dfrac{3(p + 3)}{(p - p_1)(p - p_2)};\qquad p_{1,2} = -1 \pm 4\mathrm{j}\qquad p_0 = -3$

3.2-7 a)$\qquad h^*(p) = \dfrac{u_{R_2}^*(p)}{e^*(p)} = \dfrac{R_2}{R_2 + (R_1 \| pL)} = \dfrac{R_2}{L(R_1 + R_2)}\dfrac{R_1 + pL}{p - p_0}$

$$e^*(p) = \frac{E_0}{t_0}\frac{1}{p^2} - \frac{E_0}{t_0}\frac{1}{p^2}\,\mathrm{e}^{-pt_0};\qquad p_0 = \frac{-R_1 R_2}{L(R_1 + R_2)}$$

$$u_{R_2}^*(p) = \frac{E_0 R_2}{t_0 L(R_1 + R_2)}\frac{R_1 + pL}{p^2(p - p_0)} - \frac{E_0 R_2}{t_0 L(R_1 + R_2)}\frac{R_1 + pL}{p^2(p - p_0)}\,\mathrm{e}^{-pt_0}$$
$$= u_{R_2}^{*(1)}(p) - u_{R_2}^{*(1)}(p)\mathrm{e}^{-pt_0}$$

$$u_{R_2}^{(1)}(t) = \sum \mathrm{Res}(u_{R_2}^{*(1)}(p)\mathrm{e}^{pt})$$
$$= \frac{E_0 R_2(R_1 + p_0 L)}{t_0 L(R_1 + R_2)p_0^2}\left(\mathrm{e}^{p_0 t} - 1 - \frac{p_0 R_1}{R_1 + p_0 L}t\right)$$
$$u_{R_2}(t) = u_{R_2}^{(1)}(t)s(t) - u_{R_2}^{(1)}(t - t_0)s(t - t_0) \qquad (t > 0)$$

b)$\qquad e^*(p) = \dfrac{E_0\omega_0}{p^2 + \omega_0^2}\qquad u_{R_2}^*(p) = \dfrac{E_0\omega_0 R_2}{L(R_1 + R_2)}\dfrac{R_1 + pL}{(p - p_0)(p^2 + \omega_0^2)}$

$$u_{R_2}(t) = \sum \mathrm{Res}(u_{R_2}^*(p)\mathrm{e}^{pt})$$
$$= \frac{E_0\omega_0 R_2}{L(R_1 + R_2)}\left(\frac{R_1 + p_0 L}{p_0^2 + \omega_0^2}\mathrm{e}^{p_0 t} + 2\,\mathrm{Re}\left(\frac{R_1 + \mathrm{j}\omega_0 L}{2\mathrm{j}\omega_0(\mathrm{j}\omega_0 - p_0)}\mathrm{e}^{\mathrm{j}\omega_0 t}\right)\right)$$

Flüchtiger Vorgang:

$$u_{R_2,fl}(t) = \frac{E_0\omega_0 R_2}{L(R_1 + R_2)}\frac{R_1 + p_0 L}{p_0^2 + \omega_0^2}\mathrm{e}^{p_0 t}$$

Stationärer Vorgang:

$$u_{R_2,st}(t) = \frac{E_0\omega_0 R_2}{L(R_1 + R_2)}\frac{\sqrt{R_1^2 + (\omega_0 L)^2}}{\omega_0\sqrt{p_0^2 + \omega_0^2}}\cos\left(\omega_0 t - \frac{\pi}{2} + \arctan\frac{\omega_0 L}{R_1} - \arctan\frac{\omega_0}{-p_0}\right)$$

3.2-8 Die Schritte der Lösung zeigt Abb. 3.2-8*.

Schritt 1: Ablesen des Signalflußgraphen aus der Schaltung (a)

Schritt 2: Eliminieren von $\underline{z}_1^*$ (b)

Schritt 3: Zusammenfassen paralleler Zweige (c)

Schritt 4: Eliminieren von $\underline{z}_2^*$ (d)

Schritt 5: Zusammenfassen paralleler Zweige (e)

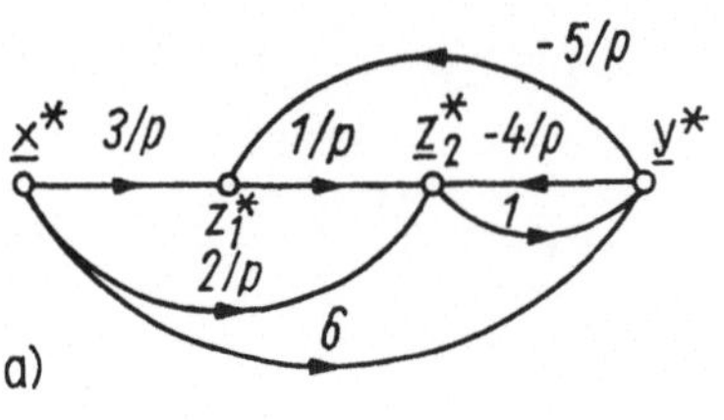

a)

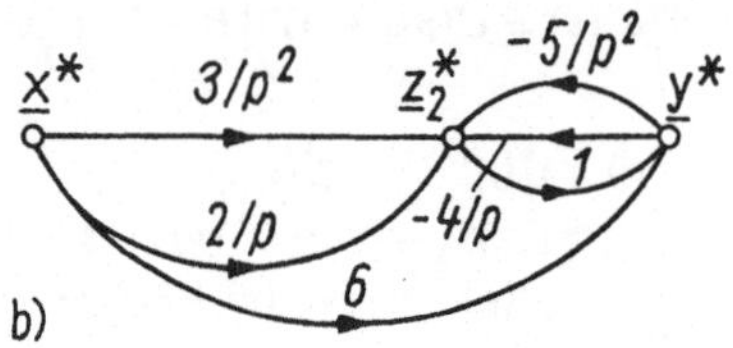

b)

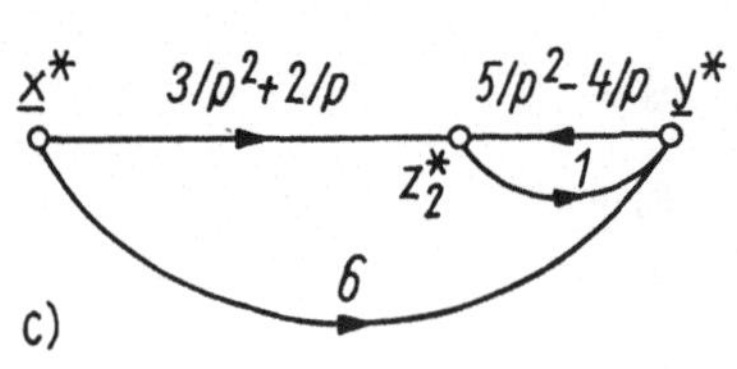

c)

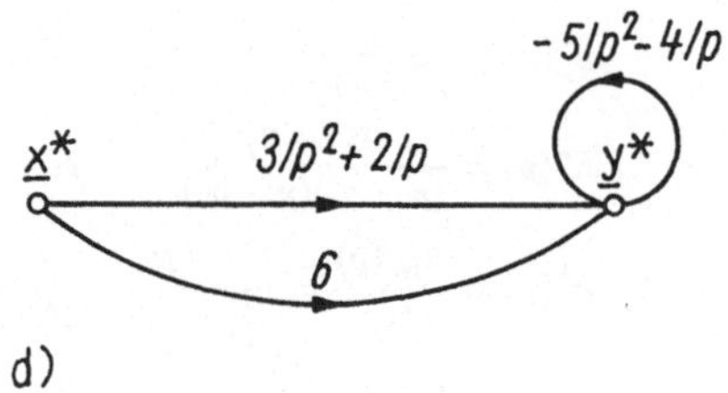

d)

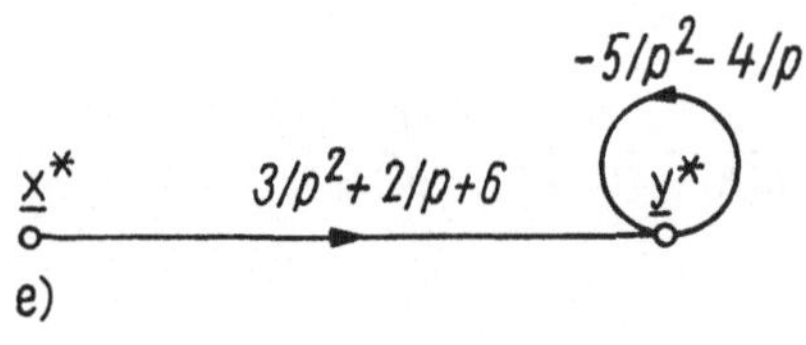

e)

f)

Abb. 3.2-8 *

Schritt 6: Auflösen der Schlinge (f)

Ergebnis:

$$h^*(p) = \frac{6p^2 + 2p + 3}{p^2 + 4p + 5}$$

3.2-9
$$h^*(p) = \frac{u_2^*(p)}{u_1^*(p)} = \frac{\frac{1}{p} - \frac{6}{p+1} + \frac{6}{p+2}}{\frac{1}{p}} = \frac{p^2 - 3p + 2}{p^2 + 3p + 2}$$

Nullstellen: $p_1' = 1$, $p_2' = 2$; Pole: $p_1 = -1$, $p_2 = -2$. Den PN–Plan zeigt Abb. 3.2-9*. Es handelt sich um einen Allpaß, denn es ist

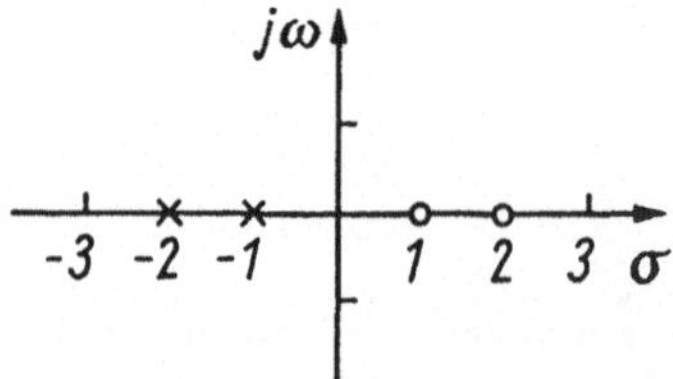

Abb. 3.2-9 *

$$|h^*(j\omega)| = \frac{|j\omega - 1||j\omega - 2|}{|j\omega + 1||j\omega + 2|} = \sqrt{\frac{(\omega^2 + 1)(\omega^2 + 4)}{(\omega^2 + 1)(\omega^2 + 4)}} = 1.$$

3.2-10

$$h^*(p) = \frac{(p + 1)(p - 2)(p - 3)}{(p^2 + 2p + 2)(p + 5)}$$

$$= \frac{(p-2)(p-3)}{(p+2)(p+3)} \frac{(p+1)(p+2)(p+3)}{(p^2+2p+2)(p+5)} = h_A^*(p)h_M^*(p)$$

3.2-11 a)
$$(A(\omega))^2 = \frac{\omega^2}{\alpha + \beta\omega^2}$$

$$\omega \to \infty: \qquad a_1^2 = 1/\beta; \qquad \beta = 1/a_1^2$$

$$\omega = \omega_0: \qquad a_0^2 = \frac{\omega_0^2}{\alpha + (\omega_0^2/a_1^2)}; \qquad \alpha = \frac{\omega_0^2}{a_0^2} - \frac{\omega_0^2}{a_1^2}$$

b)
$$(A(\omega))^2 = R(\omega^2)$$

$$R(-p^2) = \frac{-p^2}{\alpha - \beta p^2} = \frac{p \cdot (-p)}{(\sqrt{\alpha} + \sqrt{\beta}p)(\sqrt{\alpha} - \sqrt{\beta}p)}$$

$$h^*(p) = \frac{p}{\sqrt{\alpha} + \sqrt{\beta}p} = h_M^*(p)$$

$$b_M(\omega) = -\arg h_M^*(j\omega) = -\arg \frac{j\omega}{\sqrt{\alpha} + \sqrt{\beta}j\omega} = -\arctan \frac{\sqrt{\alpha}}{\omega\sqrt{\beta}}$$

3.2-12
$$a(\omega) = -\ln|h^*(j\omega)| = -\ln A(\omega) = \begin{cases} 0 & 0 \le \omega < \omega_0 \\ -\ln A_0 & \omega > \omega_0 \end{cases}$$

$$\begin{aligned} b(\omega) &= \frac{1}{\pi} \int_{-\infty}^{\infty} \frac{a(\omega_1)}{\omega_1 - \omega} \, d\omega_1 \\ &= \frac{1}{\pi} \int_{-\infty}^{\infty} \frac{a(\omega_1)\omega_1 + a(\omega_1)\omega}{\omega_1^2 - \omega^2} \, d\omega_1 = \frac{2\omega}{\pi} \int_0^{\infty} \frac{a(\omega_1)}{\omega_1^2 - \omega^2} \, d\omega_1 \end{aligned}$$

(Der erste Summand ist eine ungerade, der zweite eine gerade Funktion.)

$$0 < \omega < \omega_0:$$

$$b(\omega) = \frac{2\omega}{\pi} \int_{\omega_0}^{\infty} \frac{-\ln A_0}{\omega_1^2 - \omega^2} \, d\omega_1 = \frac{\ln A_0}{\pi} \ln\left(\frac{\omega_0 - \omega}{\omega_0 + \omega}\right)$$

$$\omega > \omega_0:$$

$$\begin{aligned} b(\omega) &= \frac{2\omega(-\ln A_0)}{\pi} \lim_{\varepsilon \to 0} \left(\int_{\omega_0}^{\omega-\varepsilon} \frac{d\omega_1}{\omega_1^2 - \omega^2} + \int_{\omega+\varepsilon}^{\infty} \frac{d\omega_1}{\omega_1^2 - \omega^2} \right) \\ &= \frac{\ln A_0}{\pi} \ln\left(\frac{\omega - \omega_0}{\omega + \omega_0}\right) \end{aligned}$$

3.2-13 a)
$$D = \begin{vmatrix} 2 & 3 & 1 & 0 & 0 & 0 \\ 1 & 6 & 5 & 1 & 0 & 0 \\ 0 & 2 & 3 & 1 & 0 & 0 \\ 0 & 1 & 6 & 5 & 1 & 0 \\ 0 & 0 & 2 & 3 & 1 & 0 \\ 0 & 0 & 1 & 6 & 5 & 1 \end{vmatrix} \qquad \begin{aligned} D_1 &= 2 > 0 \\ D_2 &= 9 > 0 \\ D_3 &= 9 > 0 \\ D_4 &= 18 > 0 \\ D_5 &= 1 > 0 \\ D_6 &= 1 > 0 \end{aligned}$$

Da alle $D_\nu > 0$ ($\nu = 1, 2, \ldots, 6$), besitzt $f(p)$ nur Nullstellen mit negativem Realteil.

b)
$$D = \begin{vmatrix} 5 & 3 & 1 & 0 & 0 \\ 3 & 4 & 2 & 0 & 0 \\ 0 & 5 & 3 & 1 & 0 \\ 0 & 3 & 4 & 2 & 0 \\ 0 & 0 & 5 & 3 & 1 \end{vmatrix} \qquad \begin{aligned} D_1 &= 5 > 0 \\ D_2 &= 11 > 0 \\ D_3 &= -2 < 0 \\ D_4 &= -27 < 0 \\ D_5 &= -27 < 0 \end{aligned}$$

Da nicht alle $D_\nu > 0$ ($\nu = 1, 2, \ldots, 5$), besitzt $f(p)$ nicht nur Nullstellen mit negativem Realteil.

$$3.2\text{-}14 \qquad D = \begin{vmatrix} T_R(1+V) & T_R T_1 T_2 & 0 \\ V & T_R(T_1 + T_2) & 0 \\ 0 & T_R(1+V) & T_R T_1 T_2 \end{vmatrix}$$

$$D_1 = T_R(1+V) > 0 \quad \text{wegen} \quad T_R > 0,\ V > 0,$$

$$D_2 = T_R^2(1+V)(T_1 + T_2) - V T_R T_1 T_2 > 0,$$

$$D_3 = T_R T_1 T_2 D_2 > 0, \quad \text{falls} \quad D_2 > 0 \quad \text{wegen} \quad T_R T_1 T_2 > 0.$$

Stabilitätsbedingung $D_2 > 0$ erfordert

$$V < \frac{T_R(T_1 + T_2)}{T_1 T_2 - T_R(T_1 + T_2)} = 0{,}5385.$$

3.2-15 Nein; denn zerlegt man das Nennerpolynom in Linearfaktoren mit $\mathrm{Re}(p_\nu) > 0$

$$N(p) = (p + p_1)(p + p_2)\ldots(p + p_n) = p^n + b_{n-1}p^{n-1} + \ldots + b_1 p + b_0,$$

so sind die Koeffizienten $b_\mu > 0$ $(\mu = 1, 2, \ldots, n)$, d. h.

$$\begin{aligned} b_n &= 1 > 0 \\ b_{n-1} &= p_1 + p_2 + \ldots + p_n > 0 \\ &\ \vdots \\ b_0 &= p_1 p_2 \ldots p_n > 0. \end{aligned}$$

Ist dagegen wenigstens ein Koeffizient b_μ negativ, so muß mindestens eine Nullstelle p_ν negativen Realteil haben. Es ist also ein notwendiges, aber kein hinreichendes Kriterium für die Stabilität des Systems, wenn $h^*(p)$ ein Nennerpolynom mit nur positiven Koeffizienten besitzt.

3.2-16 Aus Abb. 3.2-8 liest man die Zustandsgleichungen ab:

$$\begin{aligned} \dot{\underline{z}}_1(t) &= -5\underline{z}_1(t) - 27\underline{x}(t) \\ \dot{\underline{z}}_2(t) &= \underline{z}_1(t) - 4\underline{z}_2(t) - 22\underline{x}(t) \end{aligned}$$

Daraus folgt

$$A = \begin{pmatrix} 0 & 5 \\ 1 & -4 \end{pmatrix}$$

und das charakteristische Polynom

$$\varphi_A(p) = \det(pE - A) = p^2 + 4p + 5$$

mit den Nullstellen $p_{1,2} = -2 \pm \mathrm{j}$. Das System ist stabil, da alle Nullstellen negativen Realteil haben.

Bemerkung: Dieses Ergebnis erhält man natürlich auch, wenn man das Nennerpolynom der in Aufgabe 3.2-8 erhaltenen Lösung

$$h^*(p) = \frac{6p^2 + 2p + 3}{p^2 + 4p + 5}$$

untersucht.

Lösungen zu Kapitel 4

4.1-1 a)

$$\begin{aligned}
\underline{z}_1(k+1) &= \underline{x}(k) \\
\underline{z}_2(k+1) &= \underline{z}_1(k) \\
\underline{y}(k) &= \underline{z}_1(k) + 0,25\underline{z}_2(k) + \underline{x}(k)
\end{aligned}$$

b) $\quad A = \begin{pmatrix} 0 & 0 \\ 1 & 0 \end{pmatrix}; \quad B = \begin{pmatrix} 1 \\ 0 \end{pmatrix}; \quad C = (1 \quad 0,25); \quad D = 1$

c) $\quad h^*(z) = C(zE - A)^{-1}B + D = 1 + z^{-1} + 0,25z^{-2}$

$\quad h = (1,\ 1,\ 0,25,\ 0,\ 0,\ldots)$

d) $\quad \underline{x}^*(z) = 1 + z^{-1} + z^{-2} + z^{-3} + z^{-4}$

$\quad \underline{y}^*(z) = h^*(z)\underline{x}^*(z) = 1 + 2z^{-1} + 2,25z^{-2} + 2,25z^{-3} + 2,25z^{-4} + 1,25z^{-5} + 0,25z^{-6}$

$\quad \underline{y} = (1,\ 2,\ 2,25,\ 2,25,\ 2,25,\ 1,25,\ 0,25,\ 0,\ 0,\ldots)$

4.1-2 $\quad \underline{x}^*(z) = Z(\underline{x}(k)) = \dfrac{z}{z-1} \qquad \underline{y}^*(z) = Z(\underline{y}(k)) = 2 + \dfrac{1}{z}$

$\quad h^*(z) = \dfrac{\underline{y}^*(z)}{\underline{x}^*(z)} = 2 - z^{-1} - z^{-2} \qquad h = (2,\ 1,\ 1,\ 0,\ 0,\ldots)$

4.1-3

$$\begin{aligned}
\underline{z}_1(k+1) &= -\underline{z}_1(k) + \underline{z}_2(k) - 3,5\underline{x}(k) \\
\underline{z}_2(k+1) &= -0,5\underline{z}_1(k) + 0,5\underline{x}(k) \\
\underline{y}(k) &= \underline{z}_1(k) + \underline{x}(k)
\end{aligned}$$

$$A = \begin{pmatrix} -1 & 1 \\ -0,5 & 0 \end{pmatrix}; \quad B = \begin{pmatrix} -3,5 \\ 0,5 \end{pmatrix}; \quad C = (1\ \ 0); \quad D = 1$$

$$h^*(z) = C(zE - A)^{-1}B + D = \frac{z^2 - 2,5z + 1}{z^2 + z + 0,5}$$

4.1-4 $\quad \underline{x}^*(z) = Z(\underline{x}(k)) = 1 - 3z^{-4} \qquad h^*(z) = Z(h(k)) = \dfrac{z}{z - 0,5}$

$$\underline{y}^*(z) = h^*(z)\underline{x}^*(z) = \frac{z}{z - 0,5} - 3z^{-4}\frac{z}{z - 0,5}$$

$$\underline{y}(k) = \begin{cases} 0 & k < 0 \\ (0,5)^k & k = 0,1,2,3 \\ (0,5)^k - 3\cdot(0,5)^{k-4} & k = 4,5,6,\ldots \end{cases}$$

4.2-1 a) $\quad \underline{x}^*(z) = Z(\underline{x}(k)) = \dfrac{6z^2}{z^2 - 1} \qquad \underline{y}^*(z) = Z(\underline{y}(k)) = \dfrac{6z(z-1)}{(z+1)(z-0,5)}$

$$h^*(z) = \frac{\underline{y}^*(z)}{\underline{x}^*(z)} = \frac{z^2 - 2z + 1}{z^2 - 0,5z}$$

b)
$$h^*(z) = \frac{\underline{y}^*(z)}{\underline{x}^*(z)} = \frac{1 - 2z^{-1} + z^{-2}}{1 - 0,5z^{-1}}$$

$$-0,5z^{-1}\underline{y}^*(z) + \underline{y}^*(z) = z^{-2}\underline{x}^*(z) - 2z^{-1}\underline{x}^*(z) + \underline{x}^*(z)$$

$$-0,5\underline{y}(k-1) + \underline{y}(k) = \underline{x}(k-2) - 2\underline{x}(k-1) + \underline{x}(k)$$

c) Die Schaltung zeigt Abb. 4.2-1*.

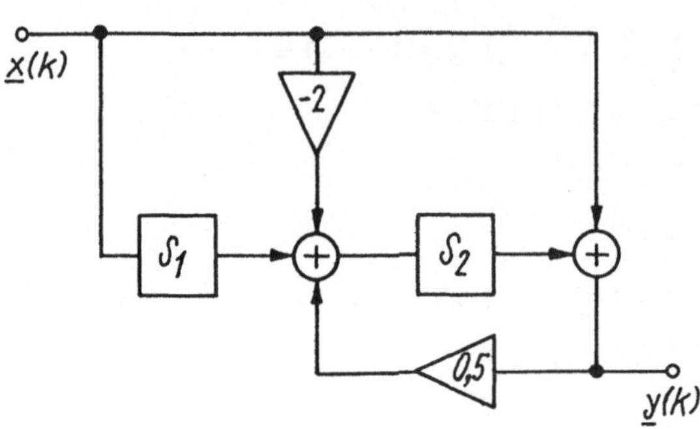

Abb. 4.2-1 *

d)

$$\begin{aligned}
\underline{z}_1(k+1) &= 0,5\underline{z}_1(k) + \underline{z}_2(k) - 1,5\underline{x}(k) \\
\underline{z}_2(k+1) &= \underline{x}(k) \\
\underline{y}(k) &= \underline{z}_1(k) + \underline{x}(k)
\end{aligned}$$

$$A = \begin{pmatrix} 0,5 & 1 \\ 0 & 0 \end{pmatrix}; \qquad B = \begin{pmatrix} -1,5 \\ 1 \end{pmatrix}; \qquad C = (1 \ 0); \qquad D = 1$$

$$h^*(z) = C(zE - A)^{-1}B + D = \frac{z^2 - 2z + 1}{z^2 - 0,5z} \qquad \text{(Siehe a))}$$

4.2-2 a)
$$\underline{y}(k) = \frac{1}{3}(\underline{x}(k) + \underline{x}(k-1) + \underline{x}(k-2))$$

b)
$$\underline{y}^*(z) = \frac{1}{3}(\underline{x}^*(z) + z^{-1}\underline{x}^*(z) + z^{-2}\underline{x}^*(z))$$

$$h^*(z) = \frac{\underline{y}^*(z)}{\underline{x}^*(z)} = \frac{z^2 + z + 1}{3z^2}$$

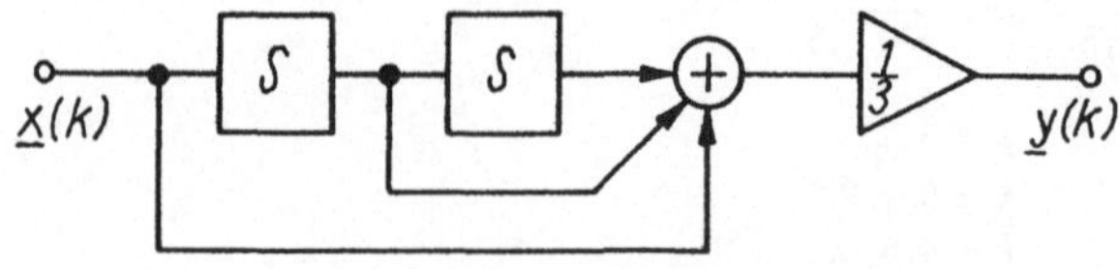

Abb. 4.2-2 *

c) Die Schaltung zeigt Abb. 4.2-2*.

4.2-3 a)
$$\underline{y}(k) = \underline{x}(k) + \underline{x}(k-1) - 0,25\underline{x}(k-2) \qquad \underline{y}^*(z) = \underline{x}^*(z) + z^{-1}\underline{x}^*(z) + 0,25z^{-2}\underline{x}^*(z)$$

$$h^*(z) = \frac{\underline{y}^*(z)}{\underline{x}^*(z)} = \frac{z^2 + z + 0,25}{z^2}$$

b) $\qquad h^*(e^{j\Omega}) = 1 + e^{-j\Omega} + 0,25 e^{-2j\Omega} = 1 + \cos\Omega + 0,25\cos 2\Omega - j(\sin\Omega + 0,25\sin 2\Omega)$

Die Ortskurve zeigt Abb. 4.2-3*b.

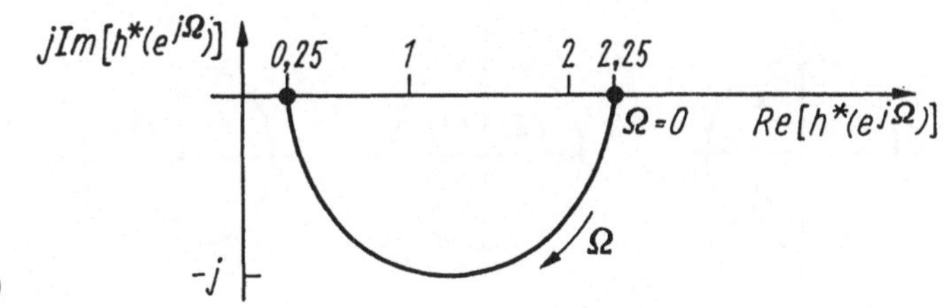

b)

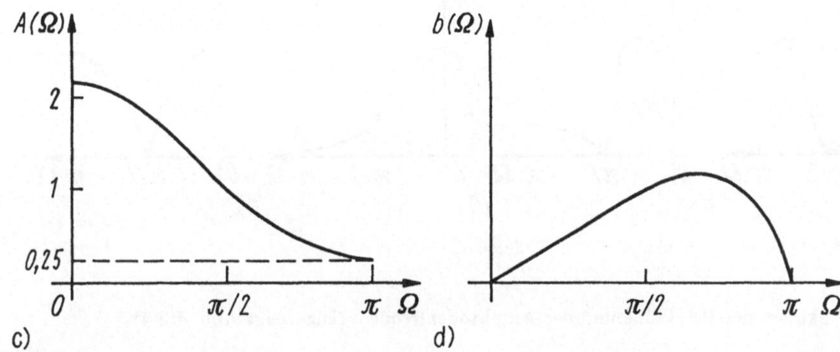

c) $\qquad\qquad\qquad\qquad\qquad\qquad$ d)

Abb. 4.2-3 *

c)

$$A(\Omega) = |h^*(e^{j\Omega})| = \sqrt{h^*(z)h^*(z^{-1})}\Big|_{z=e^{j\Omega}}$$

$$= \sqrt{2,0625 + 1,25(e^{j\Omega} + e^{-j\Omega}) + 0,25(e^{2j\Omega} + e^{-2j\Omega})}$$

$$= \sqrt{2,0625 + 2,5\cos\Omega + 0,5\cos 2\Omega} = 1,25 + \cos\Omega$$

Die Darstellung zeigt Abb. 4.2-3*d.

d) $\qquad b(\Omega) = -\arg h^*(e^{j\Omega}) = \arctan\dfrac{\sin\Omega + 0,25\sin 2\Omega}{1 + \cos\Omega + 0,25\cos 2\Omega}$

Die Darstellung zeigt Abb. 4.2-3*d.

e) $\qquad \underline{x}(k) = \hat{X}\cos(\Omega k + \varphi_x) \qquad (\hat{X} = 5,\ \Omega = \pi/6,\ \varphi_x = -\pi/4)$

$$\hat{Y} = |h^*(e^{j\Omega})|\hat{X} = (1,25 + \cos\pi/6)\cdot 5 \approx 10,58$$

$$\varphi_y = \arg h^*(e^{j\Omega}) + \varphi_x \approx -0,35 - \pi/4$$

$$\underline{y}(k) = \hat{Y}\cos(\Omega k + \varphi_y) \approx 10,58\cos\left(\frac{\pi}{6}k - \frac{\pi}{4} - 0,35\right)$$

4.2-4 a) $\qquad A(\Omega) = \sqrt{h^*(z)h^*(z^{-1})}\Big|_{z=e^{j\Omega}} = \sqrt{\dfrac{2 + 2\cos 2\Omega}{2,25 + 3\cos\Omega + \cos 2\Omega}}$ (Hochpaß)

b) $\qquad A(\Omega) = \sqrt{\dfrac{2 + 2\cos 2\Omega}{2,25 - 3\cos\Omega + \cos 2\Omega}}$ (Tiefpaß)

c) $\qquad A(\Omega) = 1,25 + \cos\Omega$ $\qquad$ (Tiefpaß, siehe Aufgabe 4.2-3c)

d) $\qquad A(\Omega) = 2|\cos\Omega|$ $\qquad$ (Bandsperre)

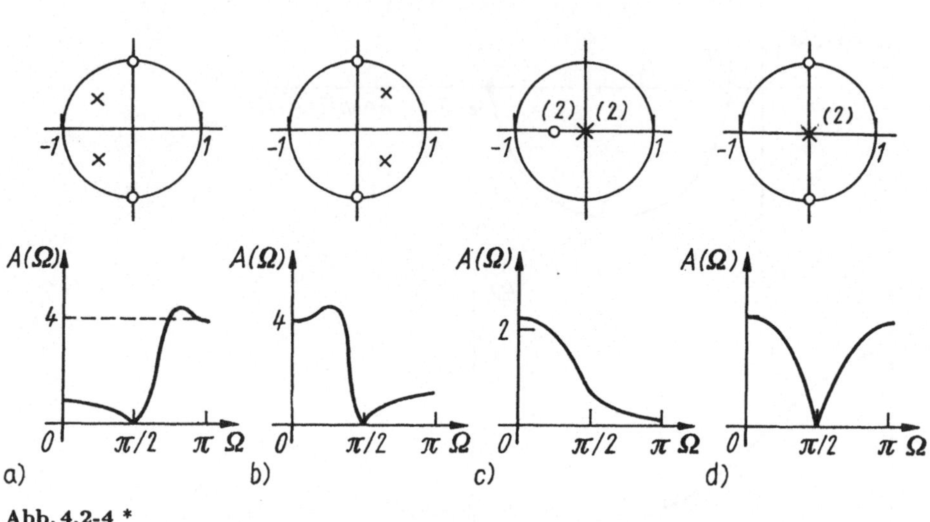

a) $\qquad\qquad$ b) $\qquad\qquad$ c) $\qquad\qquad$ d)

Abb. 4.2-4 *

Die Skizzen der PN–Pläne und der Amplitudenfrequenzgänge zeigt Abb. 4.2-4*.

4.2-5 a) $\qquad \underline{y}(k) = \underline{x}(k) - V\underline{x}(k-1) + \underline{x}(k-2) \qquad \underline{y}^*(z) = \underline{x}^*(z) - Vz^{-1}\underline{x}^*(z) + z^{-2}\underline{x}^*(z)$

$$h^*(z) = \frac{\underline{y}^*(z)}{\underline{x}^*(z)} = \frac{z - V + z^{-1}}{z}$$

b) $\qquad A(\Omega) = |h^*(e^{j\Omega})| = |2\cos\Omega - V|$

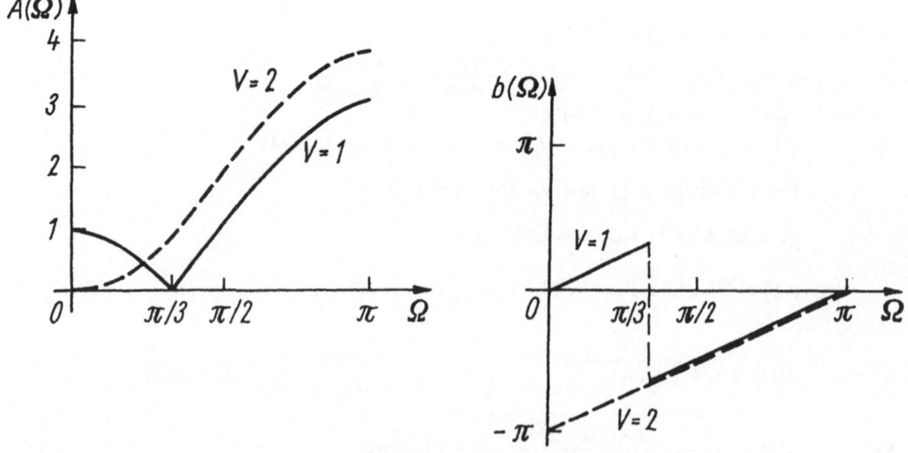

Abb. 4.2-5 *

$$b(\Omega) \;=\; -\arg h^*(e^{j\Omega}) = \arg e^{j\Omega} - \arg(2\cos\Omega - V)$$
$$=\; \begin{cases} \Omega & 0 \le \Omega < \arccos(V/2) \\ \Omega - \pi & \arccos(V/2) < \Omega \le \pi \end{cases}$$

Die Darstellung von $A(\Omega)$ und $b(\Omega)$ zeigt Abb. 4.2-5*.

c) $\qquad \Omega = 2\pi\dfrac{f}{f_T} = \dfrac{\pi}{4} \qquad A\left(\dfrac{\pi}{4}\right) = 0 \quad \Rightarrow \quad V = 2\cos\left(\dfrac{\pi}{4}\right) = \sqrt{2}$

d) $\qquad \Omega = 2\pi\dfrac{f}{f_T} = \dfrac{3}{10}\pi$

$$A\left(\frac{3}{10}\pi\right) = \left| 2\cos\left(\frac{3}{10}\pi\right) - \sqrt{2} \right| \approx 0,2386$$

$$a\left(\frac{3}{10}\pi\right) = -20\log A\left(\frac{3}{10}\pi\right) \approx 12,45 \text{ dB}$$

4.2-6 $\qquad h^*(z) = \dfrac{1}{2z}\left(z - \dfrac{1}{z}\right) \qquad h^*(e^{j\Omega}) = j e^{-j\Omega}\sin\Omega$

$$A(\Omega) = |\sin\Omega| \qquad a(\Omega) = -20\log|\sin\Omega| \qquad b(\Omega) = \Omega - \frac{\pi}{2}$$

Es handelt sich um ein linearphasiges System.

4.2-7 a) $\qquad A(\Omega) = \left.\sqrt{h^*(z)h^*(z^{-1})}\right|_{z=e^{j\Omega}} = \sqrt{\dfrac{2 - 2\cos 2\Omega}{164 + 160\cos 2\Omega}}$

$$f = 0 \text{ kHz} \qquad \Omega = 2\pi\frac{f}{f_T} = 0 \quad \Rightarrow \quad A(0) = 0$$

$$f = 8 \text{ kHz} \qquad \Omega = 2\pi\frac{f}{f_T} = \frac{\pi}{2} \quad \Rightarrow \quad A(\tfrac{\pi}{2}) = 1$$

$$f = 16 \text{ kHz} \qquad \Omega = 2\pi\frac{f}{f_T} = \pi \quad \Rightarrow \quad A(\pi) = 0$$

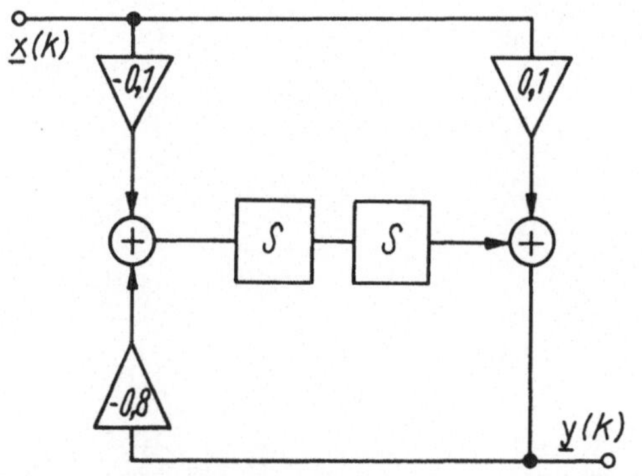

Abb. 4.2-7 *

b) Das System ist instabil, denn die Pole $z_{1,2} = \pm j0,5\sqrt{5}$ von $h^*(z)$ liegen außerhalb des Einheitskreises $|z| = 1$ der z-Ebene.

c) Wählt man statt $h^*(z)$ die neue Übertragungsfunktion h'^*:

$$h'^*(z) = \frac{z^2 - 1}{10z^2 + 8} = \frac{0,1z^2 - 0,1}{z^2 + 0,8},$$

wobei die Pole am Einheitskreis $|z| = 1$ gespiegelt wurden, so erhält man ein stabiles System mit den im Innern von $|z| = 1$ gelegenen Polen $z'_{1,2} = \pm j2/\sqrt{5}$. Der Amplitudenfrequenzgang verändert sich dabei nicht ($|h'^*(e^{j\Omega})| = |h^*(e^{j\Omega})|$).

d) Die Schaltung zur Realisierung von $h'^*(z)$ zeigt Abb. 4.2-7*.

4.2-8 Mit Hilfe der Abbildung

$$z = \frac{1 + p}{1 - p}$$

wird das Innere des Kreises $|z| = 1$ der z-Ebene auf die offene linke p-Halbebene $\mathrm{Re}(p) < 0$ abgebildet. Die Untersuchung, ob

$$N(z) = 15z^4 + 6z^3 + 8z^2 + 2z + 1$$

nur Nullstellen im Innern von $|z| = 1$ hat, wird also darauf zurückgeführt, zu untersuchen, ob

$$\begin{aligned}
N'(p) &= 15\left(\frac{1+p}{1-p}\right)^4 + 6\left(\frac{1+p}{1-p}\right)^3 + 8\left(\frac{1+p}{1-p}\right)^2 + 2\frac{1+p}{1-p} + 1 \\
&= \frac{16(p^4 + 3p^3 + 5p^2 + 4p + 2)}{(1-p)^4}
\end{aligned}$$

nur Nullstellen mit negativen Realteil hat, was tatsächlich der Fall ist. Die Untersuchung erfolgt mit Hilfe des Hurwitz–Kriteriums:

$$\bullet D = \begin{vmatrix} 4 & 3 & 0 & 0 \\ 2 & 5 & 1 & 0 \\ 0 & 4 & 3 & 0 \\ 0 & 2 & 5 & 1 \end{vmatrix} \qquad \begin{aligned} D_1 &= 4 > 0 \\ D_2 &= 14 > 0 \\ D_3 &= 26 > 0 \\ D_4 &= 26 > 0 \end{aligned}$$

Da alle $D_\nu > 0$ ($\nu = 1, 2, 3, 4$), besitzt $N'(p)$ nur Nullstellen mit negativem Realteil und damit $N(z)$ nur Nullstellen im Innern von $|z| = 1$. Das System ist stabil.

6 Anhang

Fourier–Transformation:

$$\underline{x}^*(\omega) = \int\limits_{-\infty}^{\infty} \underline{x}(t)\mathrm{e}^{-\mathrm{j}\omega t}\,\mathrm{d}t \qquad \underline{x}(t) = \frac{1}{2\pi}\int\limits_{-\infty}^{\infty} \underline{x}^*(\omega)\mathrm{e}^{\mathrm{j}\omega t}\,\mathrm{d}\omega$$

Rechenregeln der Fourier–Transformation:

Nr.	$\underline{x}(t)$	$\underline{x}^*(\omega)$	Bemerkungen
1	$\alpha\underline{x}_1(t) + \beta\underline{x}_2(t)$	$\alpha\underline{x}_1^*(\omega) + \beta\underline{x}_2^*(\omega)$	Linearität
2	$\underline{x}(t - \tau)$	$\mathrm{e}^{-\mathrm{j}\omega\tau}\underline{x}^*(\omega)$	Verschiebungssatz (t–Verschiebung)
3	$\underline{x}(t)\mathrm{e}^{-\mathrm{j}\omega_0 t}$	$\underline{x}^*(\omega - \omega_0)$	Verschiebungssatz (ω–Verschiebung)
4	$\underline{x}(at)$	$\frac{1}{\|a\|}\underline{x}^*\left(\frac{\omega}{a}\right)$	Ähnlichkeitssatz $\quad(a \neq 0)$
5	$\dot{\underline{x}}(t)$	$\mathrm{j}\omega\underline{x}^*(\omega)$	Differentiationsregel
6	$\int\limits_{-\infty}^{t} \underline{x}(\tau)\,\mathrm{d}\tau$	$\frac{1}{\mathrm{j}\omega}\underline{x}^*(\omega)$	Integrationsregel $\quad\left(\int\limits_{-\infty}^{\infty} \underline{x}(t)\,\mathrm{d}t = 0\right)$
7	$\int\limits_{-\infty}^{\infty} \underline{x}_1(\tau)\underline{x}_2(t - \tau)\,\mathrm{d}\tau$	$\underline{x}_1^*(\omega)\underline{x}_2^*(\omega)$	Faltungssatz (F. i. Zeitbereich)
8	$\underline{x}_1(t)\underline{x}_2(t)$	$\frac{1}{2\pi}\int\limits_{-\infty}^{\infty} \underline{x}_1^*(u)\underline{x}_2^*(\omega - u)\,\mathrm{d}u$	Faltungssatz (F. i. Frequenzbereich)

Korrespondenzen der Fourier–Transformation:

Nr.	$\underline{x}(t)$	$\underline{x}^*(\omega)$
1	$\delta(t)$	1
2	$\begin{cases} a & -\tau < t < \tau \\ 0 & t < -\tau,\ t > \tau \end{cases}$	$2a\tau\dfrac{\sin\omega\tau}{\omega\tau}$
3	$\dfrac{\sin\beta t}{\beta t}$	$\begin{cases} \frac{\pi}{\beta} & -\beta < \omega < \beta \\ 0 & \omega < -\beta,\ \omega > \beta \end{cases} \quad (\beta \neq 0)$
4	$\begin{cases} \mathrm{e}^{-at} & t > 0 \\ 0 & t < 0 \end{cases}$	$\dfrac{1}{\mathrm{j}\omega + a} \qquad (a > 0)$

Korrespondenzen der Fourier–Transformation (Fortsetzung):

Nr.	$\underline{x}(t)$	$\underline{x}^*(\omega)$	
5	$e^{-a|t|}$	$\dfrac{2a}{\omega^2 + a^2}$	$(a > 0)$
6	$\dfrac{1}{t^2 + a^2}$	$\dfrac{\pi}{a}e^{-a|\omega|}$	$(a > 0)$
7	e^{-at^2}	$\sqrt{\dfrac{\pi}{a}}e^{-\omega^2/(4a^2)}$	$(a > 0)$
8	$(1 + a|t|)e^{-a|t|}$	$\dfrac{4a^3}{(\omega^2 + a^2)^2}$	$(a > 0)$
9	$(1 + a|t| + \frac{1}{3}(at)^2)e^{-a|t|}$	$\dfrac{16a^5}{3(\omega^2 + a^2)^3}$	$(a > 0)$
10	$e^{-a|t|}\cos\beta t$	$\dfrac{2a(\omega^2 + a^2 + \beta^2)}{(\omega^2 - a^2 - \beta^2)^2 + 4a^2\omega^2}$	$(a > 0)$
11	$e^{-a|t|}(\cos\beta t + \frac{a}{\beta}\sin\beta|t|)$	$\dfrac{4a(a^2 + \beta^2)}{((\omega - \beta)^2 + a^2)((\omega + \beta)^2 + a^2)}$	$(a > 0)$
12	$\begin{cases} a(1 - \frac{|t|}{\tau}) & -\tau < t < \tau \\ 0 & \text{sonst} \end{cases}$	$\dfrac{4a}{\omega^2\tau}\sin^2\left(\dfrac{\omega\tau}{2}\right)$	$(\tau \neq 0)$

Laplace–Transformation:

$$\underline{x}^*(p) = \int\limits_0^\infty \underline{x}(t)e^{-pt}\,\mathrm{d}t \qquad \underline{x}(t) = \frac{1}{2\pi\mathrm{j}}\int\limits_{\delta-\mathrm{j}\infty}^{\delta+\mathrm{j}\infty} \underline{x}^*(p)e^{pt}\,\mathrm{d}p$$

Rechenregeln der Laplace–Transformation:

Nr.	$\underline{x}(t)$	$\underline{x}^*(p)$	Bemerkungen
1	$\alpha\underline{x}_1(t) + \beta\underline{x}_2(t)$	$\alpha\underline{x}_1^*(p) + \beta\underline{x}_2^*(p)$	Linearität
2	$\underline{x}(t - \tau)$	$e^{-p\tau}\underline{x}^*(p)$	Verschiebungssatz $(\tau > 0)$
3	$e^{-at}\underline{x}(t)$	$\underline{x}^*(p + a)$	Dämpfungssatz
4	$\underline{x}(at)$	$\frac{1}{a}\underline{x}^*\left(\frac{p}{a}\right)$	Ähnlichkeitssatz $(a > 0)$
5	$\dot{\underline{x}}(t)$	$p\underline{x}^*(p) - \underline{x}(+0)$	Differentiationsregel
6	$\int\limits_0^t \underline{x}(\tau)\,\mathrm{d}\tau$	$\frac{1}{p}\underline{x}^*(p)$	Integrationsregel
7	$\int\limits_0^t \underline{x}_1(\tau)\underline{x}_2(t - \tau)\,\mathrm{d}\tau$	$\underline{x}_1^*(p)\underline{x}_2^*(p)$	Faltungssatz

Korrespondenzen der Laplace–Transformation:

Nr.	$\underline{x}(t)$	$\underline{x}^*(p)$	
1	$\delta(t)$	1	
2	$1 \quad (= s(t))$	$\frac{1}{p}$	
3	t	$\frac{1}{p^2}$	
4	e^{at}	$\frac{1}{p-a}$	
5	te^{at}	$\frac{1}{(p-a)^2}$	
6	$\frac{t^{n-1}}{(n-1)!}e^{at}$	$\frac{1}{(p-a)^n}$	$(n = 1, 2, 3, \ldots)$
7	$\cos at$	$\frac{p}{p^2+a^2}$	
8	$\sin at$	$\frac{a}{p^2+a^2}$	
9	$\cosh at$	$\frac{p}{p^2-a^2}$	
10	$\sinh at$	$\frac{a}{p^2-a^2}$	
11	$e^{at}\cos\beta t$	$\frac{p-a}{(p-a)^2+\beta^2}$	
12	$e^{at}\sin\beta t$	$\frac{\beta}{(p-a)^2+\beta^2}$	
13	$e^{at}(\cos\beta t + \frac{a}{\beta}\sin\beta t)$	$\frac{p}{(p-a)^2+\beta^2}$	
14	$\cos^2 at$	$\frac{p^2+2a^2}{p(p^2+4a^2)}$	
15	$\sin^2 at$	$\frac{2a^2}{p(p^2+4a^2)}$	
16	$\cos(at+b)$	$\frac{p\cos b - a\sin b}{p^2+a^2}$	
17	$\sin(at+b)$	$\frac{p\sin b + a\cos b}{p^2+a^2}$	
18	$\frac{1}{\sqrt{\pi t}}$	$\frac{1}{\sqrt{p}}$	
19	$2\sqrt{\frac{t}{\pi}}$	$\frac{1}{p\sqrt{p}}$	
20	$\frac{1+2at}{\sqrt{\pi t}}$	$\frac{p+a}{p\sqrt{p}}$	

Z–Transformation:

$$\underline{x}^*(z) = \sum_{k=0}^{\infty} \underline{x}(k) z^{-k} \qquad \underline{x}(k) = \frac{1}{2\pi \mathrm{j}} \oint_C \underline{x}^*(z) z^{k-1}\, \mathrm{d}z \qquad (k = 0, 1, 2, \ldots)$$

Rechenregeln der Z–Transformation:

Nr.	$\underline{x}(k)$	$\underline{x}^*(z)$	Bemerkungen
1	$\alpha \underline{x}_1(k) + \beta \underline{x}_2(k)$	$\alpha \underline{x}_1^*(z) + \beta \underline{x}_2^*(z)$	Linearität
2	$\underline{x}(k - m)$	$z^{-m} \underline{x}^*(z)$	Verschiebungssatz (Rechtsv., $m > 0$)
3	$\underline{x}(k + m)$	$z^m \left(\underline{x}^*(z) - \sum_{i=0}^{m-1} \underline{x}(i) z^{-i} \right)$	Verschiebungssatz (Linksv., $m > 0$)
4	$a^k \underline{x}(k)$	$\underline{x}^* \left(\frac{z}{a} \right)$	Dämpfungssatz ($a \neq 0$)
5	$\sum_{i=0}^{k} \underline{x}(i)$	$\frac{z}{z - 1} \underline{x}^*(z)$	Summenregel
6	$k \underline{x}(k)$	$-z \frac{\mathrm{d}}{\mathrm{d}z} \underline{x}^*(z)$	Differentiation im Bildbereich
7	$\frac{1}{k} \underline{x}(k)$	$\int_z^{\infty} \underline{x}^*(w) \frac{\mathrm{d}w}{w}$	Integration im Bildbereich
8	$\sum_{i=0}^{k} \underline{x}_1(i) \underline{x}_2(k - i)$	$\underline{x}_1^*(z) \underline{x}_2^*(z)$	Faltungssatz

Korrespondenzen der Z–Transformation:

Nr.	$\underline{x}(k)$	$\underline{x}^*(z)$
1	$\delta(k) = \begin{cases} 1 & k = 0 \\ 0 & k \neq 0 \end{cases}$	1
2	$1 \quad (= s(k))$	$\frac{z}{z - 1}$
3	$(-1)^k$	$\frac{z}{z + 1}$
4	k	$\frac{z}{(z - 1)^2}$
5	k^2	$\frac{z(z + 1)}{(z - 1)^3}$
6	a^k	$\frac{z}{z - a}$
7	$k a^k$	$\frac{az}{(z - a)^2}$
8	$k^2 a^k$	$\frac{az(z + a)}{(z - a)^3}$

Korrespondenzen der Z–Transformation (Fortsetzung):

Nr.	$\underline{x}(k)$	$\underline{x}^*(z)$
9	$\dfrac{a^k}{k!}$	$e^{a/z}$
10	$\dbinom{k}{m} a^k$	$\dfrac{a^m z}{(z-a)^{m+1}}$
11	e^{ak}	$\dfrac{z}{z - e^a}$
12	$k e^{ak}$	$\dfrac{e^a z}{(z - e^a)^2}$
13	$a^k \sin \Omega k$	$\dfrac{az \sin \Omega}{z^2 - 2az \cos \Omega + a^2}$
14	$a^k \cos \Omega k$	$\dfrac{z(z - a \cos \Omega)}{z^2 - 2az \cos \Omega + a^2}$
15	$a^k \sinh \beta k$	$\dfrac{az \sinh \beta}{z^2 - 2az \cosh \beta + a^2}$
16	$a^k \cosh \beta k$	$\dfrac{z(z - a \cosh \beta)}{z^2 - 2az \cosh \beta + a^2}$

Grundgleichungen linearer Systeme:

Zeitkontinuierliche Systeme	Zeitdiskrete Systeme

Zustandsgleichungen:

$$\dot{\underline{z}}(t) = A\underline{z}(t) + B\underline{x}(t)$$
$$\underline{y}(t) = C\underline{z}(t) + D\underline{x}(t)$$

$$\underline{z}(k+1) = A\underline{z}(k) + B\underline{x}(k)$$
$$\underline{y}(k) = C\underline{z}(k) + D\underline{x}(k)$$

Fundamentalmatrix (Bildbereich):

$$\Phi^*(p) = (pE - A)^{-1}$$

$$\Phi^*(z) = (zE - A)^{-1} z$$

Übertragungsmatrix:

$$H^*(p) = C(pE - A)^{-1} B + D$$

$$H^*(z) = C(zE - A)^{-1} B + D$$

Zustand (Bildbereich):

$$\underline{z}^*(p) = \Phi^*(p)\underline{z}(0) + \Phi^*(p)B\underline{x}^*(p)$$

$$\underline{z}^*(z) = \Phi^*(z)\underline{z}(0) + \Phi^*(z)z^{-1}B\underline{x}^*(z)$$

Input–Output–Gleichung (Bildbereich):

$$\underline{y}^*(p) = C\Phi^*(p)\underline{z}(0) + H^*(p)\underline{x}^*(p)$$

$$\underline{y}^*(z) = C\Phi^*(z)\underline{z}(0) + H^*(z)\underline{x}^*(z)$$

Grundgleichungen linearer Systeme (Fortsetzung):

Zeitkontinuierliche Systeme	Zeitdiskrete Systeme

Fundamentalmatrix (Originalbereich):

$$\Phi(t) = e^{At} \qquad\qquad\qquad \Phi(k) = A^k$$

Gewichtsmatrix:

$$H(t) = C\Phi(t)B + D\delta(t) \qquad\qquad H(k) = \begin{cases} D & k=0 \\ C\Phi(k-1)B & k=1,2,\ldots \end{cases}$$

Zustand (Originalbereich):

$$\underline{z}(t) = \Phi(t)\underline{z}(0) + \int_0^t \Phi(t-\tau)B\underline{x}(\tau)\,d\tau \qquad \underline{z}(k) = \Phi(k)\underline{z}(0) + \sum_{i=0}^{k-1}\Phi(k-i-1)B\underline{x}(i)$$

Input–Output–Gleichung (Originalbereich):

$$\underline{y}(t) = C\Phi(t)\underline{z}(0) + \int_0^t H(t-\tau)\underline{x}(\tau)\,d\tau \qquad \underline{y}(k) = C\Phi(k)\underline{z}(0) + \sum_{i=0}^{k}H(k-i)\underline{x}(i)$$

Amplitudenfrequenzgang:

$$A(\omega) = |h^*(j\omega)| = \left.\sqrt{h^*(p)h^*(-p)}\right|_{p=j\omega} \qquad A(\Omega) = |h^*(e^{j\Omega})| = \left.\sqrt{h^*(z)h^*(z^{-1})}\right|_{z=e^{j\Omega}}$$

Dämpfungsmaß:

$$a(\omega) = -\ln A(\omega) \qquad\qquad\qquad a(\Omega) = -\ln A(\Omega)$$

Phasenmaß:

$$b(\omega) = -\arg h^*(j\omega) \qquad\qquad\qquad b(\Omega) = -\arg h^*(e^{j\Omega})$$

Differentialgleichung: | **Differenzengleichung:**

$$\underline{y}^{(n)}(t) + b_{n-1}\underline{y}^{(n-1)}(t) + \ldots + b_1\dot{\underline{y}}(t) + b_0\underline{y}(t) \qquad \underline{y}(k+n) + \ldots + b_1\underline{y}(k+1) + b_0\underline{y}(k)$$
$$= a_n\underline{x}^{(n)}(t) + \ldots + a_1\dot{\underline{x}}(t) + a_0\underline{x}(t) \qquad\quad = a_n\underline{x}(k+n) + \ldots + a_1\underline{x}(k+1) + a_0\underline{x}(k)$$

Übertragungsfunktion:

$$h^*(p) = \frac{a_n p^n + a_{n-1}p^{n-1} + \ldots + a_1 p + a_0}{p^n + b_{n-1}p^{n-1} + \ldots + b_1 p + b_0} \qquad h^*(z) = \frac{a_n z^n + a_{n-1}z^{n-1} + \ldots + a_1 z + a_0}{z^n + b_{n-1}z^{n-1} + \ldots + b_1 z + b_0}$$

Kanonische Realisierung:

Bild 3.16   Bild 4.6

Literaturverzeichnis

[BD72]   A. Björck und G. Dahlquist. *Numerische Methoden.* R. Oldenbourg Verlag, München, 1972.

[Doe61] G. Doetsch. *Anleitung zum praktischen Gebrauch der Laplace-Transformation.* R. Oldenbourg Verlag, München, 1961.

[Dre75] J. Dreszer. *Mathematik-Handbuch für Technik und Naturwissenschaft.* Fachbuchverlag, Leipzig, 1975.

[DS70]   H. Dobesch und H. Sulanke. *Zeitfunktionen.* Verlag Technik, Berlin, 1970.

[EMR77] H. Elschner, A. Möschwitzer, und A. Reibiger. *Rechnergestützte Analyse in der Elektronik.* Verlag Technik, Berlin, 1977.

[Fod65] G. Fodor. *Laplace-Transforms in Engineering.* Publishing House of the Academy of Sciences, Budapest, 1965.

[Fre65] H. Freemann. *Discrete-Time Systems.* John Wiley & Sons, inc., New York, 1965.

[Fri81] G. Fritzsche. *Zeitdiskrete und digitale Systeme.* Akademie-Verlag, Berlin, 1981.

[Lan71] F.H. Lange. *Signale und Systeme.* Verlag Technik, Berlin, 1971.

[Len73] A. Lenk. *Elektromechanische Systeme.* Verlag Technik, Berlin, 1973.

[LKP89] R.W. Leven, B.P. Koch, und B. Pompe. *Chaos in dissipativen Systemen.* Akademie-Verlag, Berlin, 1989.

[Lun74] K. Lunze. *Theorie der Wechselstromschaltungen.* Verlag Technik, Berlin, 1974.

[Pon65] L.S. Pontrjagin. *Gewöhnliche Differentialgleichungen.* Deutscher Verlag der Wissenschaften, Berlin, 1965.

[RS76]   K. Reinschke und P. Schwarz. *Verfahren zur rechnergestützten Analyse linearer Netzwerke.* Akademie-Verlag, Berlin, 1976.

[Sch79] H. Schwetlick. *Numerische Lösung nichtlinearer Gleichungen.* Deutscher Verlag der Wissenschaften, Berlin, 1979.

[Sch88] H.G. Schuster. *Deterministic Chaos.* VCH Verlagsgesellschaft, Weinheim, 1988.

[Unb70]　R. Unbehauen. *Systemtheorie - Eine Einführung für Ingenieure.* Akademie-Verlag, Berlin, 1970.

[Vic72]　R. Vich. *Z-Transformation.* Verlag Technik, Berlin, 1972.

[Vie74]　P. Vielhauer. *Passive lineare Netzwerke.* Verlag Technik, Berlin, 1974.

[Wos81]　E.G. Woschni. *Informationstechnik.* Verlag Technik, Berlin, 1981.

[WS92]　G. Wunsch und H. Schreiber. *Stochastische Systeme.* Springer-Verlag, Berlin, 1992.

[WS93]　G. Wunsch und H. Schreiber. *Digitale Systeme.* Springer-Verlag, Berlin, 1993.

[Wun71]　G. Wunsch. *Systemtheorie der Informationstechnik.* Akademische Verlagsgesellschaft Geest & Portig, Leipzig, 1971.

[Wun72]　G. Wunsch. *Systemanalyse, Bd.1.* Verlag Technik, Berlin, 1972.

[Wun75]　G. Wunsch. *Systemtheorie.* Akademische Verlagsgesellschaft Geest & Portig, Leipzig, 1975.

[ZD63]　L. Zadeh and C.D. Desoer. *Linear System Theory.* McGraw-Hill Book Company, London, 1963.

Sachverzeichnis

Springer-Verlag und Umwelt

Als internationaler wissenschaftlicher Verlag sind wir uns unserer besonderen Verpflichtung der Umwelt gegenüber bewußt und beziehen umweltorientierte Grundsätze in Unternehmensentscheidungen mit ein.

Von unseren Geschäftspartnern (Druckereien, Papierfabriken, Verpackungsherstellern usw.) verlangen wir, daß sie sowohl beim Herstellungsprozeß selbst als auch beim Einsatz der zur Verwendung kommenden Materialien ökologische Gesichtspunkte berücksichtigen.

Das für dieses Buch verwendete Papier ist aus chlorfrei bzw. chlorarm hergestelltem Zellstoff gefertigt und im ph-Wert neutral.